国外油气勘探开发新进展丛书（十二）

阿萨巴斯卡油砂矿中沥青开采原理及实践

（卷一：理论基础）

［加］Jacob H. Masliyah　Jan Czarnecki　Zhenghe Xu　著

王屿涛　李　娜　张天财　郑　红　等译

石油工业出版社

内 容 提 要

　　本书重点对加拿大最大的天然油砂矿——阿萨巴斯卡油砂矿从资源状况、开发开采技术背景、油砂开采的流体动力学和物理化学、油砂浆处理与沥青的析出、浮渣与尾矿的处理等方面进行了深入的理论阐述，描述了目前油砂产业科学和技术现状；同时指出油砂开发过程中仍有许多待创新和突破的领域，这些都将成为未来油砂勘探开发者思想的萌芽。

　　本书是当今油砂开发技术理论和基础的综合性专著，特别是对于我国油砂产业尚处于开发起步阶段的企业和单位具有十分重要的理论指导作用。亦可供从事油砂勘探开发的科研院所、现场科研人员学习参考，也可作为高等院校专业教材和参考书目。

图书在版编目 (CIP) 数据

　　阿萨巴斯卡油砂矿中沥青开采原理及实践. 第1卷，理论基础/（加）玛利亚（Masliyah, J. H.），（加）恰尔内茨基（Czarnecki, J. A.），徐政和著；王屿涛等译. —北京：石油工业出版社，2016.1

　　（国外油气勘探开发新进展丛书. 第12辑）

　　书名原文：Handbook on Theory and Practice of Bitumen Recovery from Athabasca Oil Sands（Volume 1：Theoretical Basis）

　　ISBN 978 - 7 - 5183 - 0870 - 5

　　Ⅰ. 阿…

　　Ⅱ. ①玛…②恰…③徐…④王…

　　Ⅲ. 油砂－沥青－矿山开采

　　Ⅳ. TE 626.8

　　中国版本图书馆 CIP 数据核字（2015）第 274995 号

Translation from the English language edition："Handbook on Theory and Practice of Bitumen Recovery from Athabasca Oil Sands, Volume 1：Theoretical Basis" by Jacob H. Masliyah, Jan Czarnecki and Zhenghe Xu

Copyright© Jacob H. Masliyah, Jan Czarnecki, Zhenghe Xu, 2011

All rights reserved.

Alberta Innovates—Energy and Environment Solutions（"AI - EES"）owns all right, title and interest（including copyright）throughout the world in and to the book.

本书经 Alberta Innovates—Energy and Environment Solutions 授权石油工业出版社有限公司翻译出版。版权所有，侵权必究。

北京市版权局著作权合同登记号：01 - 2015 - 8730

出版发行：石油工业出版社

　　　　　（北京安定门外安华里 2 区 1 号　　100011）

　　　　　网　　址：www. petropub. com. cn

　　　　　编辑部：(010) 64523546　图书营销中心：(010) 64523633

经　销：全国新华书店

印　刷：北京中石油彩色印刷有限责任公司

2016 年 1 月第 1 版　2016 年 1 月第 1 次印刷

787×1092 毫米　开本：1/16　印张：22.5

字数：560 千字

定价：116.00 元

（如出现印装质量问题，我社图书营销中心负责调换）

《阿萨巴斯卡油砂矿中沥青开采原理及实践（卷一：理论基础）》

翻译人员

王屿涛	李　娜	张天财	郑　红	熊维莉	黄　强
王　静	王晓钦	张侃毅	何玲娟	王爱军	杨萍萍
赖德贵	蒋　旭	夏新宇	戚亚明	张金琛	李　阳
苏艳丽	王　超	钟　虹			

序

 为了及时学习国外油气勘探开发新理论、新技术和新工艺，推动中国石油上游业务技术进步，本着先进、实用、有效的原则，中国石油勘探与生产分公司和石油工业出版社组织多方力量，对国外著名出版社和知名学者最新出版的、代表最先进理论和技术水平的著作进行了引进，并翻译和出版。

 从 2001 年起，在跟踪国外油气勘探、开发最新理论新技术发展和最新出版动态基础上，从生产需求出发，通过优中选优已经翻译出版了 11 辑 60 多本专著。在这套系列丛书中，有些代表了某一专业的最先进理论和技术水平，有些非常具有实用性，也是生产中所亟需。这些译著发行后，得到了企业和科研院校广大科研管理人员和师生的欢迎，并在实用中发挥了重要作用，达到了促进生产、更新知识、提高业务水平的目的。部分石油单位统一购买并配发到了相关的技术人员手中。同时中国石油天然气集团公司也筛选了部分适合基层员工学习参考的图书，列入"千万图书下基层，百万员工品书香"书目，配发到中国石油所属的 4 万余个基层队站。该套系列丛书也获得了我国出版界的认可，三次获得了中国出版工作者协会的"引进版科技类优秀图书奖"，形成了规模品牌，产生了很好的社会效益。

 2015 年，在前 11 辑出版的基础上，经过多次调研、筛选，又推选出了国外最新出版的 6 本专著，即《采油采气工程指南》《阿萨巴斯卡油砂矿中沥青开采原理及实践（卷一：理论基础）》《稠油及油砂提高采收率方法》《煤层气——能源与环境》《控压钻井建模、模拟与设计》《水力压裂化学剂与流体技术》，以飨读者。

 在本套丛书的引进、翻译和出版过程中，中国石油勘探与生产分公司和石油工业出版社组织了一批著名专家、教授和有丰富实践经验的工程技术人员担任翻译和审校人员，使得该套丛书能以较高的质量和效率翻译出版，并和广大读者见面。

 希望该套丛书在相关企业、科研单位、院校的生产和科研中发挥应有的作用。

中国石油天然气集团公司副总经理

致　谢

非常感谢阿尔伯达创新机构——能源和环境解决方案（原名为阿尔伯达能源研究所，AERI），加拿大油砂研究和开发网络（CONRAD）和加拿大重油协会在财务上的慷慨资助。如果没有这些机构的大力支持，我们就无法开展油砂手册项目。

阿尔伯达大学化学和材料工程系给我们提供了必要的场地和后勤保障，我们才得以有写作和编辑办公室。感谢系主任 Fraser Forbes 博士对项目的鼎力支持。

感谢同事们为本书编写提供的帮助。为此，感谢 Barry Bara，Graham Cuddy，Hassan Hamza，Tadek Ddbros，Randy Mikula，Robert Tipman，Brenda Wright 和其他同仁的辛勤工作。还感谢来自阿尔伯达创新机构——技术的未来发展（原名为阿尔伯达研究理事会）的 Joe Zhou 博士对本书部分内容的指导。

最后，特别感谢 Marta Dabros 女士在文本编辑、参考文献的核对、绘图、图片以及日常事务处理工作所付出的辛勤劳动，再次感谢她的努力工作。

原书序

我很荣幸地受到本书的主要作者 Jacob H. Masliyah，Jan Czarnecki 和 Xu Zhenghe 3 位博士的邀请，为《阿萨巴斯卡油砂矿中沥青开采原理及实践》这本书写个简短的序言。他们和其他作者完成了一项里程碑式的工作，为油砂矿的开发做出了不可磨灭的贡献。本书不仅涵盖了最新的工艺技术和操作的理论基础，在此基础上可以建立可持续发展且对环境没有危害的油砂工业，同时获得巨大的经济效益和社会效益。此外，加拿大和北美洲的能源安全也得到了保证。

要了解该著作的重要性，人们首先需要要知道油砂是加拿大乃至全世界的一种重要战略资源。技术上的突破已经使人们能够在政治稳定的国家中长期开采油砂这样一种安全稳妥资源。能大大降低碳排放量、解决油砂开采过程中的用水问题的技术和工艺的进步，以及尾矿的储量和土地改良等关键领域的不断改进将持续发挥重大作用。在这些方面取得进步至关重要。

本书不是一本被束之高阁、落满灰尘的研究文献，它更是一本"活"文献，它将随着时间的流逝不断地被修正和补充，是一本通用的、重要的参考书，能够给学生、研究人员和具体作业员工等相关人员以很多启迪，并将为开采阿尔伯达巨大的油砂资源的金点子和创新提供知识基础。

保障加拿大的能源未来

"保障加拿大的能源未来"——这是油砂的承诺。大多发现于阿尔伯达省油砂资源的规模非常巨大。加拿大油砂矿的探明储量为 1770×10^8 bbl，仅次于沙特阿拉伯。该资源量足以使油砂产量翻番（目前的产量是 130×10^4 bbl/d），还可以为加拿大提供超过 200 年安全的原油供应。

当然，加拿大油砂资源的真实储量实际上要大得多，估计在目前技术条件下的可采储量为近 3150×10^8 bbl，总地质储量（1.7×10^{12} bbl）约等于整个中东的总地质储量。通过地表采矿的方法可以采出阿萨巴斯卡地区大约 20% 的沥青，其余 80% 需要用帝国石油公司在阿尔伯达冷湖地区研发出的就地开采法，如循环注蒸汽（CSS）工艺，以及阿尔伯达油砂技术和研究机构（AOSTRA）及合作伙伴于 1974—1999 年间研发的蒸汽辅助重力驱进行开采。还有其他的大规模沥青资源，如碳酸盐岩地层中的沥青，但目前还没有研发出针对这种沥青的开采工艺。还有一些油砂矿的埋藏深度太深而无法用地表采矿法进行经济开采，但如果用 SAGD 法进行开采深度又不够。

油砂是一种具有全球战略价值的资源。尽管当今的经济条件比较困难，但仍然在不断地推进油砂项目，全球投到加拿大目前和建议项目上的资金约为 1400 亿美元。油砂产量的增长对加强北美洲能源供应的安全很重要。例如，阿萨巴斯卡油砂油已经占美国进口原油的大约 20%，能够替代从墨西哥和委内瑞拉进口原油供应的递减。Rand 公司估计美国每年大约花费 670 亿~830 亿美元（美国政府国防预算的 12%~18%）来保护其在全球不稳定产油区的利益。但目前加拿大油砂不在这个范围内，而实际上美国应将其纳入考虑之内。

技术进步是开发油砂潜能的钥匙

众所周知，油砂中的石油储量巨大。当地原著居民过去用带胶性的沥青修补他们的独木舟。早在 1778 年，美国西北公司贸易商 Peter Pond 报道说他在进入阿萨巴斯卡河流域经过 Clearwater 河时（即现在麦克默里堡的所在地）看到了沥青矿。18 世纪 80 年代时，加拿大地质调查部在接到植物学家 John Macoun 关于该地区资源潜力的报告后（John 本来是被派往阿萨巴斯卡地区绘制铁路线建设图的），启动了进一步落实阿萨巴斯卡地区沥青矿藏的工作。调查工作在 Robert Bell，R. G. McConnel 和 George M. Dawson 3 位博士的带领下，于几年间钻了许多井，但大多数井都不成功。当时人们普遍认为石油在砂层下面的矿藏中。

1913 年，联邦矿产部派遣工程师 Sidney Ells 进行更详细的油砂矿的勘察。Ells 认为沥青被圈闭在砂岩沉积物中，用传统方法无法开采。他绘制的地图成为该地油砂资源的第一张综合评价图。他还致力于油砂的描述和改进。

那时，阿尔伯达沥青资源大多用于铺设路面。随着第一次世界大战的爆发，联邦政府重新燃起了开发本土石油资源的兴趣。阿尔伯达研究委员会（ARC）的前身——阿尔伯达科学和工业委员会建于 1921 年，旨在调查本省的自然资源。研究的主要领域是油砂；需要解决的主要问题是如何将沥青从油砂矿中提取出来，从而掀开该地区巨大能源潜力的面纱。尽管早期的先辈们曾建议：用水可能从砂中将石油洗出来。但直到 20 世纪 20 年代才出现了重大的技术突破。1923 年，ARC 化学家 Karl A. Clark 博士同 Sidney M. Blair 和 David Pasternack 一起研发了一种用热水分离（或"洗"）沥青的工艺，Clark 也因此于 1929 年获得了一项专利。该工艺确实是一种有转化能力的技术创新，直到近几年，Syncrude 和 Suncor 公司还在将这种工艺作为初级萃取技术。

技术进步，尤其对油砂业而言，从来都不是简单的事儿，需要多年的专心研发。关于早期的实验性工厂操作以及商业实验的历史很丰富，包括 Clark 博士的 Dunvegan 厂（建于埃德蒙顿，后于 1929 年搬迁至 Waterways）和 Robert Fitzsimmons 于 1922 年 Bitumount 租赁区的采集工作，后期发展成热水处理厂，能产出稠油残渣，其销售由国际沥青公司负责。Max Ball 是一位来自丹佛的石油工程师，他建立了一个公司（后期被称作阿萨巴斯卡石油公司），于 1936 年建成一个处理油砂的工厂，后来在 1941 年的一场大火中毁于一旦。在第二次世界大战对燃料油需求的刺激下，Lloyd Champion 于 1942 年买下了 Bitumount 工厂，将其更名为油砂公司，并用来自于 Clark 博士和阿尔伯达研究委员会的技术和支持对工厂进行升级换代。Bitumount 工厂被阿尔伯达政府接管后，直到 1949 年才完成建设。仅仅在证明了工艺流程的可行性之后，该工厂就被关闭了。与此同时，在 1941—1944 年间重建了 Abasand 工厂，但 1945 年又被烧毁。

1945 年第二次世界大战结束之后直到 20 世纪 70 年代，原油供给过剩导致北美洲大多数井减产，油砂的开发总体上比较谨慎（这种情况随着 1973 年阿拉伯石油禁运和 1979 年伊朗石油禁运发生了巨大变化，这两个事件都表明了随着世界人口的增长和发展中国家人民生活水平的不断提高，对能源的需求也日益增长）。战后能源供给过剩的结果是，直到1964年大加拿大油砂公司［GCOS，即现在的 Suncor（森科）公司］在 Sun 石油公司的支持下（该公司的 CEO 是非常有远见卓识的 Howard Pew）才获批开发建设第一个大型商业工厂。有趣的是，这个工厂于1967年开始运转，但日产量受限，不得超过31500桶/日，Syncrude 的竞争申请也被否决，理由是会冲击原油市场。Syncrude 当时是 Cities Services 有限公司（现在的 Nexen 公司）的合伙人，尽管受挫，但它和帝国石油公司、Gulf 石油公司以及 Atlantic Richfield 公司于1964年12月一起合作。在 Syncrude 的第一任 CEO——Frank Spragins 的带领下，继续谋求技术进步，终于在1971年得到一个 Syncrude 工厂的许可。该工厂1973年动工，1978年建成；Spragins 先生亲眼看到了自己的梦想变成了现实，尽管时间很短暂，因为在开工2个月后他就去世了。

早期另一项大型的油砂商业开发是帝国石油公司的冷湖沥青分级处理项目（目前该项目分14级），它使深层沥青矿得以大规模开发且在经济上可行，因此具有重要的战略意义。帝国石油公司自1959年在 Ethel 和 May 试验区开工以来，多年来致力于研发周期注蒸汽激产或"蒸汽吞吐"技术，目前已成为加拿大最大的沥青生产商。

国家油砂突击队已成为历史

由于 Suncor 和 Syncrude 面临重大现实问题和高昂的操作成本，所以油砂的开发在 Syncrude 开工后受到很大的制约。当时的经济比较低迷，1986年全球原油价格暴跌（每桶低于10美金）。很多人在怀疑油砂是否经济可行。我当时从帝国石油到 Syncrude 任职，到了福特麦克默里，在那里我可以明显地感觉到对油砂未来的这种担忧。

3个大型商业作业项目——Esso 的冷湖项目、Syncrude 和 Suncor 的福特麦克默里项目，都为提高油砂作业的安全性、实际作业的可靠性以及降低成本方面尽了最大的努力。他们曾提出了几个大型项目计划但都未能按计划开展。其中最值得一提的是 OSLO 合资项目，它于20世纪90年代初被搁置。后来，油砂作为国家重要资源的地位不再。我记得同渥太华的政治家们谈过，当他们得知 Syncrude 能满足加拿大能源需求的10%时感到非常惊讶。加拿大东部一家著名报纸的编辑委员会的成员之一曾问我油砂是否已商业化了。我曾开玩笑地说自己是加拿大最保守秘密的 CEO。

到20世纪90年代中期，在对安全、可持续发展以及技术创新的关注下，三大项目的作业趋势转好。投资人、关键的政治和社团领导人，尤其是身处阿尔伯达以外的，对油砂的关注度还不够，导致阿尔伯达资源商会（ACR）于1993年成立了国家油砂突击队（NOSTF）。1995年5月，该突击队的报告提出，到2025年油砂的产量将增至目前的3倍，虽然令人激动和振奋，但这需要210亿～250亿美元的投资以获得巨大的社会和经济效益。该报告还强调了要实现产量目标必须克服的困难，并任命了几个工作组。财务工作组设计了一个一般的使用费方案，1995年末，Premier Ralph Klein 政府采纳了该方案。1996年，联邦政府春季预算中包括了合作收入税建议。设计了财务管理制度以降低投资大型油砂项目的先期财务风险，从而保证原始投资有不错的回报。

实际的结果显示，收益远远超过了 NOSTF 最初的预测。不到 10 年间，油砂产量达到 1995 年的 3 倍（报告中的预测是在 30 年内增长 3 倍）。到 2010 年，产量达到 1995 年的 4 倍。1996 年 6 月，总理 Jean Chretien 和自然资源部部长 Anne MxLellan 和阿尔伯达能源局局长 Pat Black 同多个油砂业的 CEO 们签署了《机会宣言》。当时提出的油砂项目投资总额大约为 60 亿美元。目前的总投资约为 1400 亿美元。

新技术引领行业

1990 年以前，整个东北阿尔伯达地区都在用热综合法（处于沥青萃取和分级处理之间）开发地表油砂。Sycrude 本打算只作业 25 年，在开采了 1 亿桶原油后就关闭。但新技术再一次拯救了这个行业。它要在遥远的矿坑开采并萃取沥青，并将其运输到 Mildred Lake 处进行分级处理。这样就可以获得最高级别的沥青租约，挖掘高品质矿石并保持成本最低（沥青供应成本最低，对环境的影响也最小）。同时，我们避免拆除已有的 Mildred Lake 分级处理厂和中央处理装置以及在新址上重建所需的大笔投资。该理念在 2000 年得以全面实施，具体体现在比较偏远的卫星矿 Aurora 和 Mildred Lake 以北 35 千米处的萃取作业的实施。结果是可想而知的，Syncrude 没有在 2003 年关门大吉，反而产出了超过 22×10^{12} bbl 高品质低硫合成原油，而且设计日产量从 20×10^4 bbl 增至 35×10^4 bbl，储量巨大，以目前的开采速率开采还能再采 60 年（据预测，Syncrude 矿权区的可采储量为 120×10^8）。

我推崇用该实例来说明不懈地研发，或者以终为始是多么重要。在我就职于 Syncrude 的几年后公司的一次年度研发讨论会上，4 位研究人员提出一个复杂方案，以达到从热综合独立大项目转向中央作业的目的。达到这个目标需要开发多种支持技术和技术平台，包括水力运输和冷水萃取的关键技术。水力运输技术降低了开采每桶沥青所需的能源达 40%，在很大程度上妨碍了热综合萃取和分级处理。卫星矿的开发还导致世界最大拖运卡车（运载能力达 400t）、水力铲车、电铲车、三轮给料机和混合装置的诞生。开发出的最终技术平台叫作 Natural Froth Lubricity（NFL），在阿尔伯达省以外研发机构的支持下，考虑到了沥青浮渣（即含有沥青、水、黏土、砂甚至岩石等的混合物）的管道长途泵送，从而在偏远矿区节省了泡沫清洁、稀释剂装置以及其他支持服务的支出。在近 10 年间，技术平台的研发和测试令人眼花缭乱，在 2000 年 Syncrude 的 Aurora 开工时期达到顶峰。

就地开采技术一直处于革新中并被大规模应用，在它的引领下开发出了 SAGD 工艺。AOSTRA（阿尔伯达油砂层开采技术研究管理局）同其合伙人投资并在地下测试设施（Underground Test Facility）进行了大规模作业。帝国石油的 Roger Butler 博士也是该技术的先驱之一，他设计出了将 Esso 冷湖项目的周期注蒸汽激产工艺同常规石油行业用的水平井技术结合在一起。在 1975—1999 年间，AOSTRA 投资了约 20 亿美元（行业和政府各占一半）在 CSS 和 SAGD 工艺的研发上。这是个平衡资本来源的最佳实例，更是如何平衡多个组织的典范。

目前 APSTRA 经重新改造成为一个独立的省级公司（也称为阿尔伯达创新—能源和环境解决方案），被授权解决油砂以及相关的所有能源和环境挑战问题。这样，阿尔伯达能够继续在它的智库和各种公司以及行业间保持平衡，因为它也同时承担着挑战和机遇。

这本油砂手册为行业的前行之路打下了坚实基础

很简单，是技术引领油砂业有了今天的成就，技术还将引领油砂业的未来。《阿萨巴斯卡油砂矿中沥青开采原理及实践》一书明确了目前油砂业的科学和技术状态。然而，在开发过程中还有许多创新和突破，而且有可能很重要，是未来油砂科学家和开发者思想的萌芽。

本书包括两卷。第一卷是对关键技术的综合描述，而第二卷则涵盖了油砂规划和生产的所有重要方面，是行业最佳实践的综合论述。这两卷都承认了技术突破不仅出现在研究性实验室内和实验工厂内，而且还来源于现场作业人员。

历史证明油砂的开发是如何通过建立技术平台取得进步的。本书是当今技术理论和基础的综合性书籍。它旨在成为一部随技术和作业进步以及时间一起有待于更新完善和讨论的活文件，期望能给教授、学生、研究人员、工程师和技术作业人员以启迪。它给人们提供了技术基础，该基础是未来油砂资源可持续发展的跳板。我们加拿大人应该意识到油砂这种全球战略性资源巨大的社会和经济效益的重要性，以及好点子和创新的重要性。

我们应该感谢本书的主要著作人和其他贡献人。这是一项具有纪念意义的事业，将有重要的应用价值和影响。

Dr. Eric P. Newell，O. C.，AOE，FCAE，P. Eng

常用缩写词

AAS：原子吸收分光光度计

AOSP：阿萨巴斯卡油砂矿设计

APCI：大气压化学电离作用

APPI：大气压光电离

bbl：桶

CCC：临界凝结浓度

CEC：阳离子交换能力

CHP：热电一体化

CHWE：Clark 热水萃取法

CMC：临界胶束形成浓度

CNAC：临界纳米级聚集体浓度

CNRL：加拿大自然资源有限公司

CO_2e：二氧化碳当量

CT：合并残渣或复合残渣

DRU：稀释剂回收装置

DSPW：掺有添加剂的模拟生产用水

ERCB：能源保护董事会

ESI：电喷射电离作用

FCF：絮凝—凝结—絮凝

FFT：流动细尾料

FGD：烟气脱硫

FIMS：电场电离

FTFC：细尾料基金会

FTIR：傅立叶转换红外光谱法

GCOS：大加拿大油砂矿

GPC：凝胶渗透色谱法

HHV：高散热值

HLB：亲水亲脂平衡

HRTEM：高分辨率透射电子显微镜法

IFN：补偿恢复内流需求

IFT：界面张力

IPS：倾斜板安放器

LCA：寿命周期分析

LDMS：激光解吸

LHES：实验室氢转移萃取系统

MIBC：甲基异丁基甲醇

MFT：到期尾料

MS：质谱分析法

NEB：国家能源董事会

OHWE：OSLO 热水萃取

OSA：油砂区

PSC：初级分离装置

PSD：微粒尺寸分布

PSV：主分离器

PZC：零电荷点

SAGD：蒸汽辅助重力泄油

SARA：饱和烃、沥青质、胶质、芳香烃

SCO：合成原油

SFR：砂/细砂比

SG：比重

SPW：模拟处理水

SRF：过滤法比电阻系数

STP：标准温度和压力

TAN：总酸值

TDS：总溶解固体

TRFD：时间分辨荧光去极化

TT：增厚尾料

TTW：油罐—轮组

VDU：真空蒸馏装置

VPO：真空压力渗透压测定法

WTT：井—油罐

WTW：井—车轮

目　　录

第1章 阿萨巴斯卡油砂矿介绍

沥青是非常规油气资源的一种重要类型，加拿大拥有丰富的天然沥青资源。天然沥青是重油的一种类型，其特征为黏度非常高，密度大，碳氢比高，重金属富集程度较高。天然沥青黏度很高，在重力作用下不易流动。室温下，其黏度通常超过 500Pa·s，状态类似于糖稀。其密度范围为 970~1015kg/m³（8~14°API）。天然沥青转化为合成原油（SCO）之前必须要进行处理，然后才能用传统原油炼制工艺进行分馏，生产出汽油、飞机及柴油机燃料。

地壳表层的碎屑物或岩石与其中所含天然沥青的混合物（天然气除外）被称为油砂，有时又称焦油砂或沥青砂。油砂是被高摩尔质量、黏稠的石油所浸染的沉积矿床。油砂在世界各地均有分布，一般与常规原油出现的地理位置相同。在油砂矿区内出现的其他类型的重油也被认为是油砂。

加拿大的天然沥青资源主要分布在阿尔伯达省的东北部，有 3 个核心油砂矿区（OSAs）：阿萨巴斯卡的 Wabiskaw-McMurray、冷湖的 Clearwater 及皮斯河的 Bluesky-Gething（图 1.1）。这 3 个核心油砂矿区（OSAs）的总面积约为 142000km²［加拿大能源资源委员会（ERCB），2009 年］。阿萨巴斯卡 Wabiskaw-McMurray 核心油砂矿一般称为阿萨巴斯卡油砂矿，是阿尔伯达省 3 个核心油砂矿中面积最大的一个。

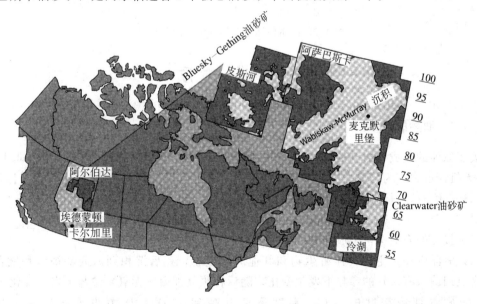

图 1.1　阿尔伯达油砂矿区：阿萨巴斯卡、冷湖及皮斯河
（图右侧刻度的间距为 50km，以标示出城镇）［据加拿大能源资源委员会（ERCB）］

阿尔伯达其他的天然沥青资源分布在泥盆系和密西西比统的碳酸盐岩沉积中，这两套沉积不整合下伏于阿萨巴斯卡和皮斯河松散砂岩沉积之下。皮斯河沉积被称为碳酸盐岩沥

青沉积，还未进行商业开采。

在这 3 个核心油砂矿中，有 15 个独立的油砂沉积分布在不同地质层位（Hein，Marsh 和 Boddy，2008）。图 1.2 为阿尔伯达主要沥青沉积的位置图（沥青主要在碎屑岩及碳酸盐岩中）。

阿尔伯达油砂矿是世界上已知规模最大的烃类沉积，该省油砂的最初探明储量为 $280.9 \times 10^8 m^3$（1767×10^8 bbl），原油储量位居世界第二，仅次于沙特阿拉伯（Radler，2003）。

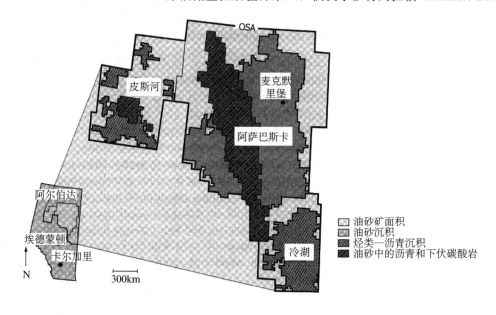

图 1.2 阿尔伯达主要沥青沉积的分布图

1.1 地 质

1.1.1 油砂的来源

关于原油的生成（成因），有两大主要理论：有机论（生物成因）和无机论（非生物成因）。无机论过去广为传播，这在某种程度上要归功于元素周期表之父门捷列夫，门捷列夫认为乙炔（C_2H_2）是碳化物与水发生反应生成的，然后生成石油。这一理论现在遭到质疑。

广为接受的石油有机生成理论认为：

（1）海洋生物，主要为浮游生物和其他海洋生物，死后沉积到海底并被沉积物覆盖，先在喜氧细菌（有氧）的参与下发生变化，随后在厌氧细菌（无氧）参与下发生变化。

（2）随着埋藏深度的增加，温度逐渐升高到 150℃，压力也逐渐增大（300～1500atm[1]），蛋白质、碳水化合物和其他物质被分解，转化成干酪根（被称为成岩作用）。

---

❶ 1atm = 1.01325×10^5 Pa。

最后干酪根分解转化为液态石油。同时，富含有机质的沉积物转化为岩石，经历漫长的地质年代之后，发生变形、弯曲及抬升。

（3）液态石油在岩石孔隙内流动，直到形成圈闭无法再流动，成为油藏。

Adams，Restron 和 Mendoza（2004）参考 Garven（1989）的研究，认为"由于阿尔伯达盆地西部的构造抬升，在已生成的液态石油达到最大埋深后，很快发展为地形驱流动系统。地形驱的盆地流体（例如水）流过油源岩……，这种流动系统成为含烃水进入阿萨巴斯卡油砂矿地区的主要通道"。其他地质学家则认为水流并不是驱动石油运移的必需因素，较轻的液态石油是以单相或多相流体的置换或扩散而运移。不论是哪种情况，在原油向上倾方向运移时，其运移路径越来越受到限制，结果，大量的石油被圈闭在渗透性 McMurray 砂岩地层中，其下为泥盆系碳酸盐岩地层，其上为白垩系 Clearwater 页岩地层，如图 1.3 和图 1.4 所示（Cuddy，2004）。

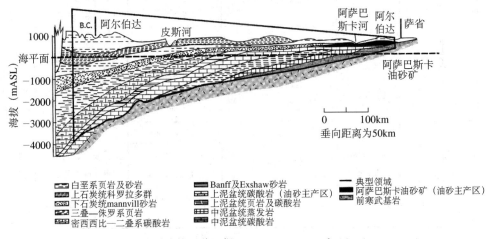

图 1.3　地层及原油的运移（据 Adams，Restron 和 Mendoza，2004）

不确定的主要因素为：烃源岩是形成于密西西比世或侏罗纪时期，还是两个时期都有。现在广为接受的观点是：轻质油的油源岩沉积于西加拿大沉积盆地（WCSB）的上白垩统深部，在圈闭形成之前，轻质油长距离运移到现在的位置保存。所形成原油最初主要储存在 McMurray 及其他相关地层中，并为油气自西向东运移提供了主要通道。估计运移至阿萨巴斯卡沉积的通道至少有 360km 长，而运移至皮斯河沉积的通道至少有 80km 长。随后这些轻质油经历了有氧细菌的生物降解，转化为沥青。

被圈闭的原油经过上百万年的生物降解作用，形成重质油，如天然沥青。因此，天然沥青中没有直链烃（如戊烷）而富含高分子烃类。从而油，也就是沥青的相对密度大，残余物中硫含量高。同时，重矿物富集，如钒、镍、磁铁、金及银的含量也增加了。最终，室温下的天然沥青的密度高于水的密度，黏度达到 500Pa·s。天然沥青的含硫量约为 4.5%，含氮量约为 0.5%，重金属含量（钒和镍）约为 $300\mu g/g$。细菌也可能改变某些较简单的硫分子，使之成为较复杂的分子。所以与常规重质油相比，沥青含有更多的重烃、复杂的硫化合物、氮化合物以及金属分子。

推测在生物降解之前，油砂中的原油体积是当前体积的 2～3 倍。沥青的特性和油砂矿的储层特征在很大程度上取决于生物降解的程度。

宇	界	系	群	组	段	岩性	单元
显生宇	新生界			更新世及近代沉积		漂砾黏土、砂岩、粉砂、砾石及泥炭沼泽	渗水层—非渗水层
	古生界	石炭系	Colorado	LaBiche（Kib）	1WS	页岩	非渗水层
					2WS		
					BFSC		
				Viking（Kv）		砂岩	渗水层
				Joli Fou（Kj）		页岩	非渗水层
				Grand Rapids（Kg）		岩屑砂岩和砂岩	渗水层
			Mannvile	Clearwater（Kc）		页岩和砂岩	非渗水层
					Wabiskaw	海绿石砂岩和粉砂	
				McMurray	上部	近海相砂岩和黑黏土	被原油饱和的岩石为非渗水层/被水饱和的岩石为渗水层
					中部	河口相细砂及油侵灰黏土	
					下部	陆相泥岩及中粗砂岩	
		泥盆系	Beaverhill Lake	Waterways	Moberly	泥质灰岩、钙质泥岩及碎屑灰岩	渗水层—非渗水层
					Christina		
					Calumet		
					Firebag		
				假整合			

图 1.4 McMurray 组地层剖面

1.1.2 阿萨巴斯卡 Wabiskaw—McMurray 组沉积

前文曾提到，阿萨巴斯卡油砂矿的面积是阿尔伯达省 3 个核心油砂矿中面积最大的，也是唯一一个可进行露天开采的油砂矿。阿尔伯达省的油砂储量主要储存于下白垩统 McMurray 组中，沥青存在于松散的（未胶结的）碎屑砂岩中。在麦克默里堡附近，整个 Mannville 群在河道处中都有露头。McMurray 组是 Mannville 群中唯一一套被原油饱和的地层。McMurray 组上覆于泥盆系岩层之上，而泥盆系又不整合于前寒武系岩层之上。泥盆系岩层发育有石灰岩、白云岩、泥岩、硬石膏和盐。

McMurray 组直接沉积在一个主要的北—南向凹陷中的前寒武系剥蚀面上，该凹陷形成源于溶解作用使得中泥盆统碳酸盐岩蒸发并引发下伏地层的坍塌。该凹陷在早白垩世时期以河流相沉积为主，所以整个地貌变化起伏非常大。风蚀作用导致泥盆系地表呈现高低不一的地貌，这对于阿萨巴斯卡沉积中油砂储量的分布非常重要，原因在于大部分储量都储存在 McMurray 组中段、下段地层中（Cuddy，2004）。

Clearwater 组上覆于 McMurray 组。在 Clearwater 组之上又覆盖有 Grand Rapids 组砂岩。由于具指状交错沉积的特征，这两套地层有时很难分辨其地层的接触面。在阿萨巴斯卡油砂矿区，Clearwater 组和 Grand Rapids 组砂岩地层不含油，但在 Wabiskaw 和冷湖油砂矿区，这两套地层含沥青。

McMurray 组可以简单分为 3 段，反映 3 个不同的沉积环境，即下部的陆源河流相沉积、中部的潮汐河口相及上部三维潮汐海相（Cuddy，2004）。虽然 McMurray 组下部岩性为粗砂，一般都被沥青所饱和，但在阿萨巴斯卡油砂矿的某些区域，McMurray 组下部为含水砂岩，几乎不含沥青。由此又被称为基底含水砂岩（BWS）。

图 1.4 为 CNRL 项目 18 号承包区 McMurray 组的地层剖面。在该承包区内，上 McMurray 组埋深相对较浅，油砂主要储存于 McMurray 组中、下部地层中。Clearwater 组上覆于上 McMurray 组之上，主要由海相黏土、细砂岩和粉砂岩组成。这些沉积岩均沉积于 Boreal Clearwater Sea 海平面上升期间，属海相沉积。

1.2 阿尔伯达天然沥青资源

1.2.1 油砂矿的特征

油砂矿品质主要取决于沥青的质量分数及饱和沥青层的厚度。沥青的质量分数也称沥青等级，在纵向和横向上的变化都很大。随着矿藏泥岩和黏土含量的增加或者孔隙度的降低，沥青含量降低。因为沥青和水都充填于岩石或砂层孔隙中，随着矿藏孔隙内含水量增大，沥青含量降低。

在表 1.1 中，用孔隙体积、孔隙度和沥青饱和度等术语来描述油砂矿。"孔隙体积"（又称孔容）指单位质量油砂矿固体中所具有的细孔总容积。这个参数是就地油砂开采过程中非常重要的一个特性，表明沥青可以在油砂岩层的孔隙空间内流动。油砂矿的"孔隙度"被定义为孔隙体积与砂岩体积的比值。油砂矿的沥青饱和度可以用两种方式表示：一是可以用沥青质量相对于油砂矿总质量的质量分数表示，包括全部沥青、水及固体矿物（砂岩、页岩和黏土）；另一种是可以用沥青所占据的孔隙体积百分比来表示。

表 1.1 天然沥青的最初地质储量及各油砂矿特征

油砂矿区		最初地质储量（10^8m^3）	面积（km^2）	产层平均厚度（m）	平均沥青饱和度（%）		平均孔隙度（%）
					质量	孔隙体积	
阿萨巴斯卡	Grand Rapids	86.78	6890	7.2	6.3	56	30
	Wabiskaw – McMurray（露天开采）	207.28	3740	25.8	10.1	76	28
	Wabiskaw – McMurray（就地开采）	1323.19	47010	13.1	10.2	73	29
	Nisku	103.30	4990	8.0	5.7	63	21
	Grosmont	505.00	41670	10.4	4.7	68	16
	小计	2225.55	104300				

续表

油砂矿区		最初地质储量（$10^8 m^3$）	面积（km^2）	产层平均厚度（m）	平均沥青饱和度（%）		平均孔隙度（%）
					质量	孔隙体积	
冷湖	Grand Rapids	173.04	17090	5.9	9.5	66	31
	Clearwater	94.22	4330	11.8	8.9	59	31
	Wabiskaw – McMurray	42.87	4850	5.4	7.3	59	27
	小计	310.13	26270				
皮斯河	Bluesky – Gething	109.68	10160	6.1	8.1	68	26
	Belloy	2.82	260	8.0	7.8	64	27
	Debolt	78.00	3020	23.7	5.1	65	18
	Shunda	25.10	1430	14.0	5.3	52	23
	小计	215.60	14870				
总计		2751.28	145440				

资料来源：加拿大能源资源委员会，2009。

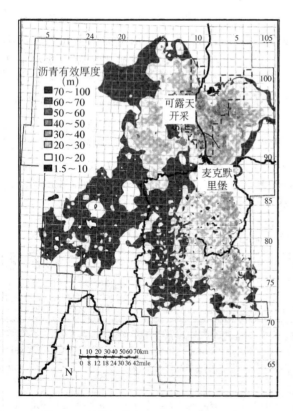

图 1.5　阿萨巴斯卡 Wabiskaw – McMurray
油砂矿沥青产层厚度图
（据加拿大能源资源委员会，2009）

图 1.5 是阿萨巴斯卡油砂矿 Wabiskaw – McMurray 沥青产层厚度图，沥青的含油率为 6%（质量分数），有效厚度为 1.5m。该构造图既考虑到了单个沥青层的厚度，也考虑到整个地质层段中沥青层的累计厚度。它还标示出了计划进行露天开采的区块。这一区块仅限于阿萨巴斯卡河附近区域，只占阿萨巴斯卡 Wabiskaw – McMurray 油砂矿的一小部分，也是阿尔伯达省 3 个油砂矿中唯一可进行露天开采的区块。

1.2.2　开采方法

目前，阿萨巴斯卡油砂矿的开采主要有两种方法：露天开采和就地开采。露天开采适用于埋藏相对较浅的油砂矿。首先要铲去地表植被和地表盖层即泥炭沼泽和表土层，露出油砂地层。目前用卡车—铲车及露天采矿设备进行油砂矿的开采。处理油砂时，首先用热水将沥青从砂岩颗粒中解放出来，然后再进行回收和提纯。

若油砂矿上覆表土太深，无法进行

经济开采，就需用就地开采。目前采用蒸汽辅助重力泄油（SAGD）方法针对这种油砂矿进行经济开采，即钻两口平行的水平井至油砂层下部，然后将蒸汽注入上面的水平井内加热周围地层从而降低沥青黏度，再用电泵将流入井中的沥青和冷却水抽到地面上。

采用露天开采还是就地开采，主要取决于油砂矿上覆沉积物的厚度，露天开采通常适用于上覆沉积厚度小于 75m 的区块（ERCB，2008）。

1.2.3 天然沥青储量：定义及其数值

石油工业内部以及阿尔伯达省政府和联邦政府都用专用术语来描述天然沥青的体积和储量。本章节将对这些术语做详细解释，列出阿尔伯达天然沥青产量的相关数据。注意：根据定义的标准，数据可能稍有变化，如有最新岩心资料，还可对数据进行更新。随后章节中用到的数据详见表 1.1 至表 1.4。

表 1.2 阿尔伯达天然沥青和原油储量及产量明细表

项目	天然沥青		原油	
	（$10^8 m^3$）	（$10^8 bbl$）	（$10^8 m^3$）	（$10^8 bbl$）
最终地质储量	4000	25000	—	—
最初地质储量	2751.28	17310	107.82	678
最终可采储量	500	3145	31.3	197
最初探明储量	280.92	1770	27.73	175
剩余探明储量（截至 2008 年底）	270.72	1700	2.33	15
年产量（2008 年）	0.76	4.77	0.293	1.84
累计产量（截至 2008 年底）	10.2	64.2	25.40	160

资料来源：ERCB，2009；NEB，2004。

注：$1 m^3$ 约等于 6.29bbl，1bbl 约等于 159L 或 $0.159 m^3$。

表 1.3 天然沥青露天开采法和就地开采法的地质储量和探明储量及累计产量

单位：$10^8 m^3$

天然沥青	露天开采法	就地开采法	合计
最终地质储量	220	3780	4000
最初地质储量	207	2544	2751
最终可采储量	110	390	500
最初探明储量	61.6	219.4	280.9
2008 年底累计产量	6.70	3.50	10.20
2008 年底剩余探明储量	54.87	215.85	220.72
有效开采方式下 2008 年底的剩余探明储量	37.4	5.6	43.0

资料来源：ERCB，2009；NEB，2004。

表 1.4 截至 2008 年底，在有效开采方式下部分矿区可露天开采的天然沥青的储量

开发项目	项目面积 （km²）	可露天开采的最 初地质储量 （10⁸ m³）	最初探明储量 （10⁸ m³）	累计产量 （10⁸ m³）	剩余探明储量 （10⁸ m³）
Albian Sand	135.81	6.72	4.19	0.49	3.71
Fort Hills	189.76	6.99	3.64	0	3.64
Horizon	284.82	8.34	5.37	0	5.37
Jackpine	79.58	3.61	2.22	0	2.22
Suncor	191.55	9.90	6.87	2.50	4.37
Syncrude	440.37	20.71	13.06	3.71	9.35
Kearl	196.74	13.24	8.72	0	8.72
合计	1518.63	69.51	44.07	6.70	37.38

资料来源：ERCB，2009。

注：$1km^2 = 100ha$。

1.2.3.1 天然沥青的最初地质储量

该术语指一个矿床在未开采前（不考虑未来将采出的那部分体积）估算的、计算的，或解释的所蕴含的天然沥青储量（NEB，2004）。该数值的计算要用到钻井资料，包括地球物理测井资料和岩心分析资料。

在 ERCB 2008 年和 2009 年的 ST-98 文件中，用天然沥青的最小饱和度取值 3%、最小饱和层厚度 1.5m 来计算白垩系砂岩中天然沥青的最初地质储量。在 1999 年，对于露天开采油砂矿，将天然沥青的最小有效饱和度提高到 6%、最小饱和层厚度提高到 3.0m。对于碳酸盐岩沉积，要用沥青饱和度的最小值为孔隙体积的 30% 和最小孔隙度 5% 作为最小有效值，来计算天然沥青的最初地质储量。ERCB 认为，1999 年由于油砂矿品质临界值发生变化，合理开采的沥青储量更为精确。这一标准的改变使得天然沥青资源的估算值减少了（ERCB，2008）。

表 1.1 列出了各油砂矿天然沥青的最初地质储量，正如表 1.2 中给出的天然沥青的最初地质储量为 $2751.28 \times 10^8 m^3$（$17310 \times 10^8 bbl$）（ERCB，2009）。

1.2.3.2 天然沥青的最终地质储量

该术语指所有勘探和开发活动停止后，预计的、能够找到的天然沥青的最终储量，不考虑未来将采出的那部分储量。因此可以认为天然沥青的最终地质储量代表着天然沥青储量的最大估算值。

据估算，天然沥青的最终地质储量为 $4000 \times 10^8 m^3$（$2.5 \times 10^{12} bbl$），其中 $220 \times 10^8 m^3$ 可进行露天开采，剩下的 $3780 \times 10^8 m^3$ 可进行就地开采（地下开采方式开采）。估算泥盆系碳酸盐岩中和密西西比统烃源岩中的最终地质储量为 $608 \times 10^8 m^3$（ERCB，2009）。

1.2.3.3 天然沥青的最终可采储量

ERCB 将天然沥青的最终可采储量定义为：一个地区的所有勘探和开发活动停止后，同时考虑到油砂矿的地质远景和经济状况，可以开采出的天然沥青探明储量的估算值。ERCB 又在定义中进一步增加了"累计产量、剩余探明储量，通过对老油砂矿进行扩边和调整后的新增储量，以及新发现油砂矿而增加的储量"，并用公式表示最终可采储量："最

终可采储量＝初始探明储量＋老油砂矿新增储量＋新发现的油砂矿储量”（ERCB，2009）。

据估算，天然沥青的最终地质储量的 $12\%\sim13\%$ 或 $500\times10^8\,m^3$（$3145\times10^8\,bbl$）为可采储量。用就地开采的方法，白垩系沉积内和古生界碳酸岩中天然沥青的最终可采储量分别为 $330\times10^8\,m^3$ 和 $60\times10^8\,m^3$。约有 $110\times10^8\,m^3$ 的油砂矿适于露天开采。ERCB 估算目前天然沥青总的最终可采储量为 $500\times10^8\,m^3$，与原先的估算结果相同，这个估算值比较乐观（ERCB，2009）。

1.2.3.4　天然沥青的探明储量

ERCB 对天然沥青的探明储量的定义是指通过详细勘探，用现有技术，在目前和预期的当地经济条件下，特别是经过钻井、测试或生产资料以及由邻近的地质、地球物理或类似的有合理确定性的信息所证实的可采储量（ERCB，2009）。

1.2.3.5　天然沥青的最初探明储量

天然沥青的原始探明储量是指：“在扣除所有产量之前的天然沥青的储量”（ERCB，2009）。据估算，天然沥青的原始储量为 $280.92\times10^8\,m^3$（$1767\times10^8\,bbl$）。其中，约有 80% 的探明储量（$219.4\times10^8\,m^3$）可使用就地开采法，约 20% 的探明储量（$61.6\times10^8\,m^3$）可进行露天开采（ERCB，2009）。

“在露天开采油砂矿区确定天然沥青的最初探明储量时，要考虑到沿主要河流流域的环境保护，还要考虑到较小的孤立油砂体及露天设施的位置（处理厂位置、尾料池及废料堆），此外，还必须将沥青矿石净化造成的减产考虑在内”（ERCB，2009）。ERCB 估计该缩减系数为 0.9，并假定组合采矿/萃取及沥青净化的平均采收率为 0.82。

对于能采用就地开采法开采的区域，ERCB 根据开发类型及沉积特征来确定计算应采用的沥青带最小有效厚度（门槛厚度）。对热采，采用的最小有效厚度为 $10\sim15\,m$；对一次开发，采用的最小有效厚度为 3m 或更低。ERC 还将最小有效饱和度定为 3%，但提出未来的储量计算中所用参数有可能要高于这些参数。对于那些达到最小厚度标准的区块，热采的采收率为 20%，一次开发采收率为 5%（ERCB，2008）。

2008 年底，露天开采和就地开采的最初探明储量与最初地质储量的比值分别为 0.298 和 0.086。就地开采法的比值很低，说明天然沥青的采出程度低，且储量估算中所用标准参数较严苛（表 1.3）。各油砂矿的最初地质储量和沉积特征详见表 1.1。阿萨巴斯卡油砂矿区的规模无论在油砂面积上还是油砂沉积体积上都是最大的。

1.2.3.6　天然沥青的剩余探明储量

天然沥青的剩余探明储量是指：“天然沥青的最初探明储量减去累计产量”（ERCB，2008）。

如表 1.3 所示，截至 2008 年底，自 1967 年开始商业开采以来，仅采出了约 0.3% 的原始探明储量（相当于 $10.20\times10^8\,m^3$）。其中，通过露天开采方式产出的沥青累计产量为 $6.70\times10^8\,m^3$，通过就地开采方式产出的沥青累计产量为 $3.50\times10^8\,m^3$。天然沥青的总剩余探明储量为 $270.72\times10^8\,m^3$（约 $1703\times10^8\,bbl$），其中，约 80% 的总剩余探明储量（$215.85\times10^8\,m^3$）适合用就地开采法，约 20% 的总剩余探明储量（$54.87\times10^8\,m^3$）适合用露天开采法。在总剩余探明储量中，有 $5.607\times10^8\,m^3$ 适用就地开采法的剩余探明储量及 $37.38\times10^8\,m^3$ 适合露天开采法的剩余探明储量位于采用有效开发方式的油砂开发区（ERCB，

2009）。以每天 500×10^4 bbl 的速率开采，这些天然沥青的剩余探明储量可以开采 100 年。ERCB 估计，到 2018 年的产量将会达到 2008 年产量的 2 倍（ERCB，2009）。

如表 1.2 所示，原油的剩余探明储量还不到天然沥青剩余探明储量的 1%。

1.2.3.7　合成原油产量

"天然沥青"指未经加工的沥青。由于天然沥青在加工炼制过程中需除去焦煤，或者在发泡处理过程中，沥青的沉淀及除渣，天然沥青的体积会减少 10%～20%。我们称加工过的沥青为合成原油。2008 年，产自阿尔伯达省的沥青约有 59% 被加工成合成原油。至 2018 年，这一比例有望增加到 61%。

1.2.4　油砂开发区的天然沥青及合成原油

表 1.4 列出了截至 2008 年 12 月的露天开采项目的产量。截至 2008 年 11 月底，只有森科（Suncor）能源有限公司、加拿大 Syncrude 公司及壳牌（Shell）Albian Sand 公司（前称为 Albian Sands Energy 公司）是露天开采区仅有的几家油砂开采公司。自 1967 年以来，这 3 家公司天然沥青的累计产量为 6.70×10^8 m³（42.1×10^8 bbl）。因为可露天开采天然沥青的总剩余探明储量为 54.87×10^8 m³，所以在有效开采方式下可露天开采的探明储量是巨大的。

2007 年，阿尔伯达省天然沥青总产量为 7660×10^4 m³，其中 3110×10^4 m³ 产自就地开采，4550×10^4 m³ 产自露天开采。露天开采产量占总产量的 59%，就地开采产量占总产量的 41%。而 2008 年就地开采产量为 3390×10^4 m³，露天开采产量为 4200×10^4 m³，露天开采产量占总产量的 55%。

ERCB 已确定了天然沥青就地开采的初始探明储量。目前，油砂矿就地开采区内的沥青总产量为 3.501×10^8 m³，其中，2.595×10^8 m³ 采自冷湖油砂矿区，这里是就地开采天然沥青的主要区域（表 1.5）。

据估算，就地开采的剩余探明储量为 5.607×10^8 m³，仅占初始探明储量的 2.6%（ERCB，2009）。就地开采法主要以热采为主。

1967—2007 年间阿萨巴斯卡油砂矿露天开采天然沥青及合成原油的日产量数据详见图 1.6。1967 年，Great Canada Oil Sands（森科能源公司的前身）的成立，第一套沥青露天开采及分级处理一体化装置投入使用。随后 Syncrude 于 1978 年，Albian 公司和 Scotford Upgrade 油砂公司于 2003 年在埃德蒙顿地区也相继开始了天然沥青的露天开采及加工作业。2009 年，加拿大自然资源公司（CNRL）在麦克默里堡北部启动了 Horizon 综合作业项目。

3 个核心油砂区就地开采沥青的日产量数据详见图 1.7。冷湖油砂矿的产量在 1997—2002 年间比较稳定，自 2002 年起开始上升。尽管冷湖油砂矿是主要的沥青产区，但由于 SAGD 热采工艺的发展，阿萨巴斯卡油砂矿的沥青产量自 2002 年有大幅度增涨。近年来，皮斯河油砂矿就地开采沥青产量的增长主要是得益于 Seal 区块天然沥青一次开采产量的增加（ERCB，2009）。

至 2018 年，就地开采及露天开采天然沥青日产量及投影数据详见图 1.8。2008 年就地开采沥青的日产量为 92900m³，露天开采沥青的日产量为 114700m³。至 2018 年，就地开采沥青和露天开采的日产量有望分别增长至 221000m³ 和 249000m³，相当于沥青总日产量每天增加 300×10^4 bbl。

表 1.5　2008 年底采用有效开发方式的油砂区内就地开采法天然沥青的储量

开发项目		最初地质储量（10^8 m³）	采收率（%）	最初探明储量（10^8 m³）	累计产量（10^8 m³）	剩余探明储量（10^8 m³）
皮斯河油砂矿区	商业热采项目	0.558	40	0.223	0.1	0.123
	一次开采计划	1.608	5	0.08	0.061	0.019
	小计	2.166	不详	0.304	0.161	0.143
阿萨巴斯卡油砂矿区	商业热采项目	3.137	50	1.569	0.369	1.20
	一次开采计划	10.262	5	0.513	0.204	0.309
	提高采收率计划	2.89	10	0.289	0.103	0.186
	小计	13.399	不详	2.371	0.676	1.695
冷湖油砂矿区	商业热采（循环注蒸汽 CSS）	12.128	25	3.032	1.848	1.184
	商业热采（SAGD）	0.338	50	0.169	0.01	0.159
	一次采出	6.011	5	0.301	0.137	0.164
	一次开采计划	43.471	5	2.174	0.527	1.647
	Lindbergh 一次采出	13.093	5	0.655	0.073	0.582
	小计	75.041	不详	6.33	2.595	3.735
试验计划（全部油砂矿区）	有效开采	0.081	15（平均值）	0.012	0.011（阿萨巴斯卡油砂区的冷湖油砂区的产量分别为 86×10^4 m³ 和 20×10^4 m³）	0.001
	最终	0.0874	10（平均值）	0.091	0.058	0.033
	小计	0.0955	不详	0.103	0.069	0.035
总计		9.116	不详	9.087	3.501	5.607

资料来源：ERCB，2009。

表 1.6　2008 年合成原油产量

生产商	合成原油年产量（10^4 m³）	合成原油日产量（m³）	合成原油日产量（10^3 bbl）
Sell Scotford 处理厂	748	20500	129
森科能源公司	1343	36800	231
Syncrude 公司	1701	46600	293
合计	3792	103900	653

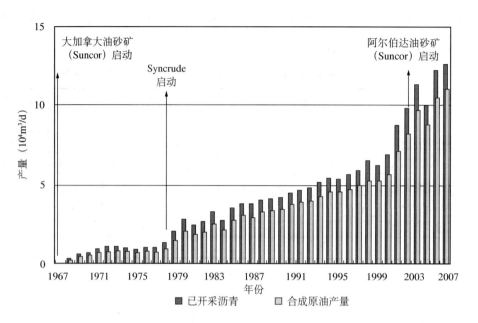

图 1.6 阿尔伯达露天开采天然沥青及合成原油的日产量（据 ERCB，2008）

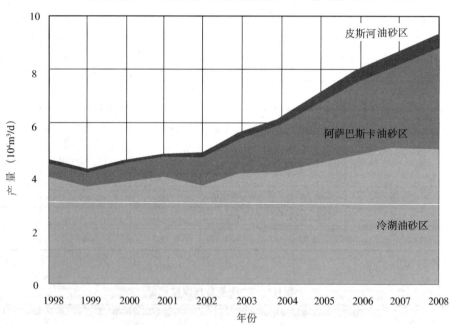

图 1.7 3 个主要油砂矿区就地开采天然沥青的日产量（据 ERCB，2009）

　　截至 2008 年，阿尔伯达省所有露天开采和一少部分就地开采的油砂都已加工成为合成原油。Shell、Suncor 和 Syncrude 的平均日产量详见图 1.6。这 3 家处理厂生产不同种类的精炼产品。Shell 为 Shell Scotford 精炼厂生产中间产品、轻质低硫原油及重质合成原油。Suncor 公司生产轻质低硫、高硫原油及柴油燃料。2007 年，森科能源公司生产了 43％的轻质低硫原油、11％的柴油、43％的轻质高硫原油和 3％的沥青（Suncor，2007a）。Syncrude

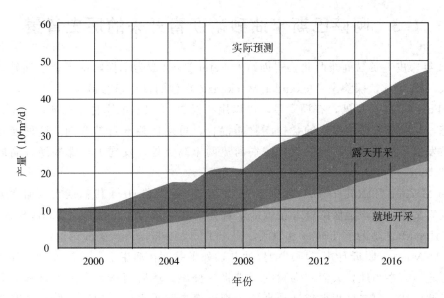

图 1.8 阿尔伯达省就地开采及露天开采天然沥青日产量（据 ERCB，2009）

生产轻质低硫合成原油。

2008 年，合成原油的日产量为 103900m³，ERCB 预测到 2018 年合成原油的日产量会增长至 245000m³。2008 年合成原油的日产量降低了约 5％。合成原油日产量的历史数据详见图 1.9。很显然，Suncor 和 Syncrude 合成原油产量的增长趋势呈一条较陡的斜线。

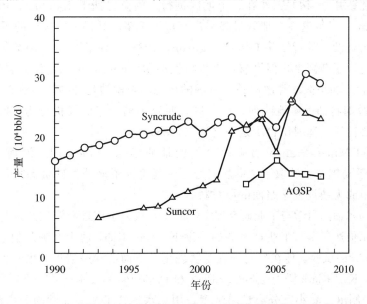

图 1.9 阿尔伯达主要沥青处理厂合成原油产量的历史数据

（资料来源：Shell、Syncrude 和 Suncor 公司年度和可持续发展报告）

1.3   阿萨巴斯卡油砂矿沥青开采的历史背景

1778 年，皮毛贸易商兼西北公司创始人 Peter Pond 成为勘探阿萨巴斯卡油砂矿的第一个欧洲人。10 年后，探险家 Alexander Mackenzie 在他的日记里写道：

"距 Fort 约 24 英里处，有沥青泉，可以用一根 20 英尺长的木杆顺畅插入其中。沥青为流动状态，与胶或云杉中提取的含树脂物质混合，可用作独木舟黏合剂。这种沥青在加热状态下散发出一种类似于海煤的气味。在河流两岸高点处，发现了与那些沥青品质相同的沥青脉。"

John Macoun 和 Robert Bell 分别于 19 世纪 70 年代和 80 年代初期在《加拿大地质调查》上发表文章，对该地区的资源量做了乐观评价。1889 年，Treaty 8 Metis Scrip 委员会秘书 Charles Mair 踏勘了 Treaty 8 地区，得出了同 Mackenzie 相同的结论：

"在 McMurray 附近有几口所谓的焦油井，如果井钻在河岸上，井筒会被焦油和砂的混合物慢慢充填。在当地，人们用沸腾的开水将其分离，然后用作黏合独木舟和船只的黏合剂……长此以往，河岸堆积得越来越高……到处都是脏乎乎的焦油，散发着老旧船只的味道……毫无疑问，充斥着该地区的这种物质具有巨大的经济价值，我相信，一旦开发，这将是北加拿大最富庶之地。这一地区的自然景观给我们留下了深刻印象，我们认为，这是我们幅员辽阔的祖国所蕴含的、初露端倪的巨大资源宝库（Mair，1908）。"

Barry Glen Ferguson 在他对油砂矿的详细记录中写道："1894 年，国会投入了 7000 美元，用于试验性钻井"，钻井工作在 3 个地区进行：阿萨巴斯卡 Landing、Pelican River 和 Victoria Settlement。但这 3 个地区最终都没有得到希望的结果——像样的石油。1898 年之后，这几个地区就没再进行钻井工作（Ferguson，1985）。到了下一个 10 年，政府和实业家对油砂矿的兴趣又逐渐恢复，但没有什么投机性举动。Ferguson 又继续解释道：

1912 年之后，加拿大联邦政府迫于英国的压力，再次涉足油砂矿并颁布了石油勘探法。1913 年，联邦政府将油砂矿地区列入储量区，叫停了前 6 年的投机行为。政府意识到石油作为燃油的重要性后，适时出台了这一立法（1985）。

1913 年，同 Mines Branch 出版社合作的地质学家 Sidney Ells 沿河岸踏勘了大约 185mile，并用手动螺旋钻钻取了 200 块岩心……他论证了该处油砂资源量巨大，并且是一种实用的、有望成为铺设公路路面的原材料。

1921 年，阿尔伯达科学与工业研究理事会成立，致力于该省经济的开发与增长。20 世纪 20 年代，在阿尔伯达科学与工业理事会的协助下，Karl Klark 博士在阿尔伯达大学开始进行从油砂中分离沥青的试验，他在矿物处理及物理化学方面的深厚造诣对沥青的分离试验帮助很大。1924 年，Karl Klark 博士与 Sidney Blair 和 David Pasternack 合作，在阿尔伯达大学发电厂的地下室内研制出一套小型分离试验装置，用热水浮选工艺从油砂中分离沥青。1924 年，他们又在埃德蒙顿 Dunvegan 铁路调车场制造出一台更大的分离装置，后又经过改进、拆装和重建，于 1929 年研制出可用于现场的沥青分离装置。正是 Karl Klark 博士创造性的研究工作，为日后的工业化萃取沥青及阿尔伯达油砂矿能源的商业化奠定了基础。

20 世纪 60 年代后期，加拿大油砂公司（GCOS）研发出了露天开采技术，包括 3 个条件：可进行露天开采的油砂矿、将沥青从油砂中提取出来的热水萃取厂和能将提取出的沥青加工成轻质合成原油的分级处理厂（Morgan，2001）。20 世纪 70 年代后期，Syncrude 公司在 Mildred Lake 开始了油砂矿的商业化露天开采。此后 Syncrude 和 Suncor 公司又扩展了油砂矿的开采作业。

2003 年初，Albian Sands Energy 公司（现称"Shell Albian Sands"）开始露天开采油砂矿，从油砂中提取沥青。这 3 个油砂开采商都用到热水或温水浮选或回收沥青，采用的都是 Karl Klark 博士最初研究出的油砂矿商业开采方法。2008 下半年，CNRL 的水平井油砂开采项目启动。

目前，在加拿大自然科学及工艺技术委员会工业研究部的组织负责下，阿尔伯达科学与工业研究院、联邦政府能源技术中心及阿尔伯达大学等研究机构正在对从油砂中提取沥青及相关处理工艺进行研究。

20 世纪 60 年代后期，在致力于油砂矿露天商业开采的同时，也开始对埋藏较深、无法经济开采的油砂矿进行研究。20 世纪 80 年代帝国石油公司研发了第一个可行的深层油砂商业开采方法并在冷湖油砂矿工区使用的，即蒸汽循环激励生产法（CSS），又称蒸汽吞吐。帝国石油公司采用的蒸气循环激励生产法，在加拿大广泛用于就地油砂开采，事实证明，这是最成功的原地油砂开采工艺。随着水平井技术的引入，诞生了第二代就地油砂开采技术，这一技术被多家油砂公司采用，其中包括阿尔伯达能源公司（在 Foster Creek）和 Suncor 公司（在 Firebag）。

最初，从油砂矿中生产合成原油不但极其困难而且极其昂贵。高昂的成本及投资的低回报率阻碍了油砂矿的商业开发。但是，随着建筑材料的改进、材料处理工艺的提高及就地开采工艺的进步，卡车—铲车法和油气输送管道的引入以及人们对沥青提取及炼制技术更深刻的理解，都成功地使高昂的沥青开采和加工费用降低到目前较低的、具有全球竞争力的水平（Mathieson 等，2001）。

前面已谈到，既可以用就地开采法（油砂埋深通常超过 100m），也可以用露天开采法（油砂埋深较浅）进行沥青的商业化开采。实际上，用就地开采法生产的沥青和重油大部分都来自埋深大于 200m 的油砂矿，而用露天开采法开采的沥青则采自埋深小于 75m 的油砂矿。图 1.10 所示为阿尔伯达的 3 个油砂矿区，图上还标注了目前及未来从事就地开采及露天开采的作业商的名称。需要注意的是，对于中等埋深（即埋藏深度在就地开采油砂及露天开采油砂之间）的油砂矿，目前还没有确定的开采技术。

图 1.11 所示为 Syncrude、Suncor、Shell Canada、CNRL 及其他公司目前及未来的油砂开采合同区。

Carrigy 及 Kramers（1973）、Ferguson（1985）、Sheppard（1989）、国家能源董事会（2000，2004，2008）及阿尔伯达资源议事厅（2004）都对油砂矿的历史背景作了详尽介绍。更多关于麦克默里堡的社会背景及阿萨巴斯卡地区油砂矿的开采历史详见 Huberman（2001）。

图 1.10 阿尔伯达油砂区及油砂开采公司：露天开采及就地开采（包括在建和计划建设的）

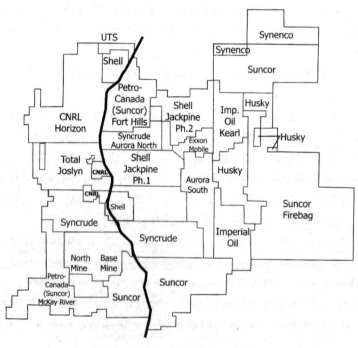

图 1.11 油砂矿合同区（2007 年）

资料来源：Canadian Oil Sands Trust 网页

1.4 油砂矿开采动力

全世界油气需求的增长为沥青的开发生产提供了市场。在沥青产量增长之前，必须解决影响未来油砂矿开发程度和开发速度的几大因素。这些因素请详见图1.12。

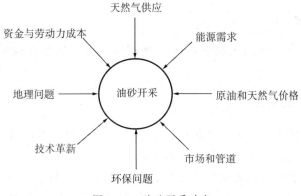

图1.12 砂矿开采动力

1.4.1 天然气

开采沥青，抽提步骤中需燃烧天然气来给水加热（250ft³/bbl），SAGD制取蒸汽也需要燃烧天然气（1100ft³/bbl；汽油比 SOR = 2.5），当然，炼制处理也离不开天然气（400ft³/bbl）。到2015年，就地开采及露天开采油砂矿对天然气的综合平均消耗为700ft³/bbl（NEB，2004）。

1.4.2 能源需求

如果能源需求低，投资油砂矿项目的热情就会降低。

1.4.3 原油和天然气价格

天然气价格对SAGD就地开发油砂矿影响很大，根据NEB，天然气成本占到就地热采总成本的50%或更多……公司正致力于研发新技术，以期减少或消除油砂矿开采中对天然气的需求。NEB进一步引用到："Nexen/OPTI Long Lake项目中的沥青天然气化处理及Suncor公司的Firebag项目中的燃料转换能力"，是一个减少天然气使用的绝佳实例。

1.4.4 市场和管道

生产出的沥青需要通过管道运输到市场，这一点很重要，如果没有运输管道，生产出的天然沥青和合成原油就无法运达麦克默里堡及埃德蒙顿或加拿大的其他地方，也无法运送到美国中西部地区。

1.4.5 环保问题

用水量和二氧化碳排放是油砂矿开采中的主要问题。公众关心的问题主要涉及河水抽取、产生污水量及细尾料不断增多，以及排污是否达到京都环保议定书规定的目标等，这些都是今后油砂矿开采要面临的问题。

1.4.6 技术革新

主要集中在提高沥青采收率、降低生产成本、减少用水量及废物排放。

1.4.7 地理问题

绿色油砂区（新区）远离麦克默里堡，交通和食宿对那些在现场工作的人来说都是问题。

1.4.8 资金和劳动力成本

因对钢铁和水泥需求量巨大，建筑材料不容易到位。随着经济的复苏和油砂开发项目的上马，熟练技术工人、操作技师和工程师短缺。

还有一个影响油砂矿开采的重要动力因素未在图1.12上标示出来，即人力资源——工作者们在设计、建设和油矿厂操作等环节通力合作，付出了巨大的努力，这也是油砂资源得以成功开采的重要因素。他们对将来油砂矿开发的程度和速度具有潜在的巨大影响。

天然沥青的生产和炼制成本是油砂矿开采行业的主要变量。据 Syncrude，2004年 Syncrude Sweet Blend 的总操作成本是18.61美元/bbl。其中，表层剥离成本为2.10美元/bbl，提取及炼制成本为10.51美元/bbl，催化剂成本为0.71美元/bbl，电费成本为4.24美元/bbl，管理和研究成本为1.05美元/bbl。Syncrude公司2007年操作成本为25.26美元/bbl（这一成本包括油砂矿开采、沥青提取炼制、设备维护、管理成本、启动成本、研究成本及电费成本）。2008年，由于操作无序、表层剥离量的增加、天然气价格上升及耗材量增加，这一成本激增到35.26美元/bbl。与之类似，Suncor公司从油砂开采到产出合成原油，操作总成本从2006年的26.15美元/bbl，激增为2007年的34.15美元/bbl和2008年的45.85美元/bbl。

1.5 沥青的萃取和分级处理方案

1.5.1 萃取

典型的沥青萃取方案见图1.13。将油砂开采出来，压碎（a）。将水和添加剂加入泥浆制备器中，通过旋转破碎机、循环投料机及带振动筛（b）的混合箱，粉碎破裂的油砂块。将经过粉碎的油砂浆液以及从油砂中提取出来的沥青和固体（c）输入烃类传送管道，然后再进一步粉碎。油砂被进一步粉碎，沥青完全从油砂颗粒中分离出来。在传送管道中，分离出的沥青滴与油砂浆液制备过程中混入的空气泡结合。稀释从传送管道出来的浆液后送入沥青抽提厂（d）的重力分离装置中。用浮选槽在重力分离装置中回收沥青。暴露于空气中的沥青进入重力分离装置顶部，形成沥青浮渣，其中沥青含量平均为60%，水为30%，其他固体为10%。沥青浮渣中的固体物质体积很小，带入沥青浮渣中的水多为自由水。沥

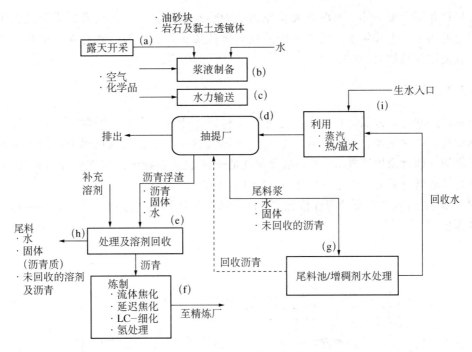

图 1.13　露天开采沥青生产流程示意图

青泡沫首先要经过脱水，然后送入沥青浮渣处理厂（e）除去其中的固体杂质和水。在泡沫处理厂中为了除去固体杂质和水，要用溶解剂来降低沥青的黏度和密度。

各油砂开采公司所采用的（a）和（d）之间的处理步骤在很大程度上是相当标准的。在沥青浮渣处理中，有两个主要的转换过程。在环烃沥青浮渣处理中添加石脑油作为稀释剂（溶剂），不但降低了沥青的黏度和密度，还增强了稀释沥青中固体杂质和水的分离效果。在这一方法中，沥青稀作为沥青的一种组分，并不沉淀。在固体杂质和水分离过程中用到了倾斜式盘置器、水力旋流机和离心机。Syncrude、Suncor 和 CNRL 公司都采用了环烃沥青浮渣处理工艺，稀释后沥青产品中的含水量为 1.5%～2.5%，固体杂质含量为 0.4%～0.8%。石蜡沥青浮渣处理中添加石蜡作为稀释剂，以降低沥青的黏度和密度。加入适当的稀释剂后，约有 1/3～1/2 的沥青烯沉淀。

对稀释沥青中细小的固体杂质和乳化水而言，沉淀的沥青烯起到了收集器的作用。最终的稀释沥青产品含固体杂质为 500～800μg/g，含水约为 100～300μg/g。石蜡沥青浮渣处理过程中用到了沉降器。Albian 公司最初采用的石蜡沥青浮渣处理工艺的处理温度约为 35℃，以防止稀释剂沸腾，因为用了 C_5 和 C_6 链烷烃。但最近因压力容器的使用将处理温度提高到了 70～90℃。未来石蜡沥青浮渣处理还会提高到更高的温度。

对于环烃沥青浮渣处理及石蜡沥青浮渣处理，沥青精加工前要都除去稀释剂（f）。平均 2t 油砂才能生产出 1bbl 精制沥青。

天然沥青的炼制取决于沥青的状态，即沥青是丙烷脱沥青还是全沥青。在提取厂，重力分离罐和二次浮选装置排下来的尾料又被导入浓缩罐或排入尾料池（g）。使用浓缩罐时，会产生循环热水，浓缩罐中形成的浓缩尾料糊或者在特殊尾料池中进行处理，或者在同一尾料池中与抽提产生的粗固体尾料混合。如果没有浓缩罐，尾料会直接排入废料池。处理粗固体尾料和部分细固体杂质时，要将尾料池的热水循环利用，在沥青的提取过程中也用到尾料池的热水。近几年来，尾料池中的细固体杂质和黏土成为一种烂泥，被称为成熟细尾料，其固体含量约为30%。

1.5.2 精炼

前面已提到过，天然沥青必须经过炼制厂精炼才能成为产品。炼制之前，天然沥青是一种黏度高、硫含量高、重金属含量高而氢含量低的烃类。在炼制过程中，沥青被转化成高品质原油（即合成原油或SCO），这种原油的密度和黏度特征都与常规轻质原油很相似，只是硫含量较低（只有0.1%~0.2%）（NEB，2004）。

图1.14是延迟焦化技术沥青精炼流程图，适用于环烃沥青浮渣处理，炼制过程中没有沥青烯排出。

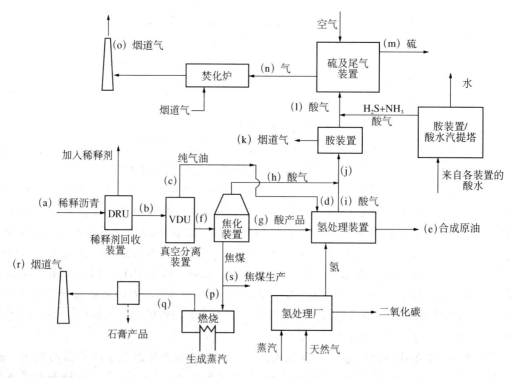

图1.14　延迟焦化技术沥青精炼流程图

稀释沥青（a），从沥青浮渣处理厂出来的沥青中含石脑油稀释剂，将其输入稀释回收装置以除去石脑油稀释剂，以便泡沫沥青处理厂再利用。将沥青加热，接着将其送入真空分馏装置（b），在这里，一些轻质组分被除去（c）。可以将这些轻质组分送入烃处理装置（d），或者直接与最终的烃类产品混合（e）。真空分馏装置在底部加热，从中出来的原料又投入延缓焦化装置。在焦化处理过程中，较大的沥青分子被热裂解。这样就形成了最终产出的焦煤产品。与原始沥青相比，焦煤产品的碳含量稍高一些，硫含量和重金属含量也较高。焦化器产生出酸性流体分馏蒸汽（g）。酸性流体分馏蒸汽随后进入加氢处理装置，在这里发生加氢反应。加氢处理装置内，在催化剂及高温高压作用下，氢与烃类发生反应，从酸性流体产品中除去杂质（如硫、氮及氧），增加入口蒸汽的氢/碳比。合成原油生成（e）。

在焦化（e）及加氢处理（e）过程中，产生酸性气体，其中含硫化氢（H_2S）和氨气（NH_3），酸性气体在胺装置中进行处理，得到燃料气（k）和酸性气（l）。将酸性气送入Claus硫和尾气处理装置，在这里形成初级硫块（m）。气体（n）中剩余的硫化氢（H_2S），离开尾气处理装置后，被焚烧生成二氧化硫，排放到大气中（o）。

应用Claus硫和尾气处理装置，可以回收酸性气体中99%以上的硫化氢。在使用延缓焦化装置的情况下，部分被排出的焦煤（p）又用作燃料，以生产蒸汽及满足抽提厂设备的热需求。所产生的混合烟道气（q）中的二氧化硫可用于生产硫酸钙，在固体尾料（CT）处理过程中需要硫酸钙处理尾料池中的细尾料。烟道气（r）中的二氧化硫占二氧化硫排放量的大部分。多余的焦煤被大量贮存起来，或者卖给氨气厂用，或者用于其他的热应用。延缓焦化操作要一炉一炉地处理，一旦焦煤满了，就要清空焦炭塔。

在流体焦化处理装置内处理沥青，焦油就在焦化塔和燃烧炉之间周转，在燃烧炉中燃烧。燃烧释放出的热能用于生产蒸汽，因此常与需要热水和蒸汽的沥青提取厂联合作业。多余的焦炭被排出并贮存起来。流体焦化处理装置的操作是连续的。但是，焦化塔需要有规律地清空。出自流体焦化处理装置的烟道气，若不经处理直接排放到大气中，就会释放出大量二氧化硫。传统上，烟道气要用氨气处理，反应生成硫氨盐，可用作肥料。Syncrude公司的二氧化硫排放物，主要为流体焦化处理过程中未经处理的烟道气中的二氧化硫。烃类处理装置所需的烃类气体为天然气，用于蒸汽重整。有几家公司正在考虑用焦炭和汽化沥青烯生产所需烃类。

若希望得到某些特定的合成原油及硫化物，请参阅图1.15。该图为Sturgeon Upgrader应用延缓焦化装置进行处理的建议流程图。将石脑油稀释的沥青从麦克默里堡附近的Fort Hill沥青提取厂用管道输送到埃德蒙顿地区的炼制厂。我们来考虑一下这一建议流程中的烃类平衡问题。假定工厂的处理能力是165000bbl/d，相当于日处理沥青26232m^3或26626t，沥青的密度取1015kg/m^3。焦炭产量为5465t/d，相当于初始天然沥青的20.5%。由于炼制过程中有加氢反应，合成原油产量为22272m^3/d或18407t/d。通过典型加氢反应得到的焦炭产量，其相应体积量占总产出量的84.9%。

天然沥青中的硫含量为4.875%，沥青处理中的伴生硫产量为1298t/d。假定焦炭中的沥青产量为369t/d，排出焦炭中的硫含量为6.752%。这两个较高的硫含量百分比表明，焦炭中的含硫量高，来自焦化装置的硫焦炭含量将会更高。根据流程图（图1.15），对应于4~8t/d的二氧化硫排放量，硫排放量应为2~4t/d。高值对应的每桶合成原油的二氧化硫排放量为0.057kg。与Suncor公司目前的二氧化硫排放量相比，建议的二氧化硫排放量是相当低的，这一二氧化硫排放量可以通过非常高效的硫回收及强有力的烟道气脱硫化处理而达到。

沥青热裂解处理（发生在焦化装置中）阶段又被称为初级炼制。在催化剂及高温高压作用下，通过加氢除去硫和氮的处理阶段又被称为二级炼制。

在沥青浮渣处理的天然沥青部分脱硫处理阶段，除焦炭操作并非必需的，因为大部分沥青大分子在脱硫处理阶段就已经被排除了。在沥青浮渣处理过程中，当投入部分脱硫沥

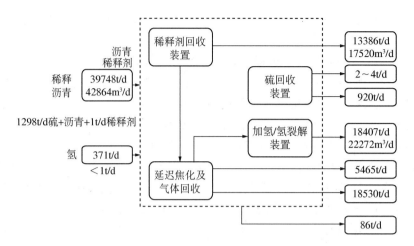

图 1.15　Sturgeon Upgrader 建议的沥青精炼流程图

青时，可以用加氢处理替代延迟焦化处理或流体焦化处理。阿萨巴斯卡油砂项目就出现过这种情形。通过加氢技术，在沥青提取过程中不需考虑沥青烯的排除，炼制流程中，炼制物在体积上几乎没有损失。与焦炭排除过程相比，二氧化硫和二氧化碳的排放量较少，因为没有燃烧焦炭。

图 1.16 是 Scotford 公司的简化炼制流程图。用常压蒸馏从部分脱硫沥青中除去低沸点稀释剂（$C_4 \sim C_5$），然后通过真空分馏从沥青中除去轻烃。用硫回收装置去除硫，用前文中提到的相似方法生产氢。从加氢处理装置中出来的液态产品被送入 Scotford 炼制厂进一步加工。

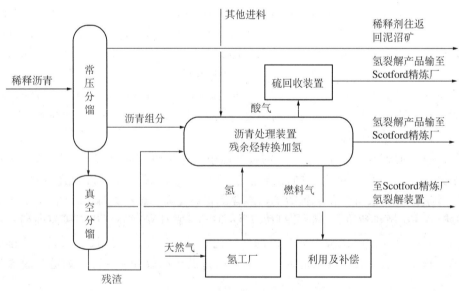

图 1.16　Scotford 公司炼制厂炼制流程

1.5.3　硫及二氧化硫的生产

ERCB 预计，2008 年因天然沥青加工而产生的初级硫产量为 14×10^8 kg，剩余天然沥

青储量为 $54.9 \times 10^8 \, m^3$ 的露天开采油砂矿中，可以回收约 $2224 \times 10^8 \, kg$ 的初级硫。这一估计值的前提是：假定一直采用目前的这种加氢炼制工艺。如果就地开采的天然沥青在阿尔伯达炼制，初级硫产量预计会更高。1967—2008 年期间，通过油砂开采，总共生产了 $212 \times 10^8 \, kg$ 的初级硫。应该提到的是，尽管因天然沥青炼制而产出的初级硫产量很大，但由于去除硫化氢，初级硫仅为由天然气加工生产的硫化物的 1/3。

　　二氧化硫主要为焦炭燃烧所生成，或形成于延迟焦化装置中（如在 Suncor 公司炼制厂即如此），或形成于流体焦化装置中（如在 Syncrude 炼制厂即如此）。二氧化硫存在于烟道气中。因燃烧产生的二氧化硫与水结合，形成酸雨，导致土壤和水体酸化。近年来，麦克默里堡地区地表土壤的 pH 值低于其 10 年前的 pH 值。硫化合物及烃类排放也是烟尘污染及空气质量降低的一个原因（Goverment of Alberta，2006）。

　　图 1.17 为 AOSP、Suncor 及 Syncrude 炼制厂历年二氧化硫排放量示意图。排放量为每桶合成原油排放的二氧化硫质量。由于 Suncor 公司炼制厂的烟道气进行了脱硫化处理，利用二氧化硫生成硫酸钙，将其用于尾料池清理，所以，Suncor 公司炼制厂的二氧化硫排放量较低。2006 年，Syncrude 炼制厂最先进行烟道气脱硫化处理，几乎可以消除新型流体焦化装置产生的全部二氧化硫。氨气可生产用作化肥的硫化铵。烟道气脱硫化装置（2009 年起开始全面应用）是必需的，因为如果与沥青有关的二氧化硫总排放量超过 250t/d 的标准（$9.13 \times 10^4 \, t/a$），沥青产量就不能增加。2004 年，二氧化硫排放量接近允许年排放量的最大值。

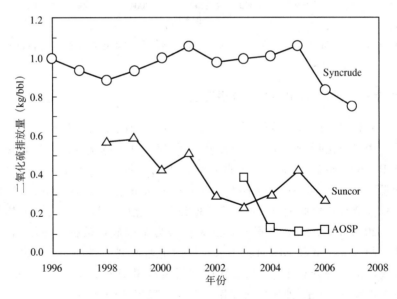

图 1.17　AOSP、Suncor 及 Syncrude 炼制厂历年二氧化硫排放量示意图
（资料来源：Shell 公司、Suncor 及 Syncrude 公司年度总结及可持续发展报告）

　　从图 1.17 中可以看出，AOSP 公司 2004—2006 年二氧化硫排放量比其他两家公司的二氧化硫排放量低很多，这主要归功于强力烟道气脱硫。而 AOSP 公司 2003 年二氧化硫排放量较高，这主要因为其下属的 Scotford 炼制厂的烟道气脱硫处理刚刚开始，工艺尚不纯熟。

图 1.18 为 AOSP、Suncor 及 Syncrude 炼制厂历年二氧化硫排放总量示意图。虽然二氧化硫的排放量在上一个 10 年稍有降低，但由于合成原油产量增加，二氧化硫排放总量一直在持续增长。还应当看到，所有油砂开发加工商的二氧化硫排放量都在政府机构规定的上限之内。

2002—2007 年期间，Suncor 及 Syncrude 炼制厂的氧化氮排放量分别为 0.18kg/bbl 和 0.24kg/bbl。

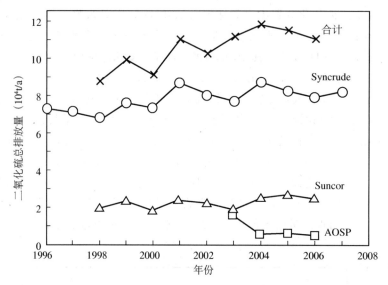

图 1.18　AOSP、Suncor 和 Syncrude 公司油砂作业二氧化硫年排放量折线图

（资料来源：Shell、Syncrude 和 Suncor 年度报告和可持续发展报告）

1.5.4　温室气体排放（GHGs）和能源强度

随着人们越来越关注全球变暖问题，以及新排放法规的出台，温室气体减排，包括二氧化碳和甲烷（用二氧化碳当量或 CO_2e 表示），已变得越来越重要。二氧化碳排放强度见图 1.19。AOSP、Syncrude 和 Suncor 的最新数据表明，每产出 1bbl 沥青的二氧化碳当量的量在持续降低（Shell，2006；Syncrude，2007；Suncor，2007a）。目前，根据 Syncrude 公司的数据，每桶低硫合成原油（SSB）产 130kg 二氧化碳当量。Suncor 的排放强度略低一点儿。2004—2006 年，AOSP 公司的年二氧化碳当量排放量数据比 Syncrude 和 Suncor 低很多。这部分归因于在萃取车间回收热水时使用了增稠剂。值得注意的是，未用天然气来加热水的时候，温度每升高 1℃，二氧化碳当量减放量降低 0.4～0.5kg/bbl。二氧化碳当量减排量也体现在 Scotford 处理厂所使用的分级处理工艺的类型上。图 1.19 所示 AOSP 公司 2003 年的高二氧化碳当量排放量反映着减排作业的启动过程。因此，在对比各个公司的排放量数据时要特别慎重，因为最终合成原油的质量也有所不同。

尽管每单位体积分级处理沥青排出的二氧化碳当量的质量在稳步降低，但随着天然沥青产量增加，排放到大气中的二氧化碳当量的总量却在攀升（图 1.20）。应该指出的是，与 Suncor 相比较，Syncrude 公司生产高品位的合成原油，而 Suncor 则生产轻质低硫、低酸的柴油合成原油。出于这个原因，更适合的做法是主要看这两个生产商的二氧化碳当量排

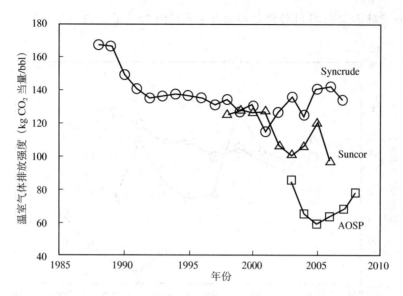

图 1.19　AOSP、Suncor 和 Syncrude 公司二氧化碳当量排放强度图
（资料来源：Shell、Syncrude 和 Suncor 年度和可持续发展报告）

注：Suncor 的数据截至 2004 年，包括 Firebag 的就地开采作业。采用美国石油协会的方法评估 Suncor 的温室气
　　体排放，并针对油砂的独特性质做了调整（Suncor，2007）。Syncrude 公司二氧化碳当量排放量包括清澈透
　　明的柴油和汽油燃烧，生物质燃烧，好气分解以及工业处理的排放量。截至 2007 年，Syncrude 公司已修订
　　和改进了二氧化碳当量报告（Syncrude 公司，2007）。将 2007 年之前的 Syncrude 公司可持续发展报告中的
　　数据乘以 1.08，从而修正了 2001 年以前的数据。

放强度的历史趋势以及各自的总产量，而不是单纯对比二氧化碳当量排放量。

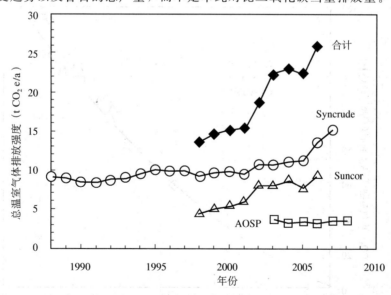

图 1.20 AOSP、Suncor 和 Syncrude 三家公司的总二氧化碳当量排放量
（资料来源：Shell、Syncrude 和 Suncor 的年度报告和可持续发展报告）

　　AOSP、Suncor 和 Syncrude 公司的要生产分级处理沥青所要求的能源强度如图 1.21 所
示。Suncor 和 Syncrude 公司要求的能源强度为 1.3GJ/bbl，相当于从 0.22bbl 分级处理沥

青中获得。这意味着生产 1bbl 分级处理沥青能获得约 78% 的能源。AOSP 公司获得的能源接近 85%。

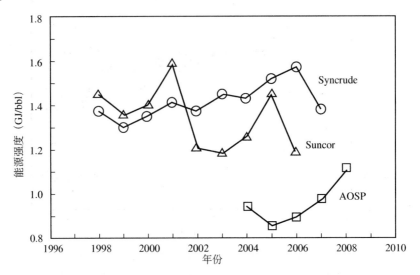

图 1.21　AOSP，Suncor 和 Syncrude 公司产出升级沥青所需要的能源强度

（资料来源：Shell、Syncrude 和 Suncor 公司年度报告和可持续性报告）

我们将"能源输入百分比"定义为产出 1bbl 分级处理沥青需要的热能与 1bbl 分级处理沥青所含热能的百分比。在这些术语中，Suncor 和 Syncrude 公司的平均能源输入是 22%，AOSP 公司为 15%。图 1.22 所示为二氧化碳当量排放强度与能源输入百分比的变化关系。二氧化碳当量排放和能量输入百分比之间明显有相关性。换句话说，如果沥青生产效率更

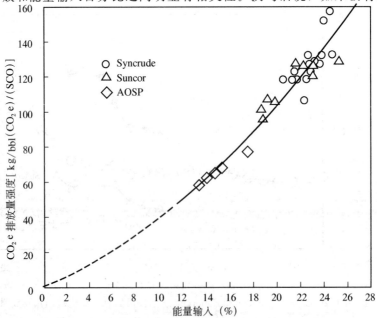

图 1.22　Syncrude、Suncor 和 AOSP 公司作业时当量二氧化碳排放与

能源输入百分比之间的关系

高，则二氧化碳当量排放量就会更低。

有很多关于由天然沥青的开采、加工合成原油以及炼制成运输燃料所造成的温室气体排放的讨论。为了确定矿物燃料的碳排放强度，有必要进行天然沥青开采、加工、炼制、运输、混合、存储和销售的综合性生命周期分析（LCA）。这被称为"井到罐（WTT）生命周期分析"，包括了生产一种适合当运输燃料的液体所需的集合碳痕迹。完成分析时应该将内燃机内燃料的使用即罐到车轮（TTW）所造成的碳排放都计算在内。一个完整的生命周期分析——"井到车轮"（WTW）应该包括"井到罐"和"罐到车轮"两项，即温室气体排放量应包括从开采阶段一直到汽车排气管这整个过程的排放量。这里，井到车轮的排放量 = 井到罐的排放量 + 罐到车轮的排放量。

加州空气资源委员会（2009）的调查结果表明，加州原油炼制超低硫柴油（UISD）的WTW 约为 $94.7 CO_2 e/MJ$。加州炼油平均值中的超低硫柴油结果表明，约 80% 的二氧化碳当量排放量来自车辆的燃油消耗（"罐到车轮"），只有 20% 的排放量来自原油的开采和炼制（"井到罐"）。

阿尔伯达省能源研究院（AERI）针对直接排放进行了两次井到车轮的生命周期研究，以期发现美国炼油厂原油加工业对其造成的影响（Tiax LLC 和 MathPro Inc.，2009；Jacobs Consnltancy Life Cycle Associates，2009）。

图 1.23 为不同种类原油和不同生产方式下"井到车轮"生命周期的排放量（Jacobs Consultancy Life Cycle Associates，2009），图中的数据以汽油的二氧化碳当量 g／MJ 为单位。按照每千米二氧化碳当量排放量计算，相同车辆的温室气体排放强度相同。将原油分成三类：常规原油、热采原油和露天开采原油。考虑了 6 种常规原油。

热采类考虑了加州的一种热采提高原油采收率原油，以及通过 SAGD 作业采出的 4 种沥青油。将露天开采的沥青油分为两种情况。常规原油"井到车轮"生命周期所产生的二氧化碳当量排放强度介于 $98\sim106 g/MJ$ 之间。热采原油经过炼制后产生的燃料油，其"井到车轮"生命周期所产生的二氧化碳当量排放强度最高。（就地）热采作业二氧化碳当量排放量较高的原因在于加热地下地层以开采出沥青或重油能量。加州重油实例的"井到车轮"的排放强度约为 $114 g CO_2 e/MJ$，SAGD 合成原油则为约 $119 g CO_2 e/MJ$，SAGD Dilbit 原油为 $106 g CO_2 e/MJ$。而露天开采作业采出的天然沥青经炼制产出的燃料油，从"井到车轮"生命周期二氧化碳当量排放强度约为 $105\sim108 g CO_2 e/MJ$。对比雅各布斯咨询研究实例中常规原油与露天开采作业采出的天然沥青经炼制产出的燃料油"井到车轮"生命周期所产生的二氧化碳排放强度，后者的排放量高出大约 5%。TIAX LLC 的研究结果同雅各布斯咨询公司的调查结果类似。

废热发电，也称为热电联供（CHP），是利用一个发电厂同时发电和生产可利用的热能。它能有效地利用燃料的热力学。从沥青中开采油砂时，需要热水、蒸汽和电力，就要考虑热电联供的影响。在开采沥青时，通常需要天然气来生成蒸汽和电力，因此通过热电联供可以降低由于燃烧天然气所产生的二氧化碳排放的影响。雅各布斯咨询公司的研究表明，通过生命周期分析，热电联供的影响已经相当大了。有 50% 的把握，在沥青开采中热电联供输出的能源将降低排放强度——露天采出的沥青加工而成的燃料油的排放强度同常规原油炼制成的燃料油的排放强度相当。

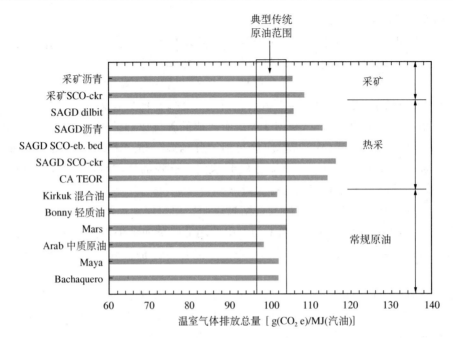

图 1.23　"井到车轮"生命周期的排放强度

采矿沥青：这种沥青是在阿尔伯达省地表露天开采出来的。它以 dilbit 油的形式经船至 PADD2 ＊（美国石油分区，位于美国中西部）的炼油厂。在炼厂经稀释剂稀释后返回阿尔伯达。但由于采出的沥青中沉积物、氯和水的含量中都较高，该实例并未广泛推广。但是，随着科技进步和发展，这种做法将来可能会普及。

采矿 SCO－ckr：这种沥青是从地表露天开采出来的。在一个延迟焦化处理装置中将其加工合成成原油，经船运至 PADD2 的炼油厂，主要炼制成汽油和柴油燃料。

SAGD SCO—ckr：这种沥青产自阿尔伯达（气油比为 3），在延迟焦化处理装置中将加工成汽油和柴油燃料。该沥青的 API 重度为 8.4°，硫的质量分数为 4.8%。

SAGD SCO—eb. 层：与前面的实例相似，不同之处在沸腾床渣油加氢裂化装置内处理这种合成原油。这种合成原油中包含未完全转化的原油。

SAGD 沥青：这种沥青产自阿尔伯达（气油比为 2），以 dilbit（石脑油稀释剂和沥青）的形式输送到美国 PADD2 的炼厂，然后将石脑油稀释剂返回阿尔伯达。

SAGD dilbit：与前面的例子类似，不同之处是稀释后溶剂不返回阿尔伯达，而是将其转化成汽油。

CA TEOR：在加州圣华金河谷（克恩河）采用蒸汽吞吐热采提高采收率的方法采出的油。在加州的一个精炼厂加工这种重油，它的 API 重度为 13.4°，含硫量为 1%（质量分数）的低硫原油。产出的柴油和汽油供加州使用。常规原油：这种常规油产自尔库克（伊拉克），Bonny Light（尼日利亚），Mars（美国墨西哥湾沿岸）、Arab Medium（沙特阿拉伯），玛雅（墨西哥），和 Bachaquero（委内瑞拉）原油，然后输送到美国 PADD2 的一个精炼厂加工成用于汽油和柴油燃料，供 PADD2 使用。基尔库克混合油是 API 重度为 36.6°，含硫量为 1.94%（质量分数）的低硫原油。Bonny Light 油是 API 重度为 32.9°，含硫量为 0.16%（质量分数）的低硫原油。Mars 是美国海上以及墨西哥湾深海采出的含硫原油，API 重度为 31.5°，含硫量为 8%。Arab Medium 是 API 重度为 31.2°和含硫量为 2.5%的低硫原油。Maya 是 API 重度为 22.1°，含硫量为 3.3%（质量分数）低硫原油。雅各布斯选出的最重的 Bachaquero 混合油的 API 重度为 10.7°，其含硫量为 2.8%。

＊PADD 是石油管理国防区。PADD2 位于美国中西部。

＊＊Dilbit 是稀释剂（天然气凝析油）和沥青以体积比为 25/75 混合的混合物。

（资料来源：雅各布斯咨询生命周期公司，2009 年）。

有趣的是，我们注意到，使用从煤中提炼出的燃油（煤制油，CTL）时，其二氧化碳当量排放强度比使用从常规原油中提炼出的燃油多近 2 倍。自 1955 年起，南非已经开始使用能产出汽油的煤转油（CTL）技术。目前中国正在研发这项技术，而美国尚在计划中。

1.5.5　水资源的利用

露天开采作业时用水提取油砂中的沥青。这是因为油砂矿固体亲水，所以，用水作为提取介质能很容易地实现沥青分离。图 1.24 所示为简化的输入和输出水管线图，贯穿了使用、提取和分级处理整个过程。阿萨巴斯卡地区的降水量和蒸发量几乎相同。水大多来源于阿萨巴斯卡河，用于生成蒸汽、在分级处理装置中生成氢以及冷却塔内的使用。虽然一般规律是水不能返排回到阿萨巴斯卡河，但 Suncor 有特殊许可，可以排放一部分水。排放出水主要限于"单程"冷却水，分级处理装置中产生的工业用水和废水，以及矿权区内的地表水。所有的排出水在排放之前必须经过处理，确保符合排放质量标准（Suncor，2007a）。直接接触过油砂的水不能返排到阿萨巴斯卡河内。

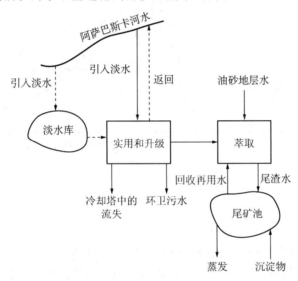

图 1.24　使用就地沥青分级处理装置时用
水提取沥青时的进水和出水管线

夏季河水流量大，将河水引入水库内。这些存储的水在冬季至关重要，因为冬季河水流量小，取水量就受到限制。在 CNRL、Suncor 和 Syncrude 公司，萃取装置使用来自澄清的尾料池里的水，这种水被称作回收的生产用水。在 Albian 公司，增稠剂—澄清的热水同来自尾料池的补充的冷回收水一起回收到萃取装置内。

图 1.24 中所展示出的水的质量平衡，清楚地说明了厂内水的积聚过程，循环水量要么为零，要么大大低于淡水的取用量。积累过程只发生在尾料池内。如果没有水从尾料池内排出，尾料池内水库存量会随时间增加。事实上，池塘内的大部分水不是"自由"水，而是束缚在细矿物固体内（主要是黏土矿物）形成尾料池底部的烂泥，通常称之为"熟细粒尾料"，固体含量约为 30%（质量分数）。据估计，产出 1bbl 合成原油会形成约 2bbl 污泥；在熟细粒尾料内，固体和水的体积比是 1:6。

如果没有充足的质量合格（如悬浮物、盐含量和 pH 值）的水，以目前的工艺技术开发油砂矿资源是不可行的。水是一种珍贵的必需品，而现实困难在于：目前的淡水的取用主要集中在阿萨巴斯卡河。随着沥青产量的增加，对阿萨巴斯卡河水的需求也相应增加。由于河水流量在冬夏两季变化很大：6 月到 7 月间达到 $1200m^3/s$ 以上，1 月至 3 月间却略低于 $100m^3/s$，故取水问题变得更加复杂。图 1.25 所示为阿萨巴斯卡河 2002 年的水流量。那一年，河水流量相当低。

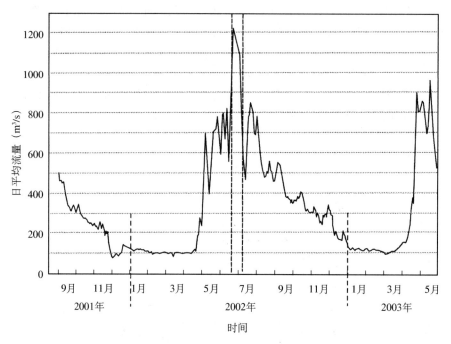

图 1.25　阿萨巴斯卡河 2001—2003 年间的月水流量

（据 McEachern 和 Marriott，2007）

阿萨巴斯卡地区的水平衡系统非常复杂，因为它包括降水、蒸发、径流、沼泽地，主要河流和小溪，浅、深含水层，以及下 McMurray 组底部的含水砂岩。除了后者，所有这些水资源都会随年度、季度和位置（Goverment of Alberta Fish and Wildlife Divison，2007a，2007b）的变化而变化。以下为 "阿尔贝塔环境和加拿大渔业及海洋" 所建立的"水管理框架"：

"保持季节性周期很重要，因为一条河和它所支持的生态系统是能够在自然变化范围内自然消耗的产物。鱼和其他水生物种的生命史适应每年应时高低水位的变化流量。例如，春天产卵的鱼类需要高水流量，而秋季产卵的鱼最适应低水流量。为了维护水生生态系统物种的多样性，保持年复一年的水流量起伏变化非常重要。一些物种喜欢多雨的年份。为了维持这些物种的自然比例，需要保持年复一年的水流量起伏变化……只要取水量的百分比不是太大，溪流流量会按照自然水文变化，保持应时的雨季和干季以及旱涝年份（2007）。"

术语 IFN 指的是 "溪流流量"。"水管理框架" 将其定义为 "一条河流或其他水载体维持一个健康的水生态系统所需要的水量、流速、水位和（或）水质"。溪流流量特指一条河给定的一段并在给定的时间段内的水量、流速、水位和（或）水质。

"水管理框架"将阿萨巴斯卡河流水域分成三类：绿色流域、黄色流域和红色流域。每一类流域所代表的环境意义如下：

（1）绿色流域：有足够的可用水。

河水流量充足，取水量对生态系统应该没有负面影响。这个流域主要出现在夏季。在这个区域，取水量不可能对鱼的栖息地产生影响，通常不需要渔业法案授权。最大累计取水量占瞬时水流量的 15%。

（2）黄色流域：警戒临界点（CT）。

根据一周内 80% 的栖息地（HDA80 流）水流状况定义了该阈值。它意味着在该时间段，出现栖息地价值指数（如浸水面积）低于该水的概率为 20%。它同时还是浸水面积下降的一个尺度。已经确定最大取水量为 HDA80 和 Q95 平均值的 10%。将 Q95 定义为流量超过数的 95%，即低于该水流量的出现概率为 5%。然而，总累计取水量在冬季和夏季的最大值不能超过 $15m^3/s$ 和 $34m^3/s$。该流域的取水不太可能对鱼的栖息地产生影响。但是可能需要渔业法案授权。

（3）红色流域：潜在的可持续的临界点（PST）。

在红色流域，取水量可能会对鱼类的栖息地造成影响并且可能需要渔业法案授权。所有的矿权合同在该流域都要受到限制。将总累计取水量定为每周历史中等平均流量的 5.2%，和历年的 Q95 相对应。但是，总累计取水量在冬季和夏季的最大值分别限定为 $15m^3/s$ 和 $34m^3/s$（Alberta Environment and Fisheries and Oceans Canada，2007）。

为了保证黄色和红色流域的淡水可以利用，在这些地方就使用了水库，当夏季阿萨巴斯卡河的水流量大时，将水库充满水。在冬天或有需要时可从水库取水。这种水库要容纳多达几个月水供应量。

图 1.26 为自 1998 年以来主要的油砂作业公司从阿萨巴斯卡河取用的净水量。尽管合成原油的产量在过去 10 年间已经大幅上升，但 Syncrude 公司取水量一直相当稳定。然而该公司 2005 年的取水量略有增加，这是因为同比产量较高，而且同第三期扩建项目的启动需求有关（Syncrude，2006）。Syncrude 公司得到许可的从阿萨巴斯卡河的取水量为 6160 $\times10^4 m^3/a$（Syncrude，2002）。

Suncor 沥青产量从 2000 年的 12.32×10^4 bbl/d 增加到 2002 年的 20.58×10^4 bbl/d 和 2003 年的 21.65×10^4 bbl/d，在 2000 年和 2002 年间为支持扩大生产，取水量大幅增长（图 1.9）。Suncor 经许可的从阿萨巴斯卡河的取水量为 $5980\times10^4 m^3/a$（Suncor，2005）。

2006 年，Albian 公司的 Muskeg 河矿从阿萨巴斯卡河的取水量相当低，因为从尾料池回收的水量大，所以那段时期的取水量降低到 $840\times10^4 m^3$。2008 年，阿萨巴斯卡河的淡水摄入量是约 $1360\times10^4 m^3/a$。2004 年和 2006 年期间，Scotford 分级处理厂所需的取水量平均为 $350\times10^4 m^3/a$（水取自北萨斯喀彻温河）。

目前 4 个油砂作业公司（Albian，CNRL，Suncor 和 Syncrude 公司）从阿萨巴斯卡河的总取水量为 $120\times10^6 m^3/a$，在冬季（水流量为 $100m^3/s$）低于阿萨巴斯卡河水流量的 4%，仅为河水平均流量的 1%（估计平均水流量为 $400m^3/s$）。相较于阿尔伯塔省的其他河流，如北部和南部的萨斯喀彻温省河流，阿萨巴斯卡河的取水量相当低。现在的关键不是

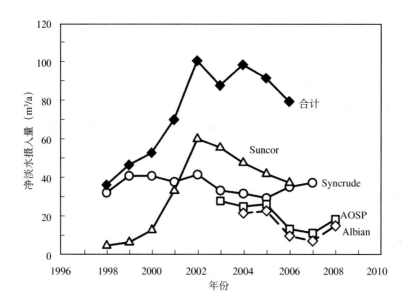

图 1.26　Albian 公司、AOSP 公司、Suncor 和 Syncrude
公司从阿萨巴斯卡河取用的净淡水量

（AOSP 公司取用水的数据包括萃取和分级处理个环节，其中用于分级处理的水来自北萨斯喀彻温河）

（资料来源：Syncrude 和 Suncor 的年度和可持续发展报告以及 Shell 加拿大公司，2010）

河水取水量的问题，而是尾料中的水累计量问题。

淡水取用强度，即每产出单位体积合成原油所需的水量（图 1.27）。很明显，在 2000—2008 年间 Syncrude 公司淡水取用强度持续降低，到 2008 年每产出 1bbl 合成原油约要消耗 2bbl 淡水。

Suncor 在降低淡水取用强度方面也类似。应该指出的是，Suncor 淡水取用强度的计算包括了 Firebag 天然沥青的开采。由于 Firebag 是就地开采作业，所需的淡水取用量少，所以单就露天开采从阿萨巴斯卡河中取水以及沥青的分级处理，2004—2008 年间，淡水取用强度比 Suncor（图 1.27）高出 5%～15%。Firebag 的开采始于 2004 年，速率 10900bbl/d，于 2007 年增加到 36900bbl/d，2008 年达到 37400bbl/d。与露天开采作业不同，Suncor 的 Firebag 就地开采项目，约 90% 的水被回收、处理，再循环回到蒸汽发生装置内。最初的水量和大量的补充水都来自油砂废水系统（Suncor，2007 a）。

Albian 公司除了 2004—2005 年间之外，每产出一桶脱沥青质沥青所需淡水量强度低于 2bbl（图 1.27）。Albian 公司除了从阿萨巴斯卡河取用淡水以外，Scotford 分级处理厂（加工脱沥青质沥青）每产出 1bbl 合成原油时，需从北萨斯喀彻温河取用约 0.4bbl 淡水。图 1.27 中 AOSP 公司的曲线反映了 Albian 公司及其 Scotford 处理厂的淡水取用量。

图 1.28 为 Syncrude 公司用水情况示意图，图中显示了从阿萨巴斯卡河取用的淡水量，循环使用的已澄清的尾料池水以及沥青开采所用的总水量。很显然，合成原油的生产需要使用大量的水。近 85% 的用水来自循环使用的尾料池的水，淡水取用量只占很小的一部分（大约 15%）。Syncrude 公司在米尔德里德湖设置了几个项目，目的就是回收冷凝和冷却水，预计每年的取用水量将会减少 $210 \times 10^4 \mathrm{m}^3/\mathrm{a}$。在 Aurora 地区，有望利用引水项目来保持结构的完整性（$6.5\mathrm{m}^3/\mathrm{a}$），

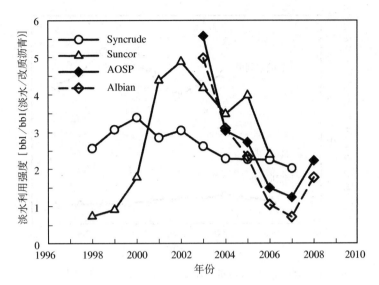

图 1.27　Suncor 和 Syncrude 公司萃取和分级处理两个环节所需的净淡水取用强度

（Albian 公司的强度数据仅限于萃取。Suncor 强度数据包括 Firebag

就地生产和阿萨巴斯卡河以及水井的取水量。井水取用量是河水取用量的 0～0.8%。

AOSP 公司的数据包括用于分级处理的从北萨斯喀彻温省河和阿萨巴斯卡河所取用的淡水量）

（资料来源：Shell、Syncrude 和 Suncor 年度和可持续发展报告）

以免淡水进入到露天开采矿井和沉降池内（Syncrude，2006）。

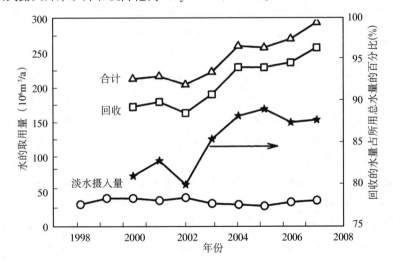

图 1.28　Syncrude 公司用于萃取和升级而从阿萨巴斯卡河摄入的净淡水量

（"合计"指的是淡水和回收水的总和）

（资料来源：Syncrude 公司年度报告和可持续性报告）

　　图 1.29 是生产单位体积合成低硫原油（SSB）混合物所需的水量（水强度）。加工 1bbl 合成低硫原油混合物约需要 17bbl 水。但是平均下来只需要 2～3bbl 淡水。2007 年淡水的使用强度降低到 2.03bbl/bbl（水/合成低硫原油混合物）。

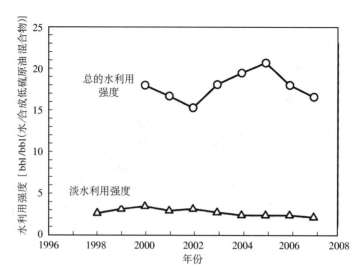

图 1.29 Syncrude 公司水使用强度（淡水摄入量和总使用量）

（资料来源：Syncrude 公司年度报告和可持续性报告）

参考文献

Adams,J. J., B. J. Rostron, and C. A. Mendoza. 2004. Coupled fluid flow, heat and mass transfer, and erosion in the Ablerta Basin: Implications for the origin of the Athabasca oil sands. *Canadian Journal of Earth Sciences* 41(9):1077 – 1095.

Alberta Chamber of Resources. 2004. *Oil sands technology roadmap: Unlocking the potential*. Edmonton: Alberta Chamber of Resources.

Alberta Environment, and Fisheries and Oceans Canada. 2007. *Water management framework: Instream flow needs and water management system for the Lower Atbabasca River*. Edmontom: Alberta Environment and Fisheries and Oceans Canada.

California Air Resources Board (CARB). 2009. Detailed California – modified GREET pathway for ultra low sulfur diesel(ULSD) from average crude refined in California: *California Environmental Protection Agency*.

Canadian Centre for Energy Information (CCEI), and R. D. Bott. 2004. *Our petroleum challenge: Sustainability into the* 21 *st century*. 7th ed. Calgary: Canadian Centre for Energy Information.

Canadian Natural Resources Limited (CNRL). 2002a. *Horizon Oil Sands Project application for approval. Submitted to Alberta Energy and Utilities Board and Alberta Environment*: Canadian Natural Resources Limited.

Canadian Oil Sands Trust. 2007. *Oil Sands Lease Map*. http://www. cos – trust. com (accessed 2007)

——. 2008. *Annual Report: We are the definitive investment in the oil sands*. Calgary:

Canadian Oil Sands Limited.

Carrigy, M. A., and J. W. Kramers. 1973. *Guide to the Athabasca Oil Sands Area*. Edmonton: Alberta Research Council.

Cuddy, G. 2004. Oil sands geology. Guest lecture notes for Chemical Engineering 534, Fundamentals of Oil Sands Extraction, January 7 – 9, at University of Alberta, Edmonton.

Energy Resources Conservation Board (ERCB). 2008. *ST98: Alberta's energy reserves 2007 and supply/demand outlook 2008 – 2017*. Calgary.

——. 2009. *Alberta's energy reserves 2008 and supply/demand outlook 2009 – 2018*. Calgary: ERCB(Energy Resources Conservation Board).

Ferguson, B. G. 1985. *Athabasca oil sands: Northern resource exploration, 1875 – 1951*. Regina: Alberta Culture/Canadian Plains Research Centre.

Garven, G. 1989. A hydrogeologic model for the formation of the giant oil sands deposits of the Western Canada Sedimentary Basin. *American Journal of Science* 289(2):105 – 166.

Government of Alberta. 2006. *Acidification of sensitives soils*. http://www3. gov. ab. ca/env/soe/land_indicators/44_soil_acidification. html(accessed July 11, 2008).

Government of Alberta Fish and Wildlife Division. 2007a. *Instream Flow Needs for Alberta*. http://www srd. gov. ab. ca/fishwildlife/fishingalberta/pdf/Instream ％ 20 Flow ％ 20 Needs％ 20 October ％ 202007. pdf

——. 2007b. *The Instream Flow Needs Program*. http://www. srd. gov. ab. ca/fishwildlife/fishingalberta/instreamflowneedsprogran. aspx

Gray, M., Z. Xu, and J. Masliyah. 2009, Physics in the oil sands of Alberta. *physics Today*, March, 31 – 35. *See also* Timblin, L. O. Jr., G. Stiles, E. Wood, M. Gray, Z. Xu, and J. Masliyah. 2009. Efficiency and environmental effects in the oil sands of Alberta. *Physics Today*, December, 8 – 9.

Hein, F. J., R. A. Marsh, and M. J. Boddy, 2008. Overview of the oil sands and carbonate bitumen of Alberta: Regional geologic framework and influence of salt – dissolution effects. *Search and Discovery, American Association of Petroleum Geologists*.

Huberman, I. 2001. *The place we call home: A history of Fort McMurray, as its people remember, 1778 – 1980*. Fort McMurray: Fort McMurray Historical Society.

Jacobs Consultancy Life Cycle Associates. 2009. *Life cycle assessment comparison of North Americal and imported crudes. Prepared for Alberta Energy Research Institute. File no. AERI 1947*. Chicago.

Mackenzie, A. 1801. *Voyages from Montreal, on the River St. Laurence, through the continent of North Americal, to the Frozen and Pacific oceans: in the years 1789 to 1793. With a preliminary account of the rise, progress, and present state of the fur trade of that country*. London: Cadell and Davies.

Mair, C. 1908. *Through the Mackenzie Basin: A narrative of the Athabasce and Peace River Treaty Expedition of 1899*. Toronto: William Briggs.

Mathieson, D. , D. Stenason, B. Betanski, and A. Taylor. 2001. Investing in oil sands: Investment opportunities in Canada's energy future. *The Drill Bit*.

McEachern. P. , and P. Marriott. 2007. Paper read at CONRAD Water Management Seminar, November 21 – 22, at Calgary.

Morgan. G. 2001. An Energy renaissance in oil sands development. *World Energy*, 46 – 53.

National Energy Board (NEB). 2000. Canada's oil sands: A supply and market outlook to 2015: An energy market assessment (October 2000). Calgary: National Energy Board.

——. 2004. Canada's oil sands: Opportunities and challenges to 2015: An energy market assessment (May 2004). Calgary: National Energy Board.

——. 2006. Canada's oil sands: Opportunities and challenges to 2015: An update: An energy market assessment (June 2006). Calgary: National Energy Board.

——. 2008. Canadian energy overview 2007: An energy market assessment (May 2008). Calgary: National Energy Board.

Petro – Canada Inc. , UTS Energy Corporation, and Teck Cominco Ltd. 2007. *Application for approval of the Sturgeon Upgrader, submitted to Alberta Energy and Utilities Board and Alberta Environment*. Calgary.

Radler, M. 2003. Worldwide reserves grow; oil production climbs in 2002. *Oil & Gas Journal* 101(49).

Shell Canada Ltd. 2005. AEUB *application for the approval of the Scotford Upgrader Expansion Project, Volume 1*. Calgary.

——. 2006. *Sustainable development report*. Calgary: Shell Canads Limited.

——. 2010. *Canada's oil sands: Issues and opportunities*. http://www. shell. ca/home/ content/can – en/aboutshell/our_business/oil_sands/unique_resource/water/Sheppard, M. C. 1989. *Oil sands scientist: The letters of Karl A. Clark, 1920 – 1949*. Edmontom: University of Alberta Press in association with Ablerta Culture and Multiculturalism.

Suncor Energy Inc. 2005. *Report on sustainability*. Calgary: Suncor Energy Inc.

——. 2006. *Annual report*. Calgary: Suncor Energy Inc.

——. 2007a. *Report on sustainability: A closer look at our journey toward sustainable development*. Calgary: Suncor Energy Inc.

——. 2007b. *Annual report*. Calgary: Suncor Energy Inc.

——. 2008. *Annual report*. Calgary: Suncor Energy Inc.

Syncrude Canada Ltd. 2002. *Sustainability report*. Fort McMurray: Syncrude Canada Ltd.

——. 2004. *Sustainability report*. Fort McMurray: Syncrude Canada Ltd.

——. 2006. *Sustainability report*. Fort McMurray: Syncrude Canada Ltd.

——. 2007. *Sustainability report*. Fort McMurray: Syncrude Canada Ltd.

Tiax LLC, and MathPro Inc. 2009. Comparison of North American and imported curde oil lifecycle GHG emissions. Prepared for Alberta Energy Research Institute. Cupertino. CA.

第 2 章 技 术 背 景

2.1 表面和胶体学

胶体学是讨论多相系统扩散的学科。当扩散相态由粒径较大的颗粒组成时，连续相态和扩散相态的整体性质就决定了整个系统的特性。如果我们使颗粒尺寸变得更小，界面面积随着颗粒的减小而增加，则系统的所有表面张力和其他界面现象亦都随着颗粒的减小而增加。总而言之，对于含足够小颗粒的系统而言，表面现象控制着整个系统。

为什么大的表面或界面面积如此重要？主要问题是，我们应当记住：将一个原子或分子带到表面需要很多能量。在表面张力一节我们还会详细讨论这个问题。现在我们注意到，将分子带到表面需克服分子间的力而做功，界面分子的能量状态与物质内部分子的能量状态不同，所以，界面分子特性与物质内部分子特性亦不同。

由于界面面积或表面积随着颗粒尺寸的减小而增大，界面最终开始控制整个系统的性质，这种系统被称为胶体。在本章节后面部分还会提到，颗粒表面电荷是界面作用力的来源之一。由于表面现象控制着胶体系统的性质，所以，对胶体学、界面学及某些电化学方面的概念必须有所了解。我们会在本章节中介绍与油砂处理有关的界面学及胶体学方面的相关知识。

那么，什么是胶体系统？传统的定义通常是根据扩散颗粒的尺寸，将胶体系统定义为小于某一单位尺寸（如 $1\mu m$）的颗粒的扩散系统。胶体扩散与非胶体扩散之间没有明显的界线。一个大肥皂泡的尺寸可以轻易达到几厘米，而其存在乃是构成肥皂泡薄膜两面的电荷的相互作用，并达到稳定的结果。所以，一个肥皂泡是一个胶体系统。与之类似，泡沫和乳状液通常也被认为是胶体，尽管它们单个颗粒或液滴的尺寸常常大于 $1\mu m$。

我们前面讨论过，胶体是至少两种不同相态的扩散体系。其中一种相态形成一种连续介质，另一种相态的颗粒在这种连续介质中扩散。根据这些相态的物理性质将胶体分为几类，详见表 2.1。由于所有气体彼此相互混合极佳，所以不存在气体—气体扩散。连续气相（如空气）中液体的扩散很常见，如小水滴形成的云和雾在空气中扩散。随着这些小水滴聚合逐渐变大，水最终以雨的形式降落。固体颗粒在空气中形成气溶胶。烟就是胶体系统中雾化的例子。

连续液相中有 3 种胶体扩散类型，即泡沫、溶胶和乳状液。泡沫是气体在连续液相中的扩散。有多种泡沫在工业中发挥着重要作用，如灭火泡沫和浮选泡沫。还有些泡沫的形成是有害的，如工业锅炉或发酵器中形成的泡沫。

固体微小颗粒悬浮于连续液相中被称为溶胶。如油砂萃取中的中间产品和细尾料就是溶胶（主要是小的黏土颗粒悬浮在水中）。牙膏和大雨过后浑浊的河水也是溶胶。

一种液体在另一种不相溶的液体内的扩散被称为乳状剂。牛奶、蛋黄酱及许多化妆品都属脂类在水中的扩散。在石油工业中，我们经常遇到油包水（W/O）和水包油（O/W）乳状剂。第 7 章中我们还会详细介绍油包水乳状剂，对了解泡沫处理的基本知识大有裨益。

表 2.1　胶体扩散类型

连续相态 ＼ 扩散相态	气态	液态	固态
气态		液态气溶胶（烟雾、雾、喷雾）	气溶胶（烟、灰尘）
液态	泡沫（肥皂泡、灭火泡沫、浮选泡沫是含有其他颗粒的泡沫）	乳状液（牛奶、蛋黄酱、油包水和水包油乳状液）	溶胶（黏土悬浮液、油砂中间产品、牙膏、浊水）
固态	固态泡沫（泡沫聚苯乙烯）	固态乳状液（乳白玻璃、珍珠）	固体悬浮物（矿物扩散：多种岩石及一些铁矿石）

还有一个由固态形成连续相态的有趣系统。固态泡沫，即气体在固体中的扩散（如浮石或泡沫聚苯乙烯）。液滴在固态连续相态中的扩散被称为固体乳状物，如乳白玻璃和珍珠。固态物质在固态连续相中的扩散又被称为固体悬浮，这在岩石中有许多实例，如铜矿、锌矿和金矿等金属矿石均属此类；彩色玻璃和多晶金属合金亦属固体悬浮。

下面的章节还会谈到，任何相态的界面都具有更多的能量。对于同样组分的系统而言，界面面积大的扩散系统，其内部能量要大于界面面积小的扩散系统（或粗糙颗粒）。所以，对同样组分的系统而言，颗粒越小，其界面面积越大，最终颗粒的内部能量也越大。微扩散，如胶体，和所有系统一样，本质上都是不稳定的，趋向于降低其内在能量。所以，要使胶体长时间保持稳定，就一定要使胶体具有稳定机制。我们在本章中还会讨论使胶体体系保持稳定的因素，在日常操作中应控制这些因素，如控制蛋黄酱的库存时间或输入炼厂原油的脱水效率。

2.2　表面张力和界面张力

2.2.1　简介

对于两相系统，例如，一种液体及其蒸气平衡体系的密度通常相差很大。密度越低，分子间的平均距离就越大。我们以 25℃、101.3kPa（1atm 或 14.7psi）的水及水蒸气的平衡体系为例，作用于水相和气相水分子的分子间力，彼此是相互平衡的，这样，作用于任何单个分子上的净作用力就为 0。但对于气—液界面上的分子而言，情况就并非如此。液态水的密度为 1000kg/m³，而在 25℃、101.3kPa 条件下，水蒸气的密度为 804×10⁻³kg/m³，只有液态水密度的 1‰。同样体积大小的水蒸气中所含水分子约只有液态水所含水分子的 1‰，这表明，气态水分子间的距离约为液态水分子间距离的 10 倍。分子或原子间的相互作用能量 $E_{m/m}$ 总是随二者距离 r 的 6 次方的倒数而衰减，衰减公式如下：$E_{m/m} = \beta r^{-6}$（β 是取决于分子性质的常数）。所以，气—液界面上分子所受的指向密度大的相态的力（在我们这个例子中，方向指向水），其强度是指向水蒸气相态方向的力的 1×10^6 倍。作用于界面所有分子上的力被液态水的压缩力所平衡，是所谓内部相压力之源。

界面处分子间作用力与相内分子间作用力不同，我们称之为表面张力。如果将液态分子带到气—液界面上，就要克服这个力而做功。假设有一半径为 r 的球状液滴，如果再给这个液滴上加上少量的液体，液滴的半径增大了 dr，液滴的表面积和体积分别增加了 $2\pi r dr$ 和 $4\pi r^2 dr$。增加液滴表面积，需要将更多的分子加到表面上，要做 dW 的功以克服分子间力。从能量守恒原理来说，所做的功必须等于液滴因表面积增加而增多的能量。所做的功或多出的能量与增加的表面积必须成比例。

$$dW = \gamma \, dS = \gamma 2\pi r dr \qquad (2.1)$$

其中，γ 是单位面积能量的比例系数，$S = \pi r^2$ 是表面积。当用于液态—液态系统或固态—液态系统，指气态—液态界面或界面张力时（IFT），比例系数 γ 又称为表面张力。

需要注意的是，表面张力或界面张力是以单位面积能量（单位：J/m^2）为量纲的，与单位长度的力（单位：N/m）相等。这就是将 γ 称为张力的原因。然而，这只是一个简单的数学表达式（$J/m^2 = Nm/m^2 = N/m$）。表面张力的物理意义是：与相态间界面有关的额外能量，而且无正切力作用于界面自身。单个分子间的作用力只有分子间的相互作用力，净作用力垂直于界面，并为液体的压缩力所平衡。只能在 3 种不同相态的界面上（常指 3 种相态的接触线）观察到与界面相切的净作用力，这个问题在后面的章节还会讨论。

2.2.2　Young—Laplace 方程

上一节讨论了液滴体积增大能使其能量增加。对于球状液滴而言，这种能量的增加也可以表示为做功克服液滴内外的压力差：

$$\Delta p = p_{inside} - p_{outside}$$

还可以表示为：

$$dW = \Delta p dV$$

式中，dV 是液滴体积的增量。用 $dV = 4\pi r^2 dr$ 代替，公式又可写成：

$$dW = \Delta p 4\pi r^2 dr \qquad (2.2)$$

比较式（2.1）和式（2.2），可以得出：

$$\gamma 2\pi r dr = \Delta p 4\pi r^2 dr$$

或者

$$\Delta p = 2\gamma / r \qquad (2.3)$$

上述公式适用于球状液滴、气泡或颗粒，被称为 Young–Laplace 方程。该公式可求出球形几何体弯曲界面上的压差。一般来说，弯曲界面上任意面元的压差都可用 Young–

Laplace 方程的一般式求出，Young‒Laplace 方程的一般式如下：

$$\Delta p = \gamma(1/r_1 + 1/r_2) \tag{2.4}$$

其中，r_1 和 r_2 是面元的两个主要曲率半径。Young‒Laplace 方程很重要，我们还会在后面的章节继续讨论。

2.2.3 过热、过冷和奥斯特瓦尔德成熟

弯曲界面压差的一个重要结论是：液滴或固态颗粒内压力的增大，使得构成扩散相的所有组分的化学能和活动性增加，从而出现一系列有趣的现象，我们会在后面的章节加以论述。

2.2.3.1 过热

我们考虑一下开水沸腾这一简单过程。当加热水时，其温度升高，水的活动性增加，饱和水蒸气的压力随温度的升高而增加。当水蒸气的压力等于大气压时，水体形成蒸气泡，水开始沸腾。但是，要形成气泡核则比较困难。以一个直径为 $1\mu m$ 的气泡为例来详加说明。将水表面张力 $\gamma = 72mJ/m^2$，$r = 0.5 \times 10^{-6}m$ 带入 Young‒Laplace 方程 $\Delta p = 2\gamma/r$，可以得出 $\Delta p = 2.9 \times 10^5 Pa$（2.9atm 或 42psi）。100℃条件下水的饱和压力仅为 $1.01 \times 10^5 Pa$（1atm 或 14.7psi）。100℃条件下无法形成直径为 $1\mu m$ 的气泡内核。形成直径为 $1\mu m$ 的气泡需要水温高于 157℃（315℉），饱和水蒸气压力达到 $2.9 \times 10^5 Pa$。然而，形成气泡的时候，气泡的内核更小，包含 10～100 个水分子，其直径相当于 10nm，产生一个更高的温度，这一温度高于形成内核所需的平均温度。

在实际生活中，加热的水表面会开始沸腾，局部凸凹不平处会发展成蒸汽核。如果用内壁光滑的容器加热一种均质液体，且液体内不含悬浮固体，那么就在很大程度上阻止了蒸汽泡内核的形成。液体会被加热到高于沸点温度而不沸腾。出现这种情况时，这种液体就是过热的。一般来说，这会引起危险，因为任何生成气泡核的随机事件都会引起猛烈的甚至是爆炸式沸腾，出现明显的负面结果。

与之类似，从开启的汽水瓶或啤酒罐冒出的气泡，取决于二氧化碳气泡核的形成。一般情况下，气泡核只顺着容器壁形成，但是，如果在开启容器前剧烈摇晃容器，液体内部也会形成许多气泡核，这样，最后容器打开时就会涌出大量气体，造成液体喷射而出。

2.2.3.2 过冷

过冷同过热，或液态—固态相态转换，同水结冰或盐从饱和溶液中结晶的机理类似。核内压力的增大妨碍新固相核的形成。这种影响可以在湖泊或池塘等环境中观察到，即在大气压非常稳定的情况下，水温可以低于水的冰点温度，直到有一只小鸟降落、一阵风或一个石块投入时，水面会瞬间形成冰层。在湖面或池塘的水面上，超冷现象极少出现，因为在如此大的水面上要避免固相核的形成非常困难。然而，将一滴小水滴的温度降至冰点温度以下却很容易。冻雨就是由冰点温度以下的超冷水滴附着到道路、电线或树枝等物体表面而形成的。

2.2.3.3 奥斯特瓦尔德成熟

与 Young‒Laplace 压力有关的另一个现象是奥斯特瓦尔德成熟。我们以一片云为例来

说明（空气中悬浮的小水滴）这个过程。大部分云都不会下雨，因为水滴太小无法降落下来。有几种机理可以使水滴变大，如：风产生的剪切力或布朗运动使水滴相撞；另外，因为水滴越小，与之平衡的水汽压力就越高，所以水滴大小的差异被放大。因此水蒸气冷凝造成小液滴气化，大液滴变大。随着初始颗粒尺寸趋向于增大，雾变厚。这是一个奥斯特瓦尔德成熟的例子，在乳状液、晶形沉淀及其他微细颗粒的扩散过程中，均可见到这种颗粒尺寸趋向于增大的现象。至于奥斯特瓦尔德成熟是否会引起明显的变化，这取决于系统，对象不同，情况也完全不同——可能快也可能慢。甚至在动力较低的情况下，也总是存在奥斯特瓦尔德成熟的热驱动力。

由于城市污染严重，雾滴被油质膜包裹，减缓了水从液滴中蒸发的速度，从而也减缓了奥斯特瓦尔德成熟的动力。这是形成臭名昭著的伦敦大雾的主要原因，这场大雾持续了数小时，甚至在局部地区持续了数天。

2.2.4　三相接触和接触角

若 3 个相态，如气体、固体和液体出现在一个系统中时，3 个相态的接触线上会出现许多有趣的现象，被称为三相边界。这类系统具有重要的实际意义。此外，还要注意矿物颗粒或者水中沥青滴与气泡的接触方式，这是浮选法选矿的基础，涉及三相边界的形成，会出现几种现象，本章节还会简要介绍。

如果矿物颗粒和气泡浸于水中，彼此不接触，此时只需面对两相边界，用过剩界面能量或界面张力来描述。但若矿物颗粒与气泡永久性相连，就存在一个三相接触线。用一个置于固体厚片上的液滴实例来说明，详见图 2.1。因为后面还会谈到，液滴的确切形态就是系统使表面积及势能最小化的结果。现在，我们来研究接触线的情况。3 个边界中（固态—液态、固态—气态和液态—气态）的任意一个都有自己的界面张力。可以认为三相边界线处的力是平衡的。在该平衡体系中，接触线受到的净作用力一定为零，否则接触线就会移动。因此，可以写成：

$$\gamma_{s/g} = \gamma_{s/l} + \gamma_{g/l}\cos\theta \tag{2.5}$$

式中：$\gamma_{s/g}$，$\gamma_{s/l}$ 和 $\gamma_{s/g}$ 分别是固态—气态、固态—液态及气态—液态之间的界面张力；θ 是接触角。式（2.5）被称为杨氏公式，托马斯杨于 1805 年首先引入这一公式。

接触角是衡量液态物质浸润固态物质能力的参数。如果接触角为零，则液态物质浸润固态物质的能力极佳。可以想象将一滴水置于完全干净的玻璃上，水沿玻璃面扩散，其接触角为零。但是，如果将一滴水置于不太干净的玻璃上，水滴与玻璃面的接触角是个有限值。水在特氟龙界面上的接触角接近 $180°$。

易于被水浸润的物质或界面被称为亲水性物质或亲水性界面，其接触角接近零。水

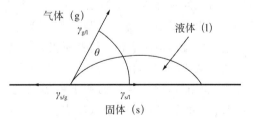

图 2.1　空气中，液滴（l）在固体基质（s）上的接触角 θ，$\gamma_{s/g}$，$\gamma_{s/l}$ 和 $\gamma_{s/g}$ 分别是固态—气态、固态—液态及气态—液态之间的界面张力

与被浸润的物质或被浸润界面接触角接近 180° 的物质或界面被称为憎水物质或憎水界面。在石油工业中，这两种科学术语又分别被称为"亲油"和"亲水"。使用这两个术语时一定要谨慎，因为不易区分是亲水的性质还是浸于水中的状态。例如，一块憎水的特氟龙被浸于水中。特氟龙的性质没变，只是状态变了。尽管特氟龙被浸于水中，它仍是憎水的。所以当特氟龙被浸于水中时，它还是憎水物质。

接触角可以从 3 种相态接触面上直接测出，也能用其他方法求出，具体方法会在后面讨论。

接触角磁滞现象。如果将液滴置于倾斜的板面上，假定会见到如图 2.2 所示的形状。在重力作用下，液滴有沿板面向下滑的倾向。我们可以看到液滴前边界的接触角比后边界的接触角大。前、后边界的接触角之所以不同，是由于存在接触角磁滞现象，接触角磁滞对很多接触角发挥作用的现象有很大影响。

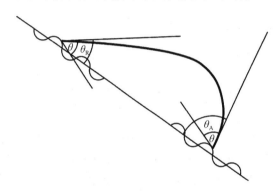

图 2.2　倾斜的板面上的液滴——
一个接触角磁滞现象实例

许多原因都可以产生接触角磁滞现象，而在实际中，有可能是多种因素的复合作用导致了接触角磁滞现象，其中最重要的原因之一就是接触表面粗糙，如图 2.2 所示。可以将粗糙的表面看作局部的山谷和山丘。即便局部微观的前进、后退接触角都一样（都为西塔），但在宏观上前进接触角（θ_A）和后退接触角（θ_R）是不一样的，这都是由接触角磁滞现象引起的（图 2.2）。接触角磁滞现象也可以由局部微观接触角的不均匀引起，这可能又由于固体板面（自然物质，如矿物和岩石的共有特性）的局部化学成分不均匀造成的。接触角磁滞现象也可以由化学物质的不均匀吸收而引起，这种不均匀吸收改变了固体的界面性质。

2.2.5　扩散

2.2.5.1　吸附能和内聚能

要介绍吸附能和内聚能的概念，先看一下由两个小圆柱体 A 和 B（也可以是不相混的液体）组成的圆柱体，如图 2.3 所示。当将其分开时，它们共同的界面彼此分离（其界面张力为 $\gamma_{A/B}$），被两个柱体—空气接触界面所取代，其界面张力分别为 γ_A 和 γ_B。要分离物体 A 和物体 B 的接触界面，形成两个独立的物体—空气接触面时，单位接触面积上所需做的功称为吸附能，写作 W_{ad}，由下列 Dupre 公式给出：

$$W_{ad} = \gamma_A + \gamma_B - \gamma_{A/B} \qquad (2.6)$$

当两个物体完全相同时，$\gamma_A = \gamma_B$，$\gamma_{A/B} = 0$。将单位面积的圆柱体 A 分离，并形成物体 A 与空气的接触面，所

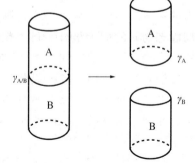

图 2.3　吸附能的定义示意图

需做的功称为内聚能，写作 W_{co}，由下列公式给出：

$$W_{co} = 2\gamma_A \tag{2.7}$$

用吸附能和内聚能的概念来分析一种液体在另一种液体上扩散，或连接，或结合，或对选择合适胶合物都是非常方便的。这两个概念也可用于描述沥青萃取过程中沥青附着在水中气泡上的现象。

2.2.5.2　扩散系数

当一滴油滴到水面上，油滴或是扩散，形成有两个界面的油膜（与下方的水及与上方的空气），或是形成一个透镜，通常会像一个单分子层一样扩散，与透镜中的过量油达到平衡。倒在水上的植物油呈透镜状。矿物油会扩散形成油膜，具有明显的界面，这样，来自顶部和底部界面干扰的光线反射会形成彩虹，就像我们在雨后停车场的水涡中常看到的那样。高度数酒精，如辛醇，扩散形成单分子层，与透镜体平衡。扩散的状态取决于所谓的扩散系数，定义如下：

$$S = \gamma_{W/A} - (\gamma_{O/A} + \gamma_{O/w}) \tag{2.8}$$

其中，$\gamma_{W/A}$ 是水对空气的表面张力；$\gamma_{O/A}$ 是油对空气的表面张力；$\gamma_{O/w}$ 是油对水的界面张力。当 $S \geqslant 0$ 时，油在水面上发生自然扩散。替代上面公式中的扩散系数带入 Dupre 公式，我们发现，扩散系数与吸附能和内聚能有如下关系：

$$S = W_{ad(O/W)} - 2\gamma_{O/w} = W_{ad(O/W)} - W_{co(O/O)} \tag{2.9}$$

当 S 为正值或 $W_{ad(O/W)} > W_{co(O/O)}$ 时，出现扩散。这表明当油对水的吸附力大于油自身的凝聚力时，水面上的油出现扩散。

沥青在水面上扩散。如表 2.2，80℃左右时，水和沥青（对空气）的表面张力分别约为 72mJ/m² 和 27mJ/m²，而沥青对水的界面张力则为 14～15mJ/m²。因此，$S = 70 - (27 + 15) = 28$。这是一个正值，表明会出现自然扩散。实际上，在热水提取状态下，80℃左右，沥青在空气泡上扩散。大家可以想象沥青在水面上包围着气泡。这会造成空气泡与沥青的强烈黏着现象，有利于沥青浮选。液体的表面张力对温度的依赖性不太强。在 25℃或 40℃时，也会出现沥青的扩散现象，但沥青的黏度太高，无法在数秒或数分钟内观测到这种扩散。对于更低的温度，如 40℃或 50℃时，沥青滴与空气泡相互附着，形成三相接触线，但没有明显的扩散。很明显，在这种情况下，沥青与空气的黏着性较高温下沥青与空气的黏着性要弱，不发生扩散。

表 2.2　选择的表面及界面张力（相对于水）

液体	界面张力 （mJ/m²）	对水的界面张力 （mJ/m²）
正戊烷	15.49	—
正己烷	17.89	51.1
正庚烷	19.65	50.2

续表

液体	界面张力 （mJ/m²）	对水的界面张力 （mJ/m²）
正辛烷	21.14	50.8
正癸烷	22.38	51.2
甲苯	27.93	36.1
苯	28.22	35.0
油酸	—	15.7
辛酸	—	8.5
正丁醇	26.28	1.8
正戊醇	26.67	4.4
正辛醇	28.30	8.5
水	71.99	—
水银	485.48	—
阿萨巴斯卡沥青	27	14，15

2.3　表面张力和界面张力的测定

许多表面张力和界面张力的测定都是利用 Young - Laplace 方程进行球对称运算（公式 2.3）。下面，我们就介绍最常用的表面张力测量方法，并简单说明其优缺点。

2.3.1　毛细管上升（高度）法

假设一圆形玻璃毛细管的一端浸入装有液体的烧杯中（图 2.4）。如果液体完全润湿毛

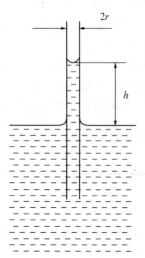

图 2.4　毛细管上升法示意图

细管壁（形成的接触角为 0），液体形成一凹面，向毛细管内呈半圆形弯月透镜状。该弯月状透镜的曲率半径与毛细管半径相同。这样，弯月形正下方液体中的压力要小于烧杯中同样高度处液面下的压力。式（2.3）给出了其压差：$\Delta p = 2\gamma/r$。这一压差随后引起烧杯中的液体进入毛细管，使得毛细管中的弯月状液面上升，直到静水压力 $\rho g h$（其中 ρ 是液体密度，g 是重力加速度，h 是毛细管上升高度）等于弯月状液面造成的毛细管压力为止。综合以上两个公式，可以得出以下公式，将表面张力 γ 作为所有其他参数的函数：

$$\gamma = 1/2\rho g h r$$

现在，已知液体密度 ρ 和重力加速度 g，而且也测出了毛细管半径 r 和毛细管中液面上升高度 h，就可以计算出所研究液体的表面张力。在实际中，不需要用显微镜测量毛管半

径，这样既麻烦又不精确，先测出标准液体的毛管中液面上升高度和表面张力 γ_{st}。用同样的毛细管就可测量出所研究液体的液面上升高度。容易得出：

$$\gamma = \gamma_{st} \rho h / (\rho_{st} h_{st})$$

毛细管上升法非常简单，如果用标准液体，就不需测量毛细管半径，这种方法不需要任何复杂设备，便于野外或室内操作。因为这种方法对毛细管中的杂质非常敏感（会影响获取精确的毛细管壁的润湿性），同一个毛细管不能多次重复使用。如果简单地用直尺测量毛细管液面上升高度，这种方法的精确度会比较低。

2.3.2　最大泡点压力法

如图 2.5 所示，将气体吹入浸于液体中的毛管内，最初形成一个气体—液体交界平面 (a)。因为界面是平面，所以界面两侧不存在压差，毛细管 p 内的气体压力等于大气压力 p_0。与毛细液面顶部的静水压力之和（$p = p_0 + hg\rho$），随着气体压力的增加，形成一个凸出界面。压力的增加与弯曲界面的形成有关，增加的压力由弯曲界面两侧的压差所平衡，弯曲界面两侧的压差由 Young-Laplace 方程求出，可以写成：

$$p = p_0 + hg\rho + 2\gamma / r_{curv} \qquad \text{或者} \ \Delta p = hg\rho + 2\gamma / r_{curv}$$

其中，r_{curv} 是毛细液面顶部所形成气泡的曲率半径。随着压力 p 的进一步增加，曲率半径 r_{curv} 减小，直到达到最小可能值，最小曲率半径 r_{curv} 就等于毛细管半径 (b)。此时，气泡内的压力达到最大值。在这一点之上，系统是稳定的，因为任何压力的增加都被弯曲界面两侧的 Young-Laplace 压力降所平衡。但如果我们继续使气泡增大，弯曲界面两侧的 Young-Laplace 压差就会变大，其曲率半径也会相应增大，大于最小值（对应于最大压力）。由气泡曲率造成的 Young-Laplace 压力变小，小于气泡内的压力。气泡变大，脱离毛细管力 (c)，重复循环。气泡半径最小时，毛细管内压力达到最大，此时毛细管压力等于毛细管半径。因为上述公式中所有变量都可以直接测量，可用最大压力计算流体表面张力（毛细管半径可以用显微镜测量，也可以通过测量已知界面张力的某种流体的最大泡点压力，从而得出毛细管半径）。

最大泡点压力法非常简单，不需使用复杂仪器。例如，可以用装满水的玻璃 U 形管测量气体压力，这使之成为既经济又较精确测量表面张力的方法。在不同成泡速度（如从数分钟形成一个气泡到每秒形成一个气泡）下测量，

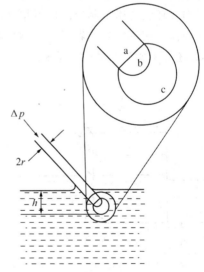

图 2.5　最大泡点压力法示意图

a—平滑界面，界面两侧无压差。
b—半圆形半月板，半月板半径的与毛管半径相同，造成最大泡点压力；c—不稳定的、自然变大的气泡；气泡内的压力低于最大值，因为弯曲液面的半径大于毛管半径

还需要知道表面张力随时间的变化情况（有时被称为动态表面张力）。因为每个连续不断的气泡都创建了一个新的气体—液体界面，这种测量方法对所研究的液体中含有的少量杂质不敏感。

2.3.3　白金板法

在这一方法中（图 2.6），将一个周长已知的垂直盘悬挂到平衡器上，首先测量这个板在空气中的重量，然后再将它部分浸入所研究的液体中，用干盘重量和浮力来校正平衡器记录到力 f，并根据公式 $f = 2l\gamma_{l/g}\cos\theta$，用该力来确定液体—气体之间的张力或求取接触角（假定与盘的宽度相比，盘的厚度小到可以忽略不计）。如果液体在盘上的接触角 θ 为零（也就是说，盘被液体润湿得极好），用这个方法就可以得出液体的表面张力。该方法还可以确定已知液体表面张力的系统的接触角 θ。

这种方法适于研究接触或表面张力的长期变化情况，因为这个盘可以悬挂到一个可自动记录的平衡器上，便于数小时或数天的长期操作。

2.3.4　白金环法

白金环法（图 2.7）与白金板法非常相似。与白金板法不同之处在于：白金板法中将一个盘垂直悬挂到平衡器上，而白金环法则将一薄环水平悬挂到平衡器上。该薄环的润湿性对白金环法测出的数据几乎没什么影响，用该法可测出总拉力 F。根据公式 $F = 4\pi r\gamma_{l/g}$，可以计算出表面张力，其中 $2r$ 是圆环的直径。假定与圆环的直径相比，制成圆环的细线的直径可忽略不计。公式中的系数取 4 是因为我们要通过圆环内外（$2\pi r$ 周长）的表面张力得出拉力。白金环法常用于测量两种不相混液体之间的界面张力（IFT）。在这种情况下，将圆环置于液体—液体之间的界面上，测量将圆环从液体—液体之间的界面上拉开所需的拉力（当然，还要考虑到圆环的干重和浮力，对数值进行校正）。

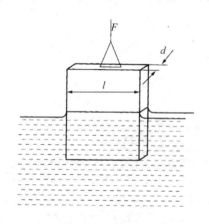

图 2.6　白金板法示意图

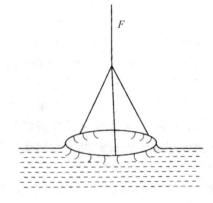

图 2.7　白金环法示意图

2.3.5　液滴外形法

由于重力和表面张力的原因，板面上黏附的液滴要保持一种使势能和表面附加能之和最小的形态。球状液滴的表面能最小，为了使重力势能最小，液滴要在底板上扩散成很薄的一层，而这就增大了液滴的表面能。很显然，介于上述两者之间、使得液滴总能量最小的液滴形状就是最佳的液滴形状。与之类似，还有一种使下垂液滴具有最小总能量的形状。通过解决偏微分方程的相应系统（拉普拉斯问题），可以精确地计算出液滴的形状。用拍摄液滴照片的方法可以得到液滴的轮廓。然后，将记录的液滴形态对比拉普拉斯方程计算出的结果，从而确定表面张力。有几种商业设备可用于进行这类测量。所有这些设备都需要电荷耦合器件照相机（CCD）来获取液滴形态图形，然后用获得的液滴形态同用专有算法得到的拉普拉斯图形进行对比，得出表面张力或界面张力及接触角等数据。

黏附液滴和下垂液滴法都是绝对的（如它们都不需做任何校对），都用少量一定密度的液体，可以进行简单温控，不依赖拆分力测量，不取决于接触角。这两种方法常被用于研究老化效应和高黏流体系统，如原油和沥青。这两种方法主要的、也是常被忽视的缺点是，对许多系统来说，液滴形态可能不是拉普拉斯形态。如果所研究的流体中含有固体颗粒，如黏土颗粒，那么液滴形态几乎都不是拉普拉斯形态。固体颗粒可以覆盖到液体表面，形成僵硬的表皮，从而无法出现拉普拉斯形态。

2.3.6 旋滴（或旋泡）法

将一个气泡或液滴置于一管状容器内的高密度液体中，该管状容器可以沿其轴以20000r/min 的速度旋转。离心力推挤该高密度流体使之接近容器壁，这样，靠近内心的液滴就被拉长了。两种液体间的界面张力越小，里面的液滴就被拉得越长。根据液滴被拉长的程度计算界面张力，就要解决拉普拉斯问题，其步骤类似于滴外形法所用步骤。

这种方法对测量非常低的界面张力很有用，但有两个限制条件：（1）外圈的液体必须是透明的，这样才能看到内圈的液滴；（2）内圈液滴的密度必须小于外圈透明液体的密度。

2.3.7 滴重（滴体积）法

当液滴缓慢地从试管中流出时，液滴首先在试管端口形成并不断增大，直到液滴的重量克服了表面张力，此时液滴滴落。液滴滴落时的重量可以写成 $mg = V\rho g = 2\pi r\gamma f$，其中，$m$ 是液滴的质量，g 是重力加速度，V 是液滴体积，ρ 是液体密度，f 是校正系数。校正系数基于如下事实：液滴滴落之前，形成直径稍小于试管直径的狭长条形。实验条件不同，所用的校正系数也不同（Harkins 和 Brown，1919）。液滴重量可以通过称量多个液滴的重量估算出来，也可通过数出给定液体体积的液滴数以及密度估算出来。用这两种方法估算出的液滴重量，其精度远远高于 1%，可以得出很精确的表面张力或界面张力。液滴重量法所需的设备很简单，试验也简单易行。这种方法不适合研究长期的老化效应，也不能用于高黏度液体。

2.3.8 微量吸液管法

以上介绍的界面张力的测量方法都依赖于两种相邻液体间存在密度差。当然，在油砂工业的温度范围内（0～100℃），沥青和水之间的密度差非常小，在 45℃时，沥青和水的密度差为零（Takamura 和 Isaacs，1989）。所以，要计算沥青和水之间的界面张力，就要用轻烃溶剂稀释沥青，再对稀释过的沥青进行一系列的界面张力测量，然后将所得数据外推至零稀释。很显然，这一环节会引入一些不确定因素，这些不确定因素与数据外推的范围有关。

最近，研究出一种测量界面张力的新方法——用微量吸液管抽吸，对微米级的乳状液滴进行界面张力测量。这一方法与最大泡点压力法类似。不同之处在于，这种方法不用测量形成气泡所需的压力，而需测量将微米级的乳状液滴吸入毛细管的最小压力，此外还需用 Young-Laplace 方程将其转换成界面张力。这种方法可用于密度相差不多的系统。但制约条件是两种液体（如形成液滴和介质的液体）的相对黏度都较低，这样，与 Young-Laplace 压力相比，引起流体流动所需的压力就可忽略不计。

在第二个基于微量吸液管的方法中（Moran，Yeung 和 Masliyah，1999；Moran 等，2000），乳液滴取自两个抽吸毛细管之间，通过拉拽安装在一个显微操纵器上的毛细管从而将该乳液滴拉长。将第二个毛细管弯成悬臂状，这样，根据悬臂挠度就可直接测出将乳液滴拉长所需的力。然后，根据力—液滴变形分析，就可以计算出液滴的表面张力，与重力域中的黏附液滴或悬垂液滴的分析原理类似。

只有悬臂微量吸液管测量法可用于测量无密度差异且黏度都很高的液体的表面张力。因此，这是唯一一种可直接测量沥青—水之间界面张力的方法。但这种方法需要较复杂的试验设备，在经济上不划算。

2.4 接触角的测定方法

2.4.1 平面上的测定

可以根据照相机拍摄的固定液滴的图像确定平板上液滴的接触角，或者用接触角测量仪直接测量。将液滴置于接触角测量仪上进行观察时，标有十字的半月形的仪器同底板对齐，然后再与液滴接触点处的轮廓线对齐，这样就可以直接测量两条线之间的接触角了。如上所述，通过观测黏附液滴的轮廓，既可以测量接触角又可以测量表面张力。

2.4.2 粉末上的测定

当要测量的固体目标只是粉末时，可以对用该种粉末物质压成小球进行接触角的测量。虽然这种方法的使用频次较高，但测定结果受小球孔隙度和底板的不可避免的粗糙程度的影响。此外，还可以根据将液体从该粉末的栓塞上移开所需的压力来计算接触角，用所研究液体使粉末饱和，用 Young-Laplace 方程计算毛细管压力（Bartell 和 Whitney，1932）。可以用水银孔隙测量仪测算计算中所需栓塞孔隙大小的平均值，或者用完全润湿孔隙栓塞的液体的流速—压力关系式求取。当接触角具有限值且固体颗粒又足够小时，粉末会像水黾一样漂浮在液体表面。已知颗粒大小、密度及使颗粒沉降的离心力，我们就可以根据力的平衡原理，计算出接触角（Huethorst 和 Leenaars，1990）。

2.5 吸附作用

在 2.2 节中，我们确定表面张力是分子间相互作用的直接结果。液体分子间的相互吸引力越大，液体的表面张力就越大。如果液体中包含不同分子，换言之，如果是混合液体，有些分子会趋向界面，导致界面处的分子就会比液体内部的分子更多。这一分离过程，或者与液体内部的分子相比，分子在界面区域的富集趋势，被称之为吸附现象。很显然，吸附在界面处的分子必定降低了表面张力，继而就降低了系统的总内能。下一节中，我们还会以热力学观点分析吸附过程。最重要的就是要记住：能降低表面张力的分子，会自发吸附在界面处。吸附的驱动力为：表面张力降低，导致系统总的内能减少。

2.5.1 吸附作用的热力学

吉布斯首先给出了吸附过程严格的热力学定义。在下面的章节中，我们对吉布斯法进行简要的说明。

吉布斯吸附分析的基础是对平面和表面过剩的劈分。为了更好地理解这个问题，我们应知道：无论何种相态，在三维情况下，我们都能很容易地定义任一组分的浓度（即单位体积中所含该种组分的物质的量）。但在两个相态的界面处，情况则有所不同，因为界面是二维的。二维界面的特点及分子和原子的有限维数，都使我们无法在二维界面处应用三维浓度概念。相态的组分（所有组分的浓度）和密度在相邻相态内部都是一样的，但在相态界面处却不同。

虽然可以清楚地看见玻璃杯中水与空气的分界面，如果我们认为它是数学意义上的一个平面，厚度为零，要说出水与空气分界面的确切位置却并不容易。如果我们穿过水—空气界面，界面之下水的密度必须变为界面之上较水密度低很多的空气密度。这一变化很剧烈，出现在一个很短的距离内，但这一变化是连续的，因为大自然中的变化都是连续的。

解决这一问题有两种方法：其一是定义一个表面区域或厚度有限的表面相，但具体厚度未知，将标准浓度定义用于界面下的液体、界面上的空气以及二者之间的界面区。例如，我们可以将组分 i 的表面浓度定义为表面区域内组分 i 的物质的量除以表面区域的体积。这相当于取了想定义参数的平均值（在表面区域内）。这一方法的问题在于，如果假定表面区域厚度太薄，就无法完全包含整个区域内诸如密度或浓度变化等物理性质。如果假定表面区域厚度太厚，又失去了相态边界存在的相关特性。所以表面相边界究竟应位于何处，这仍是一个问题。

下面将详细讨论吉布斯提出的解决这一问题的第二种方法。

2.5.1.1 吉布斯表面过剩和平面分割概念

假设有一数学平面，称为吉布斯分割平面，位于相态 α 和相态 β 的可见边界附近。此时不考虑这一平面的确切位置，只要该平面靠近可见边界就行（后面还会回到分割平面的位置）。例如，我们考虑相态 α 和相态 β 内的浓度值（单位体积组分 i 的物质的量）（图 2.8）。

组分 i 在系统内的总物质的量可以用积分计算出来，实线描述了浓度随距离的连续性变

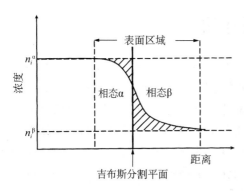

图 2.8　吉布斯平面分割概念

化。这是组分 i 在系统内的实际物质的量。另一种计算组分 i 在系统内的总物质的量的方法是：以相态 α 的体积浓度乘以该相态的体积（由分割平面的位置决定），再用相态 β 的体积浓度乘以该相态的体积，之后将两个值相加，就得到组分 i 在系统内的总物质的量。两个值相加得到的组分 i 在系统内的总物质的量与组分 i 在系统内的实际物质的量是有差异的，这一差异又称为表面过剩。表面过剩可以是正数、也可以是负数，还可以为 0，这取决于假想分割平面的位置。如图 2.8 所示，如果分割平面左侧的阴影区比分割平面右侧的阴影区小很多，这一组分的表面过剩就是负值。这是因为，在根据体积浓度计算物质的量时，如果将阴影区的总比例加到分割平面左侧，就高估了实际物质的量，如果我们将阴影区的总比例加到分割平面右侧，就低估了实际物质的量。对于单一组分系统，分割平面的放置就很简单，单一组分系统内没有吸附现象，我们希望计算出实际物质的量，所以我们将分割平面放置到表面过剩为 0 的位置，或者使两个阴影区的面积相同。对于多组分系统，就没有这么简单了。通常可以简单地将系统中的一种组分挑出当作溶剂，其他组分看成溶质溶于其中。现在，可以将分割平面放置到对溶剂（通常为水）的表面过剩为 0 的位置，然后再根据这一分割平面的位置，计算所有其他组分的表面过剩。这就是吉布斯方法的精髓。现在，明确了概念，可以严格依照热力学分析来描述吸附过程。

2.5.1.2　吉布斯吸附方程

能够与周围能量进行交换的系统内能 U 的变化情况可用一般的热力学方程表示：

$$dU = TdS + \overline{d}W + \sum \mu_i dn_i \tag{2.10}$$

其中，T 是绝对温度；S 是熵（热力学函数）；W 是对系统所做的功；μ_i 和 n_i 是分别是化学能和系统中第 i 种组分的物质的量。积分符号 dW 上的一横表示这一项不是全积分。这其实是一个数学推论，表明所做的功可能取决于系统由初始状态变化到最终状态所经过的路径，而并不仅仅取决于系统的初始状态与最终状态之间的差异。

不必纠结于这一数学问题，我们需要考虑的是做功的类型（体积功——pdV，表面膨胀功——γdA），以及界面电荷充电所涉及的电功 $\psi_0 dq$，其中 ψ 是表面电势能，q 是表面带电电荷（后面的章节中我们还会讨论带电表面的现象）。这样，式（2.10）又可以写成：

$$dU = TdS - pdV + \gamma dA + \psi dq + \sum \mu_i dn_i \tag{2.11}$$

作为外延参数，U，S，V，A，q 及 n_i 均为已知，它们的值取决于系统的尺寸。如果我们使系统尺寸加倍，所有外延参数的值也加倍。系统内能 dU 的总体变化是相态 α 和相态 β 变化的总和（相态 α 和相态 β 之间的界面可以用上标 s 表示）如：

$$dU = dU^\alpha + dU^\beta + dU^s$$

对于相邻相态 α 和 β，公式又可以写成：

$$dU^\alpha = TdS^\alpha - pdV^\alpha + \sum_i \mu_i dn_i^\alpha$$

$$dU^\beta = TdS^\beta - pdV^\beta + \sum_i \mu_i dn_i^\beta$$

表面的能量变化可以表示为：

$$dU^s = TdS^s + \gamma dA + \psi dq + \sum_i \mu_i dn_i^s \tag{2.12}$$

上述公式中，所有以上标形式表示的外延参数都按吉布斯方法定义，式（2.12）中的外延参数都是以吉布斯法表示的表面过剩，它们的数值取决于吉布斯分割平面的位置。

如果使所有外延参数（能量、熵、面积、表面电荷及物品的量）从 0 增加到任意有限值，而保持强度参数（温度、压力、表面张力、表面势能及化学势能）恒定，式（2.12）就可以写成：

$$U^s = TS^s + \gamma A + \psi q + \sum_i \mu_i n_i$$

等式两边同取微分，就得到：

$$dU^s = TdS^s + S^s dT + \gamma dA + A d\gamma + \psi dq + q d\psi + \sum_i \mu_i dn_i^s + \sum_i n_i^s d\mu_i \tag{2.13}$$

综合式（2.12）和式（2.13），得到：

$$S^s dT + A d\gamma + q d\psi + \sum_i n_i^s d\mu_i = 0 \tag{2.14}$$

对于恒温的情况，式（2.14）两边同除以表面积 A，最终得到：

$$d\gamma = -\sigma d\psi - \sum \Gamma_i d\mu_i = -\sigma d\psi - RT \sum \Gamma_i d\ln a_i \tag{2.15}$$

其中，Γ_i 称为组分 i 的吉布斯表面过剩；σ 是表面电荷密度（单位面积的电荷）。

式（2.15）是吉布斯吸附方程的一般表达式，公式中将电功与界面电荷聚集联系起来。当没有电功或 $d\psi = 0$ 时，式（2.15）可表示为常见的形式：

$$d\gamma = -RT \sum \Gamma_i d\ln a_i \tag{2.16}$$

如前文中提到的，可以吉布斯分割平面置于可见表面附近。对于选定组分 i，可以将吉布斯分割平面置于 $\Gamma_i = 0$ 的位置。对于一种溶质溶于溶剂中的双组分系统，还可以将吉布斯分割平面置于溶剂表面过剩为 0 的位置。然后，用溶质浓度替代，则式（2.16）可以写成：

$$\Gamma = -\frac{1}{RT}\frac{d\gamma}{d\ln c} = -\frac{c}{RT}\frac{d\gamma}{dc} \tag{2.17}$$

例如，对于用水稀释的乙醇溶液，公式可以写成：

$$d\gamma = -RT(\Gamma_{water} d\ln a_{water} + \Gamma_{EtOH} d\ln a_{EtOH})$$

将吉布斯分割平面置于 $\Gamma_{water} = 0$ 的位置，公式可以写成：

$$\Gamma_{EtOH} = -\frac{1}{RT}\frac{d\gamma}{d\ln a_{EtOH}} \tag{2.18}$$

在这个例子中，乙醇的表面过剩值由上面的公式计算出来，表面过剩值有着严格的热力学意义。这是将吉布斯分割平面置于水的表面过剩为 0 的位置时，对应于这一吉布斯分割平面，乙醇的界面剩余。这是定义界面剩余最常用的方法。对于稀释的乙醇溶液，乙醇的活动性 a_{EtOH} 以用其浓度 c_{EtOH} 代替，得到：

$$\Gamma_{EtOH} = -\frac{1}{RT}\frac{d\gamma}{d\ln c_{EtOH}} = -\frac{c_{EtOH}}{RT}\frac{d\gamma}{dc_{EtOH}}$$

公式右边的所有变量都可以通过实验确定，表面过剩就可以根据表面张力的实验数据计算出来，而表面张力取决于浓度。

2.5.2　吸附等温线

式（2.18）给出了定义吸附作用所需的 4 个强度参数间的关系：表面过剩（Γ）、表面张力（γ）、吸附种类的活动性（a）、温度（T）。所以，如果温度恒定，要明确定义吸附作用，就只有其中两个变量是独立和所需的。根据我们的需要，可以选用：

（1）表面张力公式 $\gamma = \gamma（a）$；

（2）吸附等温线 $\Gamma = \Gamma（a）$；

（3）相态表面公式 $\gamma = \gamma（\Gamma）$。

上述 3 个关系式都描述了二元体系中的吸附作用。一般情况下，我们选择变量在试验条件下易于测量的关系式。例如，针对流体界面的吸附作用，表面张力和浓度（或活动性）比较容易测量。对于具较大表面积的多孔固体吸附气体的情况，如活性炭，气体压力（与气体的活动性有关）和表面过剩都可通过实验测量。对于朗缪尔的不溶解单层水槽实验，表面过剩和表面张力都可以直接由实验得到。

对于液体的界面吸附作用，采用能由实验确定的表面张力公式，通过吉布斯吸附方程计算表面过剩。很显然，表面过剩（被吸附物质量的测量）取决于溶液中目标物质的浓度。被吸附物质量随浓度的增加而增加。联系这两个量的函数被称为吸附等温线。下面对吸附等温线做个一般的介绍。

2.5.2.1　朗缪尔（Langmuir）吸附等温式

朗缪尔（Langmuir）吸附是基于这样的假设：单个分子吸附在界面的不同位置上，所有吸附位置在各方面都是一样的，尤其是它们具有同样的吸附能。因为吸附位置的个数有限，所以表面过剩有最大值，或者说可能的最大吸附量 Γ_∞。

吸附速度 v_{ads} 与吸附分子浓度 c 成比例，也与未被吸附分子覆盖的表面积成比例。其关系可表示为：

$$v_{ads} = k_{ads}(\Gamma_\infty - \Gamma)c$$

解吸速度 v_{des} 可表示为：

$$v_{des} = k_{des}\Gamma$$

平衡状态下，吸附速度 v_{ads} 与解吸速度 v_{des} 一定相等，这样，朗缪尔（Langmuir）吸附等温式可以写成：

$$\Gamma = \Gamma_\infty \frac{Kc}{1 + Kc} \qquad (2.19)$$

其中，公式中的常数 K 为吸附速度与解吸附速度之比，$K = k_{ads}/k_{des}$

图 2.9 为朗缪尔（Langmuir）吸附等温线图，表面覆盖率 $\theta = \Gamma/\Gamma_\infty$ 是归一化浓度与 $1/K$ 的函数。朗缪尔（Langmuir）吸附等温线的饱和特征清晰可见。

2.5.2.2 BET 吸附等温式

气体吸附在具较大表面积的多孔固体上时，吸附气体在固体上形成多层覆盖现象很常见。吸附气经常以冷凝液体的形式充填于多孔固体的孔隙内。气体吸附在固体上这一现象对多相催化非常重要。很显然，在这些较常见

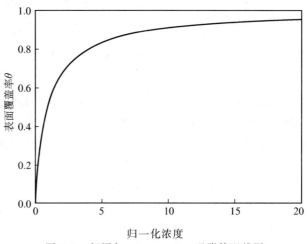

图 2.9 朗缪尔（Langmuir）吸附等温线图

的例子中，朗缪尔（Langmuir）吸附等温线是无效的，因为朗缪尔（Langmuir）吸附等温线假定为单层吸附。1938 年，S. Brunauer，P. Emmett 和 E. Teller 等推导出一种等温模型，这种等温模式允许多层吸附，这就是 BET 吸附等温式，以发明者的姓名的第一个字母命名。BET 吸附等温模式最关键的假设是：吸附分子的第一层遵循朗缪尔（Langmuir）吸附模式。BET 吸附等温模式还假设，除第一层外，每一层的吸附能都相等，且等于吸附气体冷凝成液体所释放的凝析热。换句话说，BET 吸附等温模式假设第一层吸附气体遵循朗缪尔（Langmuir）吸附模式，其他层在第一层上的形成冷凝物，像液体一样。

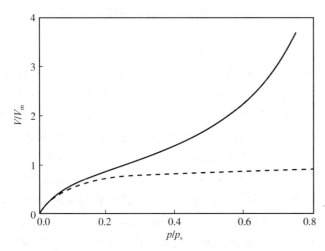

图 2.10 用实线表示的 BET 吸附等温线
（虚线为朗缪尔吸附等温线）

因为 BET 吸附等温模式描述气体的吸附过程，所以经常用以下形式表示：

$$\frac{V}{V_m} = \frac{k\varphi}{(1 - \varphi)\,[1 + (k - 1)\varphi]} \qquad (2.20)$$

其中，V 是单位质量的固体吸附气体的体积；V_m 是在固体上形成完全的单层吸附所需的气体体积；k 为一常数；φ 等于 p/p_s，其中 p 是气体局部压力，p_s 是试验温度下平衡蒸气压力。BET 吸附等温图的形状见图 2.10（由实线表示）。注意：朗缪尔（Langmuir）吸附等温线以

虚线表示，最终接近数值 1。出于这种考虑，我们看到，对应于气体局部压力较低的部分，吸附过程最初沿着朗缪尔（Langmuir）吸附等温线的趋势，表明此时形成单层吸附。此后，随着气体压力渐高，发生多层吸附，导致 BET 吸附等温线偏离朗缪尔（Langmuir）吸附等温线。

BET 吸附等温线常用于测量催化剂、粉末及多孔吸附剂的比表面积。因此，又可以将式（2.20）整理为以下形式：

$$\frac{\varphi}{V(1-\varphi)} = \frac{1}{kV_m} + \frac{(k-1)\varphi}{kV_m}$$

绘制实验数据 $\varphi/[V(1-\varphi)]$ 与 φ 的对比关系图，可以根据所绘曲线的斜率和截距得出常数 k 和 V_m 的值。因为 V_m 是形成单层所需的气体体积，已知气体的分子横截面面积，可以计算出固体的表面积。这就是 BET 吸附等温线之所以重要的原因，因为它是最常用的测算固体表面积的方法。许多商业仪器都支持这种测算固体表面积的方法。

2.5.2.3　亨利（Henry）等温式

如果 c 值很小，与 1 相比，式（2.19）中的 Kc 可以忽略不计，可以写成：

$$\Gamma = \Gamma_\infty Kc = k_H c \tag{2.21}$$

它表明表面过剩和液体浓度是线性关系。k_H 是上述公式中的亨利常数，等于吸附曲线在浓度趋近 0 时的斜率。这种类型的吸附曲线被称为亨利等温曲线，常用于浓度很低的系统。

2.6　电表面现象

相态间的所有界面都带电荷。本节我们将讨论许多与此有关的重要结论。先从表面电荷的来源和一些基本概念谈起。首先回顾一下电动学现象及所谓的界面电动势（ζ）。

2.6.1　表面电荷的来源

各种相态界面之间电荷的形成有几种机制。虽然下面将要提到的电荷形成机制可出现于任何相态之间的界面，为简化起见，假设有一个界面，该界面为一固态和其他溶解物质溶液之间的界面。表面电荷最常见的一个来源，即来自于相邻溶液的离子对原先无电荷的固体表面的吸附。另一个常见机制是表面珠峰的溶解。被吸附分子的方向具恒久偶极距，也有助于表面电荷的集聚。在这里，我们主要关注于从油砂中提取沥青，在沥青提取过程中，即使不是全部过程，也是大部分过程出现在油水界面之间，各种固相及水或油界面之间，或者空气泡及前面提到的相态界面之间。大部分情况下，水是我们感兴趣的相之一，所以，我们先来分析水—固态界面上，附着于固态界面上的电荷的来源。

我们将二氧化硅砂岩颗粒放入水中，在下列的化学方程式中，化学符号二氧化硅表明，下列化学物质或者被吸附到固态表面，或者是固体表面的一个有机组成部分：

$$(SiO_2)_s + H_2O \rightleftharpoons (H_2SiO_3)_s \rightleftharpoons (HSiO_3^-)_s + H^+$$

这一化学方程式表明，砂岩颗粒表面的二氧化硅与水发生化学反应，形成硅酸，随后又分解成硅酸根离子附于表面，氢离子进入溶液。这一化学反应链使得负电荷位于固态表面，氢离子带正电荷扩散到溶液中。因为所有这些步骤都是可逆的，且最后一步形成的进入溶液中，表面电荷对溶液的 pH 值很敏感。例如，在 pH 较高的情况下，氢离子浓度较低，方程式向右进行，二氧化硅表面聚集较多负电荷。在 pH 值较低的情况下，情况正好相反，二氧化硅表面聚集较多正电荷。很显然，这中间肯定有一个点（一个特定的 pH 值），表面净电荷为 0，这一点就是 0 电荷点（PZC）。

上述机制只是一个简化的示意。实际上，二氧化硅与水形成一个大的化学组分团。上面给出的只是最简单的例子，硅酸。硅酸再多连接一个水分子，就成为正硅酸，硅酸再多连接一个二氧化硅分子，就成为二硅酸；正硅酸再连接两个水分子，就成为派罗斯硅酸；诸如此类等。硅—水化合物的通用公式可以写成：$[SiO_x(OH)_{4-2x}]_n$。这些化合物的最简结构可以在稀释的水溶液中进行鉴别。但在固体状态下，它们很可能都冷凝成具复杂化学结构的无机聚合物。你可以设想一下，在各种水合度下，水中的砂岩颗粒被硅酸聚合物包裹。要想完全去除这些水合水分子非常困难。即使长时间加热之后，用 IR 光谱学仪器仍然可以在硅上检测到水。不考虑表层确切的化学组成，我们的砂岩颗粒可以与水交换氢离子或氢氧根离子，形成净表面电荷聚集，而这些电荷聚集则成为前面所讨论的 pH 值的函数。

所有涉及电荷聚集的氧化矿物，如黏土、铝等，也都有相似的机制，有些氧化物可能无法形成无机聚合物，但所有氧化物都可以在水溶液中交换离子或氢氧根离子，在它们表面形成电荷聚集，而这些电荷聚集则为 pH 值的函数。表面电荷对 pH 值的依赖，不仅可以通过实验确定 0 电荷点，还可以确定总表面电荷，如果已知总表面积，还可以确定表面电荷密度。步骤比较简单：假定我们想确定悬浮于水中的黏土颗粒的表面电荷。首先，取一定体积的去离子水（如 100mL），去离子水的 pH 值应接近 7。下一步，添加一定体积的酸，如 0.001mol/L 的盐酸，再重新测定 pH 值。因为我们将酸加入水中，其 pH 值会降低，如图 2.11（虚线部分）所示。再重新取一定体积的去离子水，用碱，如氢氧化钠重新滴定。添加苛性钠会增加水的 pH 值。按照这个步骤，我们可以得到水的滴定曲线，滴定曲线表明，水的 pH 值为所添加酸量或碱量（图形中的虚线部分）的函数。现在，我们可以将黏土分散到水中（例如，10g 黏土加入 100mL 的去离子水中），再用酸或碱滴定黏土悬浮溶液。黏土悬浮溶液的滴定曲线见图 2.11，为一条实线。现在，我们可以看一下将黏土悬浮溶液滴定到相同的 pH 值，所需的酸量和碱量有何不同，假定黏土散入干净的去离子水中。图 2.11 中，箭头表示 pH 为 5 时二者的差异。这个差异对应着被黏土消耗的氢离子量（来自加入的酸）。那些离子被从水中除去，对降低水的 pH 值没有贡献。而是使黏土表面出现更多的正电荷聚集。这样，我们就可以根据被黏土消耗的氢离子量，计算黏土表面电荷。如果我们还知道黏土的总表面积，例如从 BET 吸附等温式中知道黏土的总表面积，我们还可以计算表面电荷密度。从图 2.11 中我们还可以看出，在 pH 值约为 8.5 的地方，两条曲线交汇。在这一 pH 值处，不需额外的酸或碱将黏土悬浮液的 pH 值中和为与水的 pH 值相同。所以，在这一点，黏土的表面电荷为 0。

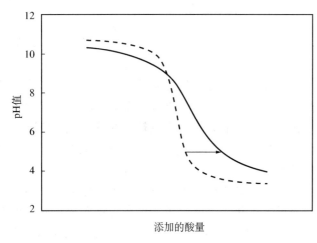

图 2.11　用胶体悬浮溶液滴定法确定 0 电荷点

2.6.2　双电荷层

如果不考虑固体表面电荷的起源问题，固体和溶液系统与固体接触，一定是不带电的。所以，不仅浸入水中的固体颗粒带电荷，水自身也带电荷，电荷的数目与固体颗粒电荷的数目相等，电性相反。本质上而言，整个系统正负电荷分离，整体保持为中性、不带电。当固体带负电荷时（常态情况下，大部分固体颗粒在水中带负电荷），液态带等量的正电荷，二者正负电荷的绝对值相等。带负电荷的固体颗粒吸引溶液中的正离子，排斥负离子，这样，在带负电荷的固体颗粒附近，就出现净负电荷剩余。

固体表面的电荷与溶液中的电荷形成一个电荷系统，被称之为双电荷层。这个双电荷层就像一个电容器，一个层带负电荷，另一个层带正电荷。实际上，其中一个第一代理论上的双电荷层模型（Helmholtz 于 19 世纪后期研制）就假设一个如冷凝器般的结构，包含一个刚性正电荷（阳离子）层，该阳离子层被吸附于带负电荷的固体表面。Helmholtz 模型可以解释实验中出现的某些现象，但这个模型过于简化。很明显，因为离子可以在溶液中移动，水分子的热运动会对固体表面的刚性离子层产生干扰。事实上，我们要考虑两种相互矛盾的力：由于界面带电，一种是异性带电离子的相互吸引力和同性带电离子的彼此排斥力，另一种是由于分子热运动而引起的驱使分子杂乱化的力，使由于电荷作用而趋于有序排列的分子杂乱化。达到

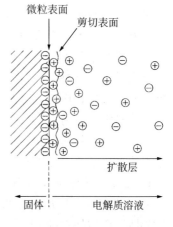

图 2.12　双电荷层

平衡时，溶液中的离子层事实上是扩散的，固体表面附近见到相反离子层的可能性大于见到相同离子层的可能性。在距带电荷固体表面较远处，相反离子层与相同离子层聚集，数值相等电性相反，净电荷为 0。图 2.12 显示了带电界面附近带电离子的分布情况。

下面我们要讨论动电学现象，有一点很重要，那就是：带电界面附近的离子形成扩散层。这一层所带电荷与固体表面所带电荷数量相等、电性相反，所以整个系统表现为中性，是不带电的。如果有液体平行于固体表面流动，扩散层中的离子就可以被其带走，在这个意义上说，扩散层是非固定的。离子从双电荷层被带走，造成微观上的电荷分离，形成重要而又有趣的动电学现象，下面我们会对此进行讨论。

我们前面提到过，双电层与电容器是类似的。双电层的电容量可以通过实验进行测量，而且这种测量方式是研究双电层结构的一种重要工具。

2.6.3 双电层结构的原理

如前所述，双电层由固体表面的电荷和溶液中的带电离子组成。此外，这些离子中有一些吸附在固体表面，改变了有效表面电荷。溶液中的离子构成了双电层中所谓的扩散部分，并受与带电表面之间的相互作用以及随机热运动的影响（Masliyah 和 Bhattacharjee，2006）。

首先考虑一下双电层扩散部分的结构。Gouy 和 Chapman 于 20 世纪初就给出了有关扩散电双层的最简单的论述。它以几个简化的假设为基础。首先，假设固体表面是平坦的、无穷大的，并且均匀带电。其次，假设溶液中的离子是点电荷（忽略离子的有限尺寸），假设用 Boltzmann 的统计理论来描述离子的空间分布。第三，假设液体是一种以介电常数 ε 为特征的连续介质（即忽略了液体的离散分子结构）。我们来简略回顾一下解决这个问题的思维过程。

我们将试图根据到固体表面的距离 x 来计算溶液中的电势 ψ。对于一个带正电荷的固体来说，固体表面排斥阳离子而吸引阴离子。利用 Boltzmann 的统计理论，距离为 x 的任意位置的离子浓度可用公式 $n_i = n_i^o \exp\left[z_i e \psi\ (x)\ / kT\right]$ 表示。式中，n_i^o 是 i 型离子的总浓度，z_i 是其原子价，e 是基本电荷，k 是 Boltzmann 常量，T 是绝对温度。任意位置的净自由电荷密度 ρ 的公式为：

$$\rho = \sum_i z_i e n_i = \sum_i z_i e n_i^o \exp\left[- z_i e \psi / (kT)\right] \tag{2.22}$$

式（2.22）将电荷密度 ρ 与带电表面附近任意位置的电势 ψ 联系起来。ρ 和 ψ 都是有关距离 x 的先验未知函数。因此得到了一个关于两个未知函数的等式。为了求解 Boltzmann 方程［式（2.22）］，我们必须找到另一个将 ρ 和 ψ 联系起来的公式。利用泊松方程，可以将它们联系起来，在平坦表面上取值关系如下：

$$\frac{\partial^2 \psi}{\partial \chi^2} = - \frac{\rho}{\varepsilon} \tag{2.23}$$

在式（2.23）中，ε 是介质的介电常数（$\varepsilon = \varepsilon_r \varepsilon_o$，这里 ε_r 是有关介质的无量纲的相对介电常数，而 ε_o 是自由空间或真空的介电常数，等于 $8.854 \times 10^{-12}\,\text{F/m}$，在国际单位制中也被称作电常数）。结合 Boltzmann 方程和泊松方程可以得到：

$$\frac{\partial^2 \psi}{\partial \chi^2} = - \frac{e}{\varepsilon} \sum_i z_i n_i^o \exp(- z_i e \psi / kT) \tag{2.24}$$

$$\psi = \psi_o \qquad (x = 0 \text{ 时})$$

$$\psi = 0, \mathrm{d}\psi / \mathrm{d}x = 0 \qquad (x = \infty \text{ 时})$$

根据到带电固体表面的距离可以得出溶液的电势。对于表面电势的低值 ψ_o，即 $ze\psi_o / kT \ll 1$ 时，可以大大地简化以冗长等式表示的解。在这种情况下，Boltzmann 方程中的指数函数可以扩大为幂级数，忽略较高的膨胀元素，这样一个线性化的泊松—Bolzmann 等式的解为：

$$\psi = \psi_o \exp(-kx) \tag{2.25}$$

其中，k 是一个取决于电解质成分和温度的常数：

$$k = \sqrt{\left(\frac{e^2}{\varepsilon k T}\right) \sum_i z_i^2 n_i^o} = \sqrt{\left(\frac{e^2}{\varepsilon k T}\right) \sum_i z_i^2 c_i N_A} \tag{2.26}$$

在式（2.26）中，N_A 是阿佛伽德罗常数，c_i 是 i 型离子的体积摩尔浓度。

被称作德拜参数的 k 是一个很重要的量。仅仅当式（2.25）中的电势 ψ 为有效值时，胶体粒子间由于电荷产生的力才很重要。根据等式，电势随到带电表面的距离以指数规律递减，其特征尺度为具有长度单位的 $1/k$。$1/k$ 的值常被称作双电层厚度。它是对必须考虑到电相互作用的距离的粗略估算。我们将在后面的 2.7 节讨论表面力和胶体稳定性的 DLVO 理论时重新讨论这一点。

图 2.13 是根据式（2.25）计算出的双电层的电势图（标准化的表面电势 ψ_o）。当距离带电表面的距离为 $1/k$ 时，根据等式（2.25），双电层的电势下降为 $\psi_o/2.72$（2.72 是以自然对数为基础的近似值，等于 2.71828…）。在 $\psi/\psi_o = 1/2.72 \approx 0.368$ 时绘制了一条水平实线，它在横坐标为相应 $1/k$（或双电层厚度）时与电势—距离曲线相交。我们可以将这些横坐标值与表 2.1 列出的值做对比后，很容易就发现双电层的厚度与电解质浓度密切相关。还可以观察到双电层厚度一词可能是误称，因为双电层的概念远远超出了这一点。但是，我们立刻可以发现，使用这个词是有一定道理的（除非仅为了遵循惯例）。

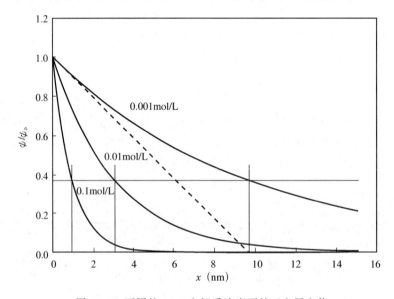

图 2.13　不同的 1：1 电解质浓度下的双电层电势

（电势为到带电界面距离的函数）

在固体表面，表面电势 ψ_o 可能与表面电荷密度 σ_o 相关。在电中性条件下，双电层的总电荷与表面的电荷在数量上是相等的（而正负号相反）：$\sigma_0 = -\int_0^\infty \rho \mathrm{d}x$。此外，在表面电势值较低处使用 Boltzmann 分布，所得的近似公式非常简单：

$$\sigma_0 = \varepsilon k \psi_0 \tag{2.27}$$

式（2.27）表明表面电势 ψ_0 不但取决于表面电荷密度 σ_0，而且也通过 k 取决于电解质组成。如果电解质浓度增加，根据式（2.26），k 值也会增加。因此在固定表面电荷处的表面电势 ψ_0 必须减小，或者在固定表面电势处的表面电荷 σ_0 必须增加。在大多现实体系中，表面电荷与表面电势会根据电解质浓度的改变而改变。

如果认为双电层是一个简单的平面电容器，那么根据式（2.27），其电容（单位电容器板区域的电容量）等于 εk，或者是电容器极板之间的距离为 $1/k$。图 2.13 中的虚线表示 0.001mol/L 1：1 电解质的双电层中的电势。注意这条线有个有意思的特征——它在 $x = 0$ 时与扩散双电层中的电势成切线，如式（2.25）所示。事实上，从式（2.25）可以得出：
$(\mathrm{d}\psi/\mathrm{d}x)_{x=0} = \{\mathrm{d}\left[\psi_0 \exp\left(-kx\right)\right]/\mathrm{d}x\}_{x=0} = -\psi_0 k$

很明显，这条切线与 x 轴交于 $x = 1/k$ 处。总之，扩散双电层的电容量等于极板间距离为 $1/k$ 的平面电容器的电容量。这也是为什么 $1/k$ 被认为是双电层的"厚度"的另外一个原因。

表 2.3 所示为不同化合价和浓度下的平衡电解液的德拜参数 k 和双电层厚度 $1/k$ 的值。我们发现双电层厚度随着浓度或电解质化合价的增加而减小。双电层电容器的电容量随着双电层厚度的减小而增加，而其电荷储存能力在电解质浓度较高时将达到一个较高值。这就是所谓的超级电容器的物理基础，而超级电容器也是我们提出的用于"绿色"交通工具电能储存的设备之一。

表 2.3　25℃ 时水溶液的双电层厚度（1/k）值

摩尔浓度 （mol/L）	化合价	德拜参数 k（m^{-1}）	双电层厚度 $1/k$（m）
	1：1	1.0×10^8	9.7×10^{-9}
0.001	2：2	2.1×10^8	4.9×10^{-9}
	3：3	3.1×10^8	3.2×10^{-9}
	1：1	3.3×10^8	3.1×10^{-9}
0.01	2：2	6.5×10^8	1.5×10^{-9}
	3：3	9.9×10^8	1.0×10^{-9}
	1：1	9.8×10^8	9.7×10^{-9}
0.1	2：2	2.1×10^8	4.9×10^{-9}
	3：3	3.1×10^8	3.2×10^{-9}

2.6.4　动电现象

前面章节所讨论的双电层存在的影响之一是一组被称作动电现象的 4 个事件。组成扩散双电层的离子可以随液相自由移动。液体在固体表面的流动就像流经一条毛细管，会剪切掉离子而形成双电层，导致电荷分离和电势的增加。类似的，在分散系统中应用电场会引起离子的运动。移动的离子拖拽着液体与其一起移动，引发了液体在固体表面的流动。表 2.4 列出并简要描述了这 4 种不同的动电现象。

表 2.4　动电现象的类型

现象	固定相	流动相	描述	应用
电泳	液体	固体	液体介质中的固相颗粒在外加电场的作用下移动	确定 ζ 电势和表面电荷。分离出蛋白质，并广泛应用于生物、医学、临床化学和分子生物学等领域
沉降电势	液体	固体	沉积固相颗粒在重力影响下的将导致产生垂向势梯度	由于颗粒下落的速度较低，所产生的电势差将会很小且难以测量。该作用没有重要应用
流动电势	固体	液体	当外加压力使得液体流过多孔固体塞时，产生电势差	确定 ζ 电势和表面电荷。这种现象是电荷分离的原因，用软管泵送烃类燃料时发生电荷分离。由于烃类的导电性较低，产生的电势值可能较高，直到火花放电，即燃料点燃的电势源
电渗	固体	液体	外加电场诱发液体流经一个多孔塞	为了使建筑纪念碑下的土壤脱水，使地基更稳固，数十年来一直应用着电渗现象。现代的应用还包括微流体设备中的泵，可以输送高的压力和大体积流量

2.6.4.1　电泳

电泳是最重要的动电现象，实用性最大。它是指带电颗粒在电场作用下，向着与其电性相反的电极移动。通常情况下，可以在两端带电极的、长方形、水平放置的薄玻璃容器里面观察到电泳现象，如图 2.14 所示。将电极连接到电源后，可以在显微镜下观察到悬浮粒子的移动并测量出它们的速度。

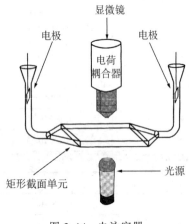

图 2.14　电泳容器

粒子速度与外加电场强度成正比，即 $v = \mu_e E$，这里 μ_e 代表颗粒的电泳迁移率（或在单位强度的电场作用下的颗粒速度）。最著名的电泳理论是由波兰物理学家 Marian Smoluchowski 于 1903 年提出的。而 $ka \gg 1$ 时，Smoluchowski 理论是有效的 [这里 k 是由式 (2.26) 定义的德拜参数，a 是颗粒半径]，根据这个理论，得出电泳迁移率的计算公式为：

$$\mu_e = \frac{\varepsilon \zeta}{\eta} \tag{2.28}$$

其中，ε 是介质的电容率；η 是液体的动态黏度；ζ 是平面电势，在这个平面上液体开始在固体颗粒上移动（剪切面或滑动面）。这通常被称作 ζ 电势。下面我们将简要讨论 ζ 电势的物理意义。暂时地，我们注意到它是最接近于表面电势 ψ_0 的值，无法进行测量。

理论的有效条件，即 $ka \gg 1$，仅表明颗粒大小远远大于双电层厚度 $1/k$。在提到颗粒时，Smoluchowski 理论对于悬浮在水中的、大于 $0.1\mu m$ 的颗粒有效，而此时双电层厚度约为几个纳米级。对于水基介质中的纳米级颗粒，即 $ka < 1$，Hückel 于 1924 年提出了相应的电泳迁移率表达式：

$$\mu_e = \frac{2\varepsilon\zeta}{3\eta} \qquad (2.29)$$

电泳可能是测定 ζ 电势时最常用的方法，我们将在 2.6.5 节对其进行讨论。

2.6.4.2 流动电势

当电解质溶液在一个带电荷的绝缘表面流动时，表面的双电层的自由带电荷粒子将沿着溶液流动方向运动。这些带电荷粒子的运动导致下游积累电荷，在上下游之间产生电位差，即流动电势。液体的流动通常是由对塞子施加的压力差引起的，流动液体将滑动面外的扩散双电层运走，引起电荷分离。这种电荷分离引起了塞子间的电势差。在定义明确的几何学中，流动电势是测量各种颗粒的 ζ 电势的一种便捷方法，被广泛应用于胶粒、界面科学和矿物加工中。

通过建立孔口（或一个多孔塞子）的电势差引发了电流，对电荷分离做出补偿，并且在大多条件下都防止流动电势达到高值。但是，当液体的导电性较低时，通常也就是液态烃的情况下，流动电势可以达到较高值，引起火花放电。不用说，这可能是一种火源。这个原理也是泵送碳氢燃料（比如汽油）时发生工业火灾的起因。用接收振荡回路或接地装置使燃料软管喷嘴发生短路不仅可以防止产生电荷，还可以防止相关危险的发生。

2.6.4.3 电渗

电渗是指在电场作用下液体（通常是水）相对于和它接触的固定的固体相做相对运动的现象。该现象早期应用于使建筑纪念物的土壤脱水和地基稳固方面。当今时代，人们对通过使用电渗在微流体装置中产生液体流动有了更大的兴趣，在这个过程中，将产生每秒几毫升的液体流动及高达几百个大气压的压力。离子通过燃料电池中的薄膜发生迁移时也会产生电渗现象。植物生物学中也可能有电渗现象，因为它是水穿过韧皮部——树皮的最里层的机理之一。

2.6.4.4 沉积电势

在动电现象的最后一项中，在重力的影响下，固相颗粒穿过液体沉积，在沉积时产生了一种电势，称作沉积电势。由于小颗粒的沉积速度比较慢，沉积电势的绝对值也很低。迄今为止，这种现象还没有实际的用途。

2.6.5 ζ 电势

图 2.15 所示为浸入含水电解质溶液中的带电大固体颗粒表面附近的典型电势分布。图中曲线再现了图 2.13 中的 0.001mol/L 1:1 电解质代表的曲线。根据式（2.25），电势随距离 x 呈指数衰减，其特征长度为 $1/k$。如前所述，$\psi(x)$ 曲线的起始斜率［如 $(\mathrm{d}\psi/\mathrm{d}x)_{x=0}$］等于 $-\psi_0 k$；因此，与 $\psi(x)$ 曲线在 $x=0$ 处相切的直线（图中为虚线）与 x 轴相交于 $1/k$（或双电层厚度）处。问题是表面电势 ψ_0 不能进行实验测量，也不能根据其他可

测量的数据计算得出。这是因为我们只能测量单相中的点之间的电势差。看看以下实例：如果要估算浸入溶液中的固体的表面电势。我们用一根电导线将固体与伏特计相连接，想要测量固体与液体间的电势差都不可避免地需要在溶液中插入另外一根导线，将其与系统连接，即在导线与溶液之间有自己的表面电势。因此，忽略系统中的所有其他界面边界，我们只能够测量以上所述的所有表面电势之和。

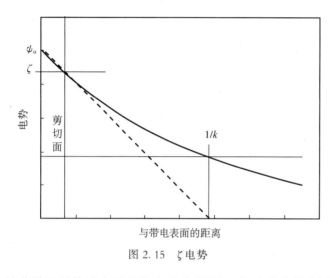

图 2.15　ζ 电势

在前面的章节中，我们发现测量动电现象时会产生 ζ 电势，比如，位于非常接近于固体颗粒的滑动面上的电势。因此可以测量的 ζ 电势的值是接近于表面电势（φ_0）（它不能通过实验方法进行测量）的。因此，ζ 电势是胶体粒子的一个非常重要的特征，可用于测量不可测量的表面电势。如前所述，在实验中通常使用动电现象来确定 ζ 电势的值。对于稀释的胶态分散体，测量 ζ 电势的最便捷的方式是测量悬浮粒子或液滴的电泳迁移率。当粗糙的分散粒子快速在悬浮物中发生沉积，此时的电泳迁移率是不可测量的。在这种情况下，我们可以通过在给定压力下使液体流过塞子，来测量通过分散相构成的塞子的流动电势。这两种方式都经常会被使用到。

可以用很多商用仪器来测量 ζ 电势。大部分仪器都是对电泳迁移率进行自动测量。通过单频激光来照亮粒子并测量反射光的多普勒频移可以计算出粒子速度。其他电泳设备使用了图像分析。通过电荷耦合（CCD）摄像机，可以观察到被测样品的路径，且可以在一定时间内观察到一种特殊的粒子或一群粒子，这样可以根据粒子位移测算出粒子速度。一些现代仪器可以测量大量悬浮粒子的迁移率，提供 ζ 电势值的直方图，而不是平均值。这对研究类似于覆盖于沥青微滴上的矿泥层非常有帮助，我们将在第 6 章对其进行详细介绍。

2.7　表面力

表面力作用于不同相态的边界。它们的作用范围通常比较窄，比分子稍大一点儿，且是许多胶体系统重要现象特征的来源，在矿物加工（包括沥青回收）、乳化液的稳定性（泡沫处理）、矿物悬浮物的稳定性（尾矿处理）及其他应用中有许多现实意义。由于这个原因，我们将简要讨论表面力的本质和起源。先讨论范德华力，然后讨论双电层力，介绍胶体稳定性的 DLVO 理论和 DLVO 理论的扩展，最后简略讨论空间的和结构的表面力。

2.7.1 范德华力

为了了解范德华表面力的物理过程，必须先回想以下事实：真空中的所有单个原子和分子都相互吸引，首先注意到在真实气体中的这种分子间的引力的状态偏离了理想气体。对于理想气体来讲，可以通过著名的状态等式 $pV = nRT$ 将压强 p、体积 V 和温度 T 联系起来，这里 n 是气体的物质的量，单位摩尔，R 为气体常数，约为 8.31J/（K·mol）。荷兰物理学家 Johannes van der Waals（1837—1923）将以上这种偏离归因于分子的大小是有限的，并在其状态等式中对分子间引力做出了解释：

$$p + \frac{a}{b}\left(p + \frac{n^2 a}{V^2}\right)(V - nb) = nRT \tag{2.30}$$

其中，a 是对分子间引力的一种测量；b 是由于分子的体积有限而从 V 中扣除的体积。记住 van der Waals 于 1873 年推导出了这个等式，这点很重要，此时原子的存在与否还仍然饱受争议。van der Waals 不仅假设原子存在，而且还假设原子大小是有限的，且相互吸引。因为这项工作，他于 1910 年获得了诺贝尔物理奖。由于他是假定分子间力存在的第一人，我们将其名字应用于广泛的相互作用中，而这些作用源自单个原子或分子是相互吸引的这个简单事实。

2.7.1.1 偶极—偶极相互作用

分子间的引力源于 3 种类型的相互作用。最容易对其进行分析的是第一种，其中分子具有永久的电偶极矩。两个电偶极子间相互排斥或吸引，这取决于其相互取向：在平行时，它们相互排斥，在逆平行时，它们相互吸引。平均所有可能的方向的偶极—偶极相互作用能，可以得到净偶极间吸引能 V_{d-d}，其等式为 $V_{d-d} = -\beta_{d-d}\gamma^{-6}$，这里 β_{d-d} 是一个取决于偶极强度的特征常数，而 γ 是偶极中心之间的距离。注意这种吸引能力随距离的 6 次方递减。净吸引力是根据距离间的能量推导出来的，这样这种力随偶极—偶极间距的 6 次方递减。

2.7.1.2 偶极感生偶极相互作用

我们现在考虑相互作用的第二种——其中的一个分子具有永偶极矩，而第二个分子则没有。如果第二个分子在第一个分子（也就是具有永偶极矩的一种分子）附近，则该偶极子产生的电场引发第二个分子中的极化作用（电荷分布的微移动），使其变成一个感生偶极子。这种感生偶极子将被永久偶极所吸引，如果分析这种偶极感生偶极相互作用的物理过程，将发现总的吸引能 $V_{d-d} = -\beta_{d-d}\gamma^{-6}$。常数 β_{d-id} 取决于第一个分子的偶极强度和第二个分子的极化性（也就是其极化能力）。我们注意到，如偶极—偶极相互作用中一样，偶极—感生偶极相互作用中的吸引能随分隔距离的 6 次幂衰减，而吸引力随分隔距离的 7 次方衰减。

2.7.1.3 色散相互作用

第三种分子间的相互作用是最重要也是最普遍的一种。在这种相互作用下，相互影响的分子都缺乏永久偶极矩，但两种分子都是极化的。事实上，尽管不同种类分子的极化性并不相同，但所有的分子都能够在电场中极化。想象一下，由于第一个分子中电子的位置是随机变动的，所以产生了一种瞬时偶极矩。这当然可以在其附近创建一种瞬时电场，这反过来在第二个分子中也会感生一种瞬时偶极矩，结果使两种分子都相互吸引。这种变动的寿命非常短，但平均来说，也不会全部形成偶极矩。那些短寿命的、瞬变的偶极子在附近的分子中形成了感生偶极子，结果产生了一种总的吸引。这称作色散相互作用，它也随分隔距离的 6 次方衰减。

不管相互作用的来源是什么，无论是由于一个永久的或是感生的偶极子或是随机的电荷波动，平均的能量总是随距离的 6 次方衰减 $V = \beta\gamma^{-6}$，其中 β 是一个适用于所有类型的分子间相互作用的常数。这使得能用一个相对简单的两两相加法对胶体粒子间的相互作用能进行计算。原则上，这种加法要表达的是胶体粒子间的相互作用能是相互作用粒子中的所有成对原子的相互作用能之和。

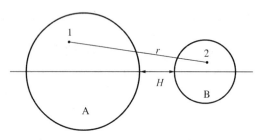

图 2.16　球—球几何形状的两两叠加

如图 2.16，以两个步骤做这项加法。首先选择了 A 粒子中的原子 1 和 B 粒子中的原子 2。保持第一个原子固定不变，将选定的 A 粒子中的原子 1 和所有 B 粒子中的原子间的相互作用能相加。之后就得到了 A 粒子中的原子 1 与 B 粒子中的所有原子间的相互作用能。在第二步中，为了获得 A 粒子与 B 粒子 (V_{A-B}) 间的相互作用能，重复了所有原子间的加法。实际上，加法被积分所取代，这样最终的相互作用能 V_{A-B} 表示为粒子体积的 6 次叠加积分。由于 A 和 B 粒子的几何形状简单，可以进行解析积分以得到准确的等式，具体见表 2.5。

表 2.5　简单几何形状的范德华能量表达式

几何形状	能量	假定/备注
球形—球形（不同半径）	$V_{S-S} = -\dfrac{A}{6H}\dfrac{a_1 a_2}{(a_1 + a_2)}$	$a_1 \gg H$；$a_2 \gg H$
球形—球形（相同半径）	$V_{S-S} = -\dfrac{A}{12H}a$	$a = a_1 = a_2 \gg H$
球形—无穷厚的扁平块（半空间）	$V_{S-fb} = -\dfrac{A}{6H}a$	$a = a_1$；$a_2 \to \infty$；$a \gg H$
相同的无穷厚的扁平块（半空间—半空间）	$V_{fb-fb} = -\dfrac{A}{12\pi H^2}$	每单位面积的范德华能
交叉的、无限长的圆柱体	$V_{cr.cyl} = -\dfrac{A}{6H}\sqrt{a_1 a_2}$	$a_1 \gg$；$a_2 \gg H$

注：A 是哈梅克常数（见表 2.6）；H 是表面间距；a，a_1，a_2 是颗粒半径。

表 2.6 列出了两种相同材料在空气和水的作用下的哈梅克常数值。在对材料进行处理时，包括处理油砂时，我们不常研究材料—空气—材料的情况，而是对悬浮在液体介质（通常为水）中粒子的相互作用最感兴趣。如果相同材料的粒子通过介质发生相互作用，则表 2.5 中所列等式中的哈梅克常数一定可被一个有效的哈梅克常数所替代，可以使用式（2.31）进行计算：

表 2.6　选定材料的哈梅克常数 A　　　　　　　　　　单位：10^{-20} J

材料（M）	材料—空气—材料	材料—水—材料	材料（M）	材料—空气—材料	材料—水—材料
戊烷	3.8	0.34	空气或真空	0.0	3.7
己烷	4.1	0.36	水	3.7	0
庚烷	4.3	0.39	石英（熔化的）	6.5	0.83
辛烷	4.5	0.41	石英（结晶的）	8.8	1.7
壬烷	4.7	0.44	方解石	10.1	2.2
癸烷	4.8	0.46	云母	10.1	2.0
十二烷	5.0	0.5	蓝宝石	15.6	5.3
十四烷	5.1	0.51	石墨	47.0	
十六烷	5.2	0.54			
苯	5.0				
甲苯	5.4				
丙酮	4.2				
聚四氟乙烯	3.8	0.3			
沥青		0.3			

$$A_{121} = \left(\sqrt{A_1} - \sqrt{A_2} \right)^2 \tag{2.31}$$

其中，A_{121}是有效哈梅克常数；A_1和A_2分别是粒子和介质的常数。值得注意的是，由于式（2.31）右边的二次方，不管A_1和A_2的数值为多少，A_{121}的数值总是正的。这就意味着不管悬浮的介质是哪一种，相同材料的粒子总是相互吸引。但是，可以从表 2.6 看出，与真空或空气等介质中的粒子相比，水中粒子间的吸引能往往有所减少。

如果相互作用的粒子不是同一种材料，比如沥青滴与水中的气泡的相互作用，其有效哈梅克常数的表达式通常为：

$$A_{121} = \left(\sqrt{A_1} - \sqrt{A_2} \right)\left(\sqrt{A_3} - \sqrt{A_2} \right) \tag{2.32}$$

其中，A_1和A_3是材料 1 和材料 3 的哈梅克常数（在实例中是沥青和空气）；而A_2是介质的哈梅克常数（此处是水）。

如果介质的哈梅克常数值在两种粒子材料的哈梅克常数值之间，有效哈梅克常数则为负值。在这种情况下，粒子间是相互吸引的。由于在对空气浮选非常重要的实际情况下，水的哈梅克常数值（3.7×10^{-20} J）较低，此时矿物颗粒通过水与气泡相互作用，因此哈梅克常数为负值，范德华力使矿物颗粒排出气泡。这种作用对于大的矿物颗粒没有实际的影响（例如大于 $20\mu m$），此时颗粒主要在惯性的影响下与气泡发生碰撞，但是这种作用对于小的矿物颗粒却非常重要。对于小于 $5\mu m$ 或者 $10\mu m$ 的颗粒来说，惯力非常的小。在大部分情况下，矿物颗粒和气泡可能在水中带负电荷。因此，由于负的哈梅克常数和其中的双电层相互作用，矿物颗粒和气泡是相互排斥的，这将在后面的章节中进行讨论。如果没有吸引力或惯力，小颗粒是不可能吸附在气泡上的，也不可能对微米级颗粒进行空气浮选。

哈梅克常数是通过直接测量得出或根据材料的频谱数据计算出来的。在两种情况下，由于实验的不准确性或理论中做出的假设，得出的结果可能会有误差。表 2.6 列出的哈梅克常数说明了其一般趋势，比如，指出哈梅克常数值随着同系烷类的相对分子质量的增长而增长，或者与大部分其他材料相比，石墨的哈梅克常数较高（这是由于石墨的电导率较高）。表 2.6 给出的数值对于某数量级是准确的。它们也可被用于对许多真实系统中的相互作用能量和相互作用力进行近似估算。

我们再做一次总结：从表 2.5 列出的表达式可以看出，范德华相互作用能随分隔距离的倒数递减，而相互作用力递减的速度更快（随分隔距离的平方的倒数递减）。在分隔距离大于 100nm 时，这两个数据都不太重要。在这么短的距离内，分隔距离的不确定带来的误差要比哈梅克常数的不准确带来的误差更大。

2.7.2 双电层重叠力

当两个带电胶体粒子相遇时，由于表面电荷的存在它们会相互吸引。但是，与真空中的带电粒子相反，这并不是简单的静电问题。将粒子浸入含离子的介质中，当距离较小时，它们的双电层是相互重叠的，这使得计算相互作用能和相互作用力变得复杂。为了简化分析，假设两种粒子由相同材料组成，且大小一致。此外，假设与粒子间的距离相比，其半径较大。这使得我们考虑到被距离 H 分隔开的是两个扁平型双电层。还假设粒子被浸入一种含均匀电解质的溶液中。

表面间的力是两种力的总和。第一种是由于电势产生的麦克斯韦应力：

$$F_E = -\frac{\varepsilon}{2}\left(\frac{\mathrm{d}\psi}{\mathrm{d}x}\right)^2$$

第二种是由于间隙中增加的反荷离子浓度形成的渗透压力：

$$F_O = (n_+ + n_-)kT - 2n_0 kT$$

在以上等式中，ε 是溶液的电容率，ψ 是电势，x 是到带电表面的距离，n_+ 和 n_- 分别是阳离子和阴离子的计数浓度，n_0 是总的电解质计数浓度，k 是玻尔兹曼常数，T 是温度。由于局部的离子浓度取决于局部电势值，渗透压力和麦克斯韦应力都可以表示成电势 ψ 的函数，然后再进行积分。不用对推导进行详细叙述，考虑到两个无限厚的平板（半空间）的对称性，由于双电层重叠所产生的相互作用的势能（每单位面积）是：

$$E_{DL} = \frac{64n_0 kT}{k}\tanh^2\left(\frac{ze\psi_0}{4kT}\right)\exp(-kH) \tag{2.33}$$

其中，ψ_0 是表面电势；z 是平衡离子的化合价。两个相同的球状粒子的双电层相互作用能为：

$$V_{DL} = \frac{64 n_0 k T a}{k^2} \tanh^2\left(\frac{z e \psi_o}{4 k T}\right) \exp(-kH) \qquad (2.34)$$

对于较小的表面电势，即 $e\psi_o < kT$（表明 $\psi_o < 25\text{mV}$），根据式（2.27），用表面电荷密度 σ 代替表面电势 ψ_o，式（2.33）和式（2.34）可以简化成：

$$V_{DL} = \frac{2\sigma^2}{k\varepsilon} \exp(-kH) \qquad (2.35)$$

（被距离 H 所分隔的两个平板的单位面积），并得到关于半径为 a 的两个球状粒子的等式：

$$V_{DL} = \frac{2\pi\sigma^2 a}{k^2\varepsilon} \exp(-kH) \qquad (2.36)$$

可以根据距离 H 进行微分，从以上公式中推导出相互作用力，注意相互作用能随 k 或电解质浓度的增加而减小，这点很重要，见式（2.26）。

2.7.3 有关胶体稳定性的 DLVO 理论

2.2.1 节中提到过，与那些在临近相态内部的分子相比，界面分子能量较高。系统的总能量随着界面面积的增加而增加。因此，诸如胶体等高度分散的系统本身是不稳定的。胶体会自发地进行演化，这样分散的粒子和总界面面积会增大，以致系统能量减小。这就产生了一个问题：为什么有些胶体在一段时间内表现得很稳定呢？一定有这样一种稳定机制——它可以阻止分散的粒子的结合与增大。

在有关科学家提出有关胶体稳定性的理论后，第一个比较成功的是 DLVO 理论。俄罗斯物理学家 Derjaguin 和 Landau 于 1941 年在俄罗斯发表了他们的基础性论文。由于论文出版于第二次世界大战间，没有马上在西方广为人知。荷兰科学家 Verwey 和 Overbeek 在 7 年以后（1948 年）出版了他们的专著。后来，国际科学界同意了胶体稳定性理论是由这两个团队独立建立的，并将 4 位科学家的名字合并成该理论现在的名字。

DLVO 理论的基本假设是认为一个胶体系统 E 的能量是与之相吸引的范德华能量 V_{vdw} 和与之相排斥的双电层重叠时能量 V_{DL} 之和：

$$E = E_{vdw} + E_{DL} \qquad (2.37)$$

前面我们已经详细讨论过范德华和双电层的有关概念。曾提到过范德华能量是经常但不总是发生的一种分子间的吸引能量，而双电层重叠时的能量是经常的、但不总是发生的一种分子间排斥的能量。我们后面将返回这点继续讨论。现在在式（2.37）右边代入球形——球形相互作用的正确表达式。V_{vdw} 的表达式见表 2.5 的第二行，V_{DL} 的表达式见式（2.36）。

$$V = -\frac{A}{12H}a + \frac{64 k T n_0 a}{k^2} \tanh^2\left(\frac{z e \psi_o}{4 k T}\right) \exp(-kH) \qquad (2.38)$$

图 2.17 展示了在 25℃时，0.001mol/L KCl 溶液中的两个球形粒子的范德华吸引能、

双电层排斥能及根据式（2.38）得出的总相互作用能。认为颗粒表面势能是 15mV，颗粒材料的哈梅克常数取值为 8×10^{-21} J。该图是根据胶体粒子间的距离（表面—表面的距离）得出的相互作用能的典型图件。

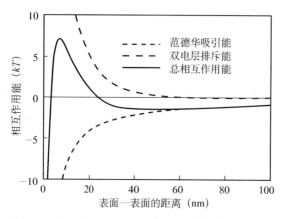

图 2.17　在 25℃时，0.001mol/L KCl 溶液中的两个 $1\mu m$ 球形粒子的范德华吸引能、双电层排斥能及总相互作用能

（颗粒表面电势取值为 15mV，哈梅克常数取值为 8×10^{-21} J）

图 2.17 中的实线表示颗粒间的总界面作用能。虚线表示范德华引力和双电层排斥力对该总作用能的影响。图中横坐标是颗粒表面间的距离，纵坐标是相互作用能。

有必要记住这些单位的物理意义：在物理化学中，玻尔兹曼分布是对组成系统的原子、分子或粒子的能量分布的一种概率测度。exp($-E/kT$) 表示的是分子或粒子的热能 E 大于 kT 的概率。这里 k 是玻尔兹曼常数，等于 1.38×10^{-23} J/K；T 是绝对温度（单位：K）❶。

从图 2.17 可以看出，颗粒间的总界面作用能在距离较大时比较小，且为负值。这就意味着颗粒间是弱吸引的。当颗粒间的距离减小时，这种引力会随着总吸引能的减小而变大，最终在颗粒间距离为 45nm 时达到一个最小值，约为 $-1.5kT$ 单位。这个最小值的物理意义是指这些颗粒在其距离为 45nm 时组成了弱的偶极子。偶极子较弱是因为使颗粒在一起或保持该最小值深度的能量都比较小（仅为 $-1.5kT$ 单位）。由于 exp(-1.5)=0.223，在 5 对这样的偶极子中约有 1 对将有足够的热能使其在任何时间里分裂开。当然，偶极子持续组成、分开，这样它们的总数就不会改变。

当颗粒更加接近时，它们的总能量在距离为 6nm 时上升为 $7kT$ 单位的正值。最小和最大的能量差为 8.5。这就对应着 $8.5kT$ 单位的能量位垒。偶极子跳过该位垒的概率为 exp(-8.5)=2×10^{-4}，意味着约 20000 个偶极子中只有一个有足够的能量越过位垒，并在深部的能量最小值的接触点组成一个永久的偶极子。

我们认为由颗粒间的碰撞而引发的集合体，该系统是不稳定的。聚集的形成过程被称作凝聚或絮凝。这两个词经常可交换使用。但是，有些人喜欢用絮凝这个词来描述集合体架桥诱发的聚集（在以下的空间相互作用章节进行了说明），而凝聚指由水化学的变化引起的聚集，即 pH 值的变化或源自电解质的加入。在本章关注的是后者，并将使用凝聚这个词。

图 2.17 中曲线的形态对表面电势 ψ_0 的值和通过 k 值表现的电解质浓度值非常敏感。下面将分别对两种影响进行讨论。

---

❶　玻尔兹曼常数和阿伏伽德罗数的乘积是气体常数 R。

2.7.3.1 表面电势的影响

图 2.18 所示为不同表面电势值 ψ_0 下的总相互作用能随颗粒表面距离的变化图。对应于 $\psi_0 = 15\text{mV}$ 的实线是根据图 2.17 重新绘制的。从图中可以看出，随着表面电势的增加，以上讨论的能量位垒也随之增加。表面电势为 5mV 和 10 mV 时无位垒。对于 15mV 的表面电势，位垒为 $7kT$ 单位，20mV 和 25mV 的表面电势的位垒将分别增加至 $24kT$ 和 $50kT$ 单位。正确地来看，$7kT$ 的位垒对应于一个相对稳定的系统，因为 20000 个颗粒间偶极子中只有一个有足够的能量越过位垒并发生凝聚。对于 $50kT$ 单位的界线来说，5×10^{21} 个粒子中仅有一个有足够的能量发生凝聚。事实上，这样的系统将会非常稳定。

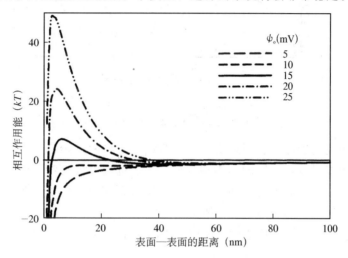

图 2.18　不同表面电势值 ψ_0 下，两个球形粒子的相互作用能随颗粒表面距离的变化图
（电解质浓度 $C = 0.001\text{mol/L}$；哈梅克常数 $A = 8 \times 10^{-21}\text{J}$）

应该注意的是，在选定的哈梅克常数和电解质浓度下，系统对于表面电势非常敏感。表面电势 $\psi_0 = 25\text{mV}$ 的非常稳定的系统与 $\psi_0 = 10\text{mV}$ 的不稳定系统间的差异较小（仅为 15mV）。通过吸附反荷离子，很容易发生这样微小的变化。对于水中悬浮的黏土颗粒，悬浮物 pH 的改变或正离子（比如钙离子）的吸附很容易引起这种变化。事实上，这也是本书第 2 卷中所讨论 CT 技术的基础。

2.7.3.2 电解质浓度的影响

图 2.19 所示为图 2.17 中相同粒子在不同电解质浓度下的总相互作用能随颗粒间距离的变化。最上面的实线是根据图 2.17 重新绘制的。其他的线表示相同粒子在不同电解质浓度下的能量。从图中可以看出，随着电解质浓度的增加，能量位垒从正值（电解质浓度为 0.001mol/L）降至负值（0.01mol/L）。其中将会有一个使能量位垒值等于 0 的浓度值。无能量凝聚位垒的系统是不稳定的，而且也将发生凝聚。使能量位垒值等于 0 的电解质浓度叫作临界凝聚浓度（C_{CC}）。

2.7.3.3 临界凝聚浓度（C_{CC}）

可以根据式（2.38），用 $\mathrm{d}V/\mathrm{d}H = 0$［$V = V$（$H$）曲线的最大值时］和 $V = 0$（无能量位垒条件时）计算出临界凝聚浓度（C_{CC}）。通过对图 2.19 所示的粒子进行必要的计算，得出 $C_{CC} = 0.00285\text{mol/L}$。图中显示的是与其相应的曲线。在计算 C_{CC} 时，假设表面电势 ψ_0。

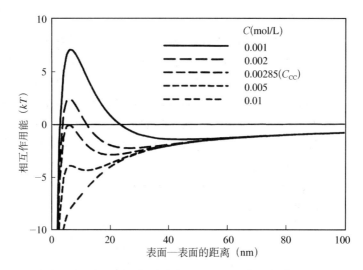

图 2.19　两个球形粒子在不同电解质浓度下的总相互作用能随颗粒间距离的变化图

（颗粒的表面电势 $\psi_0 = 15\text{mV}$；哈梅克常数 $A = 8 \times 10^{-21}\text{J}$）

不受电解质浓度改变的影响，这不现实。但该假设易于将两种影响分开，这样唯一需要考虑的就是电解质组成对双电层厚度的影响（$1/k$）。双电层厚度决定了由表面电荷引起的排斥力的作用范围。随着盐浓度的增加，扩散双电层随之缩减，粒子间距离减小，最终范德华力占主要地位，粒子就形成一个集合体。

但 $1/k$ 不仅仅取决于电解质浓度，还取决于离子化合价。从均匀的电解液中可以看出，C_{cc} 与以下公式成正比：

$$C_{cc} \propto Z^{-6} A^{-6} \tanh(ze\psi_0/4kT) \qquad (2.39)$$

对于较高的表面电势值 ψ_0 来说 [例如大于 100mV；即这里 $ze\psi_0 > 4kT$，$\tanh(ze\psi_0/4kT) \to 1$]，$C_{cc}$ 是与 z^{-6} 成正比的。换句话说，比如 NaCl，$CaSO_4$ 和 $AlPO_4$ 离子的 C_{cc} 值将以 $1 : 0.016 : 0.0014$ 的比值降低。甚至对于不均匀的电解液来说，多价离子的影响如此之大，以至于例如 NaCl，$CaCl_2$ 和 $AlCl_3$ 等离子的 C_{cc} 值都会以类似的方式减小。换句话说，作为凝聚剂，铝离子约比钠离子有效上千倍。以上就是被称作舒尔采—哈迪规则的根据实验观察所做的总结理论，它认为反荷离子的化合价对于胶体稳定性有决定性作用，而离子的影响与其化合价的 6 次方成正比。

舒尔采—哈迪经验规则建立在对金溶胶（悬浮在水中的胶态金粒子）的稳定性观察的基础之上，这里一般的离子并不影响金的表面电荷和电势。事实上，我们很少按照舒尔采—哈迪规则来操作。这有几个原因：首先，式（2.39）仅对惰性电解质有效，即电解质浓度的变化并不影响表面电势 ψ_0。几乎从来没有这种情况，因为这种情况排除了反荷离子被吸附在固体颗粒表面的所有情形。第二，在式（2.39）中，离子化合价也是双曲正切函数的论据的一部分，并且对于 ψ_0 的低值来说，必须将双曲正切函数的情况包含在内。凝聚很少发生在表面电势高的地方，此处满足 $ze\psi_0 > 4kT$ 这个条件。它通常发生在表面电势（或电动电势）小于 30mV 处。在表面电势值较低时，C_{cc} 是与 z^{-2} 而不是与 z^{-6} 成正比。

2.7.3.4 特殊离子吸附的影响

有许多离子专门吸附在某颗粒表面的重要实例，这种吸附通常是表面电荷（从而产生表面电势）的来源，如 2.6.1 节中对表面电荷的来源的相关讨论。水中悬浮的黏土颗粒就是这样一个系统的较好实例。由于氢氧根离子是氧化物类型矿物的潜在支配型离子，黏土粒子的表面电荷取决于 pH 值。而且，例如钙或铝等多价离子专门吸附在黏土粒子上，这使其带更少的负电荷。这样使悬浮物更不稳定，如上所述，与电解质浓度相比，表面电势对胶体稳定性的影响更大。

明矾或铝钾硫酸盐［$KAl(SO_4)_2 \cdot 12H_2O$］是一种水处理的有效凝聚剂，这并不是因为它减小了双电层的厚度，而是因为不应在舒尔采—哈迪规则的基础上对吸附的铝离子系统（这对油砂行业中的沥青提取和尾矿处理非常重要）进行分析，而应该考虑钙离子对黏土的专门吸附，导致它降低了黏土的表面电势。

通过以上讨论，可以明显看出表面电势或电解质浓度的微小变化对胶体系统的稳定性有巨大影响。从油砂提取的角度来看，这很重要。因为它表明了水化学在处理过程中的重要性。可以在一定范围内对水化学进行控制，例如，可以使沥青采收率由差变好。可以用同样的方式通过控制水化学来阻止尾矿分离成粗砂和粉末，并将其变成不分开的 CT 工艺所需的混合物。第 6 章将对这些有关沥青开采的问题进行深入探讨。

2.8 非 DLVO 相互作用

2.8.1 空间排斥作用

吸附层（尤其是聚合物）可能对胶体稳定性的影响很大，这非常重要。加入的聚合物可以吸附在颗粒表面，形成环状、链状和尾状物，如图 2.20 所示，当颗粒相互靠近时，吸附层相互渗透。由于形成环状物和尾状物的聚合物链是亲水的，因此也是水合的，所以这样的渗透或重叠需要至少有部分悬浮于水相的聚合物链脱水。这增加了系统的总能量，从而产生了排斥的表面力。很多时候，空间相互作用类似于一个硬球模型。假设相互作用能（力）在距离大时为 0，在吸附层开始重叠处为无穷大。虽然硬球模型很简单，但是对很多实际的应用很有帮助。

很大程度上由于聚合物链的水化作用，吸附聚合物层的哈梅克常数值较低。因此，吸附聚合物层之间的范德华引力很小。如果它们的厚度足够大，则颗粒核间的范德华引力也将很低，因为范德华能量随距离急剧减小。因此，聚合物空间的稳定性也主要是由于要保持颗粒间足够大的距离，以防止颗粒核间产生强引力的结果。空间稳定性中的最重要因素是关系到颗粒大小的吸附层的厚度。如表 2.5 所示，范德华力与颗粒大小成

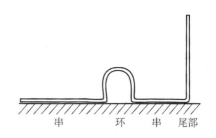

图 2.20　吸附在固体表面的聚合物可能出现的形态（环状、链状和尾状物）

比例。因此，与小颗粒相比，为了达到相同程度的空间稳定性，大颗粒需要有较厚的聚合

物层。

空间聚合物的稳定程度可以通过改变介质中聚合物的溶解力来控制。例如，由于聚合物链脱水，聚氧化乙烯/聚环氧丙烷等共聚物的空间稳定性将随温度的升高而降低。聚合物的溶解力也可以用水化学来控制。

固定在乳化液滴表面的固体颗粒也可以导致乳剂的空间稳定性。此外，还可以成功地用硬球模型来解释实际系统中的大多数现象。在固体的稳定乳剂中，可以通过改变稳定固体颗粒的接触角来控制其稳定性。通过液体形成的乳状液滴来增加这些固体的润湿性，可以使固体更深地浸没入液滴，产生更薄的空间层，从而降低了稳定性。可以通过加入合适的表面活性剂来控制接触角的大小。

2.8.2　聚合物架桥

加入一种聚合物也可以使胶体不稳定。吸附在多个颗粒表面的单个聚合物分子形成了颗粒间的桥梁，产生了絮凝。与未经处理的系统相比，聚合物的增大将使它们加速沉积。这也是尾矿处理中使用的所谓的膏体技术的基础。在泡沫处理中，由于加入反乳化剂而诱发的水滴架桥絮凝促使稀释沥青脱水。

为了使架桥原理发挥作用，聚合物必须吸附在多个颗粒上。因此，聚合物的分子质量必须比较大，通常为几百万道尔顿，因此可以形成长长的环和尾部，增加了吸附在其他颗粒上的可能性。架桥所需聚合物的量较低，因为在其他颗粒上必须要有聚合物吸附和形成桥梁的空位置。而聚合物太少可能导致颗粒间形成的桥梁不充分。太多聚合物也不利，因为在大于最佳剂量时，将会有太少或没有无聚合物表面，但这是架桥所必需的。因此过度使用聚合物对尾矿絮凝和后面将要讨论的泡沫处理都不利。必须要记住这一点，因为我们通常会认为如果有些东西（加入聚合物）好就应该多多益善。但这里并非如此，因为过度使用除了将增加成本外，还对聚合物的反应不利。

2.8.3　水合作用

接近于亲水性颗粒（比如黏土或其他氧化物）表面的水分子受颗粒表面的变化所影响。而颗粒表面的变化促进了水分子的取向和氧化物表面氧原子的氢键的形成。当两个水合表面的颗粒相互靠近时，它们除了受双电层重叠力以外，还会经受一种排斥力。除去结合水需要这种力，可以使颗粒可以相互靠近。从某种意义上说，它与空间的排斥力类似，但它的起源是水分子而不是聚合物。除去结合水需要做功。这将导致系统能量增加以及产生一种水合作用——排斥力。由于表面水分子影响了附近水分子的走向，水合作用力的作用范围可能为几个分子大小（约$1\sim2nm$）。对高电解质浓度的系统来说，水合作用对胶体稳定性的影响可能非常重要，而高电解质浓度的系统对一些明显偏离 DLVO 预测处做了解释。

2.8.4　疏水作用力

当颗粒表面没有极性基团或氢键原子（氧或氮）时，水和表面之间没有吸引力，颗粒也不亲水。与这种表面相接触的水的性质与大量水中的性质不同。水中的分子与周围的分子形成了氢键，没有优先定向。氢键引起了水晶结构的多分子水团簇的形成。事实上，液态水是大量小块冰的不断形成和瓦解。水分子与像冰一样集合物的结合使水（氧化氢或 H_2O）变成常温下的液体，使比它更重的相似物——硫化氢（H_2S）——变成了相同条件下的气体。所谓冰山水的结构是数个聚合水性质的形成原因，包括流动性，其密度与温度的相关性（在 4℃时密度最大），氢和羟离子的高当量电导性等，这里只提到了几个。

如上所述，水中的水分子与其周围分子形成无特定方向的氢键。在疏水表面附近，这种对称的氢键是断开的，因为水分子不能同一个疏水表面形成氢键。而且，两个疏水表面间隙中的水不能形成大于间隙宽度的群集。在间隙较小时它是一个很重要的限制条件，导致产生了本质是熵的吸引力。这种疏水作用力的作用范围可能很大，有几十纳米。表面力的直接测量似乎表明，与范德华吸引力相比，疏水作用力可能更强，范围也更大。

我们完全不清楚疏水作用力的本质，也没有将疏水作用力与基本的电磁相互作用联系起来的理论，DLVO 作用力也都是如此。有些人质疑疏水作用的存在性，将观测到的效应如疏水面上存在的很小的气泡等归因于其他原因。有人用疏水作用力的概念来解释许多重要的效应，比如漂浮的疏水矿物表面上附着的气泡。

2.9　絮凝动力学

在本章的引言中介绍了具有大界面面积的分散系统的内能较高，从而本质不稳定。因此稳定性是胶态分散体最重要的特征之一。在以前有关表面力的章节中，我们讨论过那些引起颗粒间吸引和排斥作用，以及能控制整个系统稳定性的各种现象。

在有利情况下，当一个胶态分散体不稳定时，有些颗粒间的碰撞会导致形成集合物。如前所述，凝聚和絮凝这两个术语通常可以交换使用。有时术语絮凝通常用于描述通过加入聚合物引起的聚集，而凝聚是指由双电层排斥力减小而引起的聚集。根据以前采用的方式，我们将继续用术语凝聚来描述聚集的形成，而不管导致不稳定的机理是什么。

2.9.1　稳定比

在进行深入讨论以前，先介绍一下稳定性比率 W 的概念，定义为所有颗粒间的碰撞数与有效碰撞数（即使集合体形成的碰撞）的比值：

$$W = \frac{\text{所有碰撞数}}{\text{有效碰撞数}} \tag{2.40}$$

当聚集没有位垒时，由于每个碰撞都会引起集合体的形成，所以凝聚比例只取决于颗粒碰撞的比例，我们称其为快速凝聚。在存在稳定性障碍时，只有某些碰撞是有效的，意味着只有某些碰撞粒子形成聚集，被称为缓慢凝聚（Masliyah 和 Bhattacharjee，2006）。

2.9.2　快速凝聚理论

2.9.2.1　Smoluchowski 理论

在最简单的情形中，所有粒子最初的大小相同；布朗运动导致的粒子间的碰撞都是有效的（即都会引起凝聚）；没有颗粒分离发生—凝聚过程的动力学可以用适用于快速凝聚的 Smoluchowski 方法来进行描述。该方法忽略了颗粒间所有的相互作用。在球面对称中，颗粒到一个选定的中心颗粒的流量 J 是由菲克定律确定的：

$$J = 4\pi r^2 D \frac{dn}{dr} \tag{2.41}$$

其中，r 是颗粒中心到颗粒中心的距离；n 是颗粒的计数浓度；D 是它们的扩散系数。对这个等式进行积分可以得到：

$$n = n_0 - \frac{J}{4\pi Dr} \tag{2.42}$$

其中，n_0 是远离中心颗粒的颗粒浓度。假设颗粒在接触时发生凝聚，即当 $r = 2a$ 时，与中心颗粒接触的引入颗粒的浓度为 0（由于它们在与中心颗粒发生凝聚时变为 0），所以我们认为在 $r = 2a$ 时 $n = 0$。因此得到：

$$J = 8\pi Dan_0 \tag{2.43}$$

选择的中心颗粒也正在进行布朗运动，这样式（2.43）中的扩散系数就是单一颗粒扩散系数的 2 倍。最初的凝聚比例等于式（2.43）给出的系统中所有颗粒的流量之和：

$$-\frac{dn}{dt} = \frac{1}{2} Jn_0 = 8\pi Dan_0^2 \tag{2.44}$$

上述等式中的系数 $\frac{1}{2}$ 是为了避免将相同的两个颗粒间的碰撞计数为 2 次。快速凝聚的特征一般为颗粒的最初数目减半所需的时间。我们可以通过对式（2.44）进行积分来预测时间，有：

$$-\int_{n_0}^{\frac{n_0}{2}} \frac{dn}{n^2} = 8\pi Da \int_0^{t_{1/2}} dt$$

得到：

$$t_{1/2} = \frac{1}{8\pi Dan_0} \tag{2.45}$$

如果代入 $D = \frac{kT}{6\pi\eta a}$（Einstein 公式），最终将得到：

$$t_{1/2} = \frac{3\eta}{4kTn_0} \tag{2.46}$$

这个结果的一个有趣特征是凝聚时间 $t_{1/2}$ 与最初的颗粒浓度成反比。在浓缩的悬浮液（比如 5 个体积百分比）和半径为 $1\mu m$ 的颗粒中，最初的颗粒浓度 n_0 约为每立方米粒子的个数为 10^{16} 个。因此，在室温下的水中，$t_{1/2}$ 为 0.02s。稀释悬浮液的凝聚时间更长（Masliyah 和 Bhattachajee，2006）。

2.9.2.2 Smoluchowski 连续性等式

Smoluchowski 在过程初始阶段把他对快速凝聚的理解拓展到更长的时间，其中必须考虑到不同大小的颗粒间的碰撞。假设最初所有颗粒的大小一样，那么系统中任何时候存在的所有颗粒数是时间起算点单体的倍数。换句话说，任何时候存在的颗粒都是单体、双联体、三联体等，因此认为系统是由大小不同的颗粒组成。我们认为含 k 个单体的系统有如下公式：

$$\frac{\mathrm{d}n_k}{\mathrm{d}t} = \frac{1}{2}\sum_{j=1}^{k-1}\beta_{j(k-j)}n_j n_{k-j} - \sum_{j=1}^{\infty}\beta_{kj}n_j n_k \tag{2.47}$$

式（2.47）给出了大小为 k 的颗粒的计数浓度的变化值 n_k。右边的第一个部分说明了由于较小颗粒的聚集所形成的大小为 k 的颗粒。我们使用系数 $\frac{1}{2}$ 是为了避免将相同的碰撞计数为 2 次。第二个部分反映了大小为 k 的颗粒由于与其他的颗粒发生聚集所造成的损失，因为这样的聚集使它们变大，将它们从大小为 k 的颗粒类别中除去。β_{jk} 是指与直径为 a_j 和 a_k 的颗粒碰撞频率的核函数，该核函数取决于颗粒碰撞时占优势的水动力条件。

布朗凝聚也叫作周动混凝，其中颗粒的碰撞是由于其布朗运动，核函数 β_{jk} 可以写作：

$$\beta_{ij(\text{Brownian})} = \frac{2kT}{3\mu}\frac{(a_i + a_j)^2}{a_i a_j} \tag{2.48}$$

其中，k 是玻尔兹曼常数；T 是绝对温度；a_i 是颗粒半径；μ 是流体黏度。布朗凝聚相对较慢。

在现实中，我们很少涉及单纯的布朗凝聚。颗粒间的碰撞通常发生在悬浮物受到某种搅动时，例如由于搅拌或流体流动。流动介质中的凝聚叫作同向凝聚。在相同粒子浓度、大小和流体黏度下，与布朗凝聚相比，流体运动的碰撞数目大大增加了。这是由于流体相邻层的速度不同，给定层的粒子被快速移动的颗粒超过，但它同时超过缓慢移动的颗粒。Smoluchowski（1917）也第一个对同向凝聚做了处理。他认为最简单的同向凝聚发生在简单剪切流中，并得出该情形的核函数：

$$\beta_{ij(\text{shear})} = \frac{4}{3}(a_i + a_j)^3 G \tag{2.49}$$

这里 G 是剪切率。在大部分情况下，剪切诱发的凝聚比由于布朗扩散所产生的凝聚要快得多。将式（2.48）和式（2.49）进行比较，我们可以得出同向和异向的凝聚率之比为：

$$\frac{\beta_{ij(\text{shear})}}{\beta_{ij(\text{Brownian})}} = \frac{4G\mu a^3}{kT} \tag{2.50}$$

对于室温下的水中的 $1\mu\text{m}$ 大小的粒子来说，在约为 10s^{-1} 的中等剪切率时，同向和异向凝聚的比例几乎是相同的。在剪切率较高时，剪切凝聚要快得多，尤其是大颗粒。

另一个重要的具体事例是当颗粒由于重力场中的沉积而发生碰撞时，不同大小的颗粒随着不同的颗粒移动。在这种情况下，连续等式中的核函数为：

$$\beta_{ij(\text{sedimentation})} = \frac{2\pi g}{9\mu}(\rho - \rho_s)(a_i - a_j)(a_i + a_j)^3 \tag{2.51}$$

其中，g 是重力加速度；ρ 和 ρ_p 分别是流体和颗粒的密度；μ 是流体黏度。这种凝聚对于大而致密颗粒来说非常重要。其沉积凝聚率与剪切诱发的 $10\mu\text{m}$ 的粒子相同。对于大颗粒来说，这是主要机理。在油砂行业中，沉积凝聚在处理尾矿发生絮凝（加入聚合物或石膏）和石蜡泡沫处理时非常重要。

系统中颗粒总数的变化 n_{tot} 不能计为所有尺寸颗粒的总和：

$$\frac{\mathrm{d}n_{tot}}{\mathrm{d}t} = \frac{\mathrm{d}\sum\limits_{k=1}^{\infty} n_k}{\mathrm{d}t} = \frac{1}{2}\sum_{j=1}^{\infty}\beta_{kj}n_j{}^2 + \sum_{j=1}^{k-1}\beta_{kj}n_j n_{k-j} - \sum_{k=1}^{\infty}\sum_{j=1}^{\infty}\beta_{kj}n_k n_j = -\frac{1}{2}\beta_{jj}\left(\sum_{j=1}^{\infty}n_j\right)^2 \tag{2.52}$$

对于布朗凝聚，有：

$$\beta_{ij} = 4\pi D_{ij}R_{ij} = 4\pi(D_i + D_j)R_{ij} \tag{2.53}$$

其中，D_{ij} 是大小为 i 和 j 的颗粒的相互扩散系数，等于单个颗粒的扩散系数之和；R_{ij} 是相互作用的半径，等于单个颗粒半径之和，$R_{ij} = a_i + a_j$。由于扩散系数与颗粒半径成反比，因此可以写作：

$$D_{ij}R_{ij} = (D_i + D_j)(a_i + a_j) = D_1 a\left[\left(\frac{1}{a_i} + \frac{1}{a_j}\right)(a_i + a_j)\right] \tag{2.54}$$

Smoluchowski 推断：如果颗粒大小相对比较接近，式（2.54）中的方括号中的函数约等于 4（Smoluchowski，1917）。因此式（2.52）可以写作：

$$\frac{\mathrm{d}n_{tot}}{\mathrm{d}t} = -8\pi D_1 a n_{tot}{}^2 = k_r n_{tot}^2 \tag{2.55}$$

复制对于凝聚过程开始时有效的式（2.44）中的已有结果。但这次的结果在任何时候都是有效的。它显示凝聚率与系统中的颗粒（任何大小）总数的平方成比例。k_r 是快速聚凝速率常数。对式（2.55）进行积分，我们可以预测出半衰期时的凝聚，并再次得到式（2.46）给出的值。根据这个结果，可以对任何颗粒大小时的式（2.47）进行求解，得到不同大小的聚集的时间演化：

$$n_i = n_{tot}\frac{(t/t_{1/2})^{i-1}}{(1 + t/t_{1/2})^{i+1}} \tag{2.56}$$

图 2.21 所示为根据式（2.56）计算出的单分子、二聚体和三聚体随时间的变化。由图可见，当单分子颗粒浓度（规范到初始单分子浓度）随时间快速降低时，较大类的聚合物浓度从零增加到最大值，当凝固过程继续形成更大的聚合体时，浓度又降低。系统内的颗粒总数随时间减少，有：

$$n_{tot} = \frac{n_0}{1 + \frac{1}{2}\beta_{jj}n_0 t} \tag{2.57}$$

2.9.3　缓慢凝结

式（2.41）和式（2.57）的动态表达式，适用于没有能量位垒的碰撞及所有有效的碰

撞。目前，要考虑存在能量位垒的情
况，它导致对粒子的接近产生排斥
力。能量位垒的整体作用是通过被称
为稳定率的因子 W 来降低凝固速度，
式（2.40）引入了该因子。Fuchs
（1934）通过对距离 r 的能量位垒 V
积分研发出了稳定率的理论表达式。
如果所有颗粒的大小相同，稳定率因
此可写为：

$$W = 2a \int_{2a}^{\infty} \exp\left(\frac{V(r)}{kT}\right)\frac{\mathrm{d}r}{r^2}$$

（2.58）

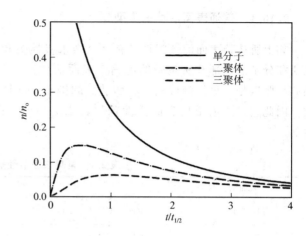

图 2.21　根据式（2.56）计算出的不同
大小聚合物随时间的变化

其中，a 为粒子半径。

当 DLVO 理论描述了稳定能位
垒时，可用式（2.38）表示做为距离函数的能量位垒。积分后及采用近似值，最终得到：

$$W \approx \frac{1}{2ka}\exp\left(\frac{E_{\max}}{kT}\right)$$

（2.59）

已知粒度 a、双电层厚度 $1/k$ 和能量位垒峰值 $E_{\max}$ 时，式（2.59）是稳定率近似估算值
的简明表达式。

2.10　表面活性剂

术语表面活性剂是 surface，active 和 agent 这几个词的合成词，它指活跃在水—空气
或者水—油界面处的一类化学品。表面活性剂是具有典型分子结构特征的有机化合物。其
分子由明显不同的两部分构成：一个亲水极性头和一个疏水烃尾（图 2.22）。这种分子被称
为两性分子，因为它们既亲水又亲油，因此至少部分既溶于水，又溶于有机溶剂。

表面活性剂吸附在空气—水和油—水界面上，降低了溶液的表面及其界面张力。在表面
活性剂浓度较高的水溶液中，它们大多都会自发聚集，是单个表面活性剂分子聚集的过程，
形成胶束 micelles。胶束是含有几十个单个表面活性剂分子的胶体颗粒。在胶束内，表面活
性剂分子按照亲水头朝向水，而疏水尾形成胶束本身的方式排列。胶束形成的过程是分子自我
组织的最简单形式，一个生命的基本过程以及许多生物现象的基础。因此，由于表面活性剂处于物质有序和无序状态的边界，所以具有很重要的科学价值。表面活性剂在润湿、去垢、清洗和发泡以及其他方面的工艺中都起重要作用。

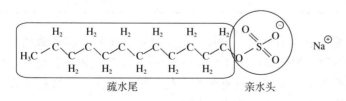

疏水尾　　　　　亲水头

图 2.22　含疏水尾和亲水头的表面活性剂的典型结构
［以十二烷基硫酸钠（SDS）为例］

2.10.1 普通表面活性剂类型

如上所述,表面活性剂是具有一个亲水极性头和一个疏水烃尾的分子。根据极性基的性质和分子活性部分所携带的电荷,表面活性剂被分为阴离子型、阳离子型和非离子型。例如,肥皂是一种长链羧酸(脂肪酸)的钠盐。同样,在水中分离出阳离子钠和阴离子羧酸。因此它是阴离子型表面活性剂。表 2.7 列出了阴离子、阳离子和非离子型的表面活性剂。

表 2.7 常见表面活性剂类型

表面活性剂		分子式	注释
阴离子型	硬脂酸钠	$CH_3 (CH^2)_{16}COO^- Na^+$	常见的肥皂,如果由天然脂肪制成,则易分解
	油酸钠	$CH_3 (CH_2)_7 CH = CH (CH_2)_7 COO^- Na^+$	
	十二烷基磺酸钠	$CH_3 (CH_2)_{11}C_6H_6 - SO_3^- Na^+$	
	烷基(R)硫酸或磷酸钠,如十二烷基硫酸钠(SDS)	$R - SO_4^- Na^+$ 或 $R - OPO_3^- Na^+$,例如 $CH_3 (CH_2)_{11}SO_4^- Na^+$	SDS 是最常见的人造表面活性剂
	二磺基琥珀酸酯(2-乙基己基)钠(琥珀酸二异辛酯磺酸钠,高级氧化处理技术)		润湿剂,常用于油漆、印刷油墨、玻璃清洁剂(包括挡风玻璃清洗液)以及农业配方。容易被生物降解
阳离子型	烷基胺盐酸盐,如十二烷基胺盐酸盐	$R - NH_3^+ Cl^-$,$CH_3 (CH_2)_{11}NH_3^+ Cl^-$	
	烷基三甲基铵盐,如十二烷基三甲基溴化铵(DTAB)	$CH_3 (CH_2)_{11}N (CH_3)_3^+ Cl^-$	
	非离子型		
	聚氧化乙烯,如山梨聚糖链烷酸酯(Span)	$R - (OCH_2CH_2)_n OH$	洗衣粉中常见的活性原料
	羟乙基化山梨糖醇酐链烷酸酯(之间)		一类用于食品、化妆品和制药行业的英国化学工业公司的商业润湿剂和乳化剂

还存在一大类天然的(或生物)表面活性剂。最重要的是油脂衍生物(例如磷脂——胞膜的主体部分)和胆固醇的衍生物(例如动物胆汁的组成部分)。许多植物含有皂苷,两亲性皂苷在水溶液中能形成肥皂样泡沫。很多皂苷都是有毒的,可能进化成了植物的天然防御系统的一部分——抵御以植物为食的昆虫或更高级动物。

所有合成和天然的表面活性剂分子上都具有两种明显不同的特性:一个亲水极性头和一个脂肪烃尾,如图 2.22 所示。

2.10.2 亲水亲油平衡值（HLB）范围

如上所述，所有表面活性剂分子都显示出两亲性。他们的极性头亲水，其尾疏水。可引用 1949 年 Griffin 对化妆品的配方，用亲水—亲油（亲油的，或者"喜脂的"，疏水的另一词）平衡（HLB）实验比例表示表面活性剂的两亲性。因此，HLB 是表面活性剂分子两个相互矛盾部分之间平衡的实验室测量方法。较高的 HLB 值表明极性头占优势，而较低的 HLB 值具有平衡偏移到脂肪酸尾的分子特征。

HLB 值可根据表面活性剂在水和油中的溶解率（分配系数）估算，或者根据以下关系式进行估算

$$HLB = 7 + \sum (\text{亲水基的个数}) + \sum (\text{亲油基的个数})$$

表 2.8 列出了一些亲水和亲油（疏水）基的个数。

表 2.8　HLB 基的个数

亲水基	HLB 数	疏水基	HLB 数
—OSO_3Na	38.7	—CH_2—	
—$COONa$	19.1	—CH_3	
—N（三级胺）	9.4	—CH=	−0.475
脂（山梨聚糖环）	6.8	=CH=	
脂游离	2.4		
—COOH	2.1		
—OH	1.9	乙烯/丙烯	
—O—	1.3	—（CH_2—CH_2—O）—	0.33
—OH（山梨聚糖环内）	0.5	—（CH_2—CH_2—CH_2—O）—	−0.15

测量和计算的 HLB 之间的一致性非常好，这样，对于大部分的实际应用，足以容易而快速计算了。

例如，计算月桂醇、月桂酸及其对应钠盐（一种肥皂）和十二烷基硫酸钠（最常见的表面活性剂之一）的 HLB 值。计算的月桂醇的 HLB（$C_{12}H_{25}OH$）= 7 + 1.9 − 0.475×12 = 3.2。对应月桂酸的 HLB（$C_{11}H_{23}COOH$）= 7 + 2.1 − 0.475×11 = 3.9。注意将羧基视为一个整体单元，包括分子的第 12 个碳原子。月桂酸钠盐，或者月桂酸钠，即一种商业肥皂的常见的成分的 HLB（$C_{11}H_{23}COONa$）= 7 + 38.7 − 0.475×12 = 40。

注意，因为环氧乙烷基（EO）的 HLB 是 0.33，环氧丙烯（PO）的 HLB 是 −0.15，通过聚合物中变化的 EO 与 PO 比例，可生产出所需 HLB 值的表面活性剂。

它们大部分用于石油工业的商业乳化剂，包括油砂的泡沫处理，是 EO/PO 的共聚物，常连接一个主要的山梨醇基。通过改变聚合物的相对分子质量和 EO/PO 比值，可生产出应用于特殊油田，性质经过微调的化学产品。

表 2.9　HLB 值及其一般应用

HLB 范围	应用	水溶性	实例
1～4		不可溶	脂肪醇
3～6	水/油 乳化剂	溶解度较差	脂肪酸
7～9	助水反乳化剂	乳白色、不稳定分散	范围 20（山梨醇酐月桂酸酯）
8～18	油/水 乳化剂	稳定、透明分散	60 之间（聚氧化乙烯去水山梨糖醇单油酸酯）
>15	润湿剂、洗涤剂、增溶剂	透明溶液，在 CMC 上扩散稍有增加	肥皂（HLB 约 20）SDS（HLB = 40）

2.10.3　胶束及临界胶束浓度（CMC）

2.10.3.1　胶束的形成

正如本节引言中提到的，表面活性剂吸附在空气—水和油—水界面，降低了表面及界面张力。表面活性剂在水中的溶解呈现出异常的物理性质。浓度低时，同其他溶液的性质一样，但浓度较高时，表面活性剂溶液的物性会发生突变。原因在于胶束的形成，即 50～100 个单个表面活性分子聚集成胶体大小的颗粒，叫胶束。开始形成胶束的过程的浓度，称为临界胶束浓度（CMC）。图 2.23 表明，在临界胶束浓度附近，表面活性剂溶液多种性质的变化。这些性质都是关于表面活性剂浓度的函数，可以测定出来，从而确定其临界胶束浓度（CMC）值。表面张力和混浊度可能是测定 CMC 最常用的方法。溶解法（见下）不需要任何仪器，能快速和粗略估计 CMC 值。

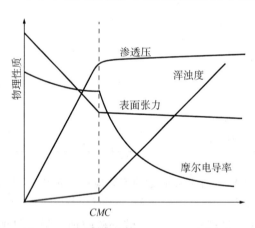

图 2.23　临界胶束浓度（CMC）下选定的溶液特性的变化

2.10.3.2　克拉夫特点

表面活性剂的另一重要特性是它的溶解度取决于温度。随着温度增加，溶解度也慢慢增加，直到达到一定的温度，溶解度会突然增大。溶解度的突增是由于胶束的形成，换句话说，仅在高于某一特定的温度时才形成胶束，该温度被称为克拉夫特温度，或克拉夫特点，并且是每种表面活性剂所特有的。如果在同一个曲线图上绘制作为温度函数的溶解度和 CMC 曲线，两条曲线在克拉夫特点交汇，见图 2.24。

在克拉夫特点，表面活性剂的溶解度等于其 CMC。它也是胶束能存在的最低温度点。低于克拉夫特温度，表面活性剂不能形成胶束，而形成标准溶液。图 2.24 仅为表面活性剂相态图的一小部分。较高浓度的表面活性剂可以形成新的相态（如液晶态）。第 7 章中会展示更多的相态图，它们是泡沫处理的基础。

人们通常认为，表面活性剂浓度适中时的胶束接近球形，并具有朝着水的亲水极性头和形成胶束本质的疏水烃尾。胶束的形成是表面活性剂溶液的特有现象，在某种意义上是相分离和真溶液之间的中间阶段。为什么会发生这种现象？为什么限于具长烃尾的分子？这些问题都很有趣。同时，强亲水头导致 HLB 值较高（常常高于 20）。

胶束形成的动力在于水熵的变化。通常，水分子通过氢键与其相邻的单元形成短期的结晶状的缔合。这些缔合形成于几个水分子的距离范围内，像浮在水上的微型冰山。水的冰山样结构可以解释水的诸多特性。其中一个事实是，氧化氢（H_2O）在正常情况下为一种液体，而较重的类似物如硫化氢（H_2S）却是气体，浸入水中的碳氢化合物分子破坏了该氢键，因为水和碳氢化合物中的氢原子不能形成氢键。因

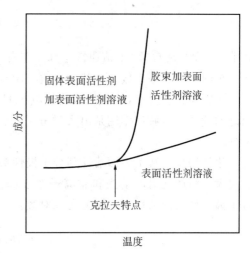

图 2.24　克拉夫特点：表面活性剂的溶解度取决于温度

此，该系统的熵增大。当形成表面活性剂分子尾的烃链脱离水而形成胶束时，水的氢键就得到修复。系统的熵相应降低，这是胶束形成的驱动因素。头基一直保持着与水接触，因此，胶束形成的热效应较小。

因为胶束的形成主要是靠熵效应驱动的，而熵效应与将表面活性剂分子中碳氢部分从水中除去有关，所以烃尾碳原子数相同的表面活性剂的 CMC 值彼此相当接近。例如，无论亲水极性头的性质如何，具有 12 个碳原子的表面活性剂的 CMC 为 10mmol/L 左右（表 2.10）。

表 2.10　筛选的表面活性剂的 CMC 值

表面活性剂		CMC（mol/m³）
阴离子型	十二烷基硫酸钠（SDS）	0.0081
	十二烷基硫酸钠	0.0098
	月桂酸钠	0.023
阳离子型	十二烷基三甲基溴化铵（DTAB）	0.015
	盐酸十二烷胺	0.013
非离子型	十二烷基（氧乙烯）$_{12}$乙醇	0.0065

2.10.3.3　影响 CMC 的因素

对于具单个、直烃尾的表面活性剂而言，对数 CMC 随着烃尾碳原子数（n）呈线性下降，见下面公式：

$$\lg(CMC) = a - bn \tag{2.60}$$

其中，a 和 b 是常量。b 值通常是 0.3 左右，即当烃尾每增加一个 CH_2 基就相当于 CMC 降低一个约等于 2 的系数。头基的性质控制常数 a 值，对 b 值略有影响。

压力和温度对 CMC 几乎没有影响。假如记住胶束作用是一个缔合过程，这就是个令人惊讶的发现。但胶束作用是由大量分子特性微妙变化的平衡造成的，包括热容、氢键、分子排序等。

添加的盐屏蔽了表面活性剂分子极性头和离子头之间的互相排斥作用，对 CMC 值影响非常大。添加盐对离子型和非离子型表面活性剂的影响是不同的，这并不令人感到惊奇。对于离子型表面活性剂，影响为双对数：

$$\lg(CMC) = c + d\lg(c_S) \tag{2.61}$$

其中，c 和 d 是常量；c_S 是添加盐的浓度。加盐对非离子型表面活性剂的影响比较弱。加盐主要是通过轻微改变水中表面活性剂的单分子和胶束类的活性，从而影响非离子型表面活性剂的 CMC。不在这里更详细地讨论该问题，但或许值得注意的是非离子型洗涤剂在海水中作用相对较好，而一些像常见肥皂那样的离子型洗涤剂，在海水环境中不起作用。

添加有机物对 CMC 影响效果强烈。在后面有关溶解的章节中将详细讨论该影响。

2.10.3.4　胶束形成的热力学

通常用被称为质量作用模型的化学平衡法来描述胶束的形成。在该模型中，胶束作用形式上被视为化学反应：

$$nS \rightleftharpoons M$$

其中，S 和 M 分别代表一个表面活性剂分子和一个胶束，n 是聚集数，即形成一个胶束的单分子数。上述反应的平衡常数可写成：

$$K_{胶束} = \frac{a_M}{a_S^n} = \frac{c_M}{c_S^n}$$

其中，a_M 和 a_S 是胶束和单分子表面活性剂种类的活性。因为 CMC 相对较低，所以可安全使用相应的浓度 c_M 和 c_S 代替该活性。聚集数 n 相对较高，通常在 50～100 的范围内。因此，表面活性剂浓度较低时，实际上系统内没有胶束。越过临界胶束浓度后，所有添加的表面活性剂都停止形成胶束。该转变很突然。聚集数越大，过渡越快。它解释了 CMC 周围所有表面活性剂溶液的物理性质发生的突变。

例如，溶液的浑浊度（或散射光的能力）随着溶质浓度的增加而慢慢增大，任何溶质都符合这一特点。表面活性剂的溶液浑浊度也遵循这个普遍趋势，直至达到临界胶束浓度（CMC）。浓度高于 CMC 时，溶液浑浊度急速增大，这或许是形成胶束的最好指征，因为每个胶束都变成了一个光散射的中心。因此，人们预见：以 CMC 为起点，浑浊度随着浓度的增大呈线性增加。实际上也的确观察到了浑浊度高于 CMC 时的这种线性增大，见图 2.23。

在此应该更加注意，应用吉布斯吸附方程计算表面活性剂的表面吸附量。正如吉布斯公式所预测的那样，开始时表面活性剂溶液的表面张力随着斜率的增大而减小，这说明吸附作用的增强和表面活性剂表面吸附量的增加。高于 CMC 时，溶液的表面张力实际上是常数。针对整个表面张力与浓度曲线关系应用吉布斯方程将预示着在浓度高于 CMC 时，表面吸附量降低为零——这个结论显然是错误的。为避免出现这样的结论，必须记住：浓度高于 CMC 时，几乎所有添加的表面活性剂都会造成胶束数目的增加，而不是增加单分子表面活性剂的浓度。因此，浓度高于 CMC 时单分子表面活性剂浓度没有变化。浓度高于 CMC 时表面活性剂的表面吸附量与 CMC 处的吸附量是一样的。

2.10.4 增溶作用

正如上一节所述，表面活性剂浓度适当时，表面活性剂胶束近似球形，具有朝向水的极性头和形成胶束本质的烃尾。因此，胶束内部几乎完全由烃构成，能溶解不溶于水但可溶于有机溶剂的物质。因而，浓度高于 CMC 的含水表面活性剂溶液能溶解大量不溶于水的物质，最后它们都以胶束的形式出现。该过程称为增溶作用。

溶解物质引起胶束膨胀并变大。如果最终有足够量的表面活性剂，膨胀胶束可能增大（一直增大到几微米以上），以致与一般的乳滴没有区别。也就是说，热力稳定的膨胀胶束与常规热力不稳定乳胶之间的界限是模糊的，并可能持续发生从一个系统向另一个系统的转换。

值得补充的是：增溶作用可用于粗略测定 CMC。例如，如果溶解物质是溶于油的一种染料，其作为中性分子，在水中游离并形成有机离子，如果这种染料的离子和中性分子形式具有不同颜色，那么通过水稀释或者滴定的方法用增溶作用来简单测定 CMC。该方法不需要任何使用精确方法（如光散射）的昂贵的测试设备。

2.10.5 乳化作用

乳剂是一种液体在另一种不混合液体中的弥散。所有高度分散的胶体系统，包括乳剂都是热力不稳定态。当乳化液滴结合时，系统的自由能总体下降。因此，乳剂可能自然地分成两种液相。然而，我们知道很多类乳胶（类似于许多食品和化妆品中的乳剂）都非常稳定，可以稳定几个月。有些乳胶很难破乳（包括石油工业中使用的这些乳胶）。乳剂的持久性意味着稳定机理的存在，减慢了必然的相分离速度。

我们必须提到几种乳剂稳定机制，它们都涉及乳液滴表面的交替。无任何添加剂时一种清洁液在另一清洁液中扩散，将很快分离成两种相态。但如上所述，其内部含溶解油的膨胀胶束从热力学上来说是稳定的。在两个末端系统之间，有一个完整的乳胶光谱带，像在一个很大的膨胀胶束中一样，靠吸附表面活性剂分子稳定。

因此，一种乳状液稳定性机理是因为在油—水界面上吸附了离子型表面活性剂。对于水包油（油/水）乳剂，表面活性剂靠其沉浸在油滴中的疏水尾吸附，这时疏水头转向连续的水相。在油包水（水/油）乳剂中，表面活性剂分子方向相反。吸附的表面活性剂离子使乳滴带电，因带电表面产生的静电排斥是稳定性的原因，本章节将详细讨论 DLVO 理论。

吸附中性分子形成的物理势垒也可形成稳定性，通常是聚合物，它们防止乳化液滴在距离小到足以结合的情况下相互接近。我们称其为空间位阻稳定机制。通常空间位阻稳定机制不是因为吸附单体分子，而是由于可附着于液－液界面的小固体颗粒。小固体颗粒的附着要求这些颗粒对任何液体都不是完全润湿的，不能是完全亲水或者疏水的。如果它们完全亲水或完全疏水，就不会完全浸入其所吸引的液体中。固体的空间位阻稳定机制要求与固体颗粒的接触角大约为 90°。

乳剂通常是存在稳定剂的情况下由两种液体充分混合而成。例如，蛋黄酱（水包油乳液）是在少量的醋或者柠檬汁和蛋黄中添加植物油制成的。蛋黄中存在的天然表面活性剂——卵磷脂，起到了乳化剂的作用，并有助于油滴之间的静电排斥。通常还要添加人工配置的芥末，来源于自然的固体芥末籽提供了附加的空间位阻稳定机制。变形的蛋白还构成了空间稳定层。

石油工业中，常常涉及水包油和油包水两种乳剂。将在第 7 章中更详细地讨论这些内容。

2.10.6　去垢能力与浮选

去垢能力与浮选都是重要的工业生产方法，都依赖对表面润湿性的处理，以达到期望的结果。两种方法涉及胶体和表面化学的所有领域。

因为去垢能力和浮选很复杂，以下段落不可能进行全面的描述。因此，这里只在胶体和界面科学的基础上简要讨论结论性的认识。

2.10.6.1　去垢能力

术语"去垢能力"用来描述应用表面化学药品从固体表面去除污垢的各种现象，包括通过表面活性剂去除纺织品、金属表面、厨具和玻璃上的污垢。不包括完全通过机械手段的清洁，如磨损或者溶解。去垢能力在日常生活和工业中的实际应用很广泛，如个人卫生、洗衣、洗车、清洗窗户，或者洗碗、清洗实验室烧杯和清洗用于采矿作业的卡车等。

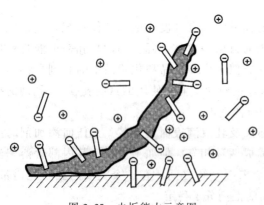

图 2.25　去垢能力示意图

因为皮肤分泌油脂、空气中吸附的碳氢化合物黏结灰尘和烟灰，所以会弄脏服装织物。因此，积在织物和其他表面上的污垢具疏水性和油性，其黏附在织物上，当这种液体的表面能越低时（在本实例中为污垢），越容易散布在表面能较高的固体上。开采油砂矿时，沥青是一种油性液体，容易散布在构成卡车主体的钢材上，然后会黏砂、灰尘和其他物质。最后，堆积了厚厚的污垢（主要是油砂），增加了车重，降低了车厢容量。

如图 2.25 所描述的以固体或很黏的液体形式去除污垢颗粒，受扩散热动力的控制（2.2.5 节中讨论过）。例如，分析用水洗除去织物污垢的实例，可采用式（2.8）：

$$S = \gamma_{F/W} - (\gamma_{F/D} + \gamma_{D/W})$$

如果纤维上的污垢在水中的扩散系数是正值（$S \geqslant 0$），那么污垢就会黏在纤维表面。要去除纤维上的污垢，就必须使扩展系数为负值。可以通过降低纤维和水之间的界面张力（$\gamma_{F/W}$）来实现。吸附在纤维上的表面活性剂将降低它和水的界面张力。因此，添加表面活性剂有助于"卷起"纤维上的污垢。应该注意到，浸泡水中污染纤维的过程本身可使污垢易于去除，因为纤维—水的界面张力低于纤维—空气的界面张力。添加一种表面活性剂或者润湿剂，可使纤维表面更有利于除垢。从钢铁上除去沥青（如清洗卡车和其他采矿设备）的机理与纤维除垢的机理是一样的。

温度对除垢有很大影响。当温度增加时，油性污垢（或者沥青）的黏度下降，易于去除。也许应该注意：沥青从油砂中析出基本上是一个水洗过程，目的是洗出砂中的沥青，形成单个的沥青液滴。所有润湿和扩散科学都适用于洗衣和沥青的析出。

还应该记得，使污垢保持在污染表面的范德华力在水介质中要比空气中的低（与空气中和水中的哈梅克常数值的对比见表 2.6）。当贴标签的容器浸在热水中时，同样的机理有助于去除黏在玻璃或者塑料容器上的标签。

水化学对普通的洗涤和沥青的开采影响很大。像钙和镁离子这样的多价阳离子形成带羧基离子（肥皂）的不溶沉淀物，以及硫酸盐类的表面活性剂。因此，硬水中添加的大部分肥皂或合成表面活性剂都用于结合水中的钙离子和镁离子。洗衣粉的配方通常含有偏磷酸钠（也叫六偏磷酸钠），一种硬水软化剂。在第 6 章将更深入地研究水化学在油砂矿中的作用。

2.10.6.2 浮选法

浮选法是利用矿物表面和脉石颗粒间润湿性的差异来开采有用矿物的一种方法。该方法由来已久。在古希腊神话中，伊阿宋和他的阿尔戈英雄们寻找金羊毛。金羊毛实际是什么，现今有许多解释。貌似可信的解释与早在公元前 5 世纪从含金泥沙河流中回收金子所采用的方法有关。木框上的羊毛织物浸在溪水中。该方法利用羊毛中存在的天然脂肪，使金子颗粒疏水，并黏附在被脂肪所覆盖的羊毛上。然后弄干羊毛，抖出金子。

许多有色金属都是通过浮选法从矿砂中开采出的。首先磨碎矿石使有价值的矿物颗粒从其他矿石成分中释放出来，也叫脉石。通常在水中研磨，产生水—矿物泥浆或矿泥。然后添加一种化学品，使有用矿物疏水。浮选法称这种化学品为收集者。添加的另一种化学品称起泡剂，用于促使空气随后在泥浆中扩散。浮选泥浆被泵入浮选池，在浮选池靠机械驱动转子使空气进入并扩散。疏水矿物颗粒优先黏附到气泡上，并具有正浮力，在浮选池顶部形成矿化泡沫，而亲水的脉石颗粒则留在原处。因为没有详细讨论浮选技术和工程问题（第 6 章将会讨论一部分），所以要强调该过程的根本是通过正确使用化学剂来控制矿物的润湿性。从这个意义上说，浮选法和去垢能力是取决于我们对材料润湿性控制能力的众多重要工艺方法中的两个。

2.11　物理常数和基本国际标准单位

常用物理常数和国际标准单位见表 2.11 和表 2.12。

表 2.11　常用的物理常数

数量	符号	数值和单位
基本电荷	e	1.602×10^{-19} [C]
电常数 （真空电容率）	ε_0	8.854×10^{-12} [F/m = C/V = C^2/N·m^2]
阿佛伽德罗数	N_A	6.022×10^{23} [l/mol]
玻尔兹曼常数	k	1.381×10^{-23} [J/K]
气体常数	$R = k \cdot N_A$	8.314 [J/（K·mol）]
法拉第常数	F	9.649×10^4 [C/mol]
重力常数	g	9.807 [m/s^2]
真空中的光速	c	2.998×10^8 [m/s]
标准大气	p_0	1.013×10^5 [Pa]
开氏温标的零度		-273.2℃或 -459.7℉

资料来源：Masliyah and Bhattacharjee（2006）。

表 2.12　国际标准单位

物理量名称		单位名称	单位符号	定义
基本 单位	质量	千克	kg	
	长度	米	m	
	时间	秒	s	
	温度	开 [尔文]	K	
	物质的量	摩 [尔]	mol	
	电流	安 [培]	A	
	发光强度	坎 [德拉]	cd	
导出 单位	力	牛 [顿]	N	kg·m/s^2
	压力	帕 [斯卡]	Pa	N/m^2 = kg/（m·s^2）
	能量	焦 [耳]	J	N·m = kg·m^2/s^2
	功率	瓦 [特]	W	J/s = kg·m^2/s
	电荷	库 [仑]	C	A·s
	电位	伏 [特]	V	J/C = kg·m^2/（s^3·A）
	电导率	西 [门子]	S	A/V = s^3·A^2/（kg·m^2）
	电阻	欧 [姆]	Ω	V/A = kg·m^2/（s^3·A^2）
	电容	法 [拉]	F	C/V = s^4·A^2/（kg·m^2）
	频率	赫 [兹]	Hz	s^{-1}

参考文献

Bartell, F. E., and C. E. Whitney. 1932. Adhesion tension. Ⅲ *Journal of Physical Chemistry* 36 (12): 3115 - 3126.

CRC Press. 2008 - 2009. *CRC Handbook of Chemisty and Physics*. 82nd ed. Boca Raton: CRC Press.

Derjaguin, B. V., and L. D. Landau. 1941, Theory of the stability of strongly charged lyophobic sols and of the adhesion of strongly charged particles in solutions of electrolytes. *Acta Physiochem USSR* 14(6):633 - 662.

Fuchs, N. 1934. Uber die Stabilitat und Aufladung der Aerosole. Z. *Phys* 89 (11 - 12): 736 - 743.

Griffin, W. C. 1949. Classification of surface - active agents by HLB. *Journal of the Society of Cosmetic Chemists* 1(5):311 - 326.

Harkins, W. D., and F. E. Brown. 1919. The determination of surface tension (free surface energy), and the weight of falling drops: The surface tension of water and benzene by capillary height method. *J. Am. Chem. Soc.* 41:499 - 524.

Huethorst, J. A. M., and A. F. M. Leenaars 1990. A new method for determining the contact angle of a liquid against solid spherical particles. *Colloids and Surfaces* 50:101 - 111.

Kosmulski, M. 2001. *Chemical properties of material surfaces*. Vol. 102, Surfactant science series. New York: Marcel Dekker.

Masliyah, J. H., and S. Bhattacharjee. 2006. *Electrokinetic and Colloid Transport Phenomena*. New York: John Wiley and Sons.

Moran, K. L., A. Yeung, J. Czarnecki, and J. H. Masliyah. 2000. Micron - scale tensiometry for studying density - matched and highly viscous fluids: with application to bitumen - in - water emulsions. *Colloids and Surfaces A: Physiochemical and Engineering Aspects* 174(1 - 2):147 - 157.

Moran. K. L., Yeung, and J. Masliyah. 1999. Measuring interfacial tensions of micrometer - sized droplets: A novel micromechanical technique. *Langmuir* 15 (24):8497 - 8504.

Morrison. I. D., and S. Ross. 2002. *Colloidal dispersions: Suspensions, emulsions, and foams*. New York: Wiley - Interscienec.

Smoluchowski, M. 1917. Versuch einer mathematischen Theorie der Koagulationskinetic kolloider Losungen. *Z Phys. Chem* 92:129 - 168.

Takamura, K., and E. E. Isaacs. 1989, Interfacial properties. In *AOSTRA technical handbook on oil sands, bitumens and heavy oils, AOSTRA technical publication series no.* 6, AOSTRA Technical Publication Series No. 6, ed. L. E. Hepler and C. Hsi. Edmonton: Alberta Oil Sands Technology and Research Authority (AOSTRA).

Verwey. E. J. W., and J. T. G. Overbeek. 1948. *Theory of stability of lyophobic colloids*.

Amsterdam: Elsevier.

Yeung, A., T. Dabros, and J. H. Masliyah. 1998. Does equilibrium interfacial tension depend on method of measurement? *Journal of Colloid and Interface Science* 208(1):241 – 247.

第3章 应用于油砂矿开采中的流体粒子动力学

3.1 多相流及其应用

流体（液体和气体）中颗粒的搬运取决于流体施加在该颗粒上的力。我们的讨论主要针对牛顿载体液体中的液体悬浮液。大多油砂处理工艺过程中，包括泥浆流（水动力及尾料管道内）和垂直及倾斜段的沉降罐，固体和暴露于空气中的沥青都发生着不同规模的固体悬浮液的流动。

流动大概被分为纵向流动和水平流动。砂浆流经垂直立管以及颗粒在立式容器内沉降时出现纵向流动。尾矿砂浆流经水平管道时发生水平流动。纵向/横向的划分依据是作用在砂浆颗粒上力的性质。纵向流动时，管线或容器内流体的阻力对颗粒的运动起主要作用。横向流动时，升力使颗粒在流动砂浆中悬浮，而流体阻力能够使颗粒随流体一起移动。

本章节主要讨论纵向流动。将会研究密封容器中的沉淀、立管中的纵向流以及不同密度不同大小的悬浮微粒在重力分离器中的分离。

流体质点相互作用最简单的实例，是固体球形颗粒在不可压缩牛顿流体的无限膨胀扩张中，稳定、缓慢运动。考虑到周围流体为无限大以消除容器壁效应以及其他颗粒存在的效应。对单个颗粒的分析是进行多颗粒系统分析的基础。

下一节将给出计算不动表面的硬颗粒（与之相对的是液滴，其表面可动）的公式。只用公式表示出颗粒所受的水动力，而不存在其他的力。将通过经验参数用公式表示出其他力的影响（如对微米和亚微米级颗粒而言非常重要的胶体表面力）。

在描述固体颗粒悬浮液时，当水动力为主时参照一个理想状态系统，当除水动力外还存在重要的胶体表面力时，则参照非理想状态系统。在非理想系统中，固体絮凝，固体间排斥，可发生黏土膨胀。非理想系统的特点是悬浮体为微米和亚微米级的颗粒。

3.2 刚性球形颗粒的牵引阻力

考虑一个直径 D_p 的刚性（固体）球形颗粒，在密度为 ρ_f 及黏度为 μ_f 的膨胀程度大的污浊液体中的下降速度为 $v_{p\infty}$。则作用在球形颗粒上的力是：

重力 F_g

$$F_g = \rho_P \frac{\pi}{6} D_p^3 g \tag{3.1}$$

浮力 F_b

$$F_b = \rho_f \frac{\pi}{6} D_p^3 g \qquad (3.2)$$

流体阻力 F_d

$$F_d = \frac{\pi}{8} \rho_f \mid v_{p\infty} \mid v_{p\infty} D_p^2 C_D \qquad (3.3)$$

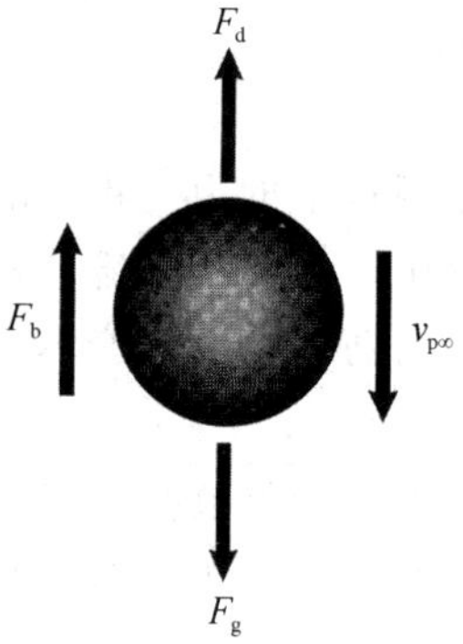

其中，g 为重力加速度；ρ_P 为颗粒密度。无限介质中颗粒的自由沉降速度 $v_{p\infty}$ 取同一方向的正值，同重力一样。阻力系数 C_D 定义为：

$$C_D = \frac{牵引阻力(F_d)}{(颗粒投影面积)\left(\frac{1}{2}\rho_f \mid v_{p\infty}\mid\right)} \qquad (3.4)$$

球形颗粒的投影面积是 $\frac{\pi}{4}D_p^2$。为了说明速度和力二者都是向量，自由沉降速度 $v_{p\infty}^2$ 可写成 $\mid v_{p\infty}\mid v_{p\infty}$，并且根据定义，阻力系数是无向量正量。

由图 3.1 可见，在平稳运动状态下（即不存在加速度）球形颗粒上力的平衡为：

$$F_g = F_d + F_b$$

图 3.1　作用在球形颗粒上的力解释了流体的膨胀

导出

$$\rho_p \frac{\pi D_p^3 g}{6} = \frac{\pi}{8} \rho_f \mid v_{p\infty}\mid v_{p\infty} D_p^2 C_D + \rho_f \frac{\pi D_p^3 g}{6} \qquad (3.5)$$

和

$$\mid v_{p\infty}\mid v_{p\infty} = \frac{4D_p g}{3\rho_f C_D}(\rho_p - \rho_f) \qquad (3.6)$$

式（3.6）是球形颗粒在污浊流体中自由沉降速度的通式。但为了确定自由沉降速度 $v_{p\infty}$，必须要知道阻力系数 C_D。阻力系数是雷诺数（Re）的函数，被定义为：

$$Re_p = \frac{D_p \mid v_{p\infty}\mid \rho_f}{\mu_f}$$

习惯上雷诺数表达式中的速度采用正值，而且在雷诺数项中无需包含绝对值符号。雷诺数是无量纲正数，因此可写成：

$$Re_{p\infty} = \frac{D_p V_{p\infty} \rho_f}{\mu_f} \qquad (3.7)$$

固体（刚性）球形颗粒的阻力系数为：

$$C_D = \frac{24}{Re_{p\infty}}\left(\overset{Re_{p\infty}\to 0}{斯托克斯域}\right) \qquad (3.8a)$$

$$C_\mathrm{D} = \frac{24(1 + 0.15 Re_\mathrm{p\infty}^{0.687})}{Re_\mathrm{p\infty}} \left(\begin{matrix} {}^{Re_\mathrm{p\infty}<10^3} \\ \text{中间范围} \\ \text{Schiller 和 Naumann, 1933} \end{matrix} \right) \tag{3.8b}$$

$$C_\mathrm{D} \sim 0.44 \qquad \left(\begin{matrix} {}^{10^3 \leqslant Re_\mathrm{p\infty} \leqslant 2\times10^5} \\ \text{牛顿域} \end{matrix} \right) \tag{3.8c}$$

Turton 和 Levenspiel（1986）给出了更通用的刚性球形颗粒阻力系数表达式，该式雷诺数范围更广泛：

$$C_\mathrm{D} = \frac{24}{Re_\mathrm{p\infty}}(1 + 0.173 Re_\mathrm{p\infty}^{0.657}) + \frac{0.413}{1 + 16300 Re_\mathrm{p\infty}^{-1.09}} Re_\mathrm{p\infty} < 2\times10^5 \tag{3.9}$$

注意，在斯托克斯域中，即 $Re_\mathrm{p\infty} \to 0$，由式（3.8b）和式（3.9）得到的 C_D 表达式变成了式（3.8a）（Stokes，1851）。

图 3.2 示出了固体颗粒的 C_D 随 $Re_\mathrm{p\infty}$ 的变化。

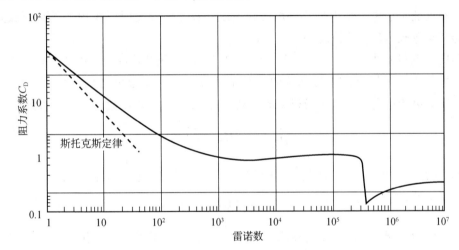

图 3.2 作为雷诺数函数的球形颗粒的阻力系数（标准阻力曲线）

我们发现，在颗粒雷诺数很小的斯托克斯域中应用式（3.6）和式（3.8a）时，污浊流体内球形颗粒的斯托克斯自由沉降速度（$[v_\mathrm{p\infty}]_\mathrm{stokes}$）由下式得出：

$$[v_\mathrm{p\infty}]_\mathrm{stokes} = \frac{gD_\mathrm{p}^2(\rho_\mathrm{p} - \rho_\mathrm{f})}{18\mu_\mathrm{f}} \qquad \left(\begin{matrix} {}^{Re_\mathrm{p\infty} \to 0, \text{或} Re_\mathrm{p\infty}<0.1} \\ \text{斯托克斯域} \end{matrix} \right) \tag{3.10}$$

$Re_\mathrm{p\infty} < 10^3$ 时，利用式（3.8b），可得：

$$v_\mathrm{p\infty} = \frac{gD_\mathrm{p}^2(\rho_\mathrm{p} - \rho_\mathrm{f})}{18\mu_\mathrm{f}(1 + 0.15 Re_\mathrm{p\infty}^{0.687})} \qquad (Re_\mathrm{p\infty} < 10^3) \tag{3.11}$$

利用式（3.10），得到：

$$v_{p\infty} = \frac{[v_{p\infty}]_{stokes}}{(1 + 0.15\,Re_{p\infty}^{0.687})} \qquad (Re_{p\infty} < 10^3) \tag{3.12}$$

式（3.12）表明，在雷诺数较高的条件下，刚性球形颗粒的自由沉降速度比它的斯托克斯速度低很多。由于雷诺数速度项的存在，式（3.11）表明估算自由沉降速度 $v_{p\infty}$ 时需要迭代步骤。

已知颗粒直径和密度差时，斯托克斯域中刚性球形颗粒的自由沉降速度与液体黏度成反比。但在牛顿域中，当 $10^3 < Re_{p\infty} < 10^5$，$C_D \sim 0.44$ 时，自由沉降速度为：

$$v_{p\infty} = [3.03 D_p g (\rho_p - \rho_f)/\rho_f]^{\frac{1}{2}} \tag{3.13}$$

式（3.13）表明，刚性球形颗粒的自由沉降速度不取决于流体速度。如果将式（3.9）的阻力系数表达式用于较高雷诺数，流体黏度对颗粒自由沉降速度影响甚微。从上可看出，当 $Re_{p\infty}$ 较小时，也就是说 $Re_{p\infty} < 1$ 时，颗粒自由沉降速度 $v_{p\infty}$ 对流体黏度的依赖性最大。所以在任何黏度测定法中，采用颗粒自由沉降速度估算流体黏度时，采用斯托克斯域是最好的，可避免出现较高 $Re_{p\infty}$ 的情况。

如前所述，很显然，式（3.11）和式（3.12）雷诺数包括速度项，因此，该方程式不明确表示速度。用几十年以前获得承认的一个精巧方法，可以避免迭代过程。它是以 C_D 和 $Re_{p\infty}^2$ 的结果不包括速度项的事实为根据的。利用式（3.6）和雷诺数的定义，得到：

$$C_D\,Re_{p\infty}^2 = \frac{4g D_p^3 \rho (\rho_p - \rho_f)}{3\mu_f^2} \tag{3.14}$$

显然，式（3.14）右边的项只包括物理性质而不包括颗粒的自由沉降速度。$\frac{g D_p^3 \rho_f (\rho_p - \rho_f)}{\mu_f^2}$ 项被称为伽利略数（Ga）或阿基米德数（Ar）。$C_D\,Re_{p\infty}^2$（即 Ga）和 $Re_{p\infty}$ 的拟合曲线可以为预测 $Re_{p\infty}$ 以及以后预测 $v_{p\infty}$ 提供一个简便的等式，可写作：

$$Ga = \frac{g D_p^3 \rho_f |(\rho_p - \rho_f)|}{\mu_f^2} \tag{3.15}$$

由于伽利略数是正值的假设，习惯上不使用绝对值符号。Harman 等（1989）给出了求雷诺数的等式：

$$\log_{10}(Re_{p\infty}) = P(A) + \log_{10}[R(A)] \qquad (当\ 1 < Ga < 10^7\ 时)$$

$$P(A) = [(0.0017795A - 0.0573)A + 1.0315]A - 1.26222 \tag{3.16}$$

$$R(A) = 0.99947 + 0.01853\sin(1.847A - 3.14)$$

其中

$$A = \log_{10}(Ga)$$

Turton 和 Clark（1987）以式（3.9）为基础，给出了另一种实用且常用的求雷诺数的关系式，它适用于$Re_{p\infty} < 260000$：

$$Re_{p\infty} = \frac{D_p v_{p\infty} \rho_f}{\mu_f} = Ga \left[\left(\frac{18}{Ga^{2/3}} \right)^{0.824} + \left(\frac{0.321}{Ga^{1/3}} \right)^{0.412} \right]^{-1.214} \tag{3.17a}$$

$$Re_{p\infty} < 260000$$

一旦求出了颗粒的雷诺数，就可以根据式（3.7）给出的雷诺数计算出颗粒的自由沉降速度。以上两种关系是针对缓流溢出刚性球体的，该处流动边界层无偏移，即C_D与$Re_{p\infty}$关系曲线是连续的。图 3.2 示出了临界区附近C_D的突变。

对于非球形颗粒，利用球度 ϕ（被定义为与颗粒体积相同的球体面积与颗粒实际表面积之比）的概念，在预测阻力系数时解释颗粒形状（Haider 和 Levenspiel，1989）。当$0.5 \leqslant \phi \leqslant 1$以及 $Re_{p\infty} < 25000$ 时，给出以下关系式：

$$Re_{p\infty} = \frac{D_p v_{p\infty} \rho_f}{\mu_f} = Ga^{1/3} \left[\left(\frac{18}{Ga^{2/3}} \right) + \left(\frac{2.335 - 1.744\phi}{Ga^{1/6}} \right)^{0.412} \right]^{-1} \tag{3.17b}$$

对于非球形颗粒，D_p是与颗粒体积相同的球形直径。当 $\phi = 1$ 时，即理想球形的例子，由式（3.17b）得出的雷诺数值与由式（3.17a）计算得出的相比较，略有差异。对球形颗粒推荐采用式（3.17a）。Bowen 和 Masliyah（1973）提出了针对斯托克斯域中的各种非球面形状的阻力系数的相关关系。

实例 3.1　固体球形颗粒的自由沉降速度。

评价水中一粒沙的临界沉降速度。颗粒的密度为 2650kg/m³，当量直径为 0.5mm。假设水的黏度为 0.001Pa·s，密度为 998 kg/m³。有几种解决该问题的方法。

（1）方法 1。

第一种方法，将采用迭代法评价该颗粒的自由沉降速度。用式（3.10）得到最佳初始估算值，流体中球形颗粒的斯托克斯自由沉降速度为：

$$[v_{p\infty}]_{stokes} = \frac{g D_p^2 (\rho_p - \rho_f)}{18\mu_f}$$

$$v_{p\infty} = \frac{9.81 \times (0.0005)^2 (2650 - 998)}{18 \times 0.001} = 0.225 \text{m/s}$$

得到：

$$Re_{p\infty} = \frac{D_p v_{p\infty} \rho_f}{\mu_f} = \frac{0.0005 \times 0.225 \times 998}{0.001} = 112.3$$

由式（3.11）得到自由沉降速度的改进估算值：

$$v_{p\infty} = \frac{gD_p^2(\rho_p - \rho_f)}{18\mu_f[1 + 0.15\,Re_{p\infty}^{0.687}]} = 0.0465\text{m/s}$$

采用这个最新的速度估算值得到的新雷诺数是 23.2。重复该迭代步骤得到的自由沉降速度为 0.0785m/s。由于斯托克斯方程的颗粒雷诺数较高，为 39.2，所以该值与斯托克斯方程给出的值有很大差异。

（2）方法 2。

第二种方法中采用了我们自己的相关关系。用阻力系数的等式（3.8b），拟合 $C_D\,Re_{p\infty}^2$ 项的一条曲线。令 $x = C_D\,Re_{p\infty}^2$ 和 $y = Re_{p\infty}$，在 $Re_{p\infty} = 0\sim100$ 区间内，得到：

$$y = 0.0257x - 7.9034\times10^{-6}x^2 + 2.023\times10^{-9}x^3 - 2.862\times10^{-13}x^4 + 2.034$$
$$\times10^{-17}x^5 - 5.680\times10^{-22}x^6$$

根据式（3.14），可估算 x 值，其为 $C_D\,Re_{p\infty}^2$：

$$x = \frac{4gD_p^3\rho_f(\rho_p - \rho_f)}{3\mu_f^2} = \frac{4Ga}{3}$$

$$\frac{4\times9.81\times(0.0005)^3\times998\times(2650 - 998)}{3\times(0.001)^2} = 2695.6$$

根据以上拟合曲线等式，可得 $y = Re_{p\infty} = 39.0$。

由于

$$Re_{p\infty} = \frac{D_p v_{p\infty}\rho_f}{\mu_f}$$

因此

$$38.52 = \frac{0.0005\times v_{p\infty}\times998}{0.001}$$

得出 $v_{p\infty} = 0.0782\text{m/s}$，该值实际上与采用迭代法获得的值相同。

（3）方法 3。

采用式（3.16）和式（3.17a）得出相关关系：

$$Ga = \frac{gD_p^3\rho_f(\rho_p - \rho_f)}{\mu_f^2} = \frac{9.81\times0.0005^3\times998\times(2650 - 998)}{0.001^2} = 2021.7$$

由式（3.16）得出的 $v_{p\infty}$ 值为 0.0772m/s，而由式（3.17a）得出的值为 0.0806m/s。我们认为这两个自由沉降速度值比较接近，并用试凑法获得。

3.3 气泡和液滴

Clift，Grace 和 Weber（1978）对单一气泡和液滴做了很好的综述。液滴和气泡不同于假设其表面不变的硬颗粒。液滴和气泡的外表面不可能坚硬，它们内部都有一些流体在循环。此外，由于其非刚性的外表面，液滴和气泡都容易发生形变。

在气泡或者液滴的雷诺数高于零、Eötvös 数（Eo）较大的情况下，阻力系数成为几个物理参数的函数。

Hadamard 于 1911 年给出了斯托克斯域内的液滴或者气泡在缺乏表面活性剂时的阻力系数：

$$C_\mathrm{D} = \frac{24}{Re_\infty} \left(\frac{\left(\frac{2}{3}\right)K + 1}{1 + K} \right) \qquad (Re_\infty \to 0 \text{ 或者} Re_\infty < 0.1) \qquad (3.18)$$

其中：

$$K = \mu_\mathrm{f} / \mu_\mathrm{inner}$$

其中，K 为液滴或气泡外的流体（连续相）与液滴或气泡内的流体（分散相）的黏度比；μ_f 为连续相黏度；μ_inner 为分散相黏度。

刚性球的 $K \to 0$，气体球的 $K \to \infty$，即：

$$C_\mathrm{D} = \frac{24}{Re_\infty} \qquad K \to 0 \text{（刚性球）} \qquad (3.19a)$$

$$C_\mathrm{D} = \frac{16}{Re_\infty} \qquad K \to 0 \text{（气体球）} \qquad (3.19b)$$

根据式（3.19b），在无表面活性物质（表面活性剂）、完全清洁的系统中，气泡的阻力系数小于刚性球的阻力系数。但在实际情况下，表面活性剂的存在使气泡或液滴的外表面不变，这时我们可应用刚性球的阻力系数。由于油砂浆中有表面活性成分，所以当雷诺数很小的情况下，单个气泡或液滴的表现同刚性球颗粒的一样。

现在来考虑雷诺数较高的情况。在重力影响下，无限介质内自由上升或下降的气泡和液滴被分为球形、椭圆形和球冠形 3 个组。这些形状的产生取决于气泡的雷诺数（Re_∞）和 Eötvös 数（Eo）。图 3.3 所示为单个气泡或液滴在不同体系域内的状态。

气泡和液滴的雷诺数为：

$$Re_\infty = \rho_\mathrm{f} D_e v_\infty / \mu_\mathrm{f} = \frac{\text{惯性力}}{\text{黏性力}}$$

莫尔顿数为：

$$Mo = g \mu_\mathrm{f}^4 \Delta\rho / \rho_\mathrm{f}^2 \sigma^3$$

Eötvös 数为：

$$Eo = g \Delta\rho D_e^2 / \sigma = \frac{\text{浮力}}{\text{界面张力}}$$

其中，ρ_f 为连续相密度，$\mathrm{kg/m^3}$；μ_f 为连续相黏度，$\mathrm{Pa \cdot s}$；σ 为界面张力，$\mathrm{N/m}$；$\Delta\rho$ 为颗粒与连续相间密度差绝对值，$\mathrm{kg/m^3}$；v_∞ 为液滴或气泡下降或自由上升速度，$\mathrm{m/s}$；D_e 为体

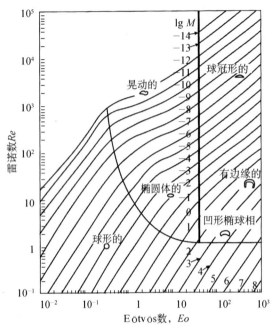

图 3.3　在无阻碍万有引力下通过
流体的气泡和液滴的形状体系域
（据 Clift，Grace 和 Weber，1978）

积当量直径，m，$D_e = (6v_0/\pi)^{1/3}$；v_0 为气泡或液滴体积，m^3；g 为重力加速度，m/s^2。

图 3.4 给出了实验测定的气泡在纯净水和含表面活性剂成分的污染水中的自由上升速度。对中径（8～10mm）气泡，该曲线说明气泡在纯净水和污染水中的上升速度有很大差异。随着气泡的增大，气泡的形状改变，从而其上升速度变得与刚性球形颗粒的上升速度大不一样。

Clift，Grace 和 Weber（1978）关联了无限介质中液滴或气泡的自由沉降速度（v_∞），有：

$$v_\infty = \frac{\mu_f}{\rho_f D_e} Mo^{-0.149}(J - 0.857)$$

$$(3.20)$$

$$H = 4/3 EoMo^{-0.149}(\mu_f/\mu_w)^{-0.14}$$

$$Eo = g\Delta\rho D_e^2/\sigma \qquad (\text{Eötvös 数})$$

$$Mo = g\mu_f^4\Delta\rho/\rho_f^2\sigma^3 \qquad (\text{莫尔顿数})$$

$$J = 0.94H^{0.757} \qquad (2 < H \leqslant 59.3)$$

$$J = 3.42H^{0.441} \qquad (H > 59.3)$$

以及

$$\mu_w = 0.0009\text{Pa} \cdot \text{s} \qquad (\text{参考黏度})$$

例 3.2　轻质油滴的自由沉降速度。

我们在该实例中希望评价轻质油滴在水中的自由上升速度。油的密度为 850kg/m^3，当量直径为 5.5mm。假设油黏度为 0.0007Pa·s，水的黏度为 0.001Pa·s，密度为 998kg/m^3。界面张力是 0.045N/m。然后评估每个相关项：

$$Eo = g\Delta\rho D_e^2/\sigma$$

$$Eo = 9.81 \times (998 - 850) \times 0.0055^2/0.045 = 0.976$$

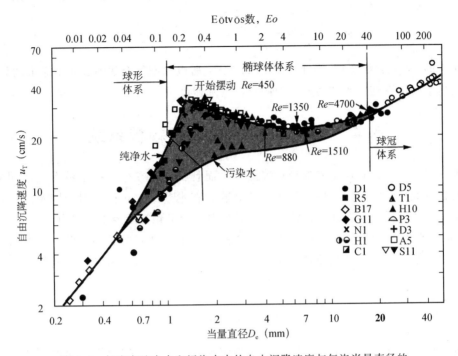

图 3.4　气泡在纯净水和污染水中的自由沉降速度与气泡当量直径的
函数关系图（据 Clift，Grace 和 Weber，1978）
（阴影区为大多数速度上升数据所在的区域，它取决于水中表面活性剂的浓度和类型）

$$Mo = g\mu_f^4 \Delta\rho / \rho_f^2 \sigma^3$$

$$Mo = 9.81 \times 0.001^4 \times (998 - 850)/(998^2 \times 0.045^3)$$

$$Mo = 1.6 \times 10^{-11}$$

$$H = \frac{4}{3} EoMo^{-0.149}(\mu_f/\mu_w)^{-0.14}$$

$$H = \frac{4}{3} \times 0.976 \times (1.6 \times 10^{-11})^{-0.149}(0.001/0.0009)^{-0.14} = 52.07$$

$$J = 0.94H^{0.757} = 0.94 \times (52.07)^{0.757} = 18.73$$

$$v_\infty = \frac{\mu_f}{\rho_f D_e} Mo^{-0.149}(J - 0.857)$$

$$v_\infty = \frac{0.001}{998 \times 0.0055}(1.6 \times 10^{-11})^{-0.149}(18.73 - 0.857) = 0.132\text{m/s}$$

则该油滴的雷诺数为：

$$Re = \frac{D_e v_\infty \rho_f}{\mu_f} = \frac{0.0055 \times 0.132 \times 998}{0.001} = 725$$

由于它的 Eötvös 数接近于 1 且雷诺数为 725，所以油滴符合如图 3.3 中显示的晃动类。图 3.4 给出了气泡在纯净水和污染水中的自由沉降速度。

3.4 理想体系：同类多颗粒系统

在上一节中，隐含假定流体本身是停滞的，而且我们正在处理一个没有其他颗粒接近的，没有含该颗粒壁的，没有环绕流体的单颗粒。在本节中，我们将讨论同密度同直径固体颗粒悬浮。在悬浮中存在其他颗粒会影响系统中某给定颗粒所经受的阻力。

Escudie 等 2006 年对固体—液体沉降系统做了一个非常好的总结。对一个普通的问题——悬浮中一个颗粒的速度和流体速度之间的相对速度 $v_p - v_f$，Wallis1969 年给出了如下公式：

$$v_p - v_f = v_{p\infty} \alpha_f F(\alpha_f, Re_{p\infty}) \tag{3.21}$$

速度是相对于静止参照系的，比如悬浮液流经一个管道。按照终点速度等式（3.17），式（3.21）变为：

$$v_p - v_f = \left[X \frac{\mu_f}{D_p \rho_f} \right] \alpha_f F(\alpha_f, Re_{p\infty}) \tag{3.22}$$

式中，X 代表式（3.17a）的右边。重要的是术语［。］（编者注：英文原书符号如此），它代表颗粒在无限静止介质中的终点速度，不考虑评价其所用的表达式或方法。

为了简化分析，我们使用式（3.11）中的 $v_{p\infty}$ 表达式，尽管它仅限于 $Re_{p\infty} < 10^3$。当式（3.21）变成（当 $Re_{i\infty} < 10^3$ 时）：

$$v_p - v_f = \left[\frac{g D_p^2 (\rho_p - \rho_f)}{18 \mu_f (1 + 0.15 Re_{p\infty}^{0.687})} \right] \alpha_f F(\alpha_f, Re_{p\infty}) \tag{3.23}$$

还可以写成（当 $Re_{i\infty} < 10^3$ 时）：

$$v_p - v_f = \left[\frac{[v_{p\infty}]_{stokes}}{(1 + 0.15 Re_{p\infty}^{0.687})} \right] \alpha_f F(\alpha_f, Re_{p\infty}) \tag{3.24a}$$

在斯托克斯域，有：

$$v_p - v_f = \left[\frac{g D_p^2 (\rho_p - \rho_f)}{18 \mu_f} \right] \alpha_f F(\alpha_f) \tag{3.24b}$$

其中，$\dfrac{g D_p^2 (\rho_p - \rho_f)}{18 \mu_f}$ 是斯托克斯终端速度 $[v_{p\infty}]_{stokes}$。

下面的定义适用于：v_p 为悬浮液中相对于某一静止观察物的颗粒速度，m/s；$v_{p\infty}$ 为无限稀释下滞流液体内的颗粒终端速度，m/s；v_f 为相对于某一静止观察物的流体速度，m/s；μ_f 为流体黏度，Pa·s；ρ_p 为颗粒密度，kg/m³；ρ_f 为流体密度，kg/m³；g 为重力加速度，m/s²；α_f 为流体体积分数（孔隙度）；$F(\alpha_f, Re_{p\infty})$ 为存在颗粒时，流体体积分数和雷诺数的函数。这是受阻沉降函数。

由于速度是向量，所以我们需要考虑它们的方向以及数量值。在本章，我们取向下的方向为正方向。

许多研究人员都给出了受阻沉降函数 $F(\alpha_f, Re_{p\infty})$。最流行的表达式是 Richardson 和 Zaki 于 1954 年为刚性球形颗粒给出的等式：

$$F(\alpha_f, Re_{p\infty}) = \alpha_f^{n-2} \tag{3.25}$$

Richardson - Zaki 指数 n 是颗粒雷诺数 $Re_{p\infty}$ 的函数。式（3.21）变为：

$$v_p - v_f = v_{p\infty} \alpha_f^{n-1} \tag{3.26a}$$

当 Richardson - Aaki 受阻沉降函数与式（3.11）给出的 $v_{p\infty}$ 表达式配合使用时，式（3.26a）变成（当 $Re_{i\infty} < 10^3$ 时）：

$$v_p - v_f = \left[\frac{g D_p^2 (\rho_p - \rho_f)}{18 \mu_f (1 + 0.15 Re_{p\infty}^{0.687})} \right] \alpha_f^{n-1} \tag{3.26b}$$

当不存在胶体力和颗粒絮凝时，指数 n 变成了一个雷诺数的函数；1969 年 Wallis 给出了如下公式：

$$n = 4.7 \frac{1 + 0.15 Re_{p\infty}^{0.687}}{1 + 0.253 Re_{p\infty}^{0.687}} \qquad （当 Re_{p\infty} < 10 时） \tag{3.27a}$$

在 Rowe 关系式（1987）中，指数 n 以雷诺数表示为：

$$n = 4.7 \frac{1 + 0.0874 Re_{p\infty}^{0.75}}{1 + 0.175 Re_{p\infty}^{0.75}} \qquad （当 Re_{p\infty} < 10^5 时） \tag{3.27b}$$

在 Khan 和 Richardson 关系式中（1989），指数 n 用术语伽利略数 Ga 表示为：

$$n = 4.8 \frac{1 + 0.0215 Ga^{0.57}}{1 + 0.043 Ga^{0.57}} \qquad （当 Re_{p\infty} < 10^5 时） \tag{3.27c}$$

从式（3.16）或式（3.17a），到用于评价 n 指数的式（3.27），都可评估颗粒雷诺数。式（3.15）定义了伽利略数，但它只包括了系统的物理性质。因此，可以利用系统的物理性质和式（3.27c），直接评估指数 n。

图 3.5 对比了各种含 n 指数的等式。Khan 和 Richardson 的等式（1989）与 Rowe（1987）的非常相似。Wallis 等式（1969）在雷诺数较高区同其他两个偏差很大。

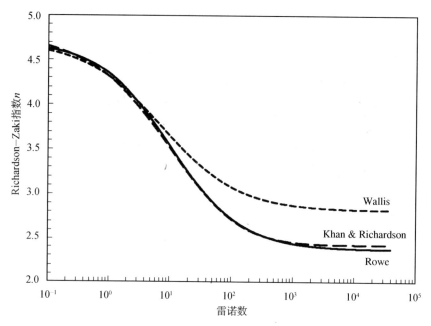

图 3.5 不同关系式中 Richardson – Zaki 指数 n 随雷诺数的变化的对比

（据 Wallis，1969；Khan 和 Richardson，1989；Rowe，1987）

对含大球形颗粒（$D_p > 100 \mu m$）系统来说，不存在表面胶体力（即表面电荷）时，n 值在 $Re_{p\infty} \to 0$ 时为 4.7；而对含胶体絮凝颗粒的系统来说，n 可以远远大于 4.7，甚至高达 20。在一个理想体系里，斯托克斯域内若 $n = 4.7$，则式（3.26b）变为：

$$v_p - v_f = \left[\frac{g D_p^2 (\rho_p - \rho_f)}{18 \mu_f} \right] \alpha_f^{3.7} \tag{3.28}$$

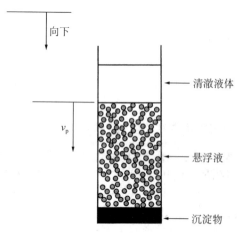

图 3.6 量筒内悬浮的沉降示意图

可用式（3.21）中的普通相对（滑动）速度 $(v_p - v_f)$ 关系，和式（3.22）、式（3.26b）和式（3.28）中更具体的相对速度来有效地解决许多悬浮液中移动颗粒的问题。注意：导出的相对速度等式只对悬浮液中含一种颗粒的情况有效，即悬浮内的所有颗粒密度和直径相同。

例 3.3 封闭立式容器内悬浮的批沉降。

如图 3.6 所示，假定悬浮为刚性球形颗粒，比如砂子悬浮在水中，装在一个直立的量筒内。

假定颗粒直径为 D_p，密度是 ρ_p。液体密度（水）是 ρ_f，黏度是 μ_f。颗粒体积分数是 α_p，液体体积分数是 α_f。我们的任务是评估悬浮沉降速度 V_p。只存在流体动力学力。相对速度适用的表达式是式（3.26a），式中假定没有胶体力，即：

$$v_p - v_f = v_{p\infty} \alpha_f^{n-1} \tag{3.29}$$

v_p 是悬浮中的沉降速度。要消除式（3.29）中的 v_f 还需更多的资料。在下降悬浮界面处，横穿悬浮的一个水平面，颗粒（向下方向）沉降的体积率等于上升液体（向上方向）的体积率。因为沉降颗粒的体积率必须被液体置换，所以，这一定成立。得出以下运动学体积关系式：

$$A\alpha_p v_p + A\alpha_f v_f = 0 \tag{3.30}$$

式（3.30）说明悬浮内穿过水平面没有净体积流量。其中，α_p 是颗粒体积分数，A 是量筒的横截面积。由式（3.30）导出：

$$v_f = \frac{-(1-\alpha_f)v_p}{\alpha_f} \tag{3.31}$$

其中

$$\alpha_p + \alpha_f = 1 \tag{3.32}$$

其中，α_p 是颗粒的体积分数。用式（3.31）消除式（3.29）中的 v_f，得到：

$$v_p + \frac{(1-\alpha_f)v_p}{\alpha_f} = v_{p\infty} \alpha_f^{n-1} \tag{3.33}$$

式（3.33）就变为：

$$\frac{v_p}{v_{p\infty}} = \alpha_f^n \tag{3.34a}$$

由于 $\alpha_p + \alpha_f = 1$，式（3.34a）变为：

$$\frac{v_p}{v_{p\infty}} = (1-\alpha_p)^n \tag{3.34b}$$

在斯托克斯域，$n = 4.7$，所以我们可以把式（3.34）写作：

$$\frac{v_p}{[v_{p\infty}]_{stokes}} = \alpha_f^{4.7} = (1-\alpha_p)^{4.7} \tag{3.35}$$

式（3.35）是斯托克斯域内刚性球体悬浮的 Richardson - Zaki 批沉降等式。与无限介质内某种单一颗粒的沉降速度相比，它给出了悬浮的沉降速度。式（3.35）表明，沉降速度对悬浮体积分数的依赖非常大（表 3.1）。据文献报道，与固体增厚（液体浓度 α_f）有关的只是悬浮孔隙度 ε。

式（3.21）右边含有术语 α_f 的原因是：确保式（3.34）派生出来的等式符合 Richardson - Zaki 的历史批沉降等式格式。

表 3.1　固体体积分数对均一化悬浮沉降速度的影响

固体体积分数 α_p（%）	$\dfrac{v_p}{[v_{p\infty}]_{stokes}}$
0	1.00
10	0.61
20	0.35
30	0.19
40	0.09

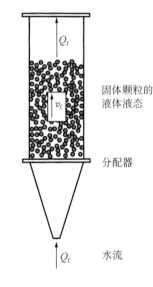

图 3.7　球形固体颗粒的液体
的流化作用示意图

图中标注：Q_f、固体颗粒的液体液态、v_f、分配器、Q_f、水流

例 3.4　液体的流化作用（假设颗粒为球形）。

我们先看看砂液体（例如水）的流化。液体进入含砂量筒的底部。以足够高的水流速度让砂颗粒流化，砂床随着水流速度膨胀起来（图 3.7）。用与例 3.3 相同的假定条件，主要的相对速度表达式见式（3.26a）：

$$v_p - v_f = v_{p\infty}\alpha_f^{n-1} \tag{3.36}$$

在流化床的任一水平面上，没有固体的净流动。没有固体离开量筒说明了这一点。因此，$v_p = 0$，根据式（3.36），我们得到：

$$v_f = [-v_{p\infty}]\alpha_f^{n-1} \tag{3.37}$$

式（3.37）中出现负号是因为液体的速度是上行方向（正号代表速度为下行方向）。最终砂粒速度，$v_{p\infty}$ 为正。如果在流化层内，体积液体流速是 Q_f，我们可以得到：

$$Q_f = A[-v_f]\alpha_f \tag{3.38}$$

其中，A 是空流化床的横截面积。结合式（3.37）和式（3.38）得到：

$$Q_f = Av_{p\infty}\alpha_f^n = Av_{p\infty}(1-\alpha_p)^n \tag{3.39}$$

这是当固体颗粒体积分数为 α_p 时，要使颗粒流化所需的液体体积流速。在斯托克斯域，有：

$$Q_f = A[v_{p\infty}]_{stokes}\alpha_f^{4.7} = A[v_{p\infty}]_{stokes}(1-\alpha_p)^{4.7}$$

我们可以写成：

$$\alpha_p = 1 - \left[\frac{[Q_f/A]}{[v_{p\infty}]_{stokes}}\right]^{1/4.7} \tag{3.40}$$

图 3.8 为根据 $\dfrac{[Q_f/A]}{[v_{p\infty}]_{stokes}}$ 的砂层膨胀图。很显然，当 $\dfrac{[Q_f/A]}{[v_{p\infty}]_{stokes}}$ 大于 1 时，才会出现负的固体体积分数，否则，不可能有负的固体体积分数，这是因为量筒内的液体流动速度超过了固体颗粒（单个沙粒）的最终速度，在量筒内无剩余固体颗粒。

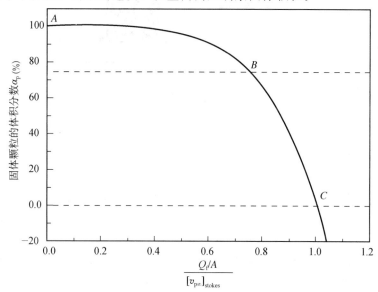

图 3.8　液体流化时固体颗粒层的膨胀

由于本身的限制，球形固体填料不能超过致密充填（约为 0.75）。因此，引入物理限制概念后，图 3.8 中的曲线 BC 是式（3.40）的唯一有效部分。据此，人们很容易总结出固体沉降和其他流动系统的流化实例。

例 3.5　立管内砂浆（悬浮）向下的垂直流动。

此例是稀释砂浆（悬浮）以垂直向下流动的方式进入一根垂直立管（图 3.9）。假设固体颗粒是直径为 2mm、密度为 2650kg/m³ 的球形颗粒。在进口处，固体的质量流率是 50kg/m³。水以 150kg/s 的速度与固体颗粒混在一起。管子的内径是 0.7m。假定水的密度是 998kg/m³，黏度是 0.001Pa·s。我们想确定以下问题：

（1）进入管线的悬浮固体颗粒的体积分数是多少？

（2）固体颗粒的就地体积分数是多少？

（3）固体颗粒的就地质量分数是多少？

质量流率用 M 表示（单位：kg/s），密度用 ρ 表示（单位：kg/m³），水黏度用 μ_f（单位：Pa·s）表示。

（1）管道入口处的固体颗粒的体积分数是 $(\alpha_p)_{Inlet}$。有：

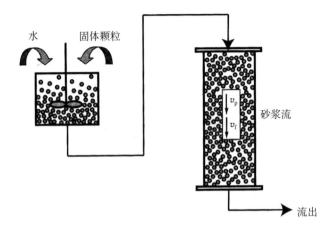

图 3.9 悬浮向下流动示意图

$$(\alpha_p)_{\text{Inlet}} = \frac{\dfrac{M_p}{\rho_p}}{\dfrac{M_p}{\rho_p} + \dfrac{M_f}{\rho_f}} = \frac{\dfrac{50}{2650}}{\dfrac{50}{2650} + \dfrac{150}{998}} = 11.15\%$$

如果我们用一个容器收集悬浮液，其固体体积分数应该是 11.15%，其固体质量分数应该是 25%。

（2）式（3.26a）给出了相对速度等式（$v_p - v_f = v_{p\infty}\alpha_f^{n-1}$）。术语 α_f 表示管道内原位颗粒的体积分数。我们可以写出固体质量流率 $M_p = Av_p\alpha_p\rho_p$ 和水质量流率 $M_f = Av_f\alpha_f\rho_f$，其中，A 是管道内横截面流动面积，α 是体积分数（这里 $\alpha_p + \alpha_f = 100\%$）。下标 f 和 p 分别指的是水和颗粒。利用质量流率，得到了相对速度等式：

$$\frac{M_p}{A\rho_p\alpha_p} - \frac{M_f}{A\rho_f\alpha_f} = v_{p\infty}\alpha_f^{n-1} \tag{3.41}$$

可以用式（3.17a）评估颗粒的雷诺数 $Re_{p\infty}$，用式（3.27c）得出系数 n。伽利略数现在是：

$$Ga = \frac{gD_p^3\rho_f(\rho_p - \rho_f)}{\mu_f^2} = \frac{9.81 \times (0.002)^3 \times 998 \times (2650 - 998)}{(0.001)^2} = 129390$$

根据式（3.17a）得：

$$Re_{p\infty} = 129390^{1/3}\left[\left(\frac{18}{129390^{2/3}}\right)^{0.824} + \left(\frac{0.321}{129390^{1/3}}\right)^{0.412}\right]^{-1.214}$$

由 $Re_{p\infty} = 544.7$ 得：

$$v_{p\infty} = \frac{Re_{p\infty}\mu_f}{D_p\rho_f} = \frac{544.7 \times 0.001}{0.002 \times 998} = 0.273\text{m/s}$$

根据式（3.27c），有：

$$n = 4.8 \frac{1 + 0.0215 \, Ga^{0.57}}{1 + 0.043 \, Ga^{0.57}}$$

得到：

$$n = 4.8 \frac{1 + 0.0215 \times 129400^{0.57}}{1 + 0.043 \times 129400^{0.57}} = 2.47$$

最后，由式（3.41）给出：

$$\frac{50}{0.385 \times 2650 \times (1 - \alpha_f)} - \frac{150}{0.385 \times 998 \times \alpha_f} = 0.273 \alpha_f^{2.47 - 1}$$

式中管道内横截面流动面积 A 为 0.385m^2。

在解上述非线性等式时，得到水的体积分数 $\alpha_f = 92.63\%$，固体体积分数 $\alpha_p = 7.37\%$。回想一下，按案例（1）的评估，入口处的颗粒体积分数 $(\alpha_p)_{\text{Inlet}}$ 是 11.15%。造成直管内入口体积分数和原位值的差异的原因是发生沉降时管道内颗粒的移动速度比水快。

根据 $M_p = A v_p \alpha_p \rho_p$，我们得到：

$$v_p = \frac{M_p}{A \alpha_p \rho_p} = \frac{50}{0.385 \times 0.0737 \times 2650} = 0.665\text{m/s}$$

颗粒速度是相对于某一静止观察物——管道本身而言的。根据 $M_f = A v_f \alpha_f \rho_f$，得到了流体速度：

$$v_f = \frac{M_f}{A \alpha_f \rho_f} = \frac{50}{0.385 \times 0.9263 \times 998} = 0.421\text{m/s}$$

这个速度也是相对于管道本身而言的。

（3）以下给出原位固体质量分数 W_p：

$$W_p = \frac{100 \alpha_p \rho_p}{\alpha_p \rho_p + \alpha_f \rho_f} = \frac{100 \times 0.737 \times 2650}{0.0737 \times 2650 + 0.9263 \times 998} = 17.4\%$$

如果想测量管内固体体积分数就用伽马射线传感器，7.37% 就是测出的固体体积分数值，固体质量分数则为 17.4%。在下一个例子中，我们将考虑悬浮液在垂直管道内向上的流动。

例 3.6 立管内砂浆（悬浮液）垂直向上的流动。

此例为垂直立管内向上的流动（图 3.10）。入口处颗粒固体和水的体积分数都相同，包括颗粒的伽利略数和 n 值。差异表现在质量平衡等式上。我们已知颗粒的质量平衡为：

$$M_p = - A v_p \alpha_p \rho_p$$

水的质量平衡为：

$$M_f = -Av_f\alpha_f\rho_f$$

根据分析，负号表示向上的方向，所以该实例中的颗粒和水流动方向向上（与此相反，正号表示流动方向向下）。由于质量流率是由标量和正数组成，所以质量平衡等式有必要包含一个负号。相对速度等式即变成：

$$-\frac{M_p}{A\rho_p\alpha_p} + \frac{M_f}{A\rho_f\alpha_f} = [v_{p\infty}]\alpha_f^{n-1} \tag{3.42}$$

故

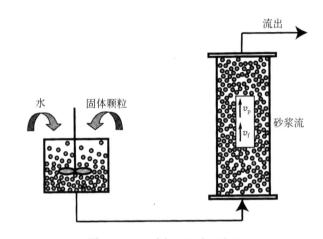

图 3.10 悬浮向上流动示意图

$$-\frac{50}{0.385\times2650\times(1-\alpha_f)} + \frac{150}{0.385\times998\times\alpha_f} = 0.273\alpha_f^{2.47-1} \tag{3.43}$$

解 α_f，得到 $\alpha_f = 82.00\%$，$\alpha_p = 18.00\%$。很显然，直管内这些颗粒的原位体积分数远远高于进口混合物的原位体积分数，为 11.15%。

用质量平衡方程计算管内颗粒的速度，得到：

$$v_p = \frac{-M_p}{A\alpha_p\rho_p} = \frac{-50}{0.385\times0.18\times2650} = -0.272\text{m/s}$$

上式是相对一个静止观察者的。管内流体的速度为：

$$v_f = \frac{-M_f}{A\alpha_f\rho_f} = \frac{-150}{0.385\times0.82\times998} = -0.476\text{m/s}$$

此式也相对于悬浮中某一静止观察物求流体速度。负号表明速度的方向向上。

颗粒的原位质量分数为：

$$W_p = \frac{100\alpha_p\rho_p}{\alpha_p\rho_p + \alpha_f\rho_f} = \frac{100\times0.18\times2650}{0.18\times2650 + 0.82\times998} = 36.8\%$$

36.8% 的质量分数说明，原位固体颗粒浓度远高于进口固体颗粒浓度（质量分数为

25％）。这个例子的结果表明，如果大量粗固体颗粒进入管道，管内固体颗粒浓度势必增加，造成浆体上行，最终很有可能"堵塞"管道。这一点对油砂结块和尾矿浆运输中垂直向上流动时尤其重要。

3.5 理想体系：含不同种类的多颗粒系统

我们要归纳一种单一粒度和单一密度颗粒的相对（滑动）速度。处理粒度和密度不同的颗粒悬浮液需要相对速度等式。例如，将等式应用于模拟重力分离容器（用于沥青萃取），分离器中的砂粒和沥青液滴的尺寸和密度都不同。

Lockett 和 Bassoon（1979），Masliyah（1979），Batchelor 和 Wen（1982），Patwardhan 和 Tien（1985），Davis 和 Gecol（1994），Bhattacharya 和 Dutta（2002），Xue 和 Sun（2003）以及 Berres，Burger 和 Tory（2005a，2005b）提出了广义的相对速度等式和批沉淀。Burger 等（Basson，Berres，Burger，2009）为测试数据稳定性做了广泛的测试，其中将用到 Masliyah - Lockett - Bassoon（MLB）推导。我们的讨论中也会用到 Masliyah 方法（1979）。

推导出斯托克斯域的相对速度等式：

$$v_i - v_f = \left[\frac{g D_i^2 (\rho_i - \rho_{susp})}{18 \mu_f} \right] F(\alpha_f) \tag{3.44}$$

悬浮液密度被简化为：

$$\rho_{susp} = \rho_f \alpha_f + \sum_{i=1}^{N} \rho_i \alpha_i \tag{3.45}$$

其中，N 是颗粒种类的个数。术语（$\rho_p - \rho_{susp}$）用于相同密度的颗粒，有：

$$\rho_p - \rho_{susp} = \rho_p - \left[\rho_f \alpha_f + \rho_p \sum_{i=1}^{N} \alpha_i \right] = \rho_p - \left[\rho_f \alpha_f + \rho_p (1 - \alpha_f) \right] = \alpha_f (\rho_p - \rho_f) \tag{3.46}$$

对密度和粒度都相同的颗粒来说，式（3.44）与相对速度等式［式（3.24b）］变成了相同的等式。在归纳高雷诺数的相对速度等式时遇到了困难。为此，我们用了一个实验性推理，以得出雷诺数较高时的相对速度等式：

$$v_i - v_f = \left[\frac{g D_i^2 (\rho_i - \rho_{susp})}{18 \mu_f [1 + 0.15 Re_{i\infty}^{0.687}]} \right] F(\alpha_f, Re_{i\infty}) \qquad (Re_{i\infty} < 10^3 \text{ 时}) \tag{3.47}$$

其中，v_i 为悬浮中相对于某一静止观察物的第 i 类颗粒速度；$v_{i\infty}$ 为某个无限介质内的第 i 类颗粒的终极速度；D_i 为第 i 类颗粒的直径；$Re_{i\infty}$ 为第 i 类颗粒的雷诺数（$Re_{i\infty} = \frac{v_{i\infty} D_i \rho_f}{\mu_f}$）；$\alpha_i$ 为第 i 类颗粒的体积分数；α_f 为悬浮液内的流体体积分数；ρ_i 为第 i 类颗粒的密度；ρ_f 为流体密度；ρ_{susp} 为悬浮液密度；μ_f 为携带液的黏度（如纯净水）。

对于一种理想的球形颗粒的混合物，我们只处理水动力作用，受阻沉降函数用 $\alpha_f^{n_i - 2}$ 表示。这就导出了以下多分散系统的相对速度表达式：

$$v_i - v_f = \left[\frac{g D_i^2 (\rho_i - \rho_{\text{susp}})}{18 \mu_f [1 + 0.15 Re_{i\infty}^{0.687}]} \right] \alpha_f^{n_i - 2} \qquad (Re_{i\infty} < 10^3 \text{ 时}) \qquad (3.48)$$

对单分散系来说，式（3.48）就相当于式（3.26b）。第 i 类颗粒的雷诺数可用式（3.17a)估算，而 Richardson-Zaki 指数 n 可用式（3.27b）或式（3.27c）估算。

3.6　非理想体系：同类多颗粒系统

胶体力对单分散系沉淀的作用是一个非常复杂的研究领域，人们曾广泛研究过这个问题（Buscall 等，1982；Buscall 和 White，1987；Auzerais，Jackson 和 Russel，1988；Russel，Saville 和 Schowalter，1989；Barker 和 Grimson，1990；Al Naafa 和 Sami Selim，1993；Eckert 等，1996；Vesaratchanon，Nikolov 和 Wasan，2007）。

我们的目的是想就先前研究的理想体系进行扩展。到目前为止，只考虑了胶体力对固体微粒几乎没有任何影响的理想悬浮液。受阻沉降函数 $F(\alpha_f, Re_{p\infty})$ 被当作 α_f^{n-2}，它考虑了悬浮液内颗粒组合的水动力作用。我们要概括受阻沉降函数 $F(\alpha_f, Re_{p\infty})$，使其包括非理想体系（该系统存在细颗粒，胶体力也很重要）。胶体力控制着颗粒聚合（或絮凝），颗粒间的相互作用如吸引力或排斥力。众多研究者已不再纠结于胶体力的模拟，而是调整受阻沉降函数来解释胶体力（Tadros，1987）。我们后面的讨论将遵循此法。

我们已经讨论了广义的相对（滑移）速度等式，见式（3.21）：

$$v_p - v_f = v_{p\infty} \alpha_f F(\alpha_f, Re_{p\infty})$$

对斯托克斯域特例，此式可改写成：

$$v_p - v_f = \frac{g D_p^2 (\rho_p - \rho_f)}{18 \mu_f} \alpha_f F(\alpha_f) \qquad (3.49)$$

对批沉淀（见例3.3），式（3.49）可写成：

$$\frac{v_p}{[v_{p\infty}]_{\text{stokes}}} = \alpha_f^2 F(\alpha_f) \qquad (3.50)$$

对无表面力的非絮凝球形大颗粒来说，函数 $F(\alpha_f)$ 可简单表示为 $F(\alpha_f) = \alpha_f^{2.7}$。对批沉淀来说，这个函数可导出：

$$\frac{v_p}{[v_{p\infty}]_{\text{stokes}}} = \alpha_f^{4.7} = (1 - \alpha_p)^{4.7} \qquad (3.51)$$

众所周知，Richardsoin-Zaki 功的指数值是 4.7。几个实验研究（Jottrand，1952；Whitmore，1957；Richardson 和 Meikle，1961；Epstein，1979；Vesaratchanon，Nikolov 和 Wasan，2007，2008）表明，对悬浮液絮凝的批沉降测试而言，有：

$$F(\alpha_f) = \alpha_f^{2.7+r} \qquad (3.52)$$

其中，r 是个非零正数。例如，氧化铝粉末的平均直径是 $5.5\mu m$，r 值即为 8.5；还发现，r 值随颗粒直径减小而增加。因此，当颗粒浓度增加和粒径减小（即不到 $1\mu m$）时，双电层的存在就变得更加重要。

为了使 4.7 的 Richardson – Zaki 功适应斯托克斯域（通常与非胶态固体球的批沉淀有关），几个研究人员（Whitmore，1957；Richardson 和 Meikle，1961；Steinour，1944a，1944b；Fouda 和 Capes，1977，1979）提出了如下修正的受阻沉降等式：

$$\frac{v_p}{[v_{p\infty}]_{stokes}} = (1 - K\alpha_p)^{4.7} \qquad (3.53)$$

其中，K 是流体力学体积系数；α_p 是颗粒体积分数。这种修正假定了在颗粒或聚集物周围存在不可流动液体。这种"液膜"的存在增加了颗粒的有效浓度，从而降低了悬浮物在批沉降管内的沉降速度。

对大而平滑的圆球（$>100\mu m$）来说，K 值为 1，式（3.51）和式（3.53）就变成了一样的等式。对胶粒来说，K 值可高达 3，如扁平的云母颗粒（Fouda 和 Capes，1977）。但不幸的是，在流体力学体积系数和颗粒形状或表面电性之间，尚没有唯一可定义关系式。经验模拟需要对 K 值进行估算。

对比式（3.50）和式（3.53），受阻沉降函数被估算成：

$$F(\alpha_f) = (1 - K\alpha_p)^{4.7}/\alpha_f^2 \qquad (3.54)$$

对高雷诺数来说，式（3.54）可归纳为：

$$F(\alpha_f, Re_{p\infty}) = (1 - K\alpha_p)^n/\alpha_f^2 \qquad (3.55)$$

回顾一下：大颗粒（$>100\mu m$）的 K 为 1；小矿物颗粒的 $K>1$。换句话说，细黏土颗粒似乎表现为它们的视体积分数是其真实体积大小的数倍。系数 K 是关于系统化学、固体颗粒的表面性质以及固体颗粒大小的函数。

总之，对胶质颗粒来说，用 Richardson – Zaki 受阻沉降函数求得的广义相对速度等式如下：

$$v_p - v_f = v_{p\infty}\frac{(1 - K\alpha_p)^n}{\alpha_f} \qquad (3.56)$$

针对最终速度（即 $Re_{p\infty} < 10^3$）时的显式表达式，式（3.56）即变成：

$$v_p - v_f = \left[\frac{gD_p^2(\rho_p - \rho_f)}{18\mu_f[1 + 0.15 Re_{p\infty}^{0.687}]}\right]\frac{(1 - K\alpha_p)^n}{\alpha_f}(Re_{i\infty} < 10^3 \text{ 时}) \qquad (3.57)$$

其中，指数 n 由式（3.27b）和式（3.27c）得出。很显然，当 K 为 1 时，式（3.56）变成式（3.26a），式（3.57）变成式（3.26b）。

3.7 非理想体系：含有不同种类颗粒的多颗粒系统

在上一节中，我们讨论了单一种类的非理想体系，即所有固体颗粒的直径和密度都相同。关于非理想多种类系统的文献很缺乏，所以要得到非理想多种类系统的受阻沉降函数，我们将应用和类比考虑到了单一种类非理想体系的等式（3.55）。因此，我们将 i^{th} 类颗粒的受阻沉降函数写作：

$$F(\alpha_f, Re_{i\infty}) = \left[1 - \sum_{i=1}^{N} K_i \alpha_i\right]^{n_i} / \alpha_f^2 \qquad (3.58)$$

其中，K_i 是颗粒种类 i 的流体力学体积系数，它在悬浮中的体积分数是 α_i。尽管用来估算指数 n 的式（3.27b）和式（3.27c）对理想体系是完全有效的，但它们只能用于估算 Richardson-Zaki 指数 n_i。式（3.58）中的 K_i 系数适用于非理想体系的事实证明了这一点。非理想多种类系统的相对速度公式则变成：

$$v_i - v_f = \left[\frac{gD_i^2(\rho_i - \rho_{susp})}{18\mu_f[1 + 0.15 Re_{i\infty}^{0.687}]}\right]\left[1 - \sum_{i=1}^{N} K_i\alpha_i\right]^{n_i} / \alpha_f^2 \qquad (Re_{i\infty} < 10^3 \text{ 时})(3.59)$$

在理想单一分散系统的极限情况——所有固体颗粒的密度和直径都相同的情况下，式（3.59）即变成式（3.26b）。

3.8 重力分离器的模拟

3.8.1 双分散悬浮分离的模拟

油砂业中，在水力运输管道出口处，用重力分离器将曝气沥青从油砂浆中分离出来（图 3.11）。重力分离器内有几股进出流，包括砂浆原料流（需要回收其中的曝气沥青）、尾矿流（携带几乎所有的粗砂和未捕获的沥青，从容器底部排放出来）、沥青浮渣流（携带大量回收的沥青）。此外，靠近容器中间处有一个中间流，将油砂浆回收到浮选槽里。还有一个进分离器的进入流，以进行泡沫冲洗和中间置换。

模拟实验规模的重力分离器时使用了本书前面所提出的概念。Masliyah，Kwong 和 Seyer（1981）曾经做过一个先导性试验，分离两种固体颗粒，其中一种轻，另一种重。Nasr-El-Din 等（1988）也用实验室装置分离了两种固体颗粒（实验准备、测试和上下两组流模拟的详细情况见他们各自的论文，本章最后列出了这些参考文献）。

Masliyah，Kwong 和 Seyer（1981）假设重力分离器的原料进入分离器处有一个原料区（图 3.12）。这个区带为下溢和上溢流提供固体颗粒。该区带的固体颗粒成分不需要与原料流的相同。假定位于该区带的轻、重颗粒的浓度是均一的。如果下行流体速度高于较轻颗粒的上升速度，该流体就能够携带轻颗粒穿过原料区的下边界进入下溢流。轻颗粒也可以穿过原料区的上边界进入到上溢流。轻颗粒不能穿过下边界进入原料区。原料区的上边界的重颗粒也有类似的约束（本实例中为矿物颗粒），重颗粒不能够从上边界进入到原料区。

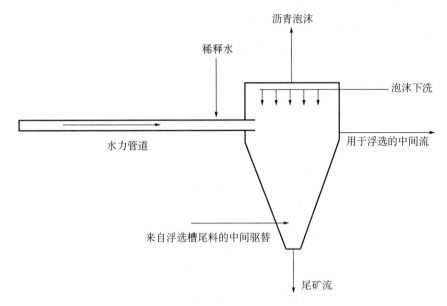

图 3.11　有不同进出流的重力分离器示意图

为了简化分析，假定球形颗粒是理想型并适用于斯托克斯域［即 $F(\alpha_f) = \alpha_f^{2.7}$］。还假定上升流拖拽困难，无中间流。同样，假定在当前的分析中只有两种颗粒共存：一种是重颗粒，它代表矿物颗粒；一种是轻颗粒，它代表曝气沥青。在实际重力分离器模型中，则存在着几种不同种类的矿物颗粒和曝气沥青滴。

现在回到简化的重力分离器模型上来。下面这个等式给出了原料区上的体积平衡：

对于流体

$$Q_F \alpha_{fF} = A \alpha_f (v_{fu} - v_{fo}) \quad (3.60)$$

对于轻颗粒

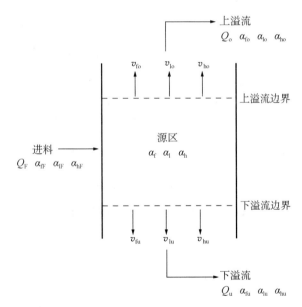

图 3.12　直立分离器的数学模型示意图
（显示出了原料区）

$$Q_F \alpha_{lF} = A \alpha_l (v_{lu} - v_{lo}) \quad (3.61)$$

对于重颗粒

$$Q_F \alpha_{hF} = A \alpha_h (v_{hu} - v_{ho}) \quad (3.62)$$

其中，Q_F 是原料的体积流速；α_{lF} 和 α_{hF} 分别是轻、重颗粒体积分数；v_{lu} 和 v_{ho} 分别是轻、重

颗粒在原料区下溢流和上溢流边界的速度；α_f，α_l和α_h分别是流体、轻颗粒和重颗粒原料区的体积分数；A是重力分离器的横截面积。下行方向取正号。

根据下面的等式可以得到原料区上溢流边界处颗粒的垂直速度：

对于轻颗粒

$$v_{lo} = v_{fo} + \frac{gD_l^2(\rho_l - \rho_{susp})\alpha_f^{2.7}}{18\mu_f} \tag{3.63}$$

对于重颗粒

$$v_{ho} = v_{fo} + \frac{gD_h^2(\rho_h - \rho_{susp})\alpha_f^{2.7}}{18\mu_f} \tag{3.64}$$

同样地，用下面的等式可以得到原料区下溢流边界处颗粒的垂直速度：

对于轻颗粒

$$v_{lu} = v_{fu} + \frac{gD_l^2(\rho_l - \rho_{susp})\alpha_f^{2.7}}{18\mu_f} \tag{3.65}$$

对于重颗粒

$$v_{hu} = v_{fu} + \frac{gD_h^2(\rho_h - \rho_{susp})\alpha_f^{2.7}}{18\mu_f} \tag{3.66}$$

其中，D_l和D_h分别是轻、重颗粒的直径；ρ_l，ρ_h和ρ_{susp}分别是轻颗粒、重颗粒和悬浮液的密度；μ_f是工作流体的黏度（即纯净水）。则悬浮液的密度为：

$$\rho_{susp} = \alpha_f\rho_f + \alpha_l\rho_l + \alpha_h\rho_h \tag{3.67}$$

其中，ρ_f是流体（水）的密度。无中间区而且上溢流存在拖拽困难时，必须确定上溢流或下溢流的后退速度。必须明确上溢流的流速Q_o：

$$Q_o = -A(v_{lo}\alpha_l + v_{ho}\alpha_h + v_{fo}\alpha_f) \tag{3.68}$$

原料区的附加约束条件为：

$$\alpha_f + \alpha_l + \alpha_h = 100\% \tag{3.69}$$

式（3.60）至式（3.69）为斯托克斯域内无横向浓度梯度，直立沉降器内双分散悬浮的连续分离提供了一个简单的一维模型。要估算的未知数是α_f，α_l，α_h，v_{lo}，v_{ho}，v_{fo}，v_{lu}，v_{hu}和v_{fu}。原料流流速和组成则用上行（或下行）流流速一起确定下来。

3.8.2　模型的验证

用图 3.13（Nasr - El - Din 等，1988）所示的试验装置进行了理想体系的实验工作。

模拟采用了非斯托克斯域。所用的双分散悬浮液是由盐溶液（$\mu_f = 1.41 \times 10^{-3} \text{Pa} \cdot \text{s}$，$\rho_f = 1120 \text{kg/m}^3$）中较轻的单一粒度的聚苯乙烯微球的球形颗粒（$D_1 = 0.265 \times 10^{-3} \text{m}$，$\rho_1 = 1050 \text{kg/m}^3$）和较重的单一粒度的聚甲基丙烯酸甲酯球形颗粒（$D_h = 0.261 \times 10^{-3} \text{m}$，$\rho_h = 1186 \text{kg/m}^3$）组成。沉降器横截面的尺寸是 $8 \text{cm} \times 0.53 \text{cm}$，高为 40cm。

　　图 3.14 示出了在上溢流或下溢流中，进料流速为 $1.41 \text{cm}^3/\text{s}$ 时重颗粒的浓度。进料流的体积分数同重颗粒和轻颗粒的体积分数相等，即 $\alpha_{lF} = \alpha_{hF} = 6\%$。由于系统和操作条件具有对称性，故重颗粒浓度的变化作为分流比 Q_U/Q_F 的函数，是轻颗粒浓度变化的镜像（Q_U 为下溢流流速，Q_F 为进料体积流量）。当分流比大于 0.7 时，上行水速度不足以携带任何重颗粒溢出；因此它的浓度（α_{ho}）接近零。超过这个分流比范围，可以观察到进料下方的二分流区以及进料上方的轻颗粒的单一分散区。所有所研究的其他进料流速下，都观察到了对称进料的镜像性质。由于相对于水，轻颗粒和重颗粒的粒度、进料浓度和密度等方面存在差异，所以这两种颗粒的相对速度相同。因此我们期望出现这种性质。

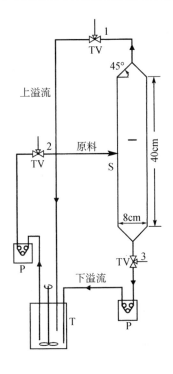

图 3.13　直立重力分离器内双
分散分离试验装置示意图

P—蠕动泵；S—沉淀箱；T—贮水箱；
TV—三通阀；1，2，3—取样点

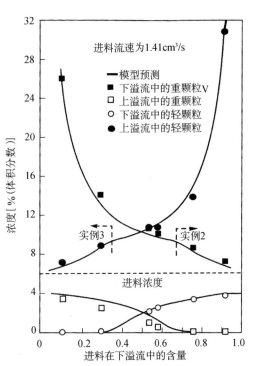

图 3.14　在上溢流和下溢流中轻、
重颗粒浓度变化（浓度是分流比
Q_U/Q_F 的函数，$\alpha_{lF} = \alpha_{hF} = 6\%$）

　　这里提到的出口浓度在根据纯净度规范做设计时，堪为一种有效的方法。作业条件下回收率的变化是沉降器作业的替代方法。回收率被定义进料中的轻（或重）颗粒的百分比。图 3.15 示出了上溢流内轻颗粒和下溢流内重颗粒的回收率，这两个回收率分别是关于 Q_U/Q_F 和 Q_O/Q_F 的函数，$Q_F = 1.41 \text{cm}^3/\text{s}$，$\alpha_{lF} = \alpha_{hF} = 6\%$。分流比较低（$\leqslant 0.3$）时，上溢流中轻颗粒的回收率是 100%。分流比较高（≥0.3）时，回收率随分流比的增大而呈线性降低。

从图 3.15 可以看出同模型预测的一致性及镜像性质。注意，轻颗粒在上溢流中被 100% 的回收只意味着进料内所有的轻颗粒都进入了上溢流，特别需要注意的是，这并不排除上溢流内仍然存在重颗粒；因此，应该使用不同的方法。如图 3.14 所示的浓度变化提供了必要的信息。虽然该系统是对称的，人们必须按 0.85 的分流比来操作沉降器，才能使产品流中的轻颗粒均匀分布（图 3.15 中的虚线）。

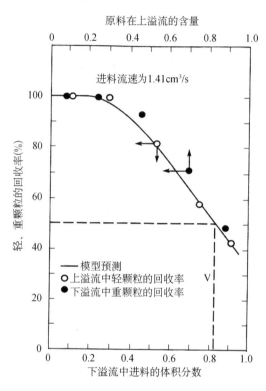

图 3.15　轻、重颗粒的回收率（据 Nasr‐El‐Din 等，1988）

（回收率是关于分流比 Q_U/Q_F 的函数，$\alpha_{lF}=6\%$；$\alpha_{hF}=6\%$）

3.9　斜板沉降器 （IPS）

许多工业生产过程通常都要求从工艺流中去除固体颗粒，尤其要从油砂浆流（如重力分离器进料流或稀释的沥青浮渣流）中分离出重固体颗粒和轻沥青液滴。通常情况下，直立的重力分离器、旋风分离器和离心机都被用于将轻重两类物质分离开。但还有一种称为斜板沉降器的重力分离器，为了让大家看到该技术的优点，我们首先研究重颗粒分离，然后再讨论轻重两类物质的分离。

3.9.1　斜板沉降器内重颗粒的沉降

Boycott（1920）最先报道了斜板沉降器奇特的沉降现象。Boycott 观察到，"把草酸盐血或脱纤血液放入窄管中，如果使这根窄管倾斜，细胞的沉积速度要比将窄管直立大很多很多"，这种现象称做 Boycott 效应。Acrivos 和 Herbolzheimer（1979）为 Boycott 效应做了最佳描述：

开始我们注意到在一个斜管内，如果颗粒只垂直沉降，那么无颗粒的液体会出现在悬浮液之上，即在分离器的顶部以及朝下的表面之下，将澄清的液体同悬浮液分隔开的界面上的每个点的颗粒都以速率 v_o 垂直下落，即同在管壁直立的容器内测量的相同悬浮液的沉降速率。但是，对斜管沉降过程的实验观察却表现出一个很不相同的（沉降流）特点。首先，尽管在朝下的表面之下形成了澄清的流体层（图 3.16），但它很薄且基本不受时间影响。而且，虽然顶部悬浮液和透明液体之间确实存在一个清晰可辨的有效水平界面（同直立沉降时一样），但该界面以通常几倍于 v_o 的垂直速度加速下降（v_o 是管壁直立的容器内相同悬浮液的颗粒沉降速度）。

事实上，正如图 3.16 上所看到的那样，澄清液体穿过 B—C 边界从悬浮液进到透明液内，沿倾斜的管壁向上流动。

Ponder（1925），Nakamura 和 Kuroda（1937）研制了一个动态模型来解释悬浮液增强的垂直速度，并称之为 PNK 理论。他们的争议是：将澄清液体穿过倾斜界面（B—C）的体积流速加到水平面（A—B）之上的透明液体内（图 3.16）。根据 PNK 理论，穿过 B—C 界面的液体体积流速代表 A—B 界面的垂直加强速度。在

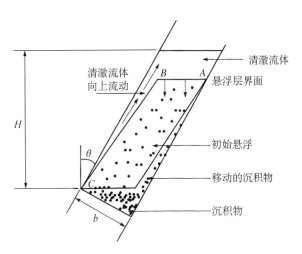

图 3.16　进料流速对回收加强因子的影响

悬浮液之上形成澄清液时，体积速度（S）是颗粒速度（v_o）、流动面积和悬浮液中的颗粒浓度的乘积：

$$S = \left(\frac{H}{\cos\theta}\right) \times (v_o \sin\theta)\alpha_p + \left(\frac{b}{\cos\theta}\right)v_o\alpha_p \qquad (3.70)$$

其中，v_o 是直立容器内同一悬浮液内颗粒的垂直沉降速度；α_p 是悬浮液中固体颗粒的体积分数。澄清水的总体积速度和所观测的界面 A—B 的沉降速度结果 v 相同，乘以面积和固体浓度得到：

$$S = \frac{b}{\cos\theta}v \times \alpha_p \qquad (3.71)$$

综合式（3.70）和式（3.71）得到：

$$v = v_o\left(1 + \frac{H}{b}\sin\theta\right) \qquad (3.72)$$

其中，v 是所观测的界面 A—B 的沉降速度。式（3.72）括号内的和大于 1，说明固体沉降

增强了。这种增强只通过沉降表面积增加（用 $H\sin\theta/b$ 表示）来体现。

Acrivos 和 Herbolzheimer 率先确定式（3.72）的条件是有效的。根据他们的论证，式（3.72）可用来预测倾斜通道内以下各种条件下的颗粒沉降速度：（1）悬浮液的是单一分散的；（2）颗粒雷诺数小；（3）初始浓度分布均匀；（4）Λ（沉淀的格拉晓夫和雷诺数之比）大；（5）透明液和悬浮液之间的界面保持稳定（Acrivos 和 Herbolzheimer，1979）。Λ 和 Re 定义如下：

$$L = \frac{H^2 g\,(r_{\rm p} - r_{\rm f})\,\alpha_{\rm p}}{n_0 m_{\rm f}} \tag{3.73}$$

$$\Lambda = \frac{H^2 g\,(\rho_{\rm p} - \rho_{\rm f})\,\alpha_{\rm p}}{v_0 \mu_{\rm f}} \tag{3.74}$$

$$Re = \frac{\rho_{\rm f} H v_0}{\mu_{\rm f}} \tag{3.75}$$

其中，$\rho_{\rm p}$ 和 $\rho_{\rm f}$ 分别是固体（颗粒）和液体的密度；$\mu_{\rm f}$ 是流体黏度；H 是悬浮液高度；g 是重力加速度；$\alpha_{\rm p}$ 是悬浮固体体积分数。

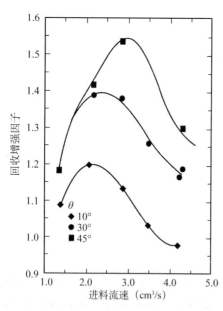

图 3.17　原料流速对回收增强因子的影响

（据 Nasr – El – Din 等，1988）

（横截面积是 4.24cm²；
所有其他物理性质与源研究的类似）

Davis 和 Gecol（1994）用 Batchelor 系数（Batchelor 和 Wen，1982；Batchelor 和 Janse van Rensburg，1986）模拟了多分散悬浮液。

3.9.2　斜板沉降器内的颗粒分离

Law，Masliyah，Nandakumar（1987）和 Law 等（1988）都对轻、重颗粒双分散悬浮液的批分离进行过实验。在无横向浓度介质（手指）条件下，发现 PNK 模型预测轻、重颗粒的沉降速度相当好。为倾斜沉降器开发的理论模型（Masliyah，Nasr – El – Din 和 Nandakumar，1989）和为垂直沉降器开发的模型联系非常紧密（Masliyah，Kwong 和 Seyer，1981；Nasr – El – Din 等，1988）。

图 3.17 示出了回收增强系数是分流比 $Q_{\rm U}/Q_{\rm F} = 0.5$ 时原料流速的函数，倾角是参数。回收增强因子被定义为角 θ 下的回收比，相同条件下角 $\theta = 0°$ 时即为垂直柱。对给定的角 θ 来说，回收增强因子曲线展示出了一个最大值，位置和最大值都取决于倾斜的角度。图 3.17 表明，斜板沉降器的最佳应用取决于其用的原料流速（Masliyah，Nasr – El – Din 和 Nandakumar，1989）。

3.10 小结

以上对以垂直流为主的多种颗粒的研究分析非常强大。对横向浆液流动来说，分析则不那样简单，尚要做胶体力和水动力两种颗粒系统的沉降实验研究。

参考文献

Acrivos，A.，and E. Herbolzheimer. 1979. Enhanced sedimentation in settling tanks with inclined walls. *Journal of Fluid Mechanics* 92(3):435－457.

Al Naafa M. A.，and M. Sami Selim. 1993. Sedimentation and Brownian diffusion coefficients of interacting hard spheres. *Fluid Phase Equilibria* 88:227－238.

Auzerais，F. M.，R. Jackson，and W. B. Russel. 1988. The resolution of shocks and the effects of compressible sediments in transient settling. *Journal of Fluid Mechanics* 195:437－462.

Barker，G. C.，and M. J. Grimson. 1990. Theory of sedimentation in colloidal suspensions. *Colloids and Surfaces* 43(1):55－66.

Basson，D. K.，S. Berres，and R. Bürger. 2009. On models of polydisperse sedimentation with particls－size－specific hindered－settling factors. *Applied Mathematical Modelling* 33 (4):1815－1835.

Batchelor. G. K.，and R. W. Janse van Rensburg. 1986. Structure formation in bidisperse sedimentation. *Journal of Fluid Mechanics* 166:379－407

Batchelor，G. K.，and C.－S. Wen. 1982. Sedimentation in a dilute polydisperse system of interacting spheres. Part 2. Numerical results. *Journal of Fluid Mechanics* 124:495－528 (*with corrigendum in Journal of Fluid Mechanics* 137:467－469).

Berres，S.，R. Bürger，and E. M. Tory，2005a. On mathematical models and numerical simulation of the fluidization of polydisperse suspensions. *Applied Mathematical Modelling* 29(2):159－193.

——. 2005b. Applications of polydisperse sedimentation models. *Chemical Engineering Journal* 111(2－3):105－117.

Bhattacharya，S.，and B. K. Dutta. 2002. Effective voidage model of a binary soild－liquid fluidized bed:Application to solid layer inversion. *Industrial & Engineering Chemistry Research* 41(2):5098－5108.

Bowen，B. D.，and J. H. Masliyah. 1973. Drag force on isolated axisymmetric particles in Stokes flow. *Canadian Journal of Chemical Engineering* 51:8－15.

Boycott. A. E. 1920. Sedimentation of blood corpuscles. *Nature* 104(2621):532.

Buscall. R.，J. W. Goodwin. R. H. Ottewill，and T. F. Tadros. 1982. The settling of particles through Newtonian and non－Newtonian media. *Journal of Colloid and Interface Science*

85(1):78 – 86.

Buscall,R. ,and L. R. White. 1987. The consolidation of concentrated suspensions. Part 1 – The theory of sedimentation. *Journal of the Chemical Society. Faraday Transactions I: Physical Chemistry in Condensed Phases* 83:873 – 891.

Clift,R. , J. R. Grace. and M. E. Weber. 1978. *Bubbles,drops,and particles.* New York: Academic Press.

Davis,R. H. ,and H. Gecol. 1994. Hindered settling function with no empirical parameters for polydisperse suspensions. *AIChE Journal* 40 (3):570 – 575.

Eckert, W. F. , J. H. Masliyah, M. R. Gray, and P. M. Fedorak. 1996. Prediction of sedimentation and consolidation of fine tails. *AIChE Journal* 42 (4): 960 – 972.

Epstein. N. 1979. Letter to the Editor: Hydrodynamic particle volume factor and settled bed volume. *Canadian Journal of Chemical Engineering* 57: 383.

Escudié,R. , N. Epstein. J. R. Grace, and H. T. Bi. 2006. Layer inversion phenomenon in binary – solid liquid – fluidized beds: prediction of the inversion velocity *Chemical Engineering Science* 61(20):6667 – 6690.

Fouda,A. E. , and Capes. 1977. Hydrodynamic particle volume and fluidized bed expansion. *Canadian Journal of Chemical Engineering* 55:386.

——. 1979. Hydrodynamic particle volume and fluidized bed expansion. *Canadian Journal of Chemical Engineering* 57:120.

Hadamard,J. S. 1911. Slow permanent motion of a viscous liquid sphere in a viscous fluid . *Comptes Rendus del' Académie des scienes* 152:1735 – 1738.

Haider,A. ,and O. Levenspiel. 1989. Dra coeffcient and terminal velocity of spherical and nonspherical particles. *Powder Technology* 58(1):63 – 70.

Hartman. M. ,V. Havlin. O. Trnka,and M. Carsky. 1989. Predicting the free – fall veolcities of spheres. *Chemical Engineering Science* 44(8):1743 – 1745.

Jottrand,R. 1952. An experimental study of the mechanism of fluidisation. *Journal of Applied Chemistry* 2 (Suppl. 1):S17 – S26.

Khan, A. R. , and J. F. Richardson. 1989. Fluid – particle interactions and flow characteristics of fluidized beds and settling suspensions of spherical particles. *Chemical Engineering Communications* 78 (1): 111 – 130.

Law, D. H. – S. ,R. S. Mac Taggart, K. Nandakumar,and J. H. Masliyah. 1988. Settling behaviour of heavy and buoyant particles from a suspension in an inclined channel. *Journal of Fluid Mechanics* 187:301 – 318.

Law. D. H. – S. ,J. H. Masliyah. and K. Nandakumar. 1987. Ablation of frozen oil sands under the influence of turbulent axisymmetric jets. *AOSTRA Journal of Research* 3: 177 – 182.

Lockett. M. J. ,and K. S. Bassoon. 1979. Sedimentation of binary particle mixtures. *Powder Technology* 24(1):1 – 7.

Masliyah. J. H. 1979. Hindered settling in a multi - species particle system. *Chemical Engineering Science* 34 (9):1166 - 1168.

Masliyah. J. H. , T. Kwong,and F. A. Seyer,1981. Theoretical and experimental studies of a gravity separation vessel. *Industrial & Engineering Chemistry Process Desing and Development* 20(1):154 - 160.

Masliyah,J. H. , H. Nasr - El - Din,and K. Nandakumar 1989. Continuous separation of bidisperse suspensions in an inclined channel. *International Journal of Multiphase Flow* 15(5):815 - 829.

Nakamura, H. , and K. Kuroda. 1937. La cause de l'accélération de la vitesse de sédimentation des suspensions dans les récipients inclinés. *Keizyo Journal of Medicine* 8: 256 - 296.

Nasr - El - Din. H. ,J. Masliyah, K. Nandakumar. 1990. Contimuous gravity separation of bidisperse suspension in a vertical column. *Chemical Engineering Science* 43 (12):3225 - 3234.

Patwardhan. V. S. ,and C. Tien. 1985. Sedimentation and liquid fluidization of solid particles of different sizes and densities. *Chemical Engineering Science* 40 (7): 1051 - 1060.

Ponder. E. 1925. On sedimentation and rouleaux formation:I. *Experimental Physiology* 15: 235 - 252

Richardson. J. F. ,and R. Merkle. 1961. Sedimentation and fluidization. part IV: Drag force on individual particles in an assemblage. *Transactions of the Institution of Chemical Engineers* 39: 357 - 362.

Richardson. J. F. ,and W. N. Zaki. 1954. Sedimentation and fluidization. *Transactions of the Institution of Chemical Engineers* 32:35 - 53.

Rowe,P. N. 1987. A convenient empirical equation of restimation of the Richardson - Zaki exponent. *Chemical Engineering Science* 42(11): 2795 - 2796.

Russel,W. B. ,D. A. Saville,and W. R. Schowalter. 1989. *Colloidal dispersions*. Cambridge: Cambridge University Press.

Schiller. L. , and A. Naumann. 1933. Uber die grundlegenden Berechnungen bei der Schwerkraftaufbereitung. *Zeitschrift des Vereines deutscher Ingenieure* 77: 318 - 320.

Steinour. H. H. 1944a. Rate of sedimentation: nonflocculated suspensions of unirform spheres. *Industrial & Engineering Chemistry* 36(7):618 - 624.

——. 1944b. Rate of sedimentation: suspensions of uniform - size angular particles. *Industrial & Engineering Chemistry* 36(9):840 - 847.

Stokes,G. G. 1851. On the effect of the internal friction of fluids on the motion of pendulums. *Transactions of the Cambridge Philosophical Society* 9:8.

Tadros, T. F. 1987. Settling of suspensions and prevention of formation of dilatant sediments. In *Solid/liquid dispersions*,ed. T. F. Tadros,New York:Academic Press.

Turton,R. , and N. N. Clark. 1987. An explicit relationship to predict spherical particle terminal velocity. *Powder Technology* 53(2):127 - 129(*with corrigendum in Powder Technology 54(1):75*).

Turton,R. ,and O. Levenspiel. 1986. A short note on the drag correlation for spheres. *Powder Technology* 47(1):83 - 86.

Vesaratchanon,J. S. ,A. Nikolov,and D. T. Wasan. 2007. Sedimentation in nano - colloidal dispersions:Effects of collective interactions and particle charge. *Advances in Colloid and Interface Science* 134 - 135.

——. 2008. Sedimentation of concentrated nonodisperse colloidal suspensions: Role of collective particle interaction forces. *Journal of Colloid and Interface Science* 322 (1): 180 - 189.

Wallis,G. B. 1969. *One - dimensional two - phase flow*. New York:McGraw - Hill.

Whitmore,R. L. 1957. The relationship of the viscosity to the settling rate of slurries. *Journal of the Institute of Fuel* 30: 238 - 242.

Xue,B. ,and Y. Sun. 2003. Modeling of sedimentation of polydisperse spherical beads with a broad size distribution. *Chemical Engineering Science* 58 (8):1531 - 1543.

第4章 油砂的物理和化学性质

本章我们将讨论油砂组分的物理性质和从阿萨巴斯卡油砂矿中开采出来的沥青的化学性质。通常油砂由粗砂粒、细矿物固体、黏土、地层水、电解质和沥青混合组成。假定黏土矿物在水相中主要呈悬浮状态（Takamura，1982）。图4.1为油砂基质示意图。沥青含量（饱和度或等级）可能相差很大，质量分数（又称质量含油率）可从零到高达16%。在现代商业化露天采矿作业中，沥青饱和度低的油砂商业价值小，露天开采的临界值为7%（质量含油率），在油砂矿石重矿物固体的质量占比最大。含水量的变化也很大，在脱水（风化）油砂矿内几乎为零，到可能升到高达7%（质量分数）。油砂内存在的原生地层水包含多种电解质，如钠、钙、镁、氯、钾、硫酸盐和碳酸氢根离子，这些电解质的浓度差异很大，在海相矿石中很高，在河流相矿石中很低。海相矿石中的钠含量近似于海水中钠的含量。

油砂组分的性质是确定油砂矿是否适合加工的主要因素。沥青的性质及其组分、沥青的物理性质和界面特性、矿物固体大小的分布、矿石中细粒固体和黏土含量的百分比及其矿物特性和表面特征、地层水的pH值、电解质类型以及浓度，都在沥青的析出、浮选和回收效率中起着重要作用。这些属性也决定着油砂作业条件和萃取设备类型的选择。

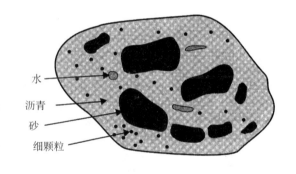

图 4.1 油砂基质

一种油砂矿的物理和界面性质受沥青浮渣处理所用的处理温度、处理水的化学性质和稀释剂类型的影响。

成功应用水基技术从阿萨巴斯卡油砂中开采沥青的关键是砂粒亲水。有一种认识是：单个砂粒被薄薄的水层包围，要把这水从沥青中分离出来。正如莫索普所指出的（1980）：或许阿尔伯塔油砂最具特色的，无疑也最幸运的是：颗粒是亲水的或吸水的。孔隙内的油并不直接与矿物颗粒接触。相反，每个颗粒周围都环绕一层薄薄的水膜，原油在远离水膜的孔隙中心里。砂岩的这种亲水倾向非常好，因为假如砂粒不亲水，热水的萃取过程就不会起作用。（注：在这个引证中，莫索普将术语"吸水的"和"亲水的"做同义词使用，这未必正确，本卷第二章对此会做更详细的讨论。）

假定在油砂开发早期，阿萨巴斯卡油砂矿的砂粒周围就存在水膜（Clark 和Pasternack，1932；Ball，1935；Clark，1944）。假设一下，如果没有水层干预，从油砂中分离沥青的过程不仅困难，而且在经济上不可行（Fitzgerald，1978）。

假定水膜在双电层之间静电力（油—水和砂—水界面上产生的）的作用下比较稳定（Takamura，1982；Hall，Collins 和 Melrose，1983；Anderson，1986）。预计夹在砂粒和

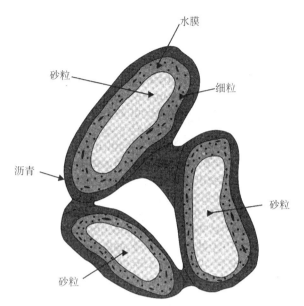

图 4.2 阿萨巴斯卡油砂结构模式简图
（据 Cottrell，1963）

沥青之间的薄水膜的厚度约为 10nm（Takamura，1982；Hall，Collins 和 Melrose，1983）。然而，这种水膜的存在还有待于实验验证。

犹他州油砂砂粒的憎水性，与阿萨巴斯卡油砂砂粒的亲水性正好相反，这就部分解释了为什么不能用常规水基萃取法来有效地处理犹他州油砂（Sepulveda 和 Miller，1978；Miller 和 Misra，1982；Misra 和 Miller，1991）。Czarnecki 等（2005）对阿萨巴斯卡砂粒有水膜的可能性进行了一次详细的讨论。足以判断固体表面是亲水的还是憎水的。

假定黏土矿物在水相中主要为悬浮状态（Cottrell，1963；Cameron Engineers，1978；Takamura，1982）。图 4.2 示出了这个结构模型，该模型通常被称作科特雷尔模型。Dusseault 和 Morgenstern（1978）以及 Mossop（1980）建议使用另一个模型，即砂粒表面有一层薄水膜，如图 4.3（Takamura，1982）所示。

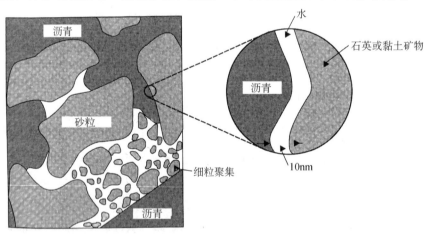

图 4.3 阿萨巴斯卡油砂结构精细模式图
（据 Takamura，1982）

为了将沥青从松散的粗砂粒和黏土中分离出来，必须采取以下措施：（1）从砂粒中析出（即取出）；（2）充气；（3）浮到浆状物的顶部，收集沥青浮渣。这一过程通过油砂和热水及夹带的空气混合在一起即可实现。沥青分离的效率和动力与矿石组分的性质和处理水的物理化学性质（温度和化学反应）有关。

为方便起见，将油砂的物理性质分为两大类：第一类为整体特性，如密度、黏度、反光指数、比热容和燃烧热。油砂矿的表征，如矿物粒度分布和电解质类型以及地层水富集程度，也分属此类。多数情况下整体特性比较受重视。例如，沥青黏度会受温度和稀释剂（溶剂）影响，进而影响沥青在管道内的流动；固体颗粒粒度分布和黏土的存在已被证明会影响泥浆在水力运输或尾料管道（按泵抽功率要求和管道防砂考虑）内流动。第二类考虑界面性质，如表面性质中的润湿性（接触角）、表面张力、界面张力和表面电荷。油砂处理产生的水泥浆由粗、细固体，黏土，沥青滴和气泡组成。这些实体之间的交互作用深受其表面特征的影响。例如，黏土颗粒附到沥青液滴表面，或者从砂粒内析出沥青，都直接受黏土、沥青和砂粒表面性质的影响。矿产固体、气泡和沥青的表面性质受水温度和化学性质影响。就我们的目的而言，这已足够说明，离子的存在［如钠、钙、镁、氯化物或（和）碳酸氢盐］，水碱度和表面活性剂能单独和综合地确定水化学的性质。

砂粒和沥青的表面性质也对将沥青从砂粒中分离出来有显著影响。由于析出沥青需要被浮起，故空气—沥青附着过程（即沥青气化）对回收沥青至关重要。很显然，有必要了解一下影响空气附着过程的表面性质。

沥青的化学性质（成分）在沥青分级处理时也非常关键，为了使叙述完整，将在 4.8 节简要地讨论这些问题。

4.1　油砂的组成：沥青、矿物固体和无机离子

4.1.1　沥青等级的分布

阿萨巴斯卡油砂矿中的沥青含量为 0～16％（质量含油率）范围内。沥青的质量含油率为 7％～8％的油砂矿被认为是低等级，8％～10.5％的油砂矿为中等级，11％及以上的为高等级。通常，油砂矿由 4 家商业露天开采商（Suncor 公司、Syncrude 公司、Albian 公司和 CNRL 公司）开采，沥青的质量含油率约为 9％～13％，最低等级的截至值为 7％。图 4.4 为 Jackpine 矿权合同区的沥青等级分布，该地的 BIP（总储量与沥青地质储量之比）小于 12。在露天开采作业中，沥青等级分布的截至值为 7％，油砂矿的最小厚度为 3m。

图 4.5 为 CNRL 公司 Horizon 项目内不同矿区的沥青等级分布。Horizon 地区的油砂矿的体积加权平均等级是沥青质量含油率为 10.8％。然而，矿区内的矿产等级取决于地层位置，从上半部分（上 McMurray 组）的低沥青等级到中、下部分（中和下 McMurray 组）的较高沥青等级不等。从图 4.4 和图 4.5 可以清楚地看到，整个矿区内沥青等级的分布并不均匀，所以，整个阿萨巴斯卡油砂区内沥青等级的分布也不均匀。

4.1.2　矿物固体

油砂矿的矿物固体的粒度分布（PSD）从一个矿体到另一个矿体变化可能很大，从亚微米到大约超过 1mm（1000μm）都可以见到。矿物固体的粒度分布在设计尾料和水力运输管道时是一个非常重要的参数。使固体颗粒能在水力运输或尾料管道内移动所要求的最小速率是细粒和粗粒矿物固体含量的函数。为了最大限度地减弱管道腐蚀，输浆管道通常以可能的最小速率运行，即以最小速率工作不会形成静止的固体层。因此，尾料和水力运输管道的设计和运行都需要了解矿物固体的粒度分布。此外，由于细粒固体含量和黏土在沥

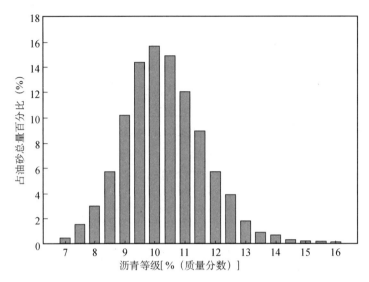

图 4.4　Jackpine 矿权合同区的沥青等级分配

（Shell Canada Ltd.，2007）

青浮选中起非常重要的作用，所以了解矿藏矿物固体的粒度分布就成了油砂矿特性描述的首要步骤之一。

细料是油砂业专用术语，按质量计算，用来描述粒度小于 $44\mu m$ 的矿物固体。黏土是指粒度小于 $2\mu m$ 的矿物固体，同时黏土矿物可用来表述任何粒度的黏土，用该术语来描述它们的化学性质，而不是物理性质。图 4.6 为一油砂矿矿物固体的粒度分布，细料含量占 30%，平均粒度（D_{50}）为 $72\mu m$（即 50% 矿物固体的粒度小于 $72\mu m$）。图 4.7 为阿萨巴斯卡地层内不同百分含量细料的实际粒度分布图。在一个特定的矿区内，粒度分布的变化范围相当大。图 4.7 中所示细料的百分含量约为 $8\%\sim30\%$，相对应的 D_{50} 分别为 $300\mu m$ 和 $85\mu m$。

油砂矿中细料的百分含量（粒度小于 $44\mu m$ 的矿物固体的质量分数）是描述矿石特性的一个重要参数。首先，总体上细料的百分含量关乎沥青的采收率。如果其他参数不变，细料的百分含量高会导致沥青的采收率低。油砂业中用多种方式提及细料的百分含量，如在尾料流进尾料池时有细料捕获时机，当再次加工熟细粒尾料时，在设计重力分离容器时，以及制定有关粒尾料的捕获和存储的政策法规时。此外，沥青的等级（饱和度）在某种程度上也与细料的百分含量有关。

希望粒度远小于 $44\mu m$（如 $1\mu m$）的固体能通过与沥青相互作用，从而来影响沥青的采收率。事实上，细料的百分含量和粒度较小的矿物之间存在一个合理的相关关系（图 4.8）。这种正相关很可能会使得将 $44\mu m$ 当作行业内细料固体的界限值。值得注意的是，用标准程序的湿法筛分会导致可复制的筛分结果降至 $44\mu m$。对粒度小于该值的颗粒来说，可依赖设备进行固体特征描述。因此，用不同的测试设备对比粒度较小的固体颗粒（例如 $1\mu m$）中的沥青采收率数据难度更大。不过建议对粒度小于 $44\mu m$ 的固体颗粒（比如 $1\mu m$ 固体颗粒），通过用一种给定的测量技术和有效的 PSD 数据将该固体同油砂的可加工性能联系起来。图 4.9 表明，用界限值 $1.9\mu m$ 和 $44\mu m$ 同 D_{50} 相关联是可行的。

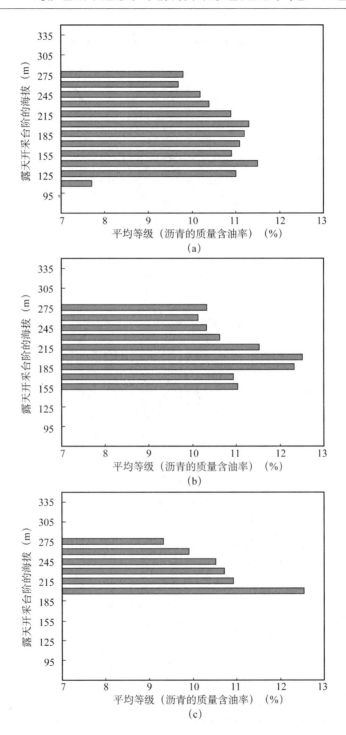

图 4.5　CNRL Horizon 项目沥青等级随深度变化图

（Canadian Natural Resources Limited，2002）

（a）18 租区；（b）10 租区；（c）25 租区

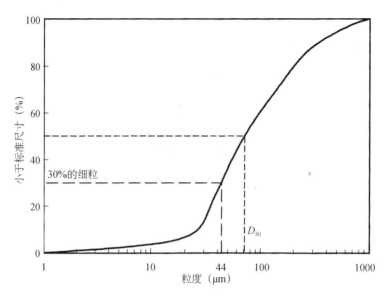

图 4.6 油砂矿矿物固体的粒度分布

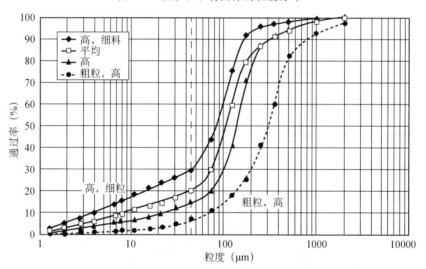

图 4.7 油砂矿矿物固体的粒度分布

（据 Tipman 和 Sharp，2004）

还可用油砂固体（包括粗粒和细粒两种）的 X 射线衍射分析结果来描述油砂固体特性（Hepler 和 Smith，1994）。表 4.1 为所有固体的矿物组成。在粒度较小的矿物固体内发现了钛等重矿物。

表 4.1 所有油砂颗粒内的矿物成分

成分	含量 ［％（质量分数）］
石英	82
钾长石	5
方解石	微量

续表

成分	含量［％（质量分数）］
白云石	零
菱铁矿	微量
黄铁矿	无
高岭石	4
伊利石	7
绿泥石	1
蒙脱石	微量
混合层黏土	1
硬石膏	微量

资料来源：Hepler 和 Smith（1994）。

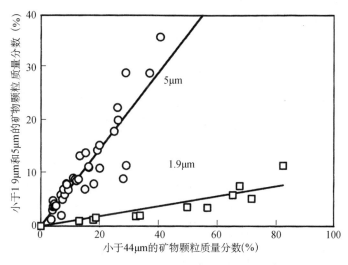

图 4.8　阿萨巴斯卡油砂粒度＜44μm 的粒级和＜5μm 的粒级之间的关系图

4.1.2.1　黏土

油砂矿细料含量的主要成分是各类黏土。在沥青的开采和泡沫处理上，并且在尾料管理和热水回收中，黏土的类型和数量都起着至关重要的作用。开采沥青时，黏土的存在会导致泥浆附着在沥青液滴上，阻碍沥青气化。黏土细料还会使泥浆在初级分离装置（室）内发生胶凝，阻碍气化沥青的浮选。沥青浮渣处理时，黏土的存在有助于使稀释沥青中水的乳状液稳定下来，这对生产出下游精炼特种规格的沥青产品是个挑战。在尾料管理中，在尾料池内形成成熟细粒尾料或流体细粒尾料的主要贡献者也是黏土。黏土矿物的存在给油砂加工环节所带来的挑战主要是比表面积高和小板状黏土颗粒表面特性的各向异性。因此，了解黏土性质极为重要，因为它们会影响沥青开采和尾料管理的整个工艺链。

阿萨巴斯卡油砂中常见的黏土成分见图 4.10 和表 4.1。主要的黏土矿物是高岭石和伊

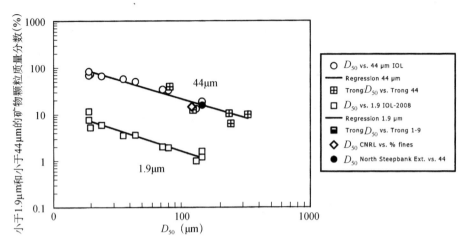

图 4.9　各种矿石内的细粒百分比（1.9μm 和 44μm）随 D_{50} 的变化曲线图

利石。（注：表 4.1 所列出的高岭石和伊利石的比与图 4.10 中的饼图值不同。这种差异来源于用于分析的矿样不同，事实是，整个阿萨巴斯卡油砂区的矿体不均匀。总的来说，高岭石是主要的黏土成分。）细料中可能有微量蒙脱石黏土。

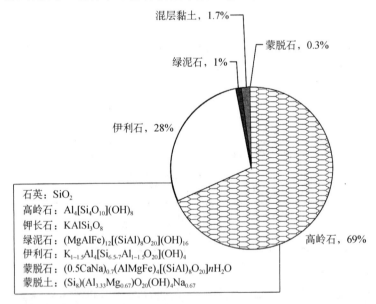

图 4.10　一块油砂样内黏土矿物量的比例分配

如图 4.11 和图 4.12 所示，黏土矿物由两种基本层组成：一种是硅—氧四面体薄片（T），另一种是铝—氧—羟八面体薄片（O，即三水铝矿）。当八面体薄片由氢氧化镁组成时，被称为水镁石。四面体和八面体这两种基本薄片的排列不同导致产生不同类型的黏土矿物，如双层结构的高岭石（1∶1 或—TO—TO—），和 3 层结构的伊利石和蒙脱石（2∶1或者—TOT—TOT—），此处"—"代表两片单位薄层（TO）或 3 片单位薄层（TOT）之间的连接，即构建模块。这个四面体和八面体薄片通过分享四面体薄片的先端氧原子共价键。表 4.2 为油砂中常见的 4 种黏土矿物的结构。这 4 种黏土矿物的结构图见图 4.13。

表 4.2 油砂层中常见的黏土性质

矿物	高岭石	伊利石	蒙脱石	绿泥石
丰度（质量分数）	69	28	0.3	1
成分[①]	$Al_2Si_2O_5(OH)_4$	$K(Al, Fe, Mg)_5$ $(Al, Si)_8O_{20}(OH)_4$	$(Na, Ca, H_3O)_x$ $[Al_{4-x}(Fe, Mg)_x$ $Si_8O_{20}(OH)_4]$	$(Mg, Fe, Al)_6$ $(Al, Si)_4O_{10}(OH)_8$
结构类型	两层（TO）	三层（TOT）		
解理面（基本的）	SiOSi 硅氧烷	SiOSi 硅氧烷		SiOSi 硅氧烷
	Al—OH 羟基			MgOH 羟基
同构替代	硅氧四面体薄片低	硅氧四面体薄片高	硅氧四面体薄片和铝氧羟基八面体薄片	
补偿离子	K^+	K^+	Na^+，Ca^{2+}	O—水镁石
比表面积（m^2/g）	10~20	65~100	50~120（外面的） 700~840（总的）	42
阳离子交换量 [g（当量）/100g]	3~5	10~40	80~150	10~40

①1Mitchell（1976 年）。

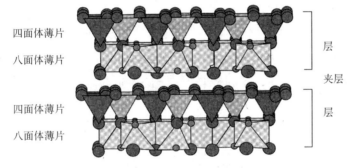

四面体薄片
八面体薄片

层
夹层
层

四面体薄片
八面体薄片

图 4.11 高岭石的两片单元层

（层间含一个夹层。每个单元层都是由一个硅四面体和一个二八面体的铝薄层组成）

高岭石和伊利石黏土都不膨胀，即它们在水里不轻易膨胀。但是，众所周知，在调泥浆时蒙脱石黏土对泥浆黏度的影响很大。如上所述，蒙脱石黏土的存在会导致重力分离装置内出现胶凝。蒙脱石还有一个特性是：比表面积大，阳离子交换量高。最新资料将蒙脱石单独视为蒙皂石族，蒙脱石作为其中一种矿物隶属于蒙皂石族（van Olphen，1963；Giese 和 van Oss，2002）。

4.1.2.2 双电层高岭土

高岭石是 Si：Al1：1 型黏土（图 4.11）。每个单元层由一个硅四面体和一个二八面体的铝薄层组成。1：1 层的四面体表面薄片上有氧，八面体铝薄片上有氢氧根。层间的结合是通过八面体表面的一个羟基和四面体表面的相邻氧之间的氢键实现。因为有大量的这类氢键，层间的绑定非常强。换句话说，高岭土不易脱层。这些层放在水里或在电解质溶液中不会膨胀。

在自然界，水与高岭土发生交换形成 $Al_2Si_2O_5(OH)_2 \cdot 2H_2O$ 黏土，从而该层的厚度

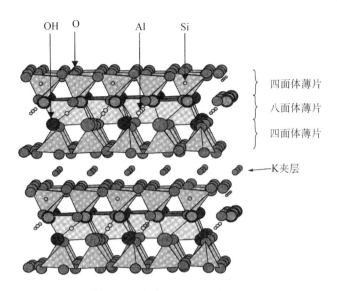

图 4.12 伊利石的两片单元层

(层间含一层钾离子。每个单元层都是由两个硅四面体夹一个二八面体铝薄层组成)

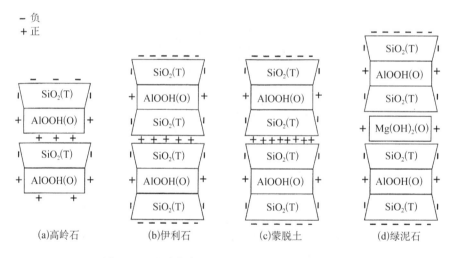

图 4.13 油砂中常见的 4 种黏土矿物的结构图

增大了 0.7～1nm。由于电解质溶液内有离子，故几乎没有离子渗入夹层。认为高岭土的阳离子交换能力（即层里的钠被外部电解质溶液里的钙交换的能力）较低。阳离子交换主要发生在层的边缘部位。

由黏土造成的离子交换非常重要。对处理水中的钙来说，黏土起着一个洗涤槽或清除剂的作用，高浓度的钙离子不利于沥青的开采。高岭土每替换一个钙原子，外表面就析出出两个钠原子（Stumm 和 Morgan，1996；Essington，2004）。

完美的四面体和八面体薄片呈电中性。然而，同构高价键阳离子被相同大小的低价键阳离子所替代，如硅（Si^{4+}）被四面体薄片内的铝（Al^{3+}）和（或）铝（Al^{3+}）被八面体薄片内的镁（Mg^{2+}）替代，造成净电荷不足，从而导致构建模块携带永久负电荷。电荷不足通过间隙补偿的阳离子（如钠、钾、钙、镁、铁离子等）来平衡，从而使黏土矿物呈电中性。当把高岭土放在水溶液内，由于没有补偿阳离子，外部基底面上和层边缘附近就会出现一个表面电荷。这些电荷对硅质表面的 pH 值不敏感，对铝表面的 pH 值略微敏感，对边缘的 pH 值不敏感。本章的其他部分将详细讨论黏土的电表面性质，因为它们受 pH 值和电解质影响。

对双电层高岭石（1∶1）来说，主要在四面体薄片内发生的同构替代程度较小，导致产生一个较低的永久电荷。补偿离子位于四面体表面上由 6 个氧原子构成的六角形小孔内（Bergaya，Theng，Lagaly，2006），使构建模块紧紧地链接在一起（图 4.13）。因此，双层高岭石不膨胀，补偿离子不能与溶液内的其他阳离子交换。在机械分层下，TO—TO 链接的断开导致产生两个不同的面，一个是四面体硅氧烷面（SiOSi），另一个是铝羟基面（Al—OH），即底面（Bergaya，Theng 和 Lagaly，2006）。尽管铝羟基表面亲水，但中性硅氧烷表面通常为中度疏水，与水的接触角约为 $40°\sim45°$（Gee，Healy 和 White，1990；Kanta，Sedev，Ralston，2005）。硅氧烷键可能水解成硅烷醇基，使得硅氧烷面亲水。然而，硅氧烷键的水解程度通常都较低，除非在 pH 值极高的溶液内。这就是为什么 pH 值高有利于沥青析出的原因之一，因为它可以快速、有效地水解硅表面，从而使其变成亲水性。

硅同构被铝替代会使表面产生一个负电荷，即被间隙阳离子所补偿。当放在水溶液中时，暴露于基面上的补偿离子会因其强水化特性而离开基面，从而导致基面呈净负电而对 pH 值不敏感。这种表面电荷即永久表面电荷（Tombacz 和 Szekeres，2006）。它的存在使得基面表面亲水。

暴露的铝羟基表面（Al—OH）可能在 pH 值低时发生质子化，或在 pH 值高时，通过后面的水解反应（类似于图 4.14 所示的硅烷醇基的水解反应——分别为反应Ⅱ和反应Ⅲ），去除质子化，造成该表面上携带一个由 pH 值决定的表面电荷（pH 值低时为正电荷，pH 值高时为负电荷）（Tombacz 和 Szekeres，2006）。

除了这两种不同的表面以外，黏土颗粒也有带破裂 Si—O 和 Al—O 键的边缘表面。当浸入水中时，这些破碎的键进行类似于硅和铝的水解过程。根据金属氧化物表面特征和溶液的 pH 值，各个水解部位经历不同程度的离解。例如，酸性硅表面，在 pH 值约为 2 的时候为零电荷点（PZC），在水溶液中矿物界面双电层的表面电荷密度为零时溶液中定位离子活度的负对数值称为该矿物的零电荷点。在金属氧化物体系内，

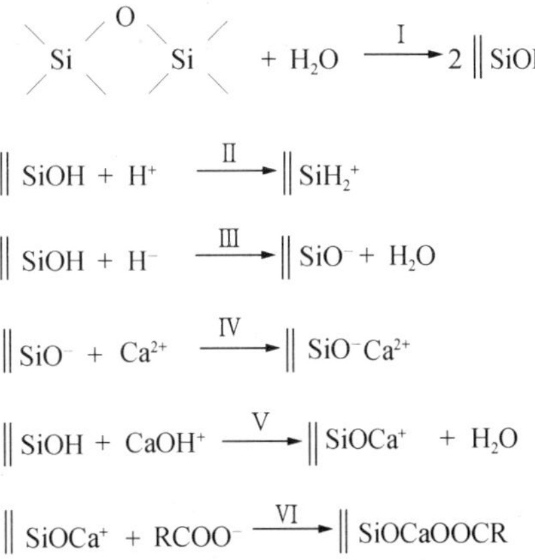

$$Si \underset{Si}{\overset{O}{\diagdown\diagup}} + H_2O \xrightarrow{\text{I}} 2\|SiOH$$

$$\|SiOH + H^+ \xrightarrow{\text{II}} \|SiH_2^+$$

$$\|SiOH + H^- \xrightarrow{\text{III}} \|SiO^- + H_2O$$

$$\|SiO^- + Ca^{2+} \xrightarrow{\text{IV}} \|SiO^-Ca^{2+}$$

$$\|SiOH + CaOH^+ \xrightarrow{\text{V}} \|SiOCa^+ + H_2O$$

$$\|SiOCa^+ + RCOO^- \xrightarrow{\text{VI}} \|SiOCaOOCR$$

图 4.14　砂粒表面上的表面反应
（使表面经得起表面活性剂的污染和疏水化反应）

Ⅰ：硅氧烷键的水解或者 Si—O 键的断开；Ⅱ：pH 低值时携带正电荷，使硅烷醇基发生质子化；Ⅲ：pH 高值时带负电荷，使水解面发生去质子化；Ⅳ：静电吸引力二价钙的吸附；Ⅴ：水解钙单羟基（CaOH⁺）与表面硅烷醇基（SiOH）产生比表面缩合反应，形成共价键（SiCa⁺）；Ⅵ：阴离子天然表面活性剂吸附在活性砂表面上，使其疏水，阻碍沥青析出和诱导砂浮选，从而使沥青采收率低，泡沫质量差

氢离子是电位决定的离子。零电荷点是描述固体电性的一个重要参数。高于零电荷点时，粒子携带一个净负电荷；低于零电荷点时，它们携带一个正表面电荷。铝的基本特点是，零电荷点大约在 pH=9 时。根据硅铝比，高岭石边缘表面的零电荷点在高岭土为 6 和 6.5 之间时变化（Tombacz 和 Szekeres，2006）。对双电层高岭石颗粒来说，总电荷是所有三类表面（两个底面和一个边）的结果并且取决于 pH 值（图 4.15）。从图 4.15 中可以看出，高岭石的界面动电势对 pH 值的依赖性很强，这表明在高岭石底面上有一个弱永久电荷且边缘—底面表面积的比值较高，因此边表面的电荷就成了总表面电荷的主力。在这个特例中，观察到当 pH 值为 3.2 时有一个等电点，这时界面动电势为零。需要注意的是，尽管高岭石颗粒在等电点呈电中性，其表面仍然带电，T—底面带负电荷，O—底面与边缘带正电荷。这种复杂的电性特征导致出现了各种重要的实际问题，如形成片架结构或出现黏土胶凝现象（van Olphen，1963）。

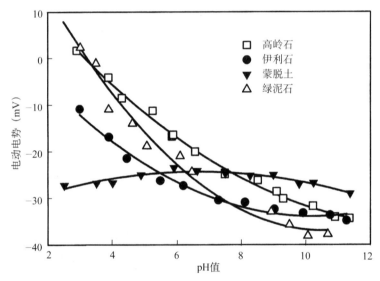

图 4.15　在 1mmol/L 的 KCl 水溶液中，黏土颗粒的界面动电势是 pH 值的函数（据 Wu，2009）
[根据 Lin，Xu，Masliyah（2004）的数据结果重新绘制了该图。未公布绿泥石的研究结果]

4.1.2.3　三电层黏土

各种三电层黏土矿物（如伊利石、蒙脱石）之间的主要差异是同构替代的程度和位置以及补偿离子的类型。例如（图 4.12），伊利石黏土是富集在油砂、土壤和沉积岩中的双八面体（2∶1）页硅酸盐。它的化学成分差异很大。

伊利石的同构替代主要发生在四面体层，这里 1/4 的硅原子被铝原子取代，补偿离子位于六角形小孔内（主要是钾）。这种排列使得基本构建单位的键非常稳固。由于这些层不容易分开，层间钾阳离子不能用于阳离子交换。但是，在层的边缘确实发生着阳离子交换（同高岭石一样）。由伊利石黏土提供的离子交换很重要，因为黏土要沉淀处理水中的二价阳离子。另外，伊利石黏土的电表面的特性取决于溶液的 pH 值、电解质类型和浓度。且不说它的化学成分，伊利石黏土本身有别于蒙脱石，主要是它与水或碳氢化合物不会发生层间膨胀。

在蒙脱石黏土（如蒙脱石）内，同构替代在四面体和八面体层内都会出现。蒙脱石四面体层内的替代与高岭石和伊利石类似。但是，八面体层内的同构替换夹在两个四面体层之间，使得 O—层内的永久性电荷非定域化。在这种情况下，补偿离子就脱离了八面体层，附在了四面体层上。构建模块层间的这种补偿离子的存在弱化了层间键，这样就能使补偿离子用于离子交换，显示出蒙脱石黏土矿物的膨胀特性。因此，蒙脱石黏土具有很强的阳离子交换能力。

当三电层黏土矿物经受剪切力时，层间键断裂，分成了几层，露出了底面。与双电层高岭石内不同，三电层黏土矿物的一个共同特征是：由分裂所产生的两个底面具有完全相同的硅氧烷表面。硅氧烷基底层对水的 pH 值比对 1∶1 高岭石的铝羟基基底面更不敏感。因为比起高岭石来，伊利石和蒙脱石的四面体层都发生着更强烈的同构替换；水中置换时，它们的底面特性比高岭石有更多的负表面电荷。同样，三电层（2∶1）黏土矿物边缘面上的铝硅比低于双电层（1∶1）高岭石边缘面上的铝硅比。由于已破坏的氧化铝和硅表面上的零电荷点分别是 pH_{pzc} 9 和 2，所以，在给定 pH 值条件下，预计三电层黏土矿物与双电层黏土矿物相比，其边缘面带更少的正电荷或更多的负电荷。总体而言，给定溶液条件下的三电层黏土矿物表现出更多负的界面动电势（图 4.15）。

有趣的是，界面动电势剖面的主要差异在于高岭石（1∶1）和伊利石（2∶1），伊利石和蒙脱石（2∶1）。伊利石具有比高岭石更多的负界面动电势，其原因在于其边缘面上的同构替代更强以及 Si/Al 比更高。伊利石的等电点没有超过研究的 pH 值范围，这表明底面上的永久电荷是伊利石的整体电荷的主力，不取决于 pH 值。但是，pH 值非常高（超过 11）时，伊利石和高岭石的界面动电势曲线会聚到同一曲线，这说明伊利石和高岭石这两种矿物表面的底面及边缘面的饱和电荷密度相似。

可以观察到，蒙脱石的界面动电势曲线整体比较平缓，只有一点儿略微的降低（即负的界面动电势稍多一点），当 pH 达到 10 以上时有所升高。该界面动电势曲线与伊利石的形成鲜明的对比，尽管两者都是 2∶1 的黏土矿物。事实上，蒙脱石黏土的界面动电势对 pH 值不敏感，这是因为底面的贡献比边缘面的大，这也是膨胀黏土的一个独特特性。通过考虑高岭石和蒙脱石的典型边缘表面积（分别是约 20% 和小于 1%），和相应的层厚度（40nm 和 1nm）（Wan 和 Tokunaga，2002），这样的观察结果是可预期的。应该注意的是，由于黏土矿物的复杂特性和污染性，文献上所报告报道的伊利石和蒙脱石黏土的零电荷点范围很宽。如图 4.15 所示的具有特定动电学特性的黏土仅仅只是个例。

4.1.2.4 绿泥石

在油砂中遇到的另一种类型的黏土（虽然量少）是三电层绿泥石。在四面体和八面体薄层中都可见绿泥石的同构替换。与伊利石和蒙脱石相反，由于三电层绿泥石内的同构替换而出现的电荷补偿穿过带正电的水镁石层，水镁石层中一些镁离子被铝离子所替代。为此，绿泥石有时被认为是一个四电层（1∶2∶1）黏土矿物。当绿泥石沿底面裂开时，会出现两个不同的底面：一个是四面体硅氧烷底面，另一个是八面体氢氧化镁基底面。硅氧烷底面上的永久电荷不取决于 pH 值，氢氧化镁底面上的电荷在经过镁氢氧化物质子化作用和去质子化作用后对 pH 值依赖性很强。

绿泥石的边缘面和三电层伊利石或蒙脱石黏土矿物的边缘面一样，含有一个类似的铝—硅摩尔比。但是，绿泥石还含有来自于补偿水镁石层中的镁离子。考虑到氧化铝（氢氧化物）的 pH$_{PZC}$ 值为 9.1 和氧化镁（氢氧化物）的 pH$_{PZC}$ 值为 11.8（King，1982），预计在零电荷点之上，绿泥石会比伊利石具有更多的正界面动电势值，或在零电荷点以下绿泥石会具有更多的负界面动电势值。图 4.15 上的绿泥石界面动电势曲线确实显示了这些特征。有趣的是，绿泥石的界面动电势曲线比伊利石的曲线更依赖于 pH 值，但在这方面与高岭石类似。这一特性并不出人意料，并且清楚地说明了绿泥石和高岭石中来自边缘面的电荷对整个表面电荷所做的重要贡献，这是非膨胀黏土的一个特性。

4.1.2.5　黏土的阳离子交换量

上述讨论的结果是，在很大程度上同构替代和补偿离子的位置决定着黏土矿物的电动学表面性质。由于底面上的同构替换，净电荷通过间隙补偿离子来平衡，可用溶液内合适的其他阳离子来交换该离子。可被交换的补偿离子的量称作阳离子交换量，因此通常是一个测定同构替代和黏土特性的好方法。阳离子交换量用每 100g 黏土毫克当量来表示。常见的能同补偿离子进行交换的离子有 H$^+$，Na$^+$，NH$_4^+$，Ba^{2+} 和 Ca^{2+}。溶液的浓度高是阳离子交换的驱动力（因此，溶液的化学电位必须要高），因此，用 Stumm 和 Morgan（1996）阐述的就是：

$$\{K^+ R^-\} + Na^+ \longrightarrow \{Na^+ R^-\} + K^+ \tag{4.1}$$

和

$$2\{K^+ R^-\} + Ca^{2+} \longrightarrow \{Ca^{2+} R_2^{2-}\} + 2K^+ \tag{4.2}$$

表 4.3 给出了各种类型黏土的典型阳离子交换量值。例如高岭石，阳离子交换主要发生在外底面和边缘面上。因为高岭石的同构替代程度低，它的阳离子交换量一般很低（3～5meq/100g）。伊利石的同构替换程度有所增加，故其阳离子交换量略高（10～40meq/100g）。伊利石的降解或风化会使其阳离子交换量略有增加。与此相反，蒙脱石的阳离子交换量更高（约 100meq/100g），不仅因为其同构替代程度高，而且由于其八面体层内同构替代程度高导致了补偿离子的非定域化。蒙脱石补偿离子的非定域化使得黏土膨胀，补偿离子使阳离子交换成为可能。绿泥石的阳离子交换量极低，因为其独特的八面体水镁石层结构可以补偿同构替代的永久结构性电荷。需要着重强调的是，比起单价阳离子，二价阳离子与黏土面有更高的亲和力，这取决于黏土的类型和溶液中交换阳离子的浓度。表 4.3 为单价和二价阳离子在各类黏土面上具有竞争力的阳离子交换的实验结果。很明显，溶液里交换阳离子浓度越低，

表 4.3　油砂层内遇到的 3 种主要黏土矿物的阳离子交换选择

黏土矿物	溶液内的 2 [Ca^{2+}] + [K$^+$]（meq/L）与黏土面上的 Ca^{2+}/K$^+$ 摩尔比			
	100	10	1	0.1
高岭石	—	1.8	5.0	11.1
伊利石	1.1	3.4	8.1	12.3
蒙脱石	1.5	—	22.1	38.8

资料来源：Stumm 和 Morgan（1966 年）。

阳离子交换成高价阳离子的选择性就更高。另外值得注意的是，蒙脱石比非膨胀黏土类的选择性高，这表明，二价阳离子对膨胀黏土的亲和力比单价阳离子更强。表 4.3 的结果说明，为了准确确定某种给定黏土的阳离子交换量值，溶液中必须有额外的交换阳离子，以确保完全交换。

4.1.2.6　矿物固体和沥青等级

油砂的一个特性是：油砂矿物固体粒度的分布总的来说是油砂矿沥青含量的函数。细粒的矿物固体存在于低品位矿石内，而粗粒固体存在于高品位矿石内。Cameron 的工程师们提供了一个细粒含量百分比与沥青等级（或者沥青饱和度或含量）之间的关系，见图 4.16（1978）。尽管这些点高度分散，但仍然有一个明显的趋势：高品质油砂矿与细粒矿物含量低有关。更多最新岩心分析数据说明了沥青品位和细粒矿物含量百分比之间的关系（分别在 Syncrude 公司、Suncor 公司和 Imperial Oil 公司作业的矿产数据，见图 4.17、图4.18 和图 4.19）。此外，数据比较分散，但在一个天然地层中会出现这种现象。图 4.20 所示为对沥青等级和细粒矿物百分含量所做的最佳估算。

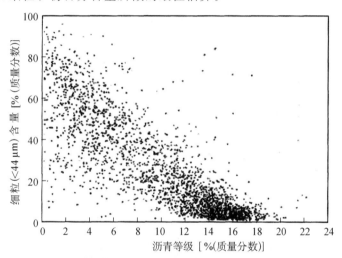

图 4.16　黏土分析数据：细粒含量百分比和沥青等级之间关系

（据 Cameron Engineers，1978）

图 4.21 为油砂样品中细粒矿物的百分含量和含水量的关系。细粒矿物的百分含量有随油砂内含水量增加而增加的趋势。

在大多数文献内，尽管细粒矿物的百分含量的数据与油砂内沥青等级有关，但粒度小得多的矿物固体和油砂沥青等级之间有一个合理的相关关系。图 4.22 为粒度小于 $2\mu m$ 的矿物固体随沥青等级的变化情况，即油砂等级；从图中可以看出期望看到的正相关关系。

4.1.3　油砂中的电解质

如前所述，原油会运移到本身有水的沉积地层中。同样，数百万年以来，由于水文梯度的缓慢变化（虽然是以极慢的速度），地下水流经油层。由此而产生的电解质的含量和类型（如地层水中钠离子、钙离子、氯离子、碳酸氢盐和硫酸盐离子的存在），经历了一个非

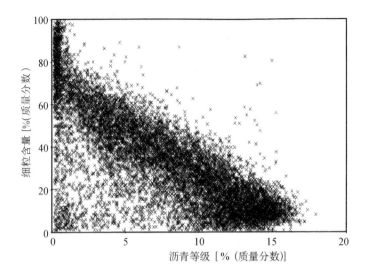

图 4.17　黏土分析数据：细粒含量百分比和沥青等级（Syncrude 公司数据）之间关系
（据 Cuddy，2004）

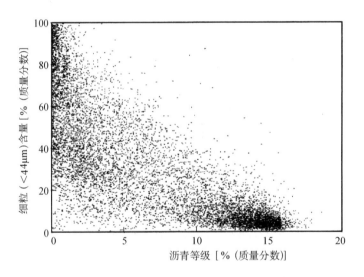

图 4.18　黏土分析数据：细粒含量百分比和沥青等级（Suncor 公司数据）之间关系
（资料来源：Suncor 能源公司 Wayne Hill 先生提供）

常复杂的过程。一个层和另一个层中以及在某一特定层中，电解质的含量和类型会随深度和横向位置的变化而变化。由于电解质的类型和浓度对沥青的开采、尾矿水的管理及沥青浮渣的处理有显著的影响，所以需要花大量精力来研究阿萨巴斯卡组离子含量。为此，收集矿区内的岩心数据、沥青等级、细粒矿物含量百分比和 D_{50} 及氯、钠、碳酸氢盐、硫酸盐、钙和镁等离子的离子强度都是进行矿区描述的主要工作。

　　由于测量水样中离子的类型和浓度的分析方法已得到广泛使用，所以测定油砂矿样品中电解质的成分和浓度可能看起来很简单。但是，后者的测定更加复杂，这是由于油砂矿基质中不存在能轻易分离的水层（当它包含着大部分的离子时）。合理的方法是：将油砂样

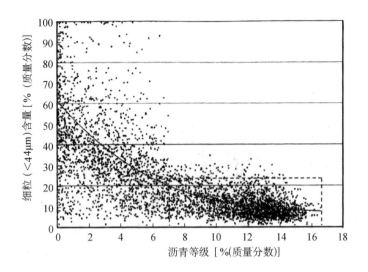

图 4.19　黏土分析数据：细粒含量百分比和沥青等级
（Imperial Oil 公司 Kearl 油砂项目数据）之间关系
（据 Imperial Oil Ltd.，2005，图 4-5）

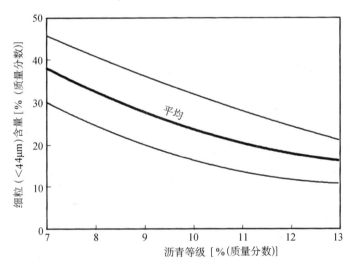

图 4.20　用细粒矿物百分含量估算沥青等级

品同热水混合，除去砂粒中的沥青，用离心机分离砂—水—沥青的混合液，然后分析浮水层中离子的类型和浓度。知道了加入水及原始油砂样品中的含水量，就可以评价油砂样品中离子的类型和含量。用 Dean-Stark 分析法能很容易地测出油砂样品中离子的类型。

　　这里存在困难。一旦在油砂样品中加入水，黏土将同混合液中的水交换离子。混合液中水的平衡离子强度将取决于加入水的量和温度，以及油砂样品中黏土的百分比含量和类型。事实上，我们并不是在测量地层水本身实际的电解质强度。为此，在向油砂样品中的一种给定离子分配一个相对值时必须有一个惯例。该值用 mg/kg 或者 mmol/kg（每千克油砂矿所含的毫克或毫摩尔的离子）表示。

　　常用的方法是在油砂样品中加入同油砂样品质量相等的 100℃ 的沸腾蒸馏水，以测定除

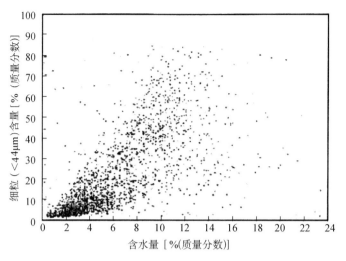

图 4.21   黏土分析数据：细粒含量百分比和含水量之间关系

（据 Cameron Engineers，1978）

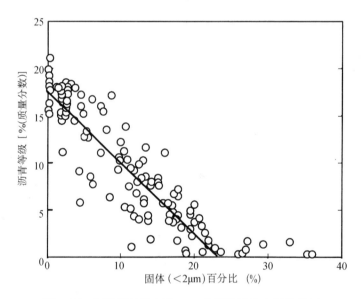

图 4.22   沥青等级和小于 $2\mu m$ 的矿物固体之间的关系

（据 Czarnecki 等，2005）

去沥青并经过离心作用后水中的离子浓度。可以将这个结果记录为每千克油砂中给定离子的质量（mg/kg）。我们将参考千克油砂中的离子浓度，以及在将蒸馏水同相同质量的油砂混合后所测定的水的离子浓度。将测量最终收集的测试水中的电导率和 pH 值。最好是避免使用 mg/L 和 mmol/L 这两个单位，因为它们究竟是指地层水的量还是收集的测试水的量，不是很明确。

　　可惜在有些文献中，在离子测定试验中用术语原生水来描述所收集的水。这可能相当令人迷惑，因为这个术语指的是在沉积时沉积物或岩石中捕获的水（字面意思是指出生时存在的或开始时存在的）。

不同位置的油砂矿中的不同种类离子的浓度变化很大。因此，没有关于离子浓度的代表性曲线。本书我们将参考一些公开发表的文献来说明岩心或油砂矿区中（使用了不同的岩样）离子浓度的变化。

阿萨巴斯卡油砂区钠离子和氯离子浓度的变化很大。在一个矿体中这两种离子浓度的变化见表 4.4（来自 Horizon 项目的实例）。由表可见，测量的氯离子的算术平均值为 117mg/kg，而相对应的钠离子的算术平均值为 109mg/kg。这两个值与 Horizon 项目区附近的其他油砂矿的相关上限值是一致的，有趣的是，钠离子和氯离子浓度的变化很大。表 4.4 给出了它们的最大值和最小值。

为了进行对比，表 4.5 给出了 Kearl 项目的相关值。该项目钠离子和氯离子浓度的平均值低于 Horizon 项目的相关值。

表 4.4　氯离子和钠离子浓度变化（加拿大自然资源公司 Horizon 油砂项目）

统计数字	离子浓度（mg/kg）	
	氯离子 Cl^-	钠离子 Na^+
算数平均	117	109
最小值	0	4
最大值	552	453
标准差	99	79
论文数	293	293

资料来源：CNRL，2002。

表 4.5　Kearl 项目 2003—2004 年取心井项目中 348 个矿样的可溶离子浓度

统计数据	沥青等级[%（质量分数）]	pH 值	阴离子浓度（mg/L）				阳离子浓度（mg/L）			
			电导率（mS/cm）	碳酸氢盐	碳酸盐	氯	硫酸盐	钙	镁	钠	钾
算数平均	12.0	7.7	0.4	48.9	7.5	16.4	113.1	22.1	7.2	21.7	15.3
最小值	0.8	4.0	—①	3.3	1.6	1.5	22.2	1.5	0.7	3.0	1.4
最大值	16.0	9.3	1.2	145.0	15.9	68.4	603.0	115.0	28.0	104.0	59.7
标准差	2.1	0.8	0.2	29.1	3.3	12.2	77.7	15.9	4.8	14.1	9.5

资料来源：Imperial Oil Ltd.，2005。

①表示在原始参考文献中为零。

图 4.23 和图 4.24 为油砂岩心样品中钙离子和镁离子的浓度随深度的变化。在这种特殊的油砂地层中的横向位置上，海相与河口湾相沉积物间的差异是很大的。与中、下 McMurray 组中较深的河口湾相沉积物相比，位于上 McMurray 组的海相沉积矿石中含有较高的钙和镁，其原因在于石油运移前地层水的离子强度以及地层水的运移史。而最深处

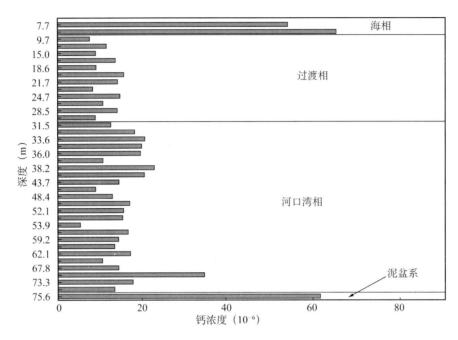

图 4.23　相同横向位置的油砂矿中海相和河口湾相沉积物
中的钙离子浓度随深度的变化图

（据 Cuddy，2004）

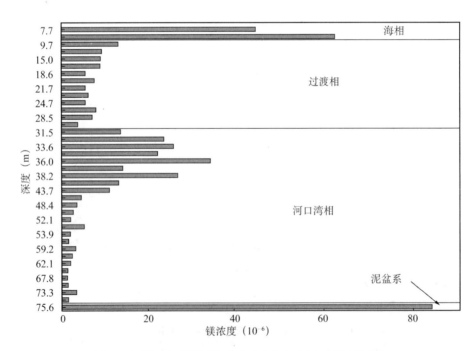

图 4.24　同一水平位置的油砂矿中海相和河口湾相沉积物
中的镁离子浓度随深度的变化图

钙和镁离子的浓度峰值的出现是由于底水油砂的存在。

图 4.25 提供了不同矿样的岩心分析数据中钙和镁离子浓度的变化，从图中可以看出，钙离子和镁离子的浓度随深度的变化很明显，其中海相矿床中有较高浓度的二阶阳离子（与河口湾相矿床相比）。图 4.26 为不同岩心样品中钙和镁的质量比。钙—镁质量比随深度的增大而增加，但是总体来说，该比值小于 3。

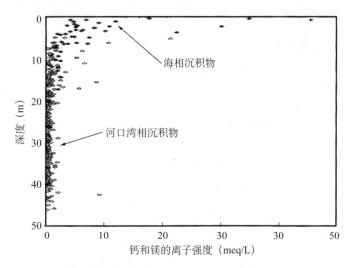

图 4.25　油砂岩心中的海相和河口湾相沉积物中的
钙和镁离子浓度随深度的变化图

（据 Cuddy，2004）

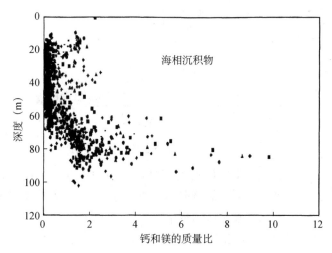

图 4.26　钙和镁的质量比随深度的变化（质量比为深度的函数）

（据 Cuddy，2004）

一般来说，每千克矿石中硫酸根离子的浓度低于 100mg，如图 4.27 所示的河口湾相沉积物。在这个特殊的矿区，海相沉积物的硫酸根离子浓度非常高。但是，不应该认为所有海相沉积物的硫酸根离子浓度都非常高，以及由于硫酸根离子的存在海相沉积物就呈酸性。

水溶液的 pH 值是衡量水的氢离子浓度的一种方法，而氢离子的浓度受硫酸盐离子和

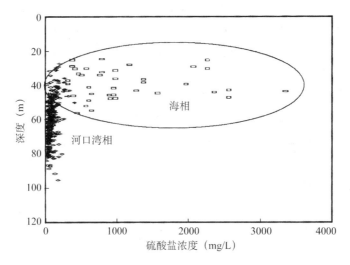

图 4.27　海相和河口湾相油砂矿中的硫酸盐浓度随深度的变化关系图

（据 Cuddy，2004）

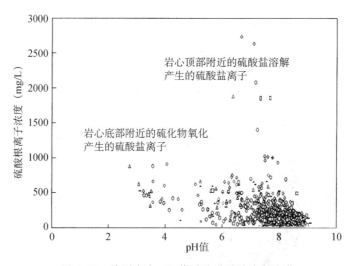

图 4.28　检测水中 pH 值随硫酸盐浓度的变化

碳酸氢盐等离子类型的影响。由于硫酸盐离子是水溶液中主要的二阶阴离子，随着水溶液中硫酸盐离子的增加，水溶液的 pH 值将降低。如图 4.28，矿石中的硫酸盐浓度与 pH 值之间有相关关系。总的来说，实验矿区内的 pH 值的变化范围为 7～9。Kearl 项目的相关数据显示了硫酸盐离子浓度的变化范围为 22.2～603mg/L，平均值为 113.1mg/L；相应的 pH 值变化范围为 4.0～9.3，均值为 7.7（表 4.5）。这些数据与图 4.28 中的数据相符。图 4.29 为 Syncrude 矿区中硫酸根离子的浓度随深度的变化（Cuddy，2004），该区的 pH 值接近于 8。在更高的深度时，由于硫化铁和有机物的氧化，pH 值下降至 3 左右，硫化物的氧化作用表示如下：

$$4FeS_2 + 15O_2 + 14H_2O \longrightarrow 4Fe(OH)_3 + 16H^+ + 8SO_4{}^{2-}$$

有趣的是，阿萨巴斯卡河水中各种离子的含量较低，浓度随所处位置和季节的不同而变化。表 4.6 所示为每年的平均值。表中所示的钙离子浓度大约为 33 mg/L，能与尾矿池中钙离子的浓度相比。阿萨巴斯卡河水的 pH 值为 7.9 左右，略呈碱性，总溶解固体量约为 170mg/L。相对来说，底部油砂的总溶解固体量相对较高。例如，在 Total's Joslyn North Mine 项目中，总溶解固体量的范围从约 10000mg/L 到最高 58000mg/L 之间（在租约地的西北区域）变化（Deer Creek Energy Ltd.，2006）。

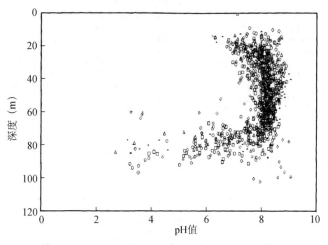

图 4.29　检测水中 pH 值随深度的变化图

（据 Cuddy，2004）

通常需要测定水体的电导率。它能表示水中的各种电解质离子强度的大小。符号 S 代表单位欧姆的倒数，等于安培/伏特。作为参考，水中所含的 2mmol/L（116.9mg/L）NaCl 的电导率为 245μS/cm，1mmol/L（142mg/L）Na$_2$SO$_4$ 的电导率为 248μS/cm（Masliyah 和 Battacharjee，2006）。

表 4.6　阿萨巴斯卡河的水质

	参数	Fort McMurray[①] 下游 （2000 年 10 月 3 日）	Fort Creek[②] 上游 （年观测中值）
常规参数	pH 值		7.9
	Electric conductance 电导率（μS/cm）		280
	总碱度（mg/L）		99
	总溶解固体量（mg/L）	170	170
	悬浮固体总量（mg/L）		25
	溶解有机碳（mg/L）	8.35	8
	总有机碳（mg/L）		10
	生化需氧量（mg/L）		<2.0

续表

参数		Fort McMurray[①]下游 （2000 年 10 月 3 日）	Fort Creek[②]上游 （年观测中值）
主要的离子	碳酸氢盐（mg/L）		121
	钙（mg/L）	33.5	31
	氯（mg/L）	2.7	11
	镁（mg/L）	8.7	9
	钾（mg/L）		1
	钠（mg/L）	8.75	13
	硫酸盐（mg/L）	25.15	25
	硫化物（μg/L）		3
有机物	环烷酸（mg/L）		2
	总酚类物质（μg/L）	2	2
总金属	铝（μg/L）	510	870
	锑（μg/L）	0.08	<5.0
	砷（μg/L）	0.6	<1.0

①加拿大自然资源公司，2002。

②加拿大石油公司，2001。

资料来源：2000 年 10 月 3 日中游的测量值。

4.2　沥青的密度

将一种物质的密度定义为单位体积这种物质的质量，公式为：

$$密度 = 质量/体积$$

密度的单位通常为 kg/m^3。例如，室温下水的密度约为 $998kg/m^3$，相当于 $0.998t/m^3$。为了方便起见，石油行业中通常使用"比重（SG）"（尽管在国际单位制中推荐使用相对密度）；这两个术语都被定义为目标物质的密度与参考物质密度的比值。通常使用的参考密度为 3.98℃时水的密度，即为 $1000kg/m^3$。比重和相对密度都没有单位，因为它们是两种相同单位的量的比值。

气体密度是温度和压力的强函数。液体和固体的密度是压力的弱函数，但它们随温度变化而变化。在沥青萃取的操作温度范围内，砂和黏土的密度一般为 $2650kg/m^3$。

我们习惯上认为轻质原油的密度比水低（例如，轻质原油的密度为 $900kg/m^3$，而水的密度为 $998kg/m^3$）。这也是密度约为 $920kg/m^3$ 的油漂浮于水或醋上面的原因。由此而论，"较轻的"物质的密度比"较重的"物质低。

石油行业中使用了不同的密度标度。这被称为美国石油学会标度，或简称为 API 重度。API 重度是衡量一种油品相对于水的轻重指标，其值用度数表示，用公式表示为：

$$°API = \frac{141.5}{Liquid \quad SG \quad (15.6℃)} - 131.5 \tag{4.3}$$

由于水有统一的比重，用以上方程得出水的重度为 10°API。因此，重度大于 10°API 的碳氢化合物将浮于水上，而重度小于 10°API 的碳氢化合物将沉入水中。

原油的 API 分类。

一般来说，API 重度较高的原油具有较高的商业价值，而 API 重度较低的原油具有的商业价值较低。根据测定的重度值，原油被分类为轻质原油、中质原油油或重质原油。

API 重度大于 31.1°的原油被定义为轻质原油。

API 重度为 22.3～31.1°的原油被定义为中质原油。

API 重度低于 22.3°的原油被定义为重质原油。沥青是一种稠油，若不经稀释（不加入溶剂）在室温下并不流动，其 API 重度低于 10°。经过分级处理后，它可变为 API 重度为 31～33°的低硫合成原油混合物，加工后的沥青被称作合成原油（SCO）。西得克萨斯中质原油的 API 重度为 39.6°；重度在 40°API 与 45°API 之间的原油价格较高。

图 4.30 为水和沥青的密度随温度变化的曲线。如图 4.30 所示，在萃取温度范围内沥青的密度与水的密度非常接近。如图 4.31 所示，沥青的密度比重油的高。当然，沥青的密度比甲苯、庚烷和石脑油等溶剂的密度高得多。由于水和沥青的密度差很小，附着在沥青上的空气在沥青的开采过程中（取决于密度差）非常重要。

表 4.7 是一些水和天然沥青的密度值。需要注意的是：沥青的测量密度不像水的测量密度那么准确或具有普遍性。这是由于沥青的密度取决于其来源和使用的测量方法。因此，如图 4.30 所示的水和沥青密度曲线的两个交叉点应该不具有代表性。温度较高（例如大于 200℃）时，沥青的密度比水的密度大得多，可以用重力分离法将二者区分开。

利用曲线拟合，在温度 $T < 200℃$ 时沥青的密度（单位：kg/m³）可用以下方程表示：

$$沥青的密度 = 1015 - 0.615T + 5.45 \times 10^{-5} T^2 \tag{4.4}$$

其中，T 为温度，℃。

表 4.7 水和沥青的密度随温度的变化

温度 （℃）	水的密度 （kg/m³）	温度 （℃）	沥青的密度（kg/m³）
10	999.7	25	1000
20	998.2	50	987
30	995.7	100	954
40	992.2	125	939
50	988.1	150	924
60	983.2	175	910
70	977.8	200	895
80	971.8	225	880

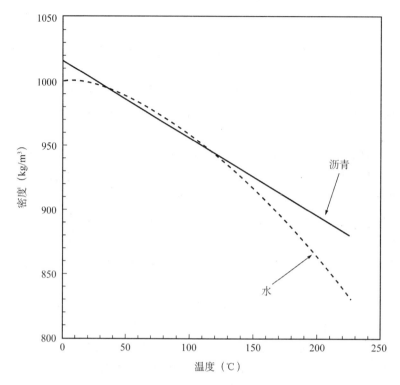

图 4.30　水和沥青密度随温度变化曲线

（据 Cameron Engineers，1978；Komery，O'Rourke 和 Chambers，1993）

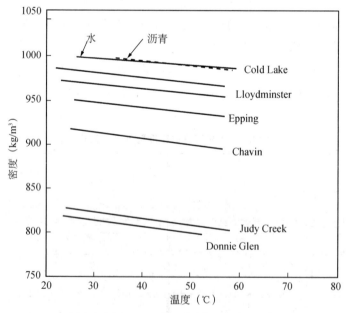

图 4.31　温度对于西加拿大原油密度的影响

（据 Takamura 和 Isaacs，1989）

4.3　沥青的动力黏度

一种流体的动力黏度（或简称黏度）反映了该液体抵抗流动的阻力。在给定的温度和压力下，沥青表现为牛顿流体，其中作用力与产生的切变速率成正比。Seyer 和 Gyte（1989）对沥青的动力黏度进行了很好的解释，动力黏度的国际单位是帕［斯卡］秒（Pa·s），也等于 kg/（m·s）。一般情况下，黏度的单位是 mPa·s，也等于较少用的单位——厘泊（cP）。运动黏度的定义是动力黏度与流体密度的比值，单位为 m^2/s。表 4.8 给出了不同烃类的动力黏度和密度。

表 4.8　某些有机溶剂和石油在 20℃ 时的黏度

20℃ 时的液体	密度 （kg/m³）	动力黏度 ［Pa·s 或 kg/（m·s）］
苯	881	6.51×10^{-4}
乙醇	789	1.2×10^{-3}
汽油	680	2.92×10^{-4}
煤油	804	1.91×10^{-3}
SAE 10W 石油	870	1.04×10^{-1}
水	998	1.00×10^{-3}

资料来源：Shaughnessy，Katz 和 Schaffer（2005）。

由于沥青的黏度大，为了获得可靠的黏度值必须特别谨慎。这是因为黏度测量的过程中会产生黏性发热效应。黏度测量常用的流变设备有双筒式黏度计及锥板黏度计（图 4.32）。在使用双筒式黏度计时，沥青被放置在 bob（内筒）与 cup（外筒）的间隙中，且内筒是旋转的。通过测量内筒转动的力矩就可以计算出沥青的黏度。杯体通常有套，且水是循环的以使间隙中实验流体的温度恒定。

问题在于由于内筒（bob）的旋转，沥青样品会因黏性耗散而产生热量。产生的热能与 $\mu\gamma^2$ 有关，其中 μ 代表沥青的黏度，γ 代表在间隙中沥青样品的平均切变速率。尽管杯体的外表面处于恒温状态的循环水中，但是由于黏性发热，间隙中的沥青的温度比循环水的温度要高。由于黏性发热效应与 $\mu\gamma^2$ 成比例，沥青的稳态温度取决于所应用的切变速率的大小及沥青黏度本身。同样，沥青的稳态温度取决于黏度计的几何尺寸。由于沥青的黏度对温度很敏感，在测量黏度时如果不注意沥青发热的问题，就可能得出错误的黏度数据（Sukanek 和 Laurence，1974）。

例如，图 4.32 为沥青黏度随时间和切变速率的变化曲线。在图 4.32（a）中，沥青样品受到剪切，在时间为零时，沥青的温度为 T_i。由于在给定的切变速率下，沥青受到剪切，其温度将因为黏滞耗散而升高并最终达到一个稳定值。在图 4.32（a）的基础上绘出的图似乎说明了沥青黏度与时间有关。但是，由于沥青会随时间产生发热现象，沥青的黏度随时间的变化很简单——黏度将降低。

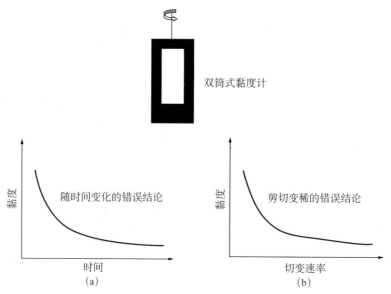

图 4.32　沥青黏度随时间和切变速率的变化曲线
（由于黏性发热效应，测量非常黏的流体时容易出现失误）

图 4.32（b）展示了不同的视黏度。这里沥青样品经历了不同水平的切变速率。因为沥青黏度随切变速率的减小而降低，应该绘制一张相应的曲线来说明沥青是一种剪切降黏的流体。但是，由于黏性耗散随切变速率的增大而增加，沥青的恒温状态使黏度的降低变得简单。因此，图 4.32（b）中的曲线是沥青黏度随温度的变化结果。如果在测试条件下，沥青的温度保持恒定，黏度将不会随着时间和切变速率的变化而变化。

与水相比，沥青在室温下的动力黏度非常高，与冷冻蜂蜜的黏度类似。沥青的黏度取决于沥青的来源以及将其与油砂矿分离的方法。在室温下沥青几乎不流动，而且是一个关于温度的强函数。与阿萨巴斯卡地区的沥青相比，通常认为冷湖地区的沥青黏度较小，API重度较高。

当温度在 20℃～200℃之间变化时，沥青黏度的变化有 5 个数量级。Hepler 和 Smith（1994）用以下的方程来表示沥青的黏度（μ_B）：

$$\mu_B = 4 \times 10^{-10} \exp(10100/T) \quad (300\text{K} < T < 375\text{K}) \tag{4.5}$$

其中，T 为温度，K；μ_B 为黏度，mPa·s；常量 4×10^{-10} 可以从 $1 \times 10^{-10} \sim 7 \times 10^{-10}$ 变化。

注意：水的黏度还随温度的降低而减小。温度依赖性是液体的通性。气体的动力黏度随温度的增加而逐渐增加。

图 4.34 所示为温度范围为 -10～50℃ 时阿萨巴斯卡地区的沥青黏度值。图 4.35 示出了从阿萨巴斯卡不同地区取得的沥青样品的黏度值。图 4.33 还包含了"标准"黏温曲线。很明显，沥青没有固定的黏温曲线，因为沥青的黏度取决于它的位置。

图 4.36 为冷湖地区稠油与沥青的黏度对比图。埃索石油公司在冷湖地区开采的稠油黏度约比沥青的黏度小一个数量级。另外一种比较两种烃类黏度的方法是：必须将沥青加热至比稠油所需的加热温度高出约 40℃ 时，才能得到相同的黏度值。

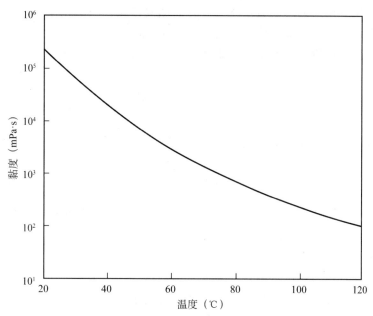

图 4.33　阿萨巴斯卡地区沥青的平均黏度

（据 Seyer 和 Gyte，1989）

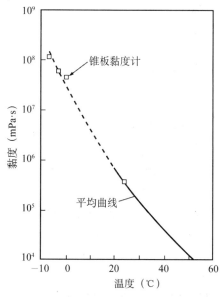

图 4.34　阿萨巴斯卡地区沥青的黏度平均值

（据 Seyer 和 Gyte，1989）

（寒冷温度下的数据，＜20℃）

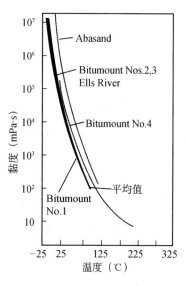

图 4.35　阿萨巴斯卡地区不同位置

沥青黏度的变化情况

（据 Seyer 和 Gyte，1989）

在管道或明渠中用泵抽冷沥青不现实。在封闭管流条件下，用泵抽取沥青需要较高的压力梯度。如果用明渠，渠道需要非常陡才能使流体流动。

考虑一下管道中沥青流的例子。对于圆形封闭管道中的层流来说，其压力梯度与流动液体的黏度成正比。有：

$$压力梯度 = \frac{8\mu Q}{\pi R^4} \tag{4.6}$$

对于雷诺数（Re）小于 2000 的，有：

$$Re = \frac{2Ru\rho}{\mu}$$

其中，Q 为体积流速，m^3/s；R 为内管半径，m；u 为流体的平均速率，m/s；μ 为液体黏度，$Pa \cdot s$；ρ 为液体密度，kg/m^3，R 为 0.15m，u 为 1.5m/s，μ 为 $10Pa \cdot s$，ρ 为 $1000kg/m^3$。

通过应用已知抽汲系统的特征，计算的雷诺数是 45——正好在层流状态——允许使用以上压力梯度方程。在泵送作业时需要 5.3kPa/m 的超压压力梯度。从实例来看，为了更经济、现实地通过管道运输沥青，必须要降低沥青的黏度。

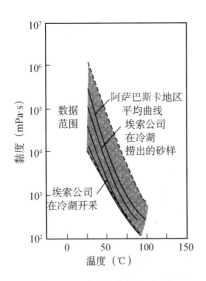

图 4.36　冷湖和阿萨巴斯卡
地区沥青黏度的对比图
（据 Seyer 和 Gyte，1989）

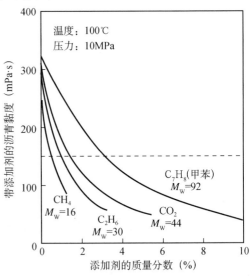

图 4.37　各种添加剂对阿萨巴斯卡
地区的沥青黏度的影响
（据 Seyer 和 Gyte，1989）

除了加热沥青外，在沥青中添加溶解气或溶剂也可以降低天然沥青的黏度。图 4.37 为通过加入 CH_4，C_2H_6，CO_2 和甲苯等物质来降低阿萨巴斯卡地区沥青黏度的情况。在质量分数基础上，相对分子质量较低的物质是最有效的降黏剂（Seyer 和 Gyte，1989）。图 4.38 和图 4.39 还示出了通过加入各种溶剂来降低沥青的黏度。如图 4.38 所示，加入相同质量分数的苯和甲苯几乎产生了相同的降黏效果。图 4.39 显示出对于脂肪类溶剂，在溶剂浓度

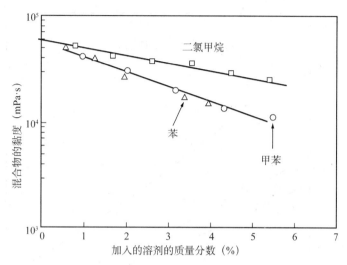

图 4.38　在 38℃时加入各种溶剂来降低冷湖沥青的黏度
（据 Seyer 和 Gyte，1989）

相同的情况下，相对分子质量较低的烷烃起到了更好的降黏作用。

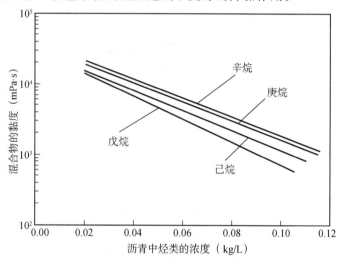

图 4.39　在 25℃时加入各种烷烃溶剂来降低阿萨巴斯卡的沥青黏度（据 Seyer 和 Gyte，1989）

由于常将石脑油当作一种降低沥青浮渣黏度的稀释剂（溶剂），所以更容易得到沥青—石脑油混合物的黏度数据。图 4.40 给出了一组沥青—石脑油混合物的综合黏度数据。由于沥青的黏度取决于沥青的位置，可以用图 4.40 所示的黏度曲线同无沥青—石脑油的情况进行对比。很明显，在 10℃，混合物中石脑油/沥青比约为 0.18 时，沥青黏度将降低两个数量级。使用以上的管流实例时，雷诺数将变成 4500，管道中的流体处于紊链态。随着沥青黏度的降低，压力梯度也大幅降低。

我们将观察到一个有趣的现象：高温时加入溶剂对沥青的降黏作用在减弱。当操作温度为 85℃时，一般会使用石脑油/沥青比（质量比）为 0.6 的混合物来处理石脑油沥青浮渣。

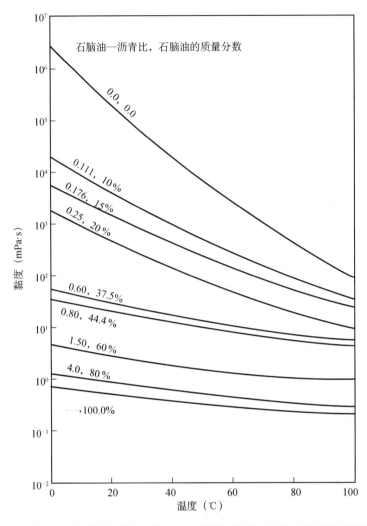

图 4.40 加入不同质量分数的石脑油时，阿萨巴斯卡地区沥青黏度的降低情况

图 4.41 为在沥青浮渣中加入石脑油的效果图。我们再次发现加入石脑油可以大幅降低沥青浮渣的黏度。目前，为了促使固体和水从沥青浮渣中分离，森科公司、加拿大油砂作业公司和自然资源公司都使用了环烷泡沫处理技术以降低沥青的密度和黏度。

图 4.42 为沥青和经分级处理产品的运动黏度（定义为动力黏度与密度之比）。从图4.42 中可以看出，沥青的运动黏度比处理过的产品黏度要高得多。该图还展示了半对数坐标图中平行温度的相关性（Seyer 和 Gyte，1989）。

通过绘制相关黏度图，认为可以通过加热、加溶剂和分级处理等方式来降低沥青的黏度。Mehrotra（1991，1992a，1992b）；Puttagunta，Miadonye 和 Singh（1992）；Mehrotra，Monnery 和 Svrcrek（1996）发表了关于烃类（更具体的是对沥青）黏度预测的文章。这些文献提供了一种预测沥青黏度的方式，这些沥青是在不同条件下用液态烃或稀释剂稀释的。

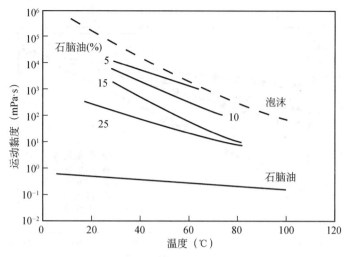

图 4.41 用石脑油稀释的沥青浮渣样品黏度图
（据 Seyer 和 Gyte，1989；Schramm 和 Kwak，1988）

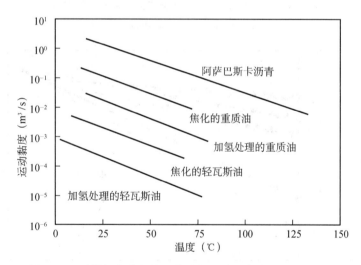

图 4.42 不同沥青分级处理产品的运动黏度随温度变化图
（据 Seyer 和 Gyte，1989）

4.4 沥青的折射率

Buckley 等（1998）及 Taylor，Czarnecki 和 Masliyah（2001）提供了稀释沥青和脱沥青质沥青折射率的测定方法。后几位学者所公布的阿萨巴斯卡沥青和庚烷脱沥青质沥青的折射率分别见图 4.43 和图 4.44。由于沥青不透光的特性，只收集到了体积分数小于 50% 的沥青的折射率数据。通过绘制 $(n^2-1)/(n^2+2)$ 与沥青的体积分数的相关曲线，得到了一些外推值。式中，n 是沥青溶液的折射率。可以用折射率的测量值对沥青中溶剂的体积分数做快速预测。沥青的折射率可以取 1.58，而脱沥青质沥青的折射率可以取 1.57。

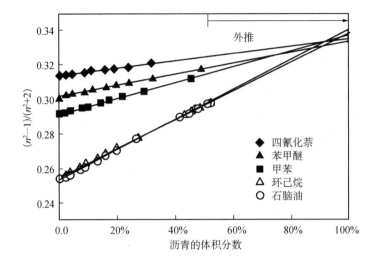

图 4.43　与不同溶剂混合的沥青混合物的折射率测定

（据 Taylor，Czamecki 和 Masliyah，2001）

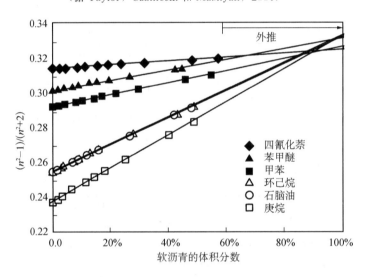

图 4.44　与各种溶剂的混合的脱沥青质沥青混合物的折射率测定

（据 Taylor，Czamecki 和 Masliyah，2001）

4.5　比热

比热的定义是恒压下使 1kg 物质的温度上升（或下降）1℃所需的能量。为达到这个目的，假定为恒压条件。定压比热容的单位是 J/（kg·℃），使用的单位符号是 C_p。一种物质的定压比热容是关于温度的函数。计算中通常使用定压比热容的平均值。与砂或沥青相比，水的定压比热容较高。图 4.45 所示为水的定压比热容，最低值出现在大约 32℃时。但是，在 0～100℃定压比热容的波动范围仅为 1%。表 4.9 为部分物质的定压比热容值。

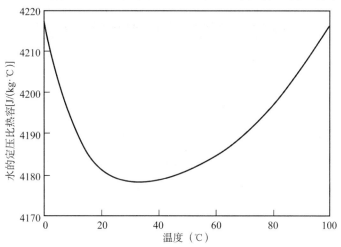

图 4.45　水的定压比热容随温度的变化

表 4.9　部分物质的定压比热容值

物质	27℃时的定压比热容值 ［J/（kg·℃）］
机油	1909
石蜡	2890
砂	800
水泥砂浆	780
水	4178

数据来源：Incropera 和 DeWitt（1985）。

阿萨巴斯卡油砂矿中粗粒固体（大部分是 SiO_2 并且粒径大于 325 每平方英寸孔眼数或大于 $44\mu m$ 的固体）的定压比热容值以 J/（kg·K）为单位，用如下方程进行计算：

$$C_p = 168 + 2442 \times 10^{-3} T - 1611 \times 10^{-6} T^2 \tag{4.7}$$

或者

$$C_p = 914 + 331 \times 10^{-3} T - 2415 \times 10^4 T^{-2} \quad （300\text{K}＜T＜700\text{K}） \tag{4.8}$$

对于阿萨巴斯卡地区细粒固体（粒径小于 32.5 目或小于 $44\mu m$），用下列公式计算其定压比热容值：

$$C_p = 342 + 1873 \times 10^{-3} T - 926 \times 10^{-6} T^2 \tag{4.9}$$

或者

$$C_p = 787 + 644 \times 10^{-3} T - 1559 \times 10^4 T^{-2} \quad （320\text{K}＜T＜680\text{K}） \tag{4.10}$$

沥青、沥青质和 Syncrude 焦炭的定压比热容值计算公式如下（Cassis 等，1985）：

沥青

$$C_p = 55 + 6818 \times 10^{-3} T - 4464 \times 10^{-6} T^2 \tag{4.11}$$

或

$$C_p = 1763 + 1542 \times 10^{-3} T - 4884 \times 10^4 T^{-2} \quad (300\text{K} < T < 600\text{K}) \tag{4.12}$$

沥青质

$$C_p = -593 + 8079 \times 10^{-3} T - 5353 \times 10^{-6} T^2 \tag{4.13}$$

或

$$C_p = 1444 + 1748 \times 10^{-3} T - 5609 \times 10^4 T^2 \quad (280\text{K} < T < 620\text{K}) \tag{4.14}$$

焦炭

$$C_p = -141 + 3928 \times 10^{-3} T - 2108 \times 10^{-6} T^2 \tag{4.15}$$

或

$$C_p = -778 + 1239 \times 10^{-3} T - 2739 \times 10^4 T^{-2} \quad (280\text{K} < T < 720\text{K}) \tag{4.16}$$

用 T^2 表示的方程通常适用于做低温外推，而用 T^{-2} 表示的方程通常适用于进行高温外推（Smith - Magowan，Skauge 和 Hepler，1982；Hepler 和 Smith，1994）。

根据式（4.7）～式（4.16），图 4.46 给出了不同油砂混合物的比热值随温度的变化曲线。常用的沥青定压比热容值是 1800J/（kg·K），而砂的定压比热容值是 820J/（kg·K）（Smith - Magowan，Skauge 和 Hepler，1982）。部分矿物的定压比热容值见表 4.10。

表 4.10　部分材料的定压比热容值　　　　单位：J/（kg·K）

矿物	300K	400K	500K
SiO_2（石英）	743	889	990
$CaCO_3$（方解石）	835	969	1044
$CaMgCO_3$（白云石）	855	995	1095
$MgCO_3$（magnesite），$MgCO_3$（菱镁矿）	904	1074	1185
高岭石	962	1151	1270
伊利石	808	955	1046
蒙脱石	811	996	1084

资料来源：Hepler 和 Smith（1994）。

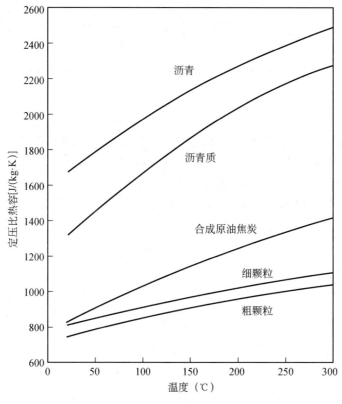

图 4.46　各种油砂组分比热值随温度的变化曲线

在以上方程中，定压比热容值是在一定温度下计算出来的，温度范围在 T_1 与 T_2 之间的平均定压比热容值可以根据式(4.6)～式(4.15)进行积分得出。

$$[C_p]_{Average} = \frac{\int_{T_1}^{T_2} C_p dT}{T_2 - T_1} \tag{4.17}$$

在油砂处理过程中，通常将岩样与水按照一定比例混合，以得到一种密度和温度都符合要求的高黏度稠油砂浆。该工艺要求一般规定了油砂与水的混合比例及最终的油砂浆温度。

例如，Suncor 和 Sycrude 等能源企业以前使用的转筒要求矿石与水的质量比高达 1∶0.3（生成的油砂浆密度约为约 $1700kg/m^3$）及预期的油砂浆温度为 75℃；而在水力运输管道作业时，期望的矿石与水的质量比约为 1∶0.6（生成的油砂浆密度约为 $1500kg/m^3$），出口油砂浆温度为 40～55℃。利用"模糊的"计算方法，用定压比热容值数据绘制出一条曲线是可能的，它可以显示出在给定最终（出口）温度下生产油砂浆的水温。用式（4.18）表示其热能平衡：

$$\int_{T_{\mathrm{W}}}^{T_{\mathrm{exit}}} C_{p\mathrm{W}} M_{\mathrm{w}} \mathrm{d}T + \int_{T_{\mathrm{OIS}}}^{T_{\mathrm{exit}}} C_{p\mathrm{O/S}} M_{\mathrm{O/S}} \mathrm{d}T = 0 \tag{4.18}$$

为了简化计算，在计算中使用了平均温度下的比热值。对于恒定的比热值，可以写作：

$$M_{\mathrm{w}} C_{p\mathrm{W}} T_{\mathrm{W}} + M_{\mathrm{O/S}} C_{p\mathrm{O/S}} T_{\mathrm{O/S}} = (M_{\mathrm{w}} C_{p\mathrm{W}} + M_{\mathrm{O/S}} C_{p\mathrm{O/S}}) T_{\mathrm{exit}} \tag{4.19}$$

其中，$C_{p\mathrm{W}}$ 为水的平均定压比热容，J/（kg·℃）；$C_{p\mathrm{O/S}}$ 为油砂的平均定压比热容，J/（kg·℃）；M_{W} 为水的质量流率，kg/s；$M_{\mathrm{O/S}}$ 为油砂的质量流率，kg/s；T_{W} 为进水温度，℃；$T_{\mathrm{O/S}}$ 为油砂进口温度，℃；T_{exit} 为油砂浆出口温度，℃。

图 4.47 为油砂浆出口温度随水温及矿石/水的质量比的变化曲线。在矿石/水的质量比为 1∶0.3 时，要加入温度约为 100℃ 的水才能得到出口温度为 55℃ 的油砂浆。因此，在这种给定矿石/水质量比的情况下，要得到出口温度高于 55℃ 的油砂浆需加入蒸汽。事实上，过去 Suncor 和 Syncrude 等能源企业在转筒作业时使用 1∶0.3 的矿石/水质量比，并加入蒸汽就得到了出口温度为 70~80℃ 的油砂浆。

对于水利运输管道作业，当油砂浆密度为 1500~1550kg/m³，且出口温度为 55℃ 时，不需要加蒸汽。

从图 4.47 可以清楚地看出，要得到给定温度的油砂浆时，所需工业用水的温度在很大程度上取决于油砂矿石/水比及油砂浆的最终温度。

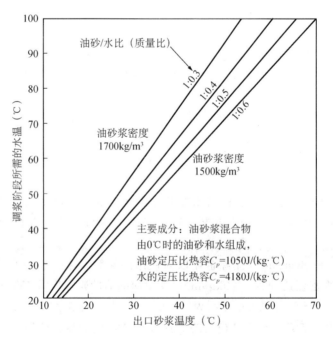

图 4.47　产出给定温度油砂浆所需的水温

4.6　燃烧热

　　燃烧热的定义是指物质与氧气进行燃烧反应时放出的热量，单位为 kJ/kg 或 J/kg。也可以将其称作高热值（HHV）、总热值或总能量。燃料的高热值也可以定义为通过燃烧给定质量的燃料（初始温度为 25℃），包括水在内的燃烧产物恢复到 25℃ 后所释放出的热量。表 4.11 给出了我们感兴趣的一些燃料的高热值。加拿大天然气在标准温度和压力下的燃烧热为大约 38300kJ/m³（1082×10^3 kJ/1000ft³）。

表 4.11　燃烧热值和高热值（HHV）

物质	燃烧热（发热的）（kJ/kg）
无烟煤	33000～37000
烟煤	25000～35000
次烟煤	18000～28000
褐煤	13000～18000
木炭	29000
汽油	46000～48000
煤油	44000～48000
阿萨巴斯卡沥青	41500
Syncrude 瓦斯油	44500
Syncrude 合成原油	45700
Syncrude 石脑油	44600～46400
SyncrudeH - oil pitch Syncrude 高含氢沥青	38600
阿萨巴斯卡沥青质	36900
阿萨巴斯卡软沥青	42200
阿萨巴斯卡焦炭	28900～29700
甲烷	55500

资料来源：Hepler 和 Smith（1994）。

注：100℃时水的汽化潜热为 2256.9kJ/kg。

　　表 4.11 为与阿萨巴斯卡油砂相关的不同物质的燃烧热。天然沥青的燃烧热为 41500kJ/kg，而 Syncrude 脱硫混合物（SSB）的燃烧热为 45700kJ/kg。天然气的主要成分甲烷的燃烧热为 55500kJ/kg。

　　很明显，矿物燃料的燃烧热值非常大。用一个实例来说明该热值有多大。我们看看燃烧 1bbl 脱硫合成原油的混合物（燃烧效率为 70%）能使多少水从 10℃ 升高到 70℃。假设水的定压比热容为 4180J/（kg·℃），1bbl 脱硫合成原油混合物的质量约为 138kg（1bbl 相当于 0.159m³），则得到的水的质量为：

水的质量 = 17600kg（或约 17000L 热水）

如果假设一个人每次洗澡要用 100L 热水（加上凉水），在这种情况下，通过燃烧 1bbl 脱硫的合成原油混合物烧出的热水可以让一个人至少洗 170 次澡，或可以提供接近一年的洗澡水（热水）！这个实例说明了 1bbl 油的热能是非常大的。

4.7　热导率

热导率是油砂的一种重要物理性质，因为它决定着将转筒、滚筒破碎机或水力运输管道中加热冷油砂的效率。它从根本上定义了将所有油砂加热所需的滞留时间。Clark 和 Pasternak（1932），Clark（1944），Karim 和 Hanafi（1981）分别进行了油砂热导率的测量。但是数据很分散。为了方便起见，将其相互关系表示如下：

$$K = 1.415 - 0.0108(T - 0.0033T^2) \tag{4.20}$$

其中，K 为油砂的热导率，$W/(m \cdot ℃)$；T 为温度，$℃$。

根据 Karim 和 Hanafi（1981）的研究，在温度为 45℃ 时，油砂矿样品的平均热导率可取作 1W/（m·℃）。但是通过研究 12 种不同油砂样品的热导率，更多最新的矿样数据表明 K 值的变化很大（Mohamad 和 Masliyah，pers，comm，2009）。根据矿石成分找不到总体趋势。与矿样类型的误差幅度相比，测量的误差幅度（在一给定矿样中重复了 5 次）非常小。使用了瞬时测量技术。测量结果见图 4.48。

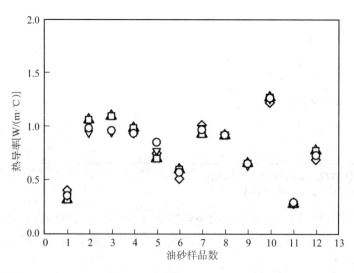

图 4.48　室温下 12 种不同油砂矿样品的定压比热容值

4.8 沥青的化学性质

沥青的构成是地史作用和其在烃源岩中的形成、在沉积地层中的运移以及细菌在整个过程中的生物降解作用的综合结果。细菌以原油中的轻馏分、富含氢的成分为食物，留下一些较重的成分（那些具有较高相对分子质量和沸点的）。生物降解过程还留下了较多的硫、氮、氧、钒和镍等元素，这些元素组成了沥青中较重的有机成分。硫、氮、氧等原子被称作杂原子。

沥青是一种天然的、半固态烃的混合物。主要由碳和氢组成，还包括硫、氮、氧、镍和钒。要分离出单个化合物非常困难。由于沥青的性质非常复杂，几乎不可能识别出其中的所有组分。识别出沥青主要组分的化学成分和结构可以使我们更好地了解复杂的沥青分子中杂原子的位置，并有助于改进消除杂原子和分级处理工艺。

我们关于沥青密度的讨论仅限于 API 重度。尽管通过 API 重度对石油产品进行了分类，但其他特征在做描述时也同样重要。总体来说，硫含量和辛烷或十六烯的数目以及 API 重度一起决定着石油产品的价值和价格。

含硫原油的硫含量相当高，质量分数为 $0.5\% \sim 2\%$。当对沥青进行初级处理（比如用延迟焦化设备）时，产出的流体是还未除硫的酸性产品。加氢处理是一种热催化处理工艺，在该过程中加入氢，除去了硫和氮，使含硫原油变成了低硫、低氮（硫的质量分数小于 0.5%）的低硫原油。轻质原油中几乎不含氮。

Gray（2002）表明在阿尔伯达稠油和沥青密度与原油的元素组成之间有相关关系。原油密度（单位：kg/m^3）可表示为：

$$密度 = 1033 - 13.7W_H + 13.8W_S + 115.7W_N \tag{4.21}$$

其中，W_H、W_S、W_N 分别为氢、硫、氮的质量分数。图 4.49 是根据以上方程绘制的曲线。

关于这个密度相关关系，我们观察到一个有趣的现象：氢元素的系数为负。这意味着氢含量越高，沥青密度就越小或其 API 重度就越大。另一方面，硫和氮同时出现在沥青中，该沥青的密度就会更大。除去这两种化学元素将会使沥青密度减小，API 重度增大，原油价格就更高。

假设阿萨巴斯卡沥青中，$W_H = 10\%$，$W_S = 5\%$，$W_N = 0.4\%$。则其密度为：

$$密度 = 1033 - 13.7 \times 10 + 13.8 \times 5 + 115.7 \times 0.4 = 1011 kg/m^3$$

由于沥青的性质很复杂以及最终使用要求的不同，可用几种方法来描述沥青的化学特征。我们将主要讨论其中 3 种方法。

元素成分方法涉及的是总体上组成沥青的不同元素或沥青的馏分。例如，如果在真空环境下加热沥青并获得了浓缩的蒸汽，就可以对所收集沥青的每种馏分进行元素分析。在此，我们感兴趣的主要是构成沥青的碳、氢、氧和氮元素。

沥青的溶解度和吸附性是指其在溶剂中的溶解度和在固体上的吸附性。例如，在沥青

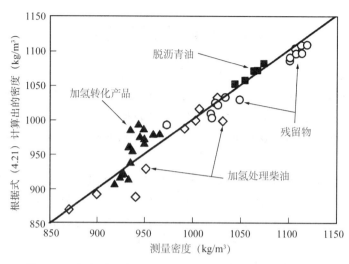

图 4.49　与各种元素相关的原油密度图（据 Gray，2002 ）

中加入大量正庚烷将产生沉淀，沉淀物被称作沥青质。它由许多不同的分子构成。如果我们允许滤液流过充满硅胶的柱状物，在硅胶中会产生一些吸附作用。淘析和吸附的品种的化学成分不尽相同。

研究沥青组分的化学结构将非常复杂、费事。在结构识别前必须离析出纯化合物。这两个过程都需要很强的分析化学技巧。

4.8.1　元素成分

了解纯化合物的基本化学成分是非常必要的。烃类燃料的价值是与其氢/碳原子比或 $(H/C)_a$ 联系在一起的。这是指碳氢化合物分子中氢原子数与碳原子数的比值，是碳氢化合物的重要性质。$(H/C)_a$ 越高，原油的价值越大。表 4.12 提供了一些感兴趣的化合物的 $(H/C)_a$。甲烷分子中的氢/碳原子比最高。在原油中，$(H/C)_a$ 会有不同，超轻质油的氢/碳原子比可能高达 2.0～2.4，沥青的氢/碳原子比为 1.5～1.55，沥青质的氢/碳原子比约为 1.15。

纯的烃类由碳和氢组成。了解沥青的基本化学成分并不能让我们了解众多不同沥青成分的化学结构，但却可以让我们了解部分沥青中的碳氢化合物。例如，如果一种碳氢化合物的氢/碳原子比为 3，那么这种化合物不可能是芳香族的，如不饱和烃环，因为它的氢/碳原子比更低。如表 4.12 所示，氢/碳原子比为 1.55 左右的沥青样品表明其富含环烷和芳香族化合物。

一般来说，沥青由 5 个主要的化学元素组成：碳和氢［总共占 93%（质量分数）］；氮、氧和硫（共同被称作 NOS）。这 5 种化学元素总共占约 99.4%～99.9%（质量分数）。沥青中不存在单体氮、氧或硫。剩余［占 0.1%～0.6%（质量分数）］由有机金属化合物（占烃分子的主要部分的金属）形式的金属组成。

这些包括钒、镍、羧基盐（如表面活性剂），亚微细粒硅酸盐和泥岩颗粒、泥岩有机物和重金属（Strausz 和 Lown，2003）。表 4.13 给出了不同化学元素的含量。

表 4.12　一些烃类的氢/碳原子比

化合物	$(H/C)_a$
甲烷（CH_4）	4
丙烷（$CH_3CH_2CH_3$）	2.67
较重的珰烷烃	>2
烷烃	1～2
芳香族化合物	<1
汽油	1.9～1.95
沥青	<1.55

资料来源：Strausz 和 Lown（2003）。

表 4.13　阿萨巴斯卡沥青成分

元素	含量［质量分数（%）］
碳	83.1±0.5
氢	10.3±0.3
氮	0.4±0.1
氧	1.1±0.3
硫	4.6±0.5
镍	$80\mu g/g$
钒	$220\mu g/g$

资料来源：Strausz 和 Lown（2003）。

4.8.2　可溶性和吸附作用

"可溶解类"是一种特殊的类别。它不涉及分子结构或者成分，而仅涉及烃馏分，或者在已知溶剂中不溶解的烃类。因此，这一类可溶解的烃，在化学结构、成分和摩尔质量方面分布范围甚广。尽管它最多是一种特别的类型，但在石油工业中应用广泛。

"吸附类"也被用于烃的分类。这里，用某种溶剂的烃混合液，在填有"吸附"固体的柱体中流动，如泥岩或硅胶。当发生流动时，某些种类吸附在可吸附的表面。之后，用一种不同溶剂流过柱体来解吸已被吸附的化学种类。用适当溶剂和吸收介质有可能将烃分离成芳香烃和饱和烃。已分馏出的馏分同样含有大量的不同化学组分。

缩略词 SARA 意指一种工艺，目的在于将主体沥青部分分离成饱和烃、芳香烃、胶质和沥青质。该技术将硅胶和黏土的吸附作用与选择性溶剂抽提（沉淀作用）相结合。

图 4.50 所示的 SARA 法可概括如下：将溶剂与沥青以 40∶1（体积比）的比例加入大量的石蜡烃溶剂，如正戊烷，形成高相对分子质量的沥青沉淀物（该沉淀物称为沥青质）。溶剂脱出后，上层清液被称为软沥青，或者脱沥青。软沥青可通过柱层析法分离出胶质或

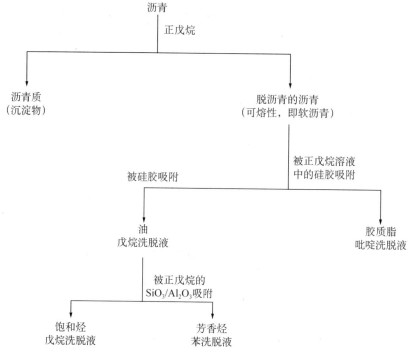

图 4.50　SARA（饱和烃、芳香烃、胶质和沥青质）分馏法（据 Berkwitz，1998）

矿物油。胶质被硅胶或泥岩从正戊烷溶液中吸附，然后被氮苯溶解出来。未被吸附（即由于吸附作用而被滞留）的石油进一步分离成芳香烃（从正戊烷溶液中被 SIO_2/AL_2O_3 吸附，并被苯洗脱）或饱和烃（未被吸附并残留溶解在正戊烷溶剂中）。

溶于苯但不溶于正戊烷的沥青质，可被二硫化碳（CS_2）进一步分馏出可溶的碳烯和不溶的油焦质（Berkowitz，1998）。

用 SARA 法分析时存在许多不确定因素，取决于操作者。有时由于试验误差，总组分含量百分数合计达不到 100。很多取决于实验程序的准确性和正在使用的吸附剂的类型。就沥青质而言，其组分很大程度上取决于沉淀作用的溶剂对沉淀物的冲洗程度（Alboudwarej 等，2003；Zhang 等，2005）。

饱和烃馏分是含有 1~6 个环的烃。不同有效流程需要纯饱和烃分离，此时的芳香烃和杂环原子污染程度较低。芳香族馏分包含杂环原子化合物，主要含硫黄（环状硫化物）和噻吩。胶质馏分由酸性、碱性、两性（既有酸性又有碱性）和中性成分构成。根据 Strausz 和 Lown（2003）的资料，提出了各类烃以下质量分数的范围：饱和烃 15%~21%；芳香烃 18%~19%；胶质 44%~48%；沥青质 14%~20%。

图 4.51 为不同沥青馏分根据 SARA 分馏法的摩尔质量。用蒸汽渗透压力测定法，测定甲苯中的摩尔质量。由于沥青质出现自我结合（也就是沥青质的分子形成了聚合体），其摩尔质量取决于其在甲苯里的温度和浓度（或者摩尔质量测定中使用的任何一种溶剂）。因此，不同研究者获得的摩尔质量值变化范围可能较大。报告的沥青质数据是在无限稀释的条件下，预期自聚合最小。用正戊烷沉淀沥青质，因此被称为 C_5 沥青质。根据成分和摩尔质量，使用不同的石蜡族溶剂，可能会形成不同类型的沉淀物。由于芳香烃、胶质和沥青

质的沥青馏分几乎都属于多核芳香
烃，Alboudwarej 等（2003）确定了
摩尔质量与密度有以下相关性：

$$\rho = 670M^{0.0639}$$

其中，M 为摩尔质量，g/mol。

在正构烷烃中沉淀的沥青质的
量，如甲烷和正戊烷，取决于正烷
烃溶剂的碳数。当沉淀物的性质随
着沉淀物中使用的溶剂类型变化时，
沉淀的沥青质就采用溶剂的名称。
例如，用正庚烷沉淀的沥青质被称
为 C_7 沥青质。

图 4.52 说明沉淀沥青的含量随
正构烷烃系列中的碳数的变化而变
化。在溶剂与沥青比的最大值条件

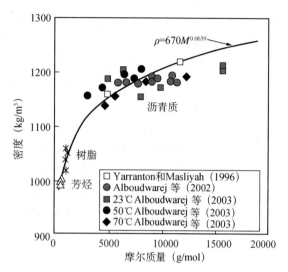

图 4.51　密度随摩尔质量的变化

（据 Yarranton 和 Masliyah，1996；Alboudwarej
等，2002；Alboudwarej 等，2003）

下，沉积物的质量分数随着碳数减少（正庚烷到正戊烷）而增加。在 0～15 的溶剂与沥青
质量比之间，出现了一条沥青质产量的渐近线。

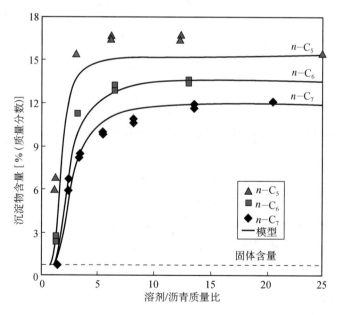

图 4.52　用不同正构烷烃稀释的阿萨巴斯卡沥青分馏的沥青质产量

（据 Alboudwarej 等，2003）

就某一种溶剂而言，沥青质开始沉淀时，溶剂与沥青比存在一个临界值。该临界比是
随着使用的沉淀沉积物的溶剂而变化的。沉积开始时不易被观察到，而且发生在正庚烷比
达到0～1.3（质量比）时。一旦发生沉淀，沥青质沉淀量随着溶剂/沥青比的增大而出现初

始值急剧增多的现象。对于正庚烷而言，大约总沥青质的一半是在正庚烷与沥青比为 2.5时沉淀的（图 4.52）。因为正构烷烃（链烷烃混合的同分异构体）被选作处理沥青石蜡泡沫的优质溶剂，仅沉淀有一部分有效沥青质，所以要求控制好溶剂/沥青比。某种正构烷烃在某一溶剂/沥青比条件下，沥青质沉淀物的百分率随着温度的升高而降低。例如，正庚烷与沥青质量比为 2.9，温度 25℃时，沉淀的质量分数是 6.6%，而当温度为 65℃时，沉淀质量分数为 4.0%（Dabros 等，2004）。

前面提到，正构烷烃是沥青的不良溶剂，当高于某一临界烷烃溶剂与沥青比时，沥青质就开始沉淀。而甲苯则是一种优质溶剂，在任何甲苯/沥青比的条件下，都未发生沥青质沉淀。因此，显而易见，如果采用正庚烷和甲苯的混合剂对沥青质进行沉淀，溶剂混合物将在正庚烷的临界体积分数下发生沥青质沉淀。

图 4.53 示出了正庚烷和甲苯混合剂中正庚烷含量增加时沥青质整体分级沉淀出的馏分。x 轴可看作溶剂的芳香性标度，或者其沥青质的溶解力。而正庚烷和甲苯在混合液中正庚烷体积比约为 0.35 时开始沉淀。

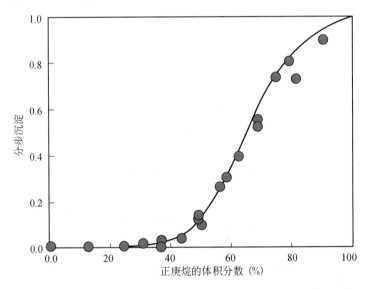

图 4.53　沥青溶解力比较高时正庚烷和甲苯溶液中沥青质的沉淀
（据 Alboudwarej 等，2003）

加拿大自然资源有限公司（CNRL）、森科能源公司（Suncor）以及加拿大油砂作业公司（Syncrude）采用石脑油处理沥青浮渣。由于石脑油是一种分馏物，其组分含量因不同的作业公司而各异。然而，沥青质在石脑油与沥青比约 4∶1（质量比）时能够沉淀。

4.8.3　化学结构

总的来说，沥青是石蜡族、芳香族和环烷基团的组合。沥青和重油的芳香族馏分含有大量的芳香族化合物，从烷基苯到高浓度的芳香烃（相互连接的苯环）和芳杂环（内含氮、氧或硫原子的苯环）以及镍或钒原子。需要提醒的是，芳香族的苯环是不饱和的，在芳环碳原子之间存在双键。识别分子种类可采用色谱分析法。

阿萨巴斯卡沥青和重油通常不含高浓度非环状的（链状的）饱和烃。只是因为沥青是微生物降解之后的石油残渣。而且沥青不含有任何正构烷烃，如正戊烷或正庚烷。正构烷烃是细菌最喜爱的一种食物。根据 Strausz 和 Lown（2003），一旦正构烷烃（n-alkanes）被消耗，支链烷烃也被消耗，那么随着支链的增加，降解的优势随之降低。同样，单一环状饱和烃也是通过细菌活动被降解的。由于饱和烃的生物降解作用，沥青中只存在支链烷烃和环烷烃。

所谓沥青质，就是由于添加了大量正构烷烃（石蜡基的）的溶剂而形成的沉淀物。分子的主要结构由连接脂肪链的芳环构成。其分子还有与化学基团连在一起的氮、氧和硫杂环原子。沥青质分子还含有镍和钒。

对沥青质摩尔质量的实验值存在争议。当沥青质发生自我结合时，难以测定精确的平均摩尔质量和其摩尔质量的分布。记录的沥青质分子质量范围在 1000 以上到几千道尔顿（Da）。推测沥青质是焦沥青的前身，并且是油包水乳胶的稳定剂。沥青组分的质量构成为：碳：80.5%±3.5%，氢：8.1%±0.4%，氮：1.1%±0.3%，氧：2.5%±1.2%，和硫：7.9%±1.1%（Strausz 和 Lown，2003）。

4.9　沥青回收的界面性能

如前所述，油砂成分的物理性质，如沥青的密度和黏度，砂粒和碎屑的大小和密度，在沥青开采和尾矿处理中起关键作用。但是，油砂成分的表面性质，如润湿性和表面电荷，在采用水基萃取工艺开采油砂的过程中几乎支配着沥青生产的所有环节。例如，固体的润湿性决定了沥青能从砂粒中被分离的容易程度，它是沥青回收的基本步骤。如图 4.54（a）和图 4.54（b）所示，水中砂粒的沥青形状决定了从砂粒中分离沥青，也就是沥青析出的困难程度。很明显，水相测定的接触角（θ）越小，如图 4.54（b）所示，沥青越容易从砂粒表面脱离。另一方面，沥青曝气，也就是沥青与气泡接触［图 4.54（c）和图 4.54（d）］，接触角越大［图 4.54（d）］，说明附着越强，越有利。

有关接触角的数值问题存在明显矛盾，因为沥青析出要求接触角较小，而曝气要求接触角较大。所以关键在于要了解：决定接触角的因素是什么？以及沥青萃取系统中哪个参数可被用来控制接触角，才能使沥青析出和曝气都达到最大的整体效益？接触角的值反映了表面（固体或者沥青）对一种液体（水）介质的亲和力，也被称作润湿性。如前所述，吸水固体对水具有亲和力，可称为亲水性。相反，如果其表面排斥水，就称作疏水性（亲油性）。固体的疏水性通常由其接触角的值确定，对开采水基油砂发挥关键的作用。

细土的表面电荷和润湿性，不仅决定在尾矿处理时需要的颗粒聚集程度，而且也决定着颗粒与沥青的相互作用，它对沥青开采、泡沫质量和泡沫清除具有深远的影响。例如，沥青曝气时，沥青被细黏土包裹，称为矿泥包裹，将沥青表面性能变成了黏土状（图 4.55）。如果沥青是疏水的（亲油），如图 4.54（b），当气泡接近析出的沥青液滴时，气泡就会附着于沥青液滴，如图 4.55（a）所示。同时，它们将上浮到泥浆的顶部，在此可开采出沥青浮渣中的沥青，得到洁净的沥青产品。但是，当气泡接近完全被亲水细土包裹的沥青液滴时，气泡就不能附着于矿泥包裹的沥青［图 4.55（b）］。因此，由于与处理液（浆状物）的密度类似，沥青液滴将保留在泥浆中，或者由于泥岩包裹的沥青液滴密度增大，掉

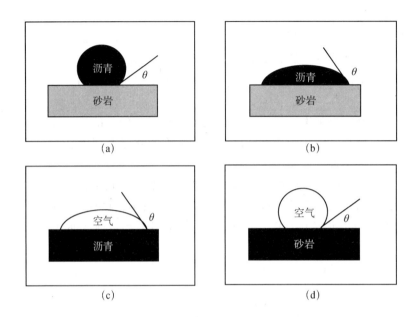

图 4.54 水中固体表面沥青液滴的形状

(a)、(b) 沥青表面气泡的形状分别决定着沥青析出和曝气的难度。在 (a) 图中，沥青可能比在 (b) 图的

沥青，更容易从固体表面析出。在 (c)、(d) 图中，(c) 图比 (d) 图的沥青更容易附着于气泡

落在尾矿上，降低了沥青的开采量。当气泡接近析出的沥青液滴时，液滴被亲水细土部分包裹 [图 4.55 (c)]，或者完全被亲水细土包裹 [图 4.55 (d)] 时，气泡将会附着于沥青液滴，并将液滴浮起到泥浆顶部，形成沥青浮渣。在这种情况下，根据矿泥包裹的程度，沥青浮渣的质量将急剧下降。显然，认识细粒附着于沥青表面的机理是控制矿泥包裹现象的关键。

应该注意到，油砂组分的润湿性和表面电荷与处理水的化学过程有很大关系，如泥浆的 pH 值，以及存在的有机和无机离子和浓度。控制表面性质以优化沥青生产的各个环节（沥青回收、沥青浮渣清除和尾矿处理），要求深入了解这些表面参数。

4.9.1 表面张力

砂粒上沥青液滴的形状或者处理水沥青表面的气泡形状（因此是水的接触角），主要由界面张力来确定 (γ)，同样由著名的杨氏公式 [式 (2.5)] 计算得出，这里下标代表合理的界面。要了解表面对液体的润湿性，重要的是要了解表面能和表面张力的起因。表面能称为自由能，它要求在不变的温度、压力和化学成分条件下，建立一个表面单位面积（或者界面）；后者用三相接触线的单位长度作为张力，所指方向的总表面能减少。图 4.56 是根据原子或者分子相互作用的观点来说明的表面张力。图 4.56 (a) 表示一个原子或者分子的二维阵列，形成一种单一组分的液体，如接触蒸汽环境的水。为简单说明与主体液体中的液体分子数比较，表层以上蒸汽中的分子数可忽略不计。我们可拿主体液体中的一个水分子 A 作为参照。它与其周围所有其他水分子相互作用（图中用箭头表示力的方向和强度）。显然，每一方向的力是靠来自相反方向分子间的力来平衡。因此，分子 A 上的合力为零。但是如果仔细观察液体蒸汽界面上的分子 B，存在一个向下的力，将分子拉入液体中，

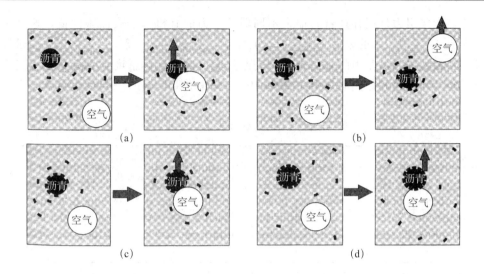

图 4.55　细土作用特征，以及假设沥青为亲油型时细土在沥青曝气中与沥青的相互作用
（a）细土分散较好，气泡容易附着于洁净的析出的沥青表面，获得较高沥青回收率和良好的泡沫质量；
（b）气泡不能附着于完全被亲水细土包裹的沥青液滴，导致沥青回收率较低；（c）沥青液滴部分被亲
水细土包裹，气泡附着于沥青液滴未被包裹区域，这种情况沥青回收率较低，且泡沫质量较差；（d）通
过疏水细土完全或部分包裹沥青，气泡附着于沥青液滴，导致泡沫质量较差，而不会影响沥青回收率

如黑体箭头所示，水平方向的合力是零。表层分子朝着主体液相的合拉力的产生是由于缺
乏来自于蒸汽相的分子力。这种向下进入液体的力，表示分子 B 向主体液体运动的趋势，
表面张力使该分子保留在汽—液界面处。另一方面，需要通过克服作用在分子 B 上的引力，
将分子从主体移向表层，建立新的表层，在此分子产生了张力。

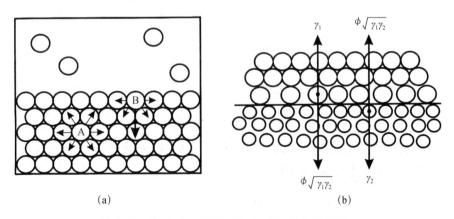

图 4.56　表层（a）和界面张力（b）的分子机理

根据以上分析，很明显，液体分子间的力越强，液体的表面张力越大。表 4.14 中常见
液体的表面张力值明显印证了该结论。例如，对于像正己烷这样的石蜡族液体，分子主要
通过范德华引力相互作用，相对于其他特殊的相互作用，其相对较弱。因此，正己烷的表
面张力是表 4.14 所列液体中最低的。另一方面，水分子中的氢键对分子间力贡献很大，导
致水的表面张力较大。那么，在正己烷（18.4mN/m）和水（72.8mN/m）的表面张力值

之间，除范德华引力外还存在着其他带不同弱分子力的有机分子表面张力值，这就不足为奇了。在表 4.14 中，汞的表面张力比列出的任一其他液体值都高，这是由于汞原子周围金属键较强。根据该表面张力的分子理论，表面张力可以由液体密度和大量分子相互作用能来估算，它与液体蒸发作用的自由能有关（Butt，Graf 和 Kappl，2003）。

表 4.14　常见液体 20℃时的表面张力（γ）和温度系数（$\frac{d\gamma}{dT}$）

液体类型	有机质					水	汞
γ（mN/m）	正己烷	环己烷	甲醇	甲苯	石脑油	72.8	484
	18.4	25.5	25.5	28.5	21.5～29.4		
$\frac{d\gamma}{dT}$ [mN/（m·K）]	−0.105		−0.086	−0.081		−0.152	−0.220

注：石脑油和重石脑油的值，采用 Du - Noüyring 法测定（X. H. Feng，pers. comm.，2009）

资料来源：Fowkes（1965）；van Oss（2006）；Hiemenz 和 Rajagopalan（1997）。

例 4.1　一对分子相互作用能 W_{AA}（γ），被定义为单独的两个分子，从分开距离 γ 到无限分开距离之间所需的能量，在 20℃时，以 -1.69×10^{-20}J 能量，与环己烷（C_6H_{12}）交换，根据环己烷蒸发的能量估算该能，要考虑 6 个最邻近分子的平均值（Butt，Graf 和 Kappl，2003）。20℃时，环己烷的密度（ρ）是 778kg/m³，摩尔质量（M）是 84.16g/mol。计算液体环己烷的表面张力。

解决方案：

首先，将每个分子的能量设定为 E，主体液体和表面最相邻的分子数分别设定为 Z_b 和 Z_s。显然 $Z_b > Z_s$。可以进一步假设，主体液体（r_b）和表面（r_s）最相邻分子间的距离相等，即 $r_b = r_s$。由

$$E_b = \frac{Z_b}{2} W_{AA}(r_b)$$

和

$$E_s = \frac{Z_s}{2} W_{AA}(r_s)$$

分别得到主体液体中分子的能量（E_b）和每个分子基上的表面能量（E_s）。

因此，将分子从主体液体移到表面需要的能量由

$$\Delta \tilde{G} = E_s - E_b = \frac{1}{2}[Z_s W_{AA}(r_s) - Z_b W_{AA}(r_b)]$$

获得。

因为 $r_s = r_b$，因此 $W_{AA}(r_s) = W_{AA}(r_b)$，那么：

$$\Delta \tilde{G} = \frac{W_{AA}}{2}(Z_s - Z_b)$$

已知 $Z_b > Z_s$，$W_{AA}(r) < 0$，显然 $\Delta \tilde{G} > 0$，也就是说，分子从主体液体移到表面需要

能量。对于表面 N 个分子，面积 A 的一个液面，$\Delta G = N\Delta\tilde{G}$，因此表面张力由

$$r = \frac{\Delta G}{A} = \frac{N\Delta\tilde{G}}{A} = \frac{W_{AA}(r)}{2(A/N)}(Z_s - Z_b)$$

给出。

这里，A/N 是每个分子的面积（σ）可根据液体密度来估算。有：

$$\sigma = \frac{A}{N} = \left(\frac{M}{\rho N_A}\right)^{2/3} = 3.18 \times 10^{19}\,m^2/mol$$

这里 N_A 是阿伏伽德罗数。如果以液体的一个小立方体作为参考和比较，主体液体里的立方体有 6 个面，而表层的立方体只有 5 个面，被最相邻的分子所包围。因此，可以简单地认为 Z_b 等于 6 和 Z_s 等于 5。代入所有已知值，可计算表面能（张力）为：

$$\gamma = \frac{W_{AA}(r)}{2(A/N)}(Z_s - Z_b) = \frac{-1.69 \times 10^{-20}}{2 \times 3.18 \times 10^{-19}}(5 - 6) = 0.026\,J/m^2$$

就所有假设而言，该计算值被认为与表 4.14 列出的测定值 $25.5\,mJ/m^2$ 完全一致。显然，表面张力或者表面能，与分子相互作用强度直接相关，由 $W_{AA}(r)$ 和液体中最邻近分子间的距离（r）得出。

上述表面张力的分子机理也说明了观察到的结果：液体表面张力随温度的变化而变化。众所周知，提高温度使液体分子增加了更多动能，因此，分子间的距离增大，而由于分子的热运动加剧，分子间力的强度降低了。因而，随着温度升高表面张力降低，即有可能出现表面张力的负温度系数。表 4.14 列出了一些常见液体的测定温度系数。表面张力的负温度系数说明，随着温度的增加，分子从主体液体运动到表面所需的能量较少。

直接从阿萨巴斯卡河油砂用离心机分离出的沥青，实测 40℃ 时表面张力为 $32\,mJ/m^2$ 左右，90℃ 时为 $28.22\,mJ/m^2$，温度系数为 $-0.076\,mJ/(m^2 \cdot K)$（Potoczny 等，1984）。众所周知，沥青表面张力会随分离油砂矿沥青的方法以及油砂矿的来源的不同而有所差异。Isaacs 与 Morrison（1985）及 Hepler 与 Smith（1994）详细介绍了有关不同来源油砂矿沥青的表面张力随温度的变化关系，以及采用各种方法预测沥青表面张力。总的来说，如上所述的表面张力的范围均在典型烃类范围内，如液态环己烷和苯分别是 24mN/m 和 29mN/m（Fowkes，1965）。这并不令人意外，因为沥青主要由含芳环的烃类构成，虽然它是许多复杂分子类型的混合物，但包括饱和烃、芳香烃、胶质和沥青质（SARA）。

4.9.2 界面张力

因为在油砂处理过程中，常常会遇到界面（沥青—水、沥青—固体和固体—水），所以关键是要了解各种界面现象及其控制原理。将液体表面张力 [图 4.56（a）] 的分子机理推广到界面 [图 4.56（b）] 并不难，这里分子来自一种两相液体，如液态烃（上层相），对下层相表面不相混溶液体分子施加一个吸引力。这个力减弱了所有将分子从界面拉入主体液体中的力。该力的大小来自于反相，由穿过界面的分子间作用力确定，习惯上用接触的单个相态表面张力的集合平均数来描述，用现象学的 Good 和 Girifalco 参数（Φ）修正为 Φ

$\sqrt{\gamma_1\gamma_2}$。为了解释通过界面分子间相互作用的复杂性，该修正是必须的（Van Oss，2006）。在向上层相表面分子方向存在一个反向的来自下层相相等的力。为简化公式，界面张力 $\gamma_{1/2}$，定义为界面单位长度上的张力，可被认为是接触的每一相表面张力的总和，也就是：

$$\gamma_{1/2} = (\gamma_1 - \Phi\sqrt{\gamma_1\gamma_2}) + (\gamma_2 - \Phi\sqrt{\gamma_1\gamma_2}) = \gamma_1 + \gamma_2 - 2\Phi\sqrt{\gamma_1\gamma_2} \qquad (4.22)$$

对于只有范德华力穿过界面的分子间的相互作用，Φ 为 1，而且需要考虑表面张力只有范德华力（γ^{vdW}）部分，即：

$$\gamma_{1/2} = \gamma_1 + \gamma_2 - 2\sqrt{\gamma_1^{vdW}\gamma_2^{vdW}} \qquad (4.23)$$

这种简单关系，称为 Fowkes 方程，可很好估算烃液与水接触的界面张力（Fowkes，1965），但用于其他液体估算时应该慎重，如后面的例 4.2 中所述。Fowkes 方程可采用其他特定相互作用的公式加以扩展。由 van Oss，Chaudhury 和 Good（1987）针对酸—碱的相互作用（包括氢键结合）就提出过一种这类公式，并在文献中广泛被采用。Lee（1996）在一篇评论中曾提到过对该课题感兴趣的读者。

例 4.2　表 4.15 列出正己烷、甲苯和水的表面张力和范德华力的组成部分，以及测定的界面张力值。用 Fowks 方程计算水与正己烷和甲苯接触的界面张力，并与测定值进行对比。

表 4.15　表面张力及选定液体的范德华表面张力和界面张力

表面活性剂/界面张力 （mN/m）	正己烷	甲苯	水
γ	18.4	28.5	72.8
γ^{vdW}	18.4	28.5	21.8
γ_{12}（测定的）	51.1	36.1	0[①]

资料来源：Van Oss（2006）。

① 读者注意：你知道水的界面张力为什么被列为 0？

解决方案：

将表 4.15 中的数据代入 Fowkes 方程 ［式（4.21）］，可得到：

$$\gamma_{12}(\text{水—己烷}) = 72.8 + 18.4 - 2\sqrt{21.8 \times 18.4} = 51.1\text{mN/m}$$

和

$$\gamma_{12}(\text{水—甲苯}) = 72.8 + 28.5 - 25 = 51.4\text{mN/m}$$

显然，计算的水—乙烷的界面张力与测定值 51.1mN/m 比较一致，说明虽然水分子周围有较强的氢键，但范德华力是穿过界面，在水分子和正庚烷之间起作用的唯一的力。与此相反，测定的水—甲苯界面张力 36.1mN/m，低于用 Fowkes 方程计算的值。用 Fowkes

方程计算的界面张力值过高，表明水和甲苯之间的相互作用比范德华力强，很可能是由于水大大地极化了甲苯的共轭（离域键）π电子，以及引起的附加的引力。该观察进一步证实，应用 Fowkes 方程对系统有局限性：在该方程中范德华力是系统中通过界面的唯一作用力。

图 4.57（a）说明，与水接触的沥青界面张力，通过微张力测量（Moran 等，2000）和滴状回收法（Moran，2001）并作为 pH 值的函数来测定的。为了便于对比，图 4.57（b）示出了根据 pH 值单纯水的表面张力和与沥青接触的水的表面张力。与模拟处理水（SPW）以及与添加了二价阳离子（在此情况下分别添加 0.3mmol/L 的钙和 0.3mmol/L 的镁）的模拟处理水（DSPW）接触［图 4.57（a）］，沥青的界面张力比与水接触的简单有机液（如十六烷和甲苯）的典型界面张力（分别是 49mN/m 和 36.1mN/m）低得多。虽然沥青—水的界面张力，对添加 0.3mmol/L 范围的阳离子不敏感，但却随着溶液 pH 值的增加，界面张力平稳下降，从 pH 值等于 4 时的 23mN/m，下降到 pH 值大于 12 时的 0.1mN/m。这与观察到的结果形成鲜明对比：水的表面张力和水与十六烷接触（或其他简单的液态烃）的界面张力不受 pH 值影响。（Wang 等，2004）。

要解释观察到的当水的表面张力未发生变化时，沥青—水的界面张力随着水相 pH 值的变化，研究人员设想沥青—水界面的化学过程一定发生了改变。已知沥青含有不同类型的表面活性成分，统称为天然表面活性剂（详述见第 2 章 2.10 节）。表面活性剂具有两亲性，表现为两个明显特征：一端对水有亲和力（亲水头），另一端对水排斥（疏水性或亲液尾）。两亲水脂分子（与非两亲水脂分子相反）从主体水相或有机相移动到界面，会导致系统能量降低。如两亲水脂分子从主体水相移动到油—水界面，滞留在有机相中的，两亲水脂分子的有机质部分，会消除有机质与水的不利接触，系统能量降低到 $n \times 2.5$kJ/mol，这里 n 是两亲水脂分子的碳原子数（Fuerstenau，1982）。同样，两亲水脂分子以这种方式，从主体有机相移动到油—水界面，滞留在水相中的亲水头，会因亲水头基团的水合能和溶剂合能之间的差异，导致系统能量的降低。

当沥青与水接触时，表面活性成分从主体沥青运移到沥青—水界面，其亲水头基进入水相，而其疏水尾仍在沥青内。根据表面活性剂的类型和水相的 pH 值，头基可被质子化，或去质子化，携带正的（阳离子）或者负的（阴离子）电荷。带电荷的表面活性剂分子会改变其亲水—亲液的平衡（HLB），从而改变其溶解度和表面活性。文献详细记录了沥青中含羧酸的表面活性剂（Bowman，1967；Schramm，1984；Schramm 和 Smith，1987）。已知增加 pH 值，使（—COO⁻）羧酸盐的表面活性分子的羧基离子化（—COOH），增加了其 HLB 数（表 2.8）和水溶性。结果，提高水的 pH 值，促使天然表面活性剂分子从主体沥青聚集到界面，并随后进入水相。图 4.57（b）证实了这一点，pH 值为 11.5 时，水与沥青接触后，水的表面张力从 72mN/m 急剧下降到 63mN/m 左右。

表面活性剂在沥青—水界面上的聚集程度，是由主体水溶液中表面活性剂的浓度决定的，该浓度由 Gibbs 方程［式（2.15）］计算确定。图 4.57（b）显示，随着水的 pH 值升高，水与沥青接触后，水的表面张力降低，说明从沥青析出到水相的天然表面活性剂浓度增加，对水相表面应用 Gibbs 方程预测。主体水相中表面活性剂浓度的增加，反映了在沥青—水界面处有大量的表面活性剂，导致沥青—水界面张力相应下降，见图 4.57（a）。

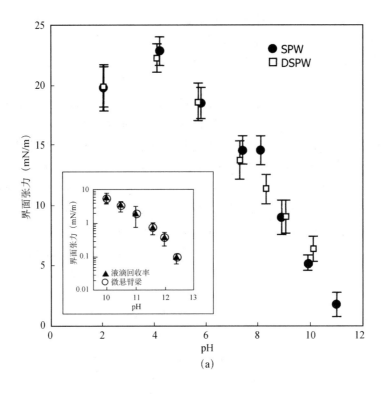

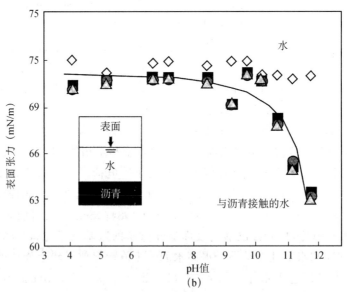

图 4.57 沥青—水界面张力与水 pH 值的函数关系（a），
对比水的表面张力和水与沥青接触的表面张力（b）（据 Wang 等，2010）

从油砂加工的角度出发，沥青—水界面张力随着水的 pH 值升高而大幅度下降，有助于沥青的析出，在后面将会讨论。但是，沥青—水界面张力过低，说明在处理较高含碱泥浆中的油砂矿时，沥青有潜在的自然乳化作用。较高电荷的沥青乳滴，在较高含碱泥浆中比较稳定，由于其很小，不易与空气混合，致使沥青回收率较低。沥青浮渣中携带的碱性水，因稀释沥青中碱性水滴被乳化的稳定性，致使沥青浮渣难以清除。增大 pH 值也会增加沥青的润湿性，致使沥青曝气困难，从而降低了沥青的回收率，后面将会讨论相关问题。

4.9.3　表面活性剂的化学作用

虽然非离子型表面活性剂对溶液的 pH 值敏感性较弱，但离子型表面活性剂的特性随 pH 值而变化。这可以影响界面张力，影响沥青回收率和泡沫的清除。因此，认识表面活性剂的电离特性和水化学对界面性能的影响很重要。根据其电离作用的性质，沥青中存在 3 种主要类型的离子型表面活性剂：强酸型、弱酸型和弱碱型的表面活性剂。磺酸盐（—SO_3^-）和硫酸盐（—OSO_3^-）是强酸型表面活性剂的典型极性基。当强酸型表面活性剂在水溶液中溶解时，发生离子化作用，并因此携带的负电荷超过了几乎整个 pH 值的范围。羧基酸根（—COOH）是弱酸性表面活性剂的常见类型，而各种类型的胺（—NH_2）是弱碱性的表面活性剂。弱酸性和弱碱性表面活性剂的一个共同特征是其电离作用都取决于 pH 值。取决于 pH 质子化作用的胺类表面活性剂使其带正电荷，而取决于 pH 分解作用的羧酸类表面活性剂使其带负电荷。表 4.16 给出了十二烷基胺（RNH_2）和硬脂酸（RCOOH）的相关平衡反应和相应的平衡常数，R 分别是 $CH_3(CH_2)_{11}-$ 和 $CH_3(CH_2)_{16}-$。

表 4.16　十二烷基胺和硬脂酸 25℃时的平衡反应和相应的平衡常数

反应编号	反应类型	反应	平衡常数
		十二烷基胺	
（R-1）	溶解作用	RNH_2（s）$\rightleftharpoons RNH_2$（aq）	2×10^{-5}
（R-2）	质子化作用	RNH_2（aq）$+ H_2O \rightleftharpoons RNH_3^+ + OH^-$	4.3×10^{-4}
		硬脂酸	
（R-3）	溶解作用	RCOOH（s）$\rightleftharpoons$ RCOOH（aq）	3×10^{-7}
（R-4）	溶解作用	RCOOH（aq）$\rightleftharpoons RCOO^- + H^+$	1×10^{-5}

根据表 4.16 所列的平衡反应，显然，表面活性剂在水溶液中溶解时，存在不同种类。以固体形式添加的表面活性剂，所起的作用很小。大部分情况下，只有带电物质完成表面活性剂的功能。了解 pH 值对沥青—水界面张力的影响，以及在沥青析出和曝气中所起的作用，对根据溶液的 pH 值来确定表面活性剂种类具有指导意义。利用硬脂酸来说明绘制表面活性剂种类图的原则。

例 4.3　用表 4.16 中提供的平衡常数来确定含 1×10^{-4} mol/L 硬脂酸水溶液的临界沉淀 pH 值，高于该 pH 值时，添加的硬脂酸可完全溶解，在该 pH 值时，可溶硬脂酸浓度等于离子化硬脂酸的浓度。绘制 pH 值范围 2～10 时的分类图。

解决方案：

含 RCOOHC（s），RCOOH（aq）和 $RCOO^-$ 的水中硬脂酸总量（$[RCOOH]_T = 1 \times 10^{-4}$ mol/L）。根据临界沉淀 pH（pH_{cp}）的定义，在 pH_{cp} 时，RCOOH（s）和 RCOOH （aq）的浓度，分别是 0 和 3×10^{-7} mol/L。在临界沉淀 pH 时，考虑到物质平衡，有：

$$[RCOOH]_T = [RCOOH(aq)] + [RCOO^-] \tag{4.24}$$

将 $[RCOOH]_T$ 和 $[RCOOH(aq)]$ 的已知值带入式（4.24），并整理得到：

$$[RCOO^-] = 1 \times 10^{-4} - 3 \times 10^{-7} = 9.97 \times 10^{-5} \text{ mol/L} \tag{4.25}$$

对表 4.16 的（R-4）应用浓度作用原理，得到：

$$K_4 = \frac{[RCOO^-][H^+]}{[RCOOH(aq)]} \tag{4.26}$$

将 K_4，$[RCOO^-]$，和 $[RCOOH(aq)]$ 的已知值代入式（4.26），整理得：

$$[H^+]_{cp} = \frac{K_4[RCOOH(ap)]}{[RCOO^-]} = \frac{1 \times 10^{-5} \times 3 \times 10^{-7}}{9.97 \times 10^{-5}} = 3.009 \times 10^{-8} \text{ mol/L}$$

因此，当 $[RCOOH(aq)] = [RCCO^-]$ 时，式（4.26）给出 $[H^+] = K_4$，即 pH $= pK_4 = 5$

应当注意的是，低于临界沉淀的 pH 值，系统的固体硬脂酸，RCOOH（s）处于平衡状态，以致 RCOOH（aq）成为常量，为 3×10^{-7} mol/L，为硬脂酸的溶解极限（Cs）。然后根据式（4.26），采用下面的公式，容易地计算出离子化的硬脂酸浓度与 pH 的函数关系：

$$[RCOO^-] = \frac{K_4[RCOOH(ap)]}{[H^+]} \tag{4.27}$$

这里 $[RCOOH(aq)] = Cs$，取对数后式（4.27）变为：

$$\lg[RCOO^-] \lg Cs - pK_4 + pH = -11.52 + pH \tag{4.28}$$

因此，固体浓度由下式得出：

$$[RCOOH(s)] = [RCOOH]_T - [RCOO^-] - Cs \tag{4.29}$$

另一方面，高于临界沉淀 pH 值时，$[RCOOH(s)] = 0$。在这种情况下，式（4.24）是合理的。重新整理式（4.27），取代式（4.24）中的 $[RCOOH(aq)]$，得到：

$$[RCOOH]_T = \frac{[RCOO^-][H^+]}{K_4} + [RCOO^-] = [RCOO^-]\left(\frac{[H^+]}{K_4} + 1\right) \tag{4.30}$$

因此可得到：

$$[RCOO^-] = \frac{[RCOOH]_T}{\frac{[H^+]}{K_4} + 1} = \frac{[RCOOH]_T K_4}{H^+ + K_4} \tag{4.31}$$

和

$$\left[RCOOH(aq)\right]=\left[RCOOH\right]_T-\left[RCOO^-\right]=\left[RCOOH\right]_T\left(1-\frac{K_4}{\left[H^+\right]+K_4}\right) \quad (4.32)$$

低于 $pH_{cp}=7.52$ 的 pH 值时，可绘制式（4.28）和式（4.29），以及 $\left[RCOOH\ (aq)\right]=Cs$ 的 pH 函数图，而高于 pH_{cp} 的 pH 值时，可绘制式（4.30）和式（4.32）曲线，完成硬脂酸的分类图，如图 4.58 所示。

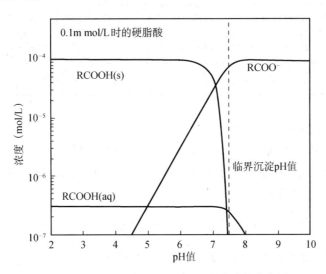

图 4.58　水溶液中 0.1mmol/L 硬脂酸的分类图

图 4.58 中硬脂酸分类图说明，只有在 pH 值高于 pK_a（更准确地说，高于临界沉淀值）时，离子化占优势。由于离子化较高的 HLB 值，所以离子化形态比未离解的更易溶于水，更具表面活性。应当指出的是，所有脂肪酸都具有类似的电离常数，pK_a 值范围 4.7 ± 0.5（Mishra，1988）。这证明了在图 4.57（a）中，随着水的 pH 值增加，测定的沥青—水的界面张力降低。当 pH 值高于其临界沉淀 pH 值时，硬脂酸的主导类型携带负电荷。其在沥青—水界面处对沥青的吸附作用，呈现出亲水性，增强了沥青的析出能力，但阻碍了沥青曝气，有关阐述详见后面讨论。

图 4.58 的结果也说明，在低于表面活性剂临界沉淀的 pH 值时，系统中加入更多表面活性剂没有好处，因为增加的表面活性剂主要是以几乎没有表面活性的固体形式存在。要使弱酸性表面活性剂发挥效用，处理时必须将 pH 值控制在大于表面活性剂临界沉淀 pH 值范围。类似分析应用于阳离子表面活性剂，如胺类。

虽然认识表面活性剂的化学作用具有指导意义，但油砂处理系统远比本文所讨论的情况复杂得多。它包括许多其他类型的表面活性剂和无机离子，如钙离子和镁离子。大家知道，钙离子与硬脂酸反应，形成溶解度极低的钙盐。水中硬脂酸的钙盐，经过不同的平衡反应，会受到碳酸盐或碳酸氢盐的影响（表 4.17）。例 4.4 说明水化学对需要达到的表面活性的自由表面活性剂浓度所起的作用。

例 4.4　要说明水化作用对自由表面活性剂浓度的影响，我们来看一看，在 pH 值为 8.5 时封闭系统内含有 0.1mmol/L 硬脂酸和 40mg/L（1mmol/L）钙离子，以及用与不用

1000mg/L 碳酸盐的处理水的情况。钙水解作用形成的 $CaOH^+$ 和 $Ca(OH)_2$（s）沉淀，在该 pH 值下可忽略不计。

表 4.17 存在钙和硬脂酸条件下，碳酸氢盐的平衡反应和对应的平衡常数，这里不考虑钙的水解作用

反应编号	平衡反应	平衡常数
（R-5）	$Ca(RCOO^-)_2$（s）$\rightleftharpoons Ca^{2+} + 2RCOO^-$	$K_{sp(R-5)} = [Ca^{2+}][RCOO^-]^2 = 10^{-15.8}$
（R-6）	$CaCO_3$（s）$\rightleftharpoons Ca^{2+} + CO_3^{2-}$	$K_{sp(R-6)} = [Ca^{2+}][CO_3^{2-}] = 10^{-8.47}$
（R-7）	H_2CO_3（aq）$\rightleftharpoons H^+ + HCO_3^-$	$K_{(R-7)} = \dfrac{[H^+][HCO_3^-]}{[H_2CO_3(aq)]} = 10^{-6.35}$
（R-8）	$HCO_3^- \rightleftharpoons H^+ + CO_3^{2-}$	$K_{(R-8)} = \dfrac{[H^+][CO_3^{2-}]}{[HCO_3^-]} = 10^{-10.33}$

解决方案：

实例一 无碳酸氢盐。

由图 4.58 可看出，pH 值 8.5 大大超过了硬脂酸的临界沉淀 pH 值，因此硬脂酸主要为离子形态，以酸的形式出现的量可忽略不计。所以，RCOOH（aq）和 RCOOH（s）基本为零，硬脂酸的平衡式为：

$$[RCOOH]_T = [RCOO^-] + 2[Ca(RCOO^-)_2(s)] \tag{4.33}$$

根据（R-5）的溶解平衡，由下面公式得出 $RCOO^-$：

$$[RCOO^-] = \sqrt{\frac{K_{sp(R-5)}}{[Ca^{2+}]}} \tag{4.34}$$

因为在该 pH 值条件下，不考虑 $CaOH^+$ 和 $Ca(OH)_2$（s），碳酸盐和碳酸氢盐存在时，钙主要是 Ca^{2+} 或 $Ca(RCOO^-)_2$（s）形态。所以钙平衡式为：

$$[Ca]_T = [Ca^{2+}] + [Ca(RCOO^-)_2(s)] \tag{4.35}$$

整理后为：

$$[Ca^{2+}] = [Ca]_T - [Ca(RCOO^-)_2(s)] \tag{4.36}$$

将式（4.36）代入式（4.34），再将得到的等式代入式（4.33），则得到：

$$[RCOOH]_T = \sqrt{\frac{K_{sp(R-5)}}{[Ca]_T - [Ca(RCOO^-)_2(s)]}} + 2[Ca(RCOO^-)_2(s)] \tag{4.37}$$

因为 $[RCOOH]_T = 10^{-4}mol/L$ 和 $[Ca]_T = 10^{-3}mol/L$，而 $K_{sp(R-5)} = 10^{-15.8}$，这些是已知的。只有式（4.37）中的 $[Ca(RCOO^-)_2$（s）] 是未知的，它是采用数值方法求解出来的（如用 Microsoft Office Excel 中的"求解"工具），为 $4.98 \times 10^{-5}mol/L$。将该值代入式（4.33）计算的 $RCOO^-$ 为 $4 \times 10^{-7}mol/L$。显然，几乎所有增加的硬脂酸分子都是以固体钙盐的形式存在的，几乎没有一点作用。硬脂酸钙盐的沉淀，使钙离子浓度从 1mmol/L 降低到 0.5mmol/L，降低了 50%。

实例二 用 1000mg/L（0.016mol/L）碳酸盐（CO_3^{2-}）浓度。

可设定 $[CO_3^{2-}]_T$ $[Ca^{2+}]_T$，和 $[RCOOH]_T$ 的物质平衡（分别用式（4.38）、式（4.37）和式（4.33））

$$[CO_3^{2-}]_T = [CO_3^{2-}] + [HCO_3^-] + [H_2CO_3(aq)] + [CaCO_3(s)] \tag{4.38}$$

$$[Ca]_T = [Ca^{2+}] + [CaCO_3(s)] + [Ca(RCOO^-)_2(s)] \tag{4.39}$$

将式（4.33）代入式（4.34），整理后得到：

$$[Ca(RCOO^-)_2(s)] = \frac{1}{2}\left([RCOOH]_T - \left(\frac{K_{sp(R-5)}}{[Ca^{2+}]}\right)^{\frac{1}{2}}\right) \tag{4.40}$$

由（R-6）得到：

$$[Ca^{2+}] = \frac{K_{sp(R-6)}}{[CO_3^{2-}]} \tag{4.41}$$

将式（4.41）代入式（4.40），然后代入式（4.39），整理后产生公式：

$$[CaCO_3(s)] = [Ca]_T - \frac{K_{sp(R-6)}}{CO_3^{2-}} - \frac{1}{2}\left[[RCOOH]_T - \left(\frac{K_{sp(R-5)}}{K_{sp(R-6)}}[CO_3^{2-}]\right)^{\frac{1}{2}}\right] \tag{4.42}$$

式（4.38）中，依据可溶碳酸盐含量、$[CO_3^{2-}]$ 和反应式（R-7）和（R-8）的平衡常数，可以表示出 $[HCO_3^-]$ 和 $[H_2CO_3(aq)]$ 的组分含量，可导出：

$$[CO_3^{2-}]_T = [CO_3^{2-}]\left(1 + \frac{[H^+]}{K_{(R-8)}} + \frac{[H^+]^2}{K_{(R-7)}K_{(R-8)}}\right) + [Ca]_T - \frac{K_{sp(R-6)}}{[CO_3^{2-}]} - \frac{1}{2}$$
$$\left([RCOOH]_T - \left(\frac{K_{sp(R-5)}}{K_{sp(R-6)}}[CO_3^{2-}]\right)^{\frac{1}{2}}\right) \tag{4.43}$$

已知 pH 值（8.5）和表 4.17 中钙的总浓度（1mmol/L），以及硬脂酸总浓度（0.1mmol/L）和所有已知的平衡常数，可用数值方法求出式（4.43）的值，得到可溶碳酸盐的浓度，然后用来计算可溶钙含量和表面活性剂浓度。表 4.18 列出了该种类的浓度。

表 4.18 pH 为 8.5 和 10.5 时，在 0.001mol/L 浓度钙离子和 0.016mol/L 浓度碳酸盐溶液中 0.0001mol/L 浓度硬脂酸离子种类的分布

种类	浓度（mmol/L）						
	CO_3^{2-}	HCO_3^-	$H_2CO_3(aq)$	Ca^{2+}	$CaCO_3(s)$	$RCOO^-$	$Ca(RCOO^-)_2(s)$
pH = 8.5	0.218	14.74	0.104	15.5×10^{-3}	0.936	3.19×10^{-6}	48.4×10^{-3}
pH = 10.5	8.97	6.07	0.43×10^{-3}	0.38×10^{-3}	0.960	20.5×10^{-6}	39.8×10^{-3}

有趣的是，在上述实例中，注意到系统中没有碳酸盐（或碳酸氢盐），几乎所有的硬脂酸都是以 $Ca(RCOO^-)_2(s)$ 的沉淀物形态存在，而仅有很小一部分是可溶离子形态，低于 0.4%。所以参与沥青析出的，以表面活性成分的形态留下的硬脂酸很少，影响了沥青的开采。由于钙离子存在而大幅降低了硬脂酸含量的现象也说明，钙离子与硬脂酸的结合较强。钙离子的这一特性使其吸附到沥青表面，这里去质子化的羧基团在电位分布测量中占

优势（Liu，Zhou和Xu，2002）。二价钙阳离子的吸附作用使沥青表面局部带正电荷，吸引带负电荷的微细固体［如图4.55（b）或图4.55（c）所示］，并造成沥青回收率较低，或者泡沫质量较差（Gu等，2003）。尽管钙离子对沥青的开采产生负面影响，但钙离子与硬脂酸结合较强，可考虑通过增加钙离子，去除潜在有毒的表面活性剂，然后凝聚或者沉淀悬浮物，为安全排放，清除处理水中的表面活性有机物（如环烷酸）。

由于钙离子降低沥青表面活性组分中的活性成分，从而对沥青产生了负面影响，所以处理油砂通常要控制碱的pH值，不仅产生和电离沥青析出所需的天然表面活性剂（后面讨论），而且掺入了碳酸盐使钙离子的损害效应降到最低程度。以上对含有1000mg/L碳酸盐封闭系统的计算表明，可溶性硬脂酸浓度增加了几乎7倍，从无碳酸盐的4×10^{-7}mol/L到添加碳酸盐的3.19×10^{-6}mol/L。这是因为当存在1000mg/L碳酸盐时，形成0.936mmol/L的碳酸钙沉淀，可溶钙离子显著下降，从1mmol/L下降到0.016mmol/L。显然，通过利用碳酸盐或碳酸氢盐清除可溶的钙离子，来增加可溶硬脂酸（$RCOO^-$）的浓度是有效的。

有趣的是，通过重新计算较高pH值（如10.5）时的种类分布，可以看到pH值对可溶硬脂酸阴离子浓度的影响。表4.18说明可溶硬脂酸阴离子浓度进一步增加，从3.19×10^{-6}mol/L增加到20.5×10^{-6}mol/L，其结果仅仅是因为在固定总碳酸盐浓度1000mg/L时增加了pH值。可溶硬脂酸阴离子浓度的这种增加，可归功于碳酸盐（CO_3^{2-}）浓度随着pH值而增加（从0.218mmol/L到8.97mmol/L），引起碳酸钙在0.96mmol/L时沉淀增加，以及钙离子浓度的相应降低，从15.5×10^{-3}mmol/L到0.38×10^{-3}mmol/L。很明显，当碳酸氢盐与钙离子共存时，较高的pH值有利于维持可溶硬脂酸阴离子的较高浓度。

鉴于碳酸氢盐在控制可溶钙浓度方面的重要性，所以其对计算种类分布具有指导意义。对于已知的，低于其溶解极限的总碳酸盐浓度（$[CO_3^{2-}]_T$），不考虑钙时，可应用式（4.38），设[$CaCO_3$（s）]等于零。当应用稀释溶液的近似值时，利用质量作用原理，依据（R-6）和（R-7）中的平衡常数，可表达不同碳酸盐种类的浓度与pH值（氢离子浓度）的函数关系。因此碳酸盐的物质平衡方程［式（4.38）］变为：

$$[CO_3^{2-}] = \frac{[HCO_3^-]_T}{(1 + \frac{[H^+]}{K_{R-8}} + \frac{[H^+]}{K_{R-7}K_{R-8}})} \qquad (4.44)$$

已知pH值，可用式（4.44）计算碳酸盐阴离子浓度，由此可计算出其他离子种类的浓度。图4.59的分类曲线说明，$[HCO_3^-]_T = 16$mmol/L时的结果。很明显，pH值为6～10.5时，以碳酸氢盐阴离子为主。pH值低于6时，以中性分子碳酸H_2CO_3（aq）为主，而pH值大于10.5时，二价阴离子碳酸CO_3^{2-}开始占优势。因此可以预计，对于开放系统，pH值大于10.5时，溶解的CO_2的数量会大幅度增加，碳酸根离子浓度增加，通过形成碳酸钙沉淀，有效地除去了钙离子。显然，CO_3^{2-}的存在（添加的）对控制钙的含量非常有利，因此优化了沥青开采的性能。

应当指出的是，以上计算可溶钙、碳酸盐和表面活性剂浓度的方法，只限于封闭系统，如在泥浆输送管线内会发生沥青析出和曝气现象。在油砂矿开采中，许多单元作业（如浮

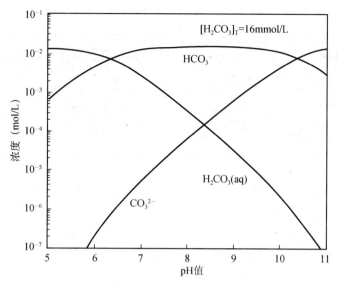

图 4.59 $[CO_3^{2-}]_T = 16mmol/L$ 时封闭系统的碳酸根分类图

选槽和尾矿池）与空气接触，空气中的 CO_2 与泥浆/悬浮液之间发生物质传递。根据热力学原理，溶解在水相中 CO_2 的量是由低浓度 CO_2 机制的亨利定律确定的：

$$[CO_2(aq)] = [H_2CO_3(aq)] = K_H p_{CO_2} \tag{4.45}$$

这里 K_H 是亨利定律常数，p_{CO_2} 是空气中 CO_2 的分压。外界条件下（即 $p = 1atm$，$T = 298K$），$K_H = 10^{-1.48} mol/(bar \cdot L)$，$p_{CO_2} = 3.5 \times 10^{-4} bar$。在开放系统中，$H_2CO_3$（aq）的浓度由亨利定律决定，利用表 4.17 给的平衡式和相应的平衡常数，考虑计算其他碳酸盐种类与 pH 值的函数关系。例 4.4 概述的过程易于修改，以计算种类的分布。第 6 章详细分析了利用碳酸氢盐钙沉淀的水化学作用。

4.9.4　沥青中的天然表面活性剂

尽管天然表面活性剂在沥青开采中的作用存在争议（Hepler 和 Smith，1994），但业界已经证实天然表面活性剂在沥青中的存在。由于表面活性剂的两亲性，其分子在空气—水或者油—（沥青）—水界面处聚集，如图 4.60 所示。通过排除碳氢化合物（碳氟化合物）极性尾和水之间，以及极性头和有机相之间的不利接触，表面活性剂在油—水或者空气—水界面上聚集，降低了界面能量，因为表面活性剂分子从主体溶液向界面移动需要的能量比水分子向界面移动需要的能量少许多。

依据碱性添加剂（或者更具体的说，依据 pH 值），一些表面活性剂分子可变成水溶性的，并从沥青转移到水相。Bichard（1987）记录了表面活性剂在中性 pH 值时，从沥青到水相的最低溶解性（萃取），说明沥青中存在弱酸性（羧酸类，—COOH）和弱碱性（胺类，—NH_2）的表面活性分子。虽然许多人认为，羧酸类的表面活性剂是沥青中主要的表面活性成分，仅次于碱性添加剂，强调了碱性添加剂在沥青开采中的重要性，但是还有其他研究人员认为存在磺酸盐、硫酸盐，或亚砜的表面活性剂（Ali，1978；Moschopedis 等，

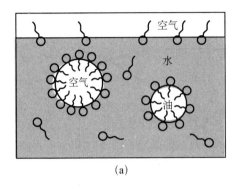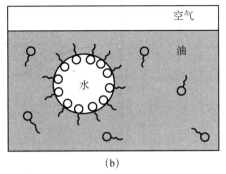

图 4.60 表面活性剂吸附在空气—水和油—水界面的示意图

1980；Schramm 和 Smith，1987）。

在 Bichard 早期的研究中，他提出了天然表面活性剂分子和沥青之间通过多价阳离子的桥接（1987）。后来该假设通过电位实验测量得到证实（Liu 等，2002）。并提出使用螯合剂，清除多价阳离子或高碱性添加剂，从沥青中产生足够量的表面活性成分的方法，以提高沥青回收率和泡沫质量。增加 pH 值，除了从沥青中产生较多天然表面活性剂之外，还分离了羧酸，因此使沥青—水和油—水界面逐渐聚集了更多的阴离子，同时加速了硅氧烷键（Si—O—Si）的水解作用和固体上硅羟基团（—SiOH）的游离。

因此，固体越亲水，沥青—固体分离效果更好。但是，在沥青—水和空气—水界面处载入带负电荷的表面活性剂，使沥青—空气附着更为困难，从而降低了沥青回收率。在较高 pH 值时，使沥青—水界面张力降到非常低的值，回收超细小沥青液滴甚至更困难。

Misra，Aguilar 和 Miller（1981），Hupka 和 Miller（1991），还有 Schramm 和 Smith（1984）都有文献证明，添加过多的碱性添加剂对沥青开采会产生危害，提出了最佳沥青回收率临界表面活性剂浓度的概念。pH 值为 9 左右时，临界表面活性剂浓度为 0.1mmol/L（Schramm，Smith 和 Stone，1984）。碱性添加剂需要达到天然表面活性剂释放的要求范围，取决于油砂矿的特征。较细和高风化的油砂矿需要较多的碱性添加剂。

前面提到，沥青天然表面活性剂的两亲性，使这些表面活性剂从沥青进入到沥青—水的界面，进入水中，然后转移到空气—水的界面。表面活性剂的迁移范围取决于碱性添加剂。如 4.9.3 节中讨论的表面活性剂的化学作用，表面活性剂呈弱酸或弱碱型，取决于 pH 值的电离作用（表 4.16），在油—（沥青）—水和空气—水界面产生取决于 pH 值的表面电荷。

正如我们看到的那样，测定界面电荷特性（动电位）的有力手段，就是测定沥青—水和空气—水界面处存在的天然表面活性剂类型和浓度，并在油砂萃取过程中释放到水相中。

在 Takamura 和 Chow（1983，1985），Schramm 和 Smith（1984），Hupka 和 Miller（1991）开展一些早期研究工作之后，Liu，Zhou 和 Xu（2002）又进行了系统研究，来确定释放在工业处理水和聚集在沥青—水界面处的天然表面活性剂的类型。如图 4.61 所示，油砂工业静态试验（固化的或混合的尾矿）处理水的正己烷液滴电位分布图，只能用 1mmol/L KCl 和 1mmol/L CaCl₂ 电解质溶液中的正己烷液滴电位分布图拟合，电解质溶液包括表面活性剂的所有 3 种类型：十二烷基硫酸钠（SDS）、十二烷基胺盐酸盐（DAH）和十六烷酸的钠盐（NaPa），摩尔比为 1:1:X（这里 X 是变量）。

　　尝试用 1mmol/L KCl 溶液，含一元或者二元 SDS，DAH 或 NaPa 表面活性剂，正己烷液滴的测量电位分布图，与油砂处理水中的正己烷液滴分布图拟合未获得成功（Liu，Zhou 和 Xu，2002）。这些结果说明，不仅存在这 3 种类型的表面活性剂，而且存在相对浓度。值得注意的是，测定的水溶液中正己烷液滴的电位值，对 NaPa 浓度比的变化（X 从 0.5 变到 2）不如对 SDS 和 DAH 浓度比的变化敏感。而且，发现测定的尾矿池水中正己烷液滴电位，带负电位多于静态试验处理水中带的负电位，这是因为静态试验处理水中的钙离子浓度高于尾矿池水中的钙离子浓度。尾矿池水与静态试验处理水中正己烷液滴的电位分布，与测定的水溶液中正己烷液滴电位的分布非常吻合，该溶液不仅含有同等程度的无机离子，而且表面活性剂 SDS：DAH：NaPa 的比为 1：1：1（摩尔比）。

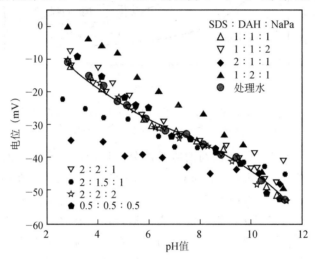

图 4.61　1mmol/L KCl 与 1mmol/L CaCl₂ 溶液含混合表面活性剂（符号）和静态试验处理水
（曲线）中正己烷液滴电位与 pH 值的函数关系
表面活性剂浓度标识为 0.5 = 0.005mmol/L，1 = 0.01mmol/L 和 2 = 0.02mmol/L

　　更有趣的是，测定的 1mmol/L KCl 溶液中沥青的电位分布与 1mmol/L KCl 溶液中正己烷液滴的电位非常吻合，该溶液含 SDS：DAH：NaPa 为 1：1：1（摩尔比），每个浓度为 0.01mmol/L，如图 4.62 所示。测定的二元表面活性剂溶液中正己烷液滴的电位分布未达到满意的吻合程度。这一发现特别重要，因为这表明水溶液中的沥青表面存在三类天然表面活性剂。显然，沥青表面的电荷是复杂的，根本没有呈均匀分布。

　　应当注意的是，天然表面活性剂在空气—水界面上的吸附作用，也会引起类似受 pH 值影响的电荷特性。唯一的区别在于空气—水界面上吸附的表面活性剂的量（吸附密度）很可能不同于在沥青—水界面上吸附的表面活性剂的量，引起表面电荷密度吸附值的差异，因此，导致动电位中的差异。天然表面活性剂的吸附作用不仅使气泡更稳定，以及更少地依附沥青表面，而且产生双电层斥力，阻止气泡接近沥青表面，导致沥青曝气不佳。表面活性剂吸附作用对气泡的产生和稳定作用的影响将在后面的章节中讨论。

　　通过应用离子化表面基团模型（Healy 和 White，1978），以便电离吸附在沥青—水界面上的表面活性剂分子，更好地认识沥青—水界面表面电荷的特性。在该模型中，表面电荷是由于表面基团的电离作用而产生的（分解或者质子化作用）。在沥青—水界面处，吸

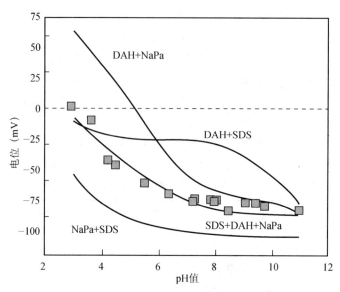

图 4.62　含 1∶1∶1（摩尔比）溶液的表面活性剂中正己烷液滴的动电位
［每个浓度 0.01mmol/L 范围（实线），1mmol/L KCl 的沥青支撑电解液（符号）］

附在沥青—水界面上的天然表面活性剂的羧基的分解作用，以及氨基的质子化作用，有助于对总表面电荷产出影响。Takemura 和 Chow（1985）早期认为，在沥青—水界面处只有羧基表面活性剂。而 Liu 等（2008）报告认为，尽管该模型的预测电位与测量动电位显示出合理的一致性，但不同离子化特性的混合表面活性剂的存在，对精确模拟沥青—水或者空气—水界面的电性具有挑战性。一个主要的困难在于准确测定沥青—水界面每种类型表面活性剂的吸附密度，它可随着溶液的 pH 值变化而变化。鉴于表面活性剂在沥青析出和曝气方面，以及在沥青开采方面应用的重要作用，继续在该方向上的研究将会富有成效。

参考文献

Alboudwarej. H., K. Akbarzadeh, J. Beck, W. Y. Svrcek, and H. W. Yarranton. 2003. Regular solution nodel for asphaltene precipitation from bitumens and solvents *AIChE Journal* 49(11): 2948 - 2956.

Alboudwarej, H., J. Beck, W. Y. Svrcek, and H. W. Yarranton. 2002. Sensitivity of asphaltene properties to separation techniques. *Energy Fuels* 16(2):462 - 469.

Ali, L. H. 1978. Surface - active agents in the aqueous phase of the hot - water flotation process for oil sands. *Fuel* 57(6):357 - 360.

Anderson, W. G. 1986. Wettability literature survey, part 1: Rock/oil/brine interactions and the effects of core handling on wettability. *Journal of Petroleum Technology* 38 (10): 1125 - 1144.

Ball, M. W. 1935. Athabaska oil sands: Apparent example of local origin of oil. *AAPG Bulletin* 19:153 - 171.

Bergaya, F., B. K. G. Theng, and G. Lagaly, eds. 2006. *Handbook of clay science*. Oxford: Elsevier.

Berkowitz, N. 1998. *Fossil bydrcarbons: Chemistry and technology*. San Diego: Academic Press.

Bichard, J. A. 1987. *Oil sands composition and bebaviour research: The research papers of John A. Bichard, 1975 - 1965*, AOSTRA Technical Publication Series No. 4. Edmonton: Alberta Oil Sands Technology and Research Authority (AOSTRA).

Bowman, C. W. 1967. Molecular and interfacial properties of Athabasca tar sands. In *Proceedings of the 7 th World Petroleum Congress*. Mexico City, Mexico.

Buckley, J. S. 1996. Microscopic investigation of the onset of asphaltene precipitation. *Fuel Science and Technology International* 14 (1 - 2): 55 - 74.

——. 1999. Predicting the onset of asphaltene precipitation from refractive index measurements. *Energy & Fuels* 13(2): 328 - 332.

Buckley, J. S., G. J. Hirasaki, Y. Liu, S. V. Drasek, J. - X. Wang, and B. S. Gill. 1998. Asphaltene precipitation and solvent properties of crude oils. *Petroleum Science and Technology* 16 (3): 251 - 285.

Butt, H. J., K. Graf, and M. Kappl. 2003. *Physics and chemistry of interfaces*. Weinheim, Germany: Wiley - VCH.

Cameron Engineers. 1978. Oil sands, In *Synthetic fuels data handbook: U. S. oil shale, U. S. coal, oil sands*, ed. G. L. Baughman. Denver: Cameron Engineers.

Canadian Natural Resources Limited (CNRL). 2002a. *Horizon Oil Sands Project application for approval. Submitted to Alberta Energy and Utilities Bpard and Alberta Environment. Volume 1, Section 2. Geology and Resource Base*: Canadian Natural Resources Limited.

Canadian Natural Resources Limited (CNRL). 2002b. *Horizon Oil Sands Project application for approval. Submitted to Alberta Energy and Utilities Board and Alberta Environment. Vol. 5, Attachment C7*: Canadian natural Resources Limited.

Cassis, R., N. Fuller, L. G. Hepler, R. J., C. Mclean, A. Skauge, N. S. Srinivasan, and H. - K. Yan. 1985. Specific heat capacities of bitumens and heavy oils, reservoir minerals, clays, dehydrated clays, asphaltenes and coke. *AOSTRA Jorunal of Research* 1: 163 - 173.

Clark, K. A. 1944. Some physical properties of Alberta biuminous sand. *Canadian Journal of Research* F22: 174 - 180.

Clark, K. A., and D. S. Pasternack. 1932. Hot water separation of bitumen from Alberta bituminous sand. *Industrial and Engineering Chemistry Research* 24 (12): 1410 - 1416.

Cottrell, J. H. 1963. Development of an anhydrous process for oil sand extraction. In *The K. A Clark volume: A collection of papers on the Athabasca oil sands presented to K. A. Clark on the 7 th anniversary of his birthday*, ed. M. A. Carrigy, 196 - 206. Edmonton:

Alberta Research Council.

Cuddy,G. 2004. Oil sands geology,Guest lecture notes for Chemical Engineering 534,Fundamentals of Oil Sands Extraction,January 7 - 9,at University of Alberta,Edmonton.

Czarnecki,J. ,B. Radoev,L. L. Schramm,and R. Slavchev. 2005. On the nature of Athabasca oil sands. *Advances in Colloid Interface Science* 114 - 115: 53 - 60.

Dabros,T. , X. Yang Y. Long, and H. A. Hamza. 2004. Settling properties of paraffinic solvent - diluted bitument emlsions. Paper read at 5th International Conference on Petroleum Phase Behaviour and Fouling,June 13 - 17,at Banff,alberta.

Deer Creek Energy Ltd. 2006. *Joslyn north mine proect: AEUB aplication. CR - 11, appendix A1, version 1. Aquatic resorces report.*

Dusseault,M. B. , and N. R. Morgensern. 1978. Shear strength of Athabasca oil sands. *Canadian Geotechnical Journal* 15(2):216 - 238.

Essington, M. E. 2004. *Soil and water chemistry: An integrative approach*. Boca Raton: CRC Press.

Fitzgerald,J. J. 1978. *Black gold with grit: The Alberta oil sands*. Sidney: Gray's Publishing.

Fowkes,F. M. 1965. Attractive forces at interfaces. In *Chemistry and physics of interfaces*. Washington,D. C. : ACS.

Fuerstenau,D. W. 1982. Thermodynamics of surfaces,adsorption and wetting. In *Principles of Flotation*,ed. R. P. King. Johannesburg: South African IMM.

Gee,M. ,T. Healy,and L. White. 1990. Hydrophobicity effects in the condensation of water films on quartz. *Journal of Colloid and Interface Science* 140(2):450 - 465.

Giese,R. F. , and C. J. van Oss. 2002. *Colloid and surface properties of clays and related minerals*. New York: Marcel Dekker.

Gray,M. R. 2002. New technique defines the limits of upgrading heavy oil,bitumens. *Oil & Gas Journal* 100(1):50 - 54.

Gu. G. , Z. Xu,K. Nandakumar,and J. H. Masliyah. 2003. Effects of physical environment on induction time of air - bitumen attachment. *International Journal of Mineral Processing* 69 (1 - 4):235 - 250.

Hall,A. C. , S. H. Collins,and J. C. Melrose. 1983. Stability of aqueous wetting films in Athabasca tar sands. *Society of Petroleum Engineers of AIME* 23(2):249 - 258.

Healy,T. W. , and L. R. White. 1978. Ionizable surface group models of aqueous interfaces. *Advances in Colloid Inerface Science* 9 (4):303 - 345.

Hepler. L. G. ,and R. G. Smith,eds. 1994. *The Alberta oil sands: Industrial procedures for extraction and some recent fundamental research*. AOSTRA technical publication series no. 14. Edmonton: Alberta Oil Sands Technology and Research Authority (AOSTRA).

Hiemenz,P. C. ,and R. Rajagopalan. 1997. *Principles of colloid and surface chemistry*. 3rd ed. New York: Marcel Dekker.

Hupka, J. , and J. D. Miller. 1991. Electrophoretic characterization and processing of Asphalt Ridge and Sunnyside tar sands. *International Journal of Mineral Processing* 31:217 −231.

Imperial Oil Ltd. 2005. *AEUB Application for Approval for Kearl Oil Sands Project. Vol. 1*. Calgary:Imperial Oil Ltd.

Incropera, F. P. , and D. P. DeWitt. 1985. *Fundamentals of heat and mass transfer*. New York:Wiley.

Isaacs, E. E. , and D. N. Morrison. 1985. Interfacial films at the Athabasca bitumen/water interface. *AOSTRA Journal of Research* 2:113 − 119.

Kanta, A. , R. Sedev, and J. Ralston. 2005. Thermally − and photoinduced changes in the water wettability of low − surface − area silica and titania. *Langmuir* 21(6):2400 − 2407.

Karim. G. A. , and A. Hanafi. 1981. The thermal conductivity of oil sands. *Canadian Journal of Chemical Engineering* 59 (4):461 − 464.

King, R. P. , ed. 1982. *Principles of flotation*. Johannesburg:Soutgh African IMM.

Komery, D. P. , J. C. O'Rourke, and J. I. Chambers. 1993. AOSTRA underground test facilit UTF phase B:Implications for commercialization. Paper reda at Oil Sands:Our Petroleum Future Conference, April 4 − 7, at Edmonton, Alberta, Canada.

Konan, K. L. , C. Peyratout, J. − P. Bonnet, A. Smith, A. Jacquet, P. Magnoux, and P. Ayrault. 2007. Surface properties of kaolin and illite suspensions in concentrated calcium hydroxide medium. *Journal of Colloid and Interface Science* 307 (1):101 − 108.

Lee, L. H. 1996. Correlation between Lewis acid − base surface ineraction components and linear salvation energy relationship solcatochromic α and β parameters. *Langmuir* 12 (6): 1681 − 1687.

Liu, J. , Z. Xu, and J. Masliyah. 2004. Role of fine clays in bitrmen extraction from oil sands. *AIChE Jornal* 50(8):1917 − 1927.

Liu, J. , L. Zhang, P. Breen, Z. Xu, and J. Masliyah. 2008. Application of site − binding modeling to oil droplets in aqueous solutins. In *Internationaal Mineral Processing Congress*, edited by Z. Wang. Y. Sun, F. Wang, L. Zhang, and L. Han. Beijing:Science Press.

Liu, J. , Z. Zhou, and Z. Xu. 2002. Electrokinetic study of hexane droplets in surfactant solutions and process water of bitumen extraction systems. *Industrial and Engineering Chemistry Research* 41(1):52 − 57.

Liu, J. , Z. Zhou, Z. Xu, and J. H. Masliyah. 2002. Bitumen − clay interactions in aqueous media studied by zeat potential distribution measurement. *Journal of Colloid and Interface Science* 252 (2):409 − 418.

Masliyah, J. H. , and S. Battacharjee. 2006. *Electrokinetic and colloid transport phenomena*. Hoboken:Wiley − Interscience.

Mehrotra, A, K. 1991. A generalized viscosity equation for pure heavy hydrocarbons.

Industrial & Engineering Chemistry Research 30 (2): 420 - 427.

——. 1992a Mixing rules for predicting the viscosity of bitumens saturated with pure gases. *Canadian Journal of Chemical Engineering* 70(1): 165 - 172.

——. 1992b. A generalized viscosity equation for liquid hydrocarbons: Application to oil - sand bitumens. *Fluid Phase Equilibri*a 75: 257 - 268.

Mehrotra, A. K. , W. D. Monnery, and W. Y. Svrcek. 1996. A review of practical calculation methods for the viscosity of hydrocarbons and theri miztures. *Fluid Phase Equilibria* 117 (1 - 2): 344 - 355.

Miller, J. D. , and M. Misra. 1982. Hot water proccss devclopment for Utah tar sands. *Fuel Processing Technology*6(1):27 - 59.

Mishra, S. K. 1988. Anionic collcctors in nonsulfide mineral floatation. In *Reagents in Mineral Technology*, eds. P. Somasundaran and B. M. Moudgil. 195 - 217. Inc. , New York: Marcell Dckker.

Misra, M. , R. Aguilar, and J. D. Miller. 1981. Surfacc chemistry features in the hot water processing of Utah tar sand. *Seperation Science Technology* 16(10):1523 - 1544.

Misra, M. , and J. D. Miller. 1991. Comparison of water - based physical scparation processes for U. S. tar sands, *Fuel Processing Technology* 27 (1):3 - 20.

Mitchell, J. K. 1976. *Fundamentals of soil behavior*. New York: Wiley.

Moran, K. L. , 2001. Micro - mechanics of emulsion drops. PhD diss. , Department of Chemical and Materials Engineering, University of Alberta, Edmonton.

Moran, K. L. , A. Yeung, J. Czarnecki, and J. H. Masliyah. 2000. Micron - scalc tensiometry for studying density - matched and highly viscous fluids: with applicarion to bitumen - in water emulsions. *Colloids and Surfaces A. Physiochemical and Engineering Aspects* 174 (1 - 2):147 - 157.

Moschopedis, S. E. , K. F. Schulz, J. G. Speight, and D. N. Morrison. 1980. Surface - active materials from Athabasca oil sands. *Fuel Processing Technology* 3(1):55 - 61.

Mossop. G. D, 1980. Geology of the Athabasca oil sands. *Science* 207:145 - 152.

Petro - Canada Inc. 2001. *Application for approval , Fort Hills Oil Sands Project. Submitted to AEUB.*

Potoczny, Z. , M. , E. I. Vargha - Butler, T. K. Zubovits, and A. W. Neumann. 1984. Surface tension of bitumen. *AOSTRA Journal of Research* 1: 107 - 115.

Puttagunta, V. R. , A. Miadonye, and B. Singh. 1992. Viscosity temperature correlation for predicrion of kinematic viscosity of conventional crude. *Chemical Engineering Research and Design : Transactions of the Institution of Chemical Engineers* 70(6):627 - 631.

Sanford. E. C. 1983. Proccssability of Athabasca oil sand: interrelationship between oil sand fine solids, process aids, mechanical energy and oil sand age after mining. *Canadian Journal of Chemical Engineering* 61(4):554 - 567.

Schramm, L. L. , and Smith, R. G. , inventors, and Petro - Canada Exploration Inc. , owner.

1984. Control of process aid used in hot water process for extraction of bitumen from tar sand. US Patent 4,462,892, filed Mar. 17, 1983, and issued Jul. 31, 1984.

Schramm, L. L., and J. C. T. Kwak, 1988. The rheological properties of an Athabasca bitumen and some bituminous mixtures and dispersions. *Journal of Canadian Petroleum Technology* 27(1):26 – 35.

Schramm, L. L., and R. G. Smith. 1987. Two classes of anionic surfactant and their significance in hot water processing of oil sands. *Canadian Journal of Chemical Engineering* 65(5):799 – 811.

Schramm, L. L., R. G. Smith, and J. A. Stone. 1984. A surface – tension method for the detetmination of anionic suractants in hot water processing of Athabasca oil sands. *colloids and Surfaces A : physiochemical and Engineering Aspects* 11: 247 – 263.

Sepulveda, J. E., and J. D. Miller. 1978. Separation of bitumen from Utah tar sands by a hot water digestion – flotation technipue. *Mining Engineering* 30:1311 – 1320:

Seyer, F. A., and G. W. Gyte. 1989. Viscosity. In *AOSTRA technical handbook on oil sands, bitumens and heavy oils*, *AOSTRA technical publication series no.* 6, ed. L. E. Hepler and C. Hsi. Edmonton: Alberta Oil Sands Technology and Research Authority (AOSTRA).

Shaughnessy, E. J., I. M. Katz, and J. P. Schaffcr. 2005, *Introduction to fluid mechanics*. New York: Oxford University Press.

Shaw, R. C., L. L. Schramm, and J. Cazarnecki. 1996. Suspensions in the hot water flotation process for Canadian oil sands. In *Suspensions : Fundamentals and applications in the petroleum industry*, ACS Advances in Chemistry Series 251, ed. L. L., Schramm, 639 – 675. Washington: American Chemical Society.

Shell Canada Ltd. 2007. Jackpine Mine application. Submitted to Alberta Energy and Utility Board.

Smith – Magowan, D., A. Skauge, and L. G. Hepler. 1982. Specific heats of Athabasca oil sands and components *Journal of Canadian Petroleum Tehnology* 21(3):28 – 32.

Strausz, O. P., and E. M. Lowm. 2003. *The chemistry of the Alberta oil sands bitumens and heavy ils*. Calgary: Alberta Energy Research Institute.

Stumm, W., and J. J. Morgan. 1996. *Aquatic chemistry*. 3rd ed. New York: Wiley.

Sukanek, P. C., and R. I., Laurence, 1974, An experimental investigation of viscous heating in some simple shear folws. *AI ChEJournal* 20(3):474 – 484.

Suncor Energy Inc. 2005. *North steepbank Extension Project Application. Submitted to AEUB. Vol.* 1A : *Geology.*

Takamura, K. 1982. Microscopic structure of Athabasca oil sand. *Canadian Journal of Chemical Engineering* 60:538 – 545.

Takamura, K., and R. S. Chow. 1983. A mechanism for initiation of bitumen displacement from oil sands. *Journal of Canadian Petroleum Technology* 22(6):1 – 9.

——. 1985. The electric properties of the bitumen/water interface. Part II : Application of the ionizable surface - group model. *Colloids and Surfaces A: Physiochemical and Engineering Aspects* 15:35.

Takamura,K. ,and E. E. Isaacs. 1989. Interfacial properties. In *AOSTRA technical handbook on oil sands,bitumens and heavy oils. AOSTRA technical publiucaton series no.* 6, AOSTRA Technical Publication Series No. 6, ed. L. E. Hepler and C. Hsi. Edmonton: Alberta Oil Sands Technology and Research Authority (AOSTRA).

Taylor,S. D. , J. Czarnecki, and J. H. Masliyah. 2001. Refractive index measurements of diluted biutmen solutions. *Fuel* 80(14):2013 - 2018.

Tipman,R. N. ,and J. Sharp. 2004. Oil sands mining and processing. Paper presented to the Canadian Heavy Oil Association.

Tombácz, E. ,and M. Szekeres. 2006. Surface charge heterogeneity of kaolinite in aqueous suspension in comparison with montmorillonite. *Applied Clay Science* 34(1 - 4):105 - 124.

van Olphen, H. 1963. *An introduction to clay colloid chemistry for clay technologists, geologists,and soil scientists.* New York:Interscience.

van Oss,C. J. 2006. *Interfacial forces in aqueous media.* Boca Raton:Taylor & Francis (CRS Press).

van Oss,C. J. , M. K. Chaudhury, and R. J. Good. 1987. Monopolar surfaces. *Advances in Colloid and Interface Science* 28(1): 35 - 64.

Wan,J. , and T. K. Tokunaga. 2002. Partitoning of clay colloids at air - water interface. *Journal of Colloid and Interface Science* 247(1):54 - 61.

Wang,L. , T. Dang - Vu, Z, Xu, and J. Masliyah. 2010. Use of short - chain amine in proccssing of weathered/oxidized oil sands ores. *Energy & Fuels* (In press).

Wang,W. ,Z. Zhou,K. Nandakumar,and Z. Xu. 2004. Effect of charged colloidal particles on adsorption of surfactants at oil - water interface. *Jorunal of Colloid and Interface Science* 274:625 - 630.

Yarranton,H. W. ,and J. H. Masliyah,1996. Molar mass distribution and solubility modeling of asphaltenes. *AIChE Journal* 42(12):3533 - 3543.

Zhang,L. Y. , R. Lopetinsky, Z. Xu, and J. H. Masliyah,2005. Asphaltene monolayers at a toluene/water interface. *Energy & Fuels* 19(4):1330 - 1336.

第5章 砂浆的制备及混合

最初是 Suncor 和 Syncrude 公司开始应用沥青萃取技术（前者在 1967 年，后者在 1978 年），并且都采用了"克拉克热水萃取"工艺技术（CHWE），在 70～80℃ 的工作温度下添加苛性碱。目前，萃取技术正在向低温工作条件下的趋势发展（并在一定程度上，逐步减少或消除苛性碱）。温度降低这一变化在 Suncor 的 1998 年"Steepbank Mine"矿和 2001 年 Millennium 项目，Syncrude 的 North Mine 矿和 Aurora Mine 矿 Trains1 和 Trains2（2000—2003）以及 Albian 的 Muskeg River Mine（2003）设计中有明显的体现。工作温度在沥青萃取厂的设计中起重要作用，影响工作温度的因素有很多，包括油砂团块在萃取装置中的停留时间、萃取厂内的装置的运行、热能的利用（这通常依赖于附近是否有分级处理设施）、热电联动以及循环水的利用。Fuhr 等于 1993 年以及 Fine Tailings Fundamentals Consortium（FTFC）于 1995 年就可选择的沥青萃取工艺做了简要综述。在过去的 10 年中，工厂的经验和实验室实验都已说明了萃取工作温度的重要性。总的原则是避免工作温度低于 40℃（Long，Xu 和 Msdliyah 于 2005 年提出）。

沥青开采的基本步骤概述如下：

（1）油砂矿的开采。使用挖掘机开采油砂矿，用卡车运输干矿石到萃取厂（这种方法被称为卡车和挖掘机法）。最近 Suncor 推出一种移动矿采技术代替了传统的卡车和挖掘机法。在矿坑面处，将矿采的油砂搅碎后与水混合，混合物通过管道输送到萃取厂，这样就不需要使用卡车。

（2）油砂矿的准备工作。将矿块搅碎后，将其在混合箱、循环器或回旋式搅碎机内与循环水混合。在此阶段中可使用化学添加剂，还必须进行掺气降黏。

（3）矿块的分解及沥青析出和曝气。该工艺过程涉及矿块尺寸的减小、沥青从砂粒中析出、沥青—沥青凝聚和曝气。早期的油砂开发中通常使用旋转油筒（滚筒）。目前使用砂浆水力输送管道。可以加入低剂量的空气到水力输送管道，使得更多的沥青曝气。

（4）将析出沥青和曝气沥青聚集体从水—固体砂浆中分离。用大型重力分离器实现曝气沥青的浮选和固体的沉淀，这被称为初级分离容器（PSVS）或初级分离浮选机（PSCS）。

（5）沥青的浮选。在浮选机或浮选塔，或尾渣油回收容器，旋流分离器或水力旋流分离器中采用诱导空气浮选实现小沥青聚集体的进一步收集或回收（通常是未曝气的沥青）。

（6）浮渣处理。从重力分离器或浮选机回收的沥青浮渣首要要脱空气。在 Syncrude，Suncor 和最近的"CNRL 地平线"项目，用石脑油作溶剂（稀释剂）以降低沥青的黏度，然后用斜板沉淀机、旋流分离器和离心机将固体和水从沥青浮渣中脱掉。

在 Albian 浮渣处理厂，不是用石脑油稀释剂，而是用石蜡稀释剂。由于使用石蜡稀释剂会导致沥青质沉淀，石蜡浮渣处理过程改变了脱水和脱固相的性质，引起新技术的挑战。石蜡浮渣处理过程产生较纯净的、带少量残余矿物固体和乳化水的部分脱沥青质沥青。

（7）细尾渣的处理。Suncor 和 Syncrude 将所有尾渣送往尾渣池，并采用压实（合成）尾渣工艺以减少成熟细尾渣的累积。通过采用石膏与成熟细尾渣来压实细尾渣，捕获粗砂，从而回收循环水以备将来使用。Albian 用水力旋流器从尾砂浆中分离出粗砂，在稠化器里处理细小砂粒以产生稠化的尾渣和可以重复利用的热水。

图 5.1 为从油砂矿开采到沥青分级处理的整个生产工艺流程图。图中的每个框标识着一个单元装置的操作，完整地展示了油砂萃取工作流程以及萃取装置附近有沥青分级处理装置的情况。如图 5.1 所示，沥青萃取厂的基本设施包括：露天矿面、公共设施（公用事业）、萃取、浮渣处理、分级处理和水管理（尾渣池/稠化器）。

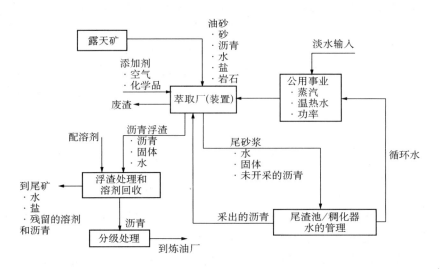

图 5.1　沥青加工工艺流程示意图（据 FTFC，1995）

由此可见，流程中每个装置都是相互关联的。采矿作业影响萃取，然后萃取会影响分级处理，所以人们不应把采矿、萃取和分级处理看成是 3 个独立的生产作业。只有通过多环节的恰当组合并使每个工艺流程和环节都符合规范和达到目标，才能有效地开采沥青，并将对环境的不利影响降低到最小。在这样大规模的作业中，沥青回收率的最大化将永远是这 3 个基本作业（矿采、萃取、改质）的指导思想。在考虑新的油砂作业时，从油砂中开采沥青的作业势必会引发环境问题。油砂的商业化开采工厂在进行设计和作业时必须考虑地表的破坏和开挖、温室气体的排放、淡水的使用以及人力资源等关键问题。

在这一章我们将讨论油砂矿块的减小（即矿块分解）和有关从固体表面析出沥青的基本原理。

5.1　水力输送管道中矿块消融的模拟

本节的目的是用现象学方法说明矿块在水力输送管道中的消融，摘自 COST（1999）。

5.1.1　概念模型

想象管道中油砂砂浆的流动，如图 5.2 所示。较大的物质（即矿块和粗砂）沿着管道底部移动形成床。与黏土块的密度相近的、但比矿块的密度高的岩石随着粗砂层（床）沿管道移动。较细小的物质因流体流动而悬浮，形成混合物，填充了移动砂床上方区域和砂床中矿块之间的空隙。

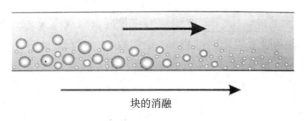

块的消融

图 5.2　管道中油砂流的概念模型

移动砂床中移动矿块之间的相对运动形成作用在矿块表面上的剪切应力。此外，砂浆充当了热介质，加热矿块并降低沥青的黏度。更确切地说，矿块外层沥青的黏度降低了，作用在矿块上的剪切应力去除或消蚀了矿块的外层。当矿块表层被切掉时，会出现一个低温表面。新曝出的矿块外层又被加热，然后其黏度被降低，之后又被消除掉。以此自身重复循环上述步骤，直到整个矿块被消融。

当沥青从砂粒中析出并附着在气泡上，就产生了曝气沥青——一种可采的产品。

妨碍块消融的能力取决于块的类型（即岩石、黏土还是油砂）。岩石在一定的管道输送距离内不会损失任何质量，然而，预计矿块会损失质量。黏土块抗消融的能力对温度的依赖不强，然而，矿块的消融对温度的依赖性很强（Law，Masliyah 和 Nandakumar，1987）。

只有在给矿块传递了能量后，它才能消融。矿块在管道中流动时，由表面剪切应力产生的机械能和热能是由移动砂浆的热能转化而来。因此，研制矿块消融模型的两个关键要素是确定矿块的表面剪切应力和矿块质量损失评估，同时还要考虑矿块的温度剖面。

5.1.2　模型的研制

研发消融模型的起点是质量和能量守恒。可以通过考虑将管道长度 ΔZ 分段（图 5.3），从而推导出一系列等式。在管道内给定的轴向位置，假定流动介质由矿块（包括油砂岩石和黏土）和消融的砂浆（由固体矿物、沥青、和水组成）组成。还假设从块外层消融掉的物质变成了砂浆的一部分。

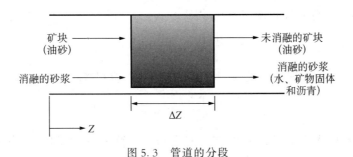

图 5.3　管道的分段

5.1.2.1　质量守恒

在管道内任意给定的轴向位置都发生着矿块的消融以及砂浆和矿块之间的质量转移。

在管道内任意给定的轴向位置，其总质量流量 $\dot{m}_z$ 为：

$$\dot{m}_z = \dot{m}_s + \sum_{i=1}^{N} \dot{m}_i \qquad (5.1)$$

其中，$\dot{m}_s$ 是砂浆质量流量；$\dot{m}_i$ 是第 i 种矿块的质量流量；N 是矿块总的种类数。

假设流动是稳定的（即所有轴向位置 $\dot{m}_z$ 是常数），对等式（5.1）进行微积分得出管道分段长度 $\Delta Z \rightarrow 0$ 的质量平衡。

得到的表达式为：

$$\frac{d\dot{m}_s}{dz} = -\sum_{i=1}^{N} \frac{d\dot{m}_i}{dz} \qquad (5.2)$$

通过考虑由图 5.4 所表达的概念，研究出了第 i 块的质量流量随距离变化的表达式（即 $\dfrac{d\dot{m}_i}{dz}$）：

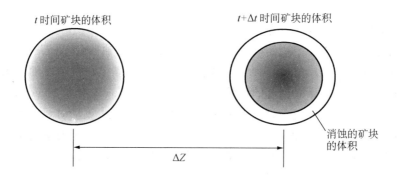

图 5.4　在流动了距离 ΔZ 后矿块消融的体积 ΔV

如果在 t 时间，矿块的体积是 V_i，在矿块流动一段距离 ΔZ 后，体积减小分数为 $\Delta V_i / V_i$。假设第 i 块的密度 ρ_i 是常数，第 i 块质量流量变化差为：

$$\Delta\dot{m}_i = \frac{\Delta V_i}{V_i}\dot{m}_i \qquad (5.3)$$

式（5.3）被 ΔZ 除，取极限 $Z \rightarrow 0$，得：

$$\frac{d\dot{m}_i}{dz} = \frac{1}{V_i}\frac{dV_i}{dz}\dot{m}_i \qquad (5.4)$$

如果让物质容积率，即块消融的容积率，Q_i，块的容积减小率由式（5.5）给出：

$$\frac{dV_i}{dz} = -Q_i \qquad (5.5)$$

关于轴向距离引入变量 Z，在式（5.5）右边，注意：$v = dz/dt$（v 为块在管道中的速度），我们可以得出：

$$\frac{dV_i}{dt} = \frac{dV_i}{dz}\frac{dz}{dt} = -Q_i \Rightarrow \frac{dV_i}{dz} = \frac{-Q_i}{v_i} \tag{5.6}$$

假定砂浆由固体矿物、沥青和水组成，砂浆在沿管道的任意轴向位置上的质量流量的表达式为：

$$\dot{m}_s = \dot{m}_m + \dot{m}_b + \dot{m}_w \tag{5.7}$$

油砂矿块中被消融的组分离开矿块后变成砂浆的一部分。换句话说就是，由于矿块的消融而损失的成分是砂浆增加的那些成分。砂浆的组分可以表示为：

固体矿物

$$\frac{d\dot{m}_m}{dz} = -\sum_{i=1}^{N} \gamma_{mi}\frac{d\dot{m}_i}{dz} \tag{5.8}$$

沥青

$$\frac{d\dot{m}_b}{dz} = -\sum_{i=1}^{N} \gamma_{bi}\frac{d\dot{m}_i}{dz} \tag{5.9}$$

水

$$\frac{d\dot{m}_w}{dz} = -\sum_{i=1}^{N} \gamma_{wi}\frac{d\dot{m}_i}{dz} \tag{5.10}$$

从式（5.4）、式（5.6）和式（5.8）到式（5.10）可以看出，在无穷小（即 $\Delta Z \rightarrow 0$）长度的管道段上，砂浆每个成分的质量平衡（即固体矿物、沥青、水）为：

固体矿物

$$\frac{d\dot{m}_m}{dz} = \sum_{i=1}^{N} \frac{\gamma_{mi}}{V_i}\frac{Q_i}{v_i}\dot{m}_i \tag{5.11}$$

沥青

$$\frac{d\dot{m}_b}{dz} = \sum_{i=1}^{N} \frac{\gamma_{bi}}{V_i}\frac{Q_i}{v_i}\dot{m}_i \tag{5.12}$$

水

$$\frac{d\dot{m}_w}{dz} = \sum_{i=1}^{N} \frac{\gamma_{wi}}{V_i}\frac{Q_i}{v_i}\dot{m}_i \tag{5.13}$$

其中，$\dot{m}_m$，$\dot{m}_b$ 和 $\dot{m}_w$ 分别代表砂浆流中固体矿物、沥青和水的质量流量；γ_{mi}，γ_{bi} 和 γ_{wi} 分别代表第 i 种矿块中固体矿物、沥青和水的质量分数。对于给定的矿块，在管道中的任意位置处，这些参数都是相等的。

对给定的第 i 种矿块，质量分数守恒的关系式如下：

$$\gamma_{mi} + \gamma_{bi} + \gamma_{wi} = 1 \tag{5.14}$$

其中，$i = 1 \sim N$，N 是矿块种类的数量。

在管道的入口处 $z = 0$，且最初矿块的质量流量、矿块的大小以及成分的质量分数（即 γ_{mi}，γ_{bi} 和 γ_{wi}）必须是已知的。式（5.11）～式（5.13）放在一起可以求得沿管道任意位置处每种砂浆成分的质量流量。然而 Q_i 还是未知的，所以必须对矿块消融速度 Q_i 进行建模。很明显，在预测 Q_i 的建模中应考虑矿块内部的温度曲线以及作用在矿块表面的剪切应力。

5.1.2.2 热能的守恒

在任意轴向位置，将传递给周围环境的热量或是内部由于摩擦损失而增加的热量忽略不计，矿块和砂浆之间存在热传递，假设流动是稳态，在一个微分元的管道分段长度 Δz 上的热能保持平衡，如果让 $\Delta z \rightarrow 0$，则有：

$$\frac{d}{dz}[\dot{m}_s c_{ps} T_s(z)] = -\sum_{i=1}^{N} \frac{d}{dz}[\dot{m}_i c_{pi} \overline{T}_i(z)] \tag{5.15}$$

其中，$\dot{m}_s$ 和 $\dot{m}_i$ 分别为砂浆和第 i 种矿块在轴向位置 z 上的质量流量；c_{ps} 和 c_{pi} 分别为砂浆和第 i 种矿块的定压比热容；T_s 是砂浆的温度，假设该温度在管道的整个横截面是均匀的；$\overline{T}_i$ 表示第 i 种矿块的体积平均温度。

式（5.15）的初始条件是 T_s（砂浆的温度）表示的是管道入口所加水的温度，$\overline{T}_i$ 表示第 i 种矿块中干油砂料的温度。第 i 种矿块的体积平均温度 $\overline{T}_i$ 在轴向距离 z 上被定义为：

$$\overline{T}_i(z) = \frac{\int T_i(r,z) dV_i}{\int dV_i} \tag{5.16}$$

在这里 T_i 表示在轴向位置 z 上，矿块内位置 r 处每个极小体积元素的温度。如果假设矿块是球形的，则由式（5.16）可得：

$$\overline{T}_i(z) = \frac{\int_0^{R_i} 4\pi T_i(r,z) r^2 dr}{\int_0^{R_i} 4\pi r^2 dr} = \int_0^{R_i} \frac{3 T_i(r,z) r^2}{R_i^3} dr \tag{5.17}$$

其中，R_i 表示第 i 种矿块的半径；在给定轴向位置 z 时，$T_i(r, z)$ 代表径向位置 r 处矿块的温度。

矿块的温度曲线受热传导等式的控制。对于球形的矿块来说，球形坐标中热传导等式为：

$$\frac{\partial T_i}{\partial t} = \frac{k_i}{\rho_i c_{pi}} \frac{1}{r^2} \left[\frac{\partial}{\partial r} \left(r^2 \frac{\partial T_i}{\partial r} \right) \right] \tag{5.18}$$

其式，T_i 表示矿块的温度，是径向位置 r 和轴向位置 z 的函数 [即 $T_i \equiv T_i (r, z)$]。$k_i / \rho_i c_{pi}$ 表示第 i 种矿块的热扩散系数。其中 k_i 是导热系数，ρ_i 表示密度，c_{pi} 是恒压下的定压比热容。由于时间和距离与矿块的速率有关（$v_i = d_z / d_t$），所以式（5.18）可变形为：

$$\frac{\partial T_i}{\partial z} = \frac{1}{v_i} \frac{k_i}{\rho_i c_{pi}} \frac{1}{r^2} \left[\frac{\partial}{\partial r} \left(r^2 \frac{\partial T_i}{\partial r} \right) \right] \tag{5.19}$$

初始条件为，在 $z = 0$，$0 \leqslant r \leqslant R_i$ 时，T_i 为油砂料温度，其中 $i = 1 \sim N$。

边界条件为，对于所有的轴向位置 z，在 $r = 0$ 时，$i = 1 \sim N$ 时 $\dfrac{\partial T_i}{\partial r} = 0$。

由以下等式得出的对流边界条件可应用于矿块表面：

$$h_i (T_{i,\text{surface}} - T_s) = -k_i \left. \frac{\partial T_i}{\partial r} \right|_{r = R_i}$$

其中，$(T_{i,\text{surface}} - T_s)$ 是第 i 种矿块表面和砂浆的温度差；h_i 是第 i 矿块的传热系数，h_i 的值可以从 Hines 和 Maddox（1985，p. 194）中求出。

5.1.2.3　矿块消融的建模

在模拟矿块过程中，假设沥青是能把矿块聚集到一起的"胶"。在施加剪切应力的作用下，沥青会流动，导致物质从矿块中脱出。沥青的消融或从矿块中"挤压"的速度取决于施加在矿块表面的剪切应力的大小和沥青的黏度。对于球体则假设其剪切应力施加在其赤道线上。假定速度曲线沿着由赤道线为界的圆形截面变化，在该圆形区域上对速度曲线进行积分，则可求得矿块中的物质的消融流量 Q_i。则对于第 i 种矿块有如下表达式：

$$Q_i = 2\pi \int_0^{R_i} u_i(r) r \, \mathrm{d}r \tag{5.20}$$

其中，$u_i(r)$ 代表矿块内的压出速度或消融速度；作为径向位置 r 的函数，R_i 是第 i 种矿块的半径。矿块沿着管道流动，体积会变小，R_i 和 $u_i(r)$ 都是关于矿块沿着管道流动距离 z 的函数。

矿块中物质的消融过程是可见的，如图 5.5 所示，在剪切应力的作用下，物质从矿块中被压出时是可见的 [即以式（5.20）的速度消融]。压出的物质不断的脱离矿块且最终成为砂浆的一部分。

假设矿块内变化的速度曲线服从牛顿黏滞定律，对于沿着管道某一特定的轴向位置，则有：

$$\tau_{\text{bed}} = \tau_{\text{lump}} = \mu_{\text{bitumen}} \frac{\mathrm{d}u}{\mathrm{d}r} \tag{5.21}$$

其中，τ_{bed} 表示移动床中的剪切应力；τ_{lump} 表示矿块所受到的剪切应力（即床的剪切应力，

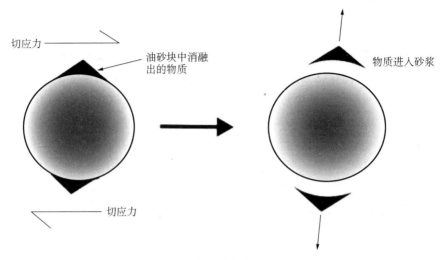

图 5.5 矿块消融物进入砂浆的示意图

τ_{bed}）；$\mu_{bitumen}$ 表示沥青的黏度；du/dr 表示矿块中流动沥青的速度梯度。对式（5.21）进行积分［即式（5.22）］可以求得矿块中流动沥青的速度曲线，产生如下表达式：

$$u(r) = \tau_{lump} \int_0^r \frac{dr}{\mu_{bitumen}} \tag{5.22}$$

矿块中存在着温度梯度。因此，沥青的黏度 $\mu_{bitumen}$ 是径向位置 r 和流动距离以及积分中的剩余项的函数。联立式（5.20）和式（5.22）可以得出下面 Q_i 的最终表达式：

$$Q_i = 2\pi\tau_{lump} \int_0^{R_i} \int_0^r \frac{dr}{\mu_{bitumen}} r dr \tag{5.23}$$

从式（5.23）可以看出，对于管道内矿块消融建模来说，作用于矿块上的剪切应力 τ_{lump} 是唯一的未知量。用 Wilson–Shook 两层模型（Gilles，Shook 和 Wilson，1991）可以求得。

5.1.2.4 矿块的剪切应力

矿块所受到的剪切应力可以通过移动床悬浮液黏度的概念来计算，在这里剪切应力等于悬浮液黏度乘以切变速率（即牛顿黏滞定律）。根据 Barnea 和 Mizrahi 在 1973 年研究出的浓缩悬浮液黏度表达式，可以得出沿管道底部移动砂床内的剪切应力的表达式：

$$\tau_{bed} = \frac{dw}{dy} \underbrace{\mu_1 \exp\left[\frac{2.66 C_{lim}}{1 - C_{lim}}\right]}_{\text{悬浮液黏度}} \tag{5.24}$$

其中，dw/dy 表示移动床中的速度梯度；μ_1 表示在主要的砂浆温度下水的黏度；C_{lim} 表示移动床中固体的体积分数。

利用由 Gilles，Shook 和 Wilson 在 1991 年开发的两层模型可以求得切变速率 dw/dy 以及移动床中固体的体积分数。在两层模型中，假设管道内砂浆流动由两层组成。顶层的体

积分数为 C_1，底层的体积分数为 $C_1 + C_2$。假设底层或移动床的体积分数 C_{lim}（即 $C_1 + C_2$）为 0.6（Gilles，Shook 和 Wilson，1991）。这个两层模型为管道中的顶层和底层分别给出了平均速度。与顶层相比，含有较大颗粒的底层以较慢的平均速度流动。

5.1.3　比较模型与实验性测量

通过对比矿块消融预测结果和实验测量结果来检验管道消融模型的正确性。测量结果来源于在萨斯喀彻温省研究委员会管道循环设施中进行的管道油砂砂浆流动研究（Gilles 和 Small，1996）。矿块消融实验就是在管道循环中加入已知质量的矿块，然后在指定时间将矿块从系统中滤出，测量剩余未消融矿块的质量。凭借这些实验，我们可以建立不同时间下矿块损失质量的数据集。

将 3 种砂浆温度下矿块消融的预测和实验测量结果进行对比。本节只出示了砂浆温度为 30℃ 时的对比图（图 5.6）。从图 5.6 中可以看出，矿块消融的模拟是测量值的合理预测。这种对比给该模型预测管道中油砂矿块消融的总体能力提供了一个指标。

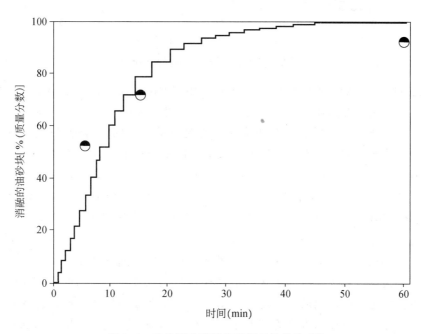

图 5.6　矿块消融预测值和测量结果的对比

5.1.4　模型参数的研究预测

对水力运输管道中矿块的消融进行建模的主要目的是研究在暖温萃取环境下矿块的消融（尺寸变小）情况。用于模拟的矿块只有一种尺寸，而不是一定范围内变化的尺寸。如果没有特别指出，则在所有的实验中，油砂料流量与水的流量之比为 2000kg/950kg。对于完全消融的矿块，其排放密度为 1548kg/m³。管道内径为 71cm（28in）。水力运输管道进口处的矿块的初始温度为 0℃。

图 5.7 所示，砂浆传送温度在 20～50℃ 之间变化时，初始尺寸为 10cm（4in）的矿块

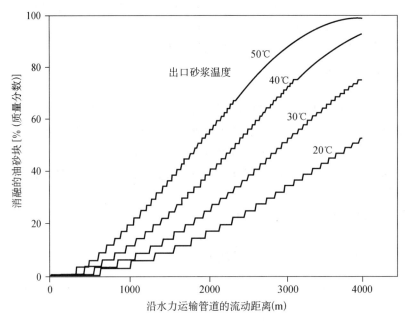

图 5.7　砂浆温度对矿块消融的影响

在管道（长达 4km）中随着流动距离的变化而变化的消融情况。砂浆水温不断变化以达到理想的管道出口温度。在商业生产中，最大矿块的尺寸为 10cm（4in），一般矿块都小于模拟矿块的尺寸。矿块尺寸这样的分布导致对沿管道流动矿块的消融情况的估计比较保守。图 5.7 清楚地表明矿块的消融在很大程度上取决于砂浆的排出温度。砂浆排出温度为 50℃时，几乎所有的矿块都被消融了。然而当砂浆排出温度为 20℃时，矿块在管道中流经 4km 长的距离后，仍有将近 50％的矿块未被消融（当矿块直径为 1mm 时，则认为它被消融了）。矿块消融对温度的强烈依赖仅仅是因为沥青黏度的大小强烈依赖于温度。

　　图 5.8 为砂浆排出温度为 40℃时，直径在 5cm 到 15cm（2～6in）之间的矿块初始直径对消融的影响。小尺寸矿块的消融速度比大尺寸矿块的消融速度快得多。这是由于对相同质量的油砂矿来说，以较小尺寸的矿块的形式存在时比以较大尺寸的形式存在时的表面积大，因而前者的消融速度也比后者快得多。图 5.8 表明使较小尺寸的矿块进入水力管道仅需较短的管道长度。从操作角度来看，对于一定矿块的消融来说，矿块的初始尺寸和温度以及砂浆排出温度是确定所需管道长度的主要参数。

　　如图 5.9 所示，对于矿块初始直径为 10cm（4in），砂浆排出温度为 40℃时，指定干油砂料的情况下，砂浆密度对矿块消融的影响。在这种情况下，干油砂料的流量与水的流量之比为 2000kg/1150kg，而砂浆排出密度为 1463kg/m³。换言之就是水的流量从 950kg/s 增加到 1150kg/s，然而干油砂料的流量保持不变。这两个相互矛盾的重要因素影响着矿块的消融。水流量较低时（950kg/s）的总砂浆流量小于水流量较高时总的砂浆的流量，导致它在管道中的停留时间较长，虽然其移动床中有较高的切变速率。图 5.9 表明，在砂浆排出密度较高时，消融的速度会稍快一点。尽管商业开采中常常采用排出密度为 1550kg/m³ 左右的砂浆，但是也应该将有关于操作费用和管道完整性等其他因素考虑进去。

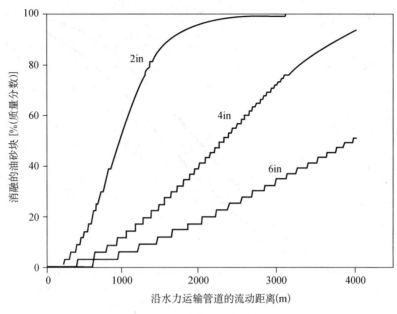

图 5.8　矿块初始直径对其消融的影响

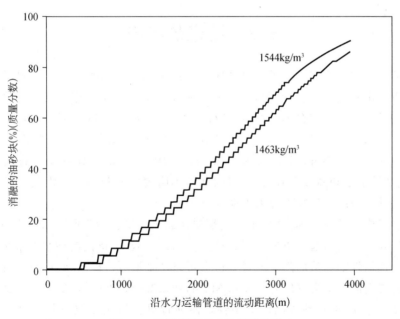

图 5.9　砂浆密度对矿块消融的影响

　　管道直径对矿块消融的影响如图 5.10 所示。为了方便对比，平均速度和砂浆密度保持相同。图 5.10 表明，矿块在管径较小的管道内消融速度更快。一般地说，这是因为在较小直径的管道中单位质量的能量损耗较高，导致颗粒之间产生较高的剪切应力，所以消融速度较快。往往通过油砂运输能力、成本、操作费用、操作安全以及管道可用性来确定管道直径的大小。

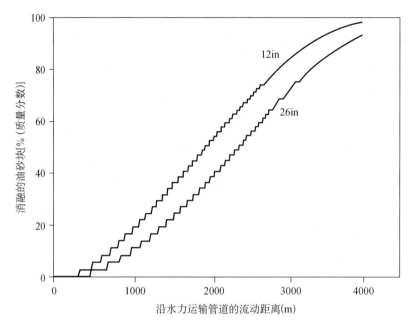

图 5.10 管道内径对矿块消融的影响

5.2 沥青的析出

在之前的章节中，我们讨论了通过消融的方法减小矿块尺寸。下一个关键的步骤是从砂粒中将沥青析出并且紧接着让析出沥青的附着物与水力输送管道中的空气接触。关于沥青析出和曝气的详细分析将在第 6 章中介绍。这里仅介绍一些简要的经验知识。

由于沥青—水界面间存在表面力，使得砂粒周围沥青的连续性遭到破坏（Takamura 和 Wallace，1998；Basu，Nandakumar 和 Masliyah，1996）。如果消融砂浆的化学性质有利（例如，低电解质浓度和高 pH 值），破碎的沥青不附着在砂粒表面，而是从砂粒上脱落下来，形成沥青珠，最终从砂粒中分离出来（Moran，2001）。

消融的砂浆中化学添加剂、pH 值、电解质及黏土含量、砂浆温度和剪切率这几个因素均对沥青从砂粒中的析出起着重要作用。例如，加入 NaOH 将提高砂浆的 pH 值并激活沥青中的天然表面活性剂，从而降低沥青—水之间的界面张力、提高沥青和硅之间的排斥力、降低沥青和硅之间的附着力（Liu，Xu 和 Masliyah，2003，2005a，2005b）。此外，适当加入 NaOH 可以降低沥青和砂粒间的润湿性，使沥青更容易从砂粒中分离出来（Bowman，1967；Baptista 和 Bowman，1969；Takamura 和 Chow，1983；Schramm，Smith 和 Stone，1984）。

较高的水温使沥青黏度降低，从而沥青迅速地从砂粒中脱离出来。很显然，给消融砂浆以剪切力有助于脱出的沥青从砂粒中分离出。以下部分对举例说明了砂浆 pH 值和温度的作用的模型系统进行了描述。Basu，Nandakumar，Masliyah（1996，1998，2000）和 Basu 等（1998，2004）曾研究过从显微薄片上脱出沥青的模型系统。在显微薄片上涂一层圆盘形的沥青膜，将这个圆盘形膜浸没在一定的温度和 pH 值的水浴中。用摄影机记录了沥青膜脱出形成球冠的过程。图 5.11 为在 pH = 11 时，两种不同水温条件下的沥青膜的脱离速率。很明显，在温度较高时，沥青液滴完成脱离的时间较短。图 5.11 证明了在薄片上，处理水的温度对沥青脱出所需要的时间起着重要作用。

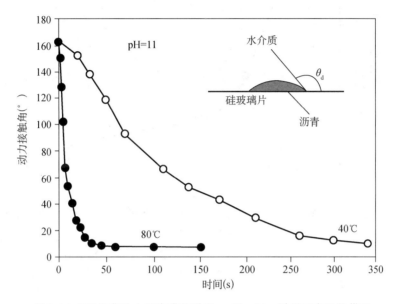

图 5.11 在显微薄片上沥青膜的脱出，pH = 11，说明了水温的作用

　　Walker（2006）研究了沥青从显微薄片上的析出过程。在控制条件下，将一个涂有沥青的显微薄片置于流动的水中。通过当沥青从显微薄片表面脱出时，显微薄片变暗的程度来计量沥青的脱出速率，该方法是加拿大自然资源部 Canmer 能源研究所研发的一种方法（Friesen，Dabro 和 Kwong，2004）。50% 的沥青从显微薄片上脱离的时间很大程度上取决于水温——当水温从 35℃ 调高到 60℃ 时将高一个数量级（图 5.12）。在 pH 值约为 8.2 的工业装置循环处理用水中进行该试验。Luthra 等利用类似的方法开展了一项有关温度对沥青析出影响的研究（2004）。

　　图 5.13 对比了在两种不同条件下沥青脱离 50% 所需的时间，一种情况是在工业装置循环处理水系统中，另外一种情况是在脱离子水系统中（在各种温度条件下）。它还显示了另一个模拟试验，在脱离子水中掺入钠、氯化物、硫酸盐、重碳酸氢盐、钙和镁离子，掺入的浓度与工业装置循环处理水中离子含量相当，将这个水称作模拟处理水。模拟处理水的配方如表 5.1 所示。值得注意的是，尽管装置循环处理水中含有高浓度的钙离子和镁离子，但其全部性能均优于脱离子水，且两者的离子水平相当。将脱离子水的 pH 调整到 8.2，与工业装置循环处理水 pH 相当。在实际工业装置循环处理水和模拟处理水中聚结速率的不同应归因于天然表面活性剂和重碳酸氢盐的存在，显示出了自然出现的表面活性剂通过抑制钙和镁离子对形成三相接触线和空气—沥青吸附的负作用（Schramm 和 Smith，1987），从而影响萃取工艺。沥青 50% 脱离所需时间的趋势表明在温度较低时所有种类的水的化学性质是大体一致的。这是因为随着温度降低，脱离过程取决于沥青黏度，水的化学性质的

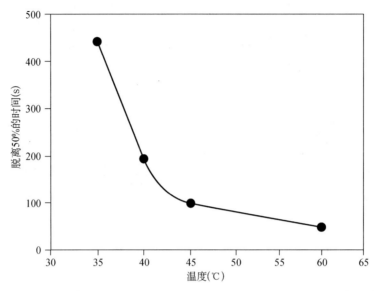

图 5.12　在 pH 值约为 8.2 的工业装置循环处理用水中水温对沥青脱离的作用

（据 Walker，2006）

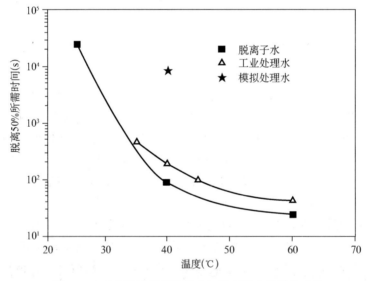

图 5.13　工业装置循环处理水与脱离子水系统的对比

作用就没那么重要了。

　　一旦沥青以沥青单体形式从砂粒中分离出来，沥青单体聚结变大更容易与气泡接触。消融砂浆的化学性质是使脱离的沥青单体不与微小固体颗粒聚结，从而使密度增加并防止它们浮在重力分离器的顶部。影响沥青与气泡及微小固体颗粒附着的因素是油砂矿中固体微粒的类型、数量以及消融砂浆的 pH 和离子浓度（Moran，Yeung 和 Masliyah，2000）。大量的钙离子和镁离子存在可能会引起微粒—微粒、沥青—微粒的聚结（Takamura 和 Wallace，1987，1988）。目前几乎没有关于消融砂浆组成对沥青—空气相互作用影响的数据，也不知道沥青—气泡的附着发生在什么时候，是发生在沥青从砂粒分离的过程中还是分离之后。在这里我们回顾一下，当沥青密度与水的密度非常接近时，在重力作用下，沥青—空气间的附着作用对于增加沥青单体浮在消融砂浆中所需浮力起着重要作用。

表 5.1　模拟装置循环处理水电解液浓度

组分	浓度（mg/L）
NaCl	9.0
Na_2SO_4	4.2
$NaHCO_3$	12.5
$CaCl_2 \cdot 2H_2O$	2.2
$MgCl_2 \cdot 6H_2O$	1.6

在水力输送管道中消融后，砂浆被水稀释并进入重力分离器，这个分离器被 Syncrude 称为初级分离器（PSV），被 Suncor 称为分离浮选机，被其他人称为初级分离浮选机（PSC）。在重力分离器中，沥青单体伴随着它们的伴生空气浮到分离器的顶部，形成沥青浮渣（约60%沥青、30%水、10%固体，以质量计）。粗的固体颗粒、水和一些易散的沥青从容器底部排出。中矿油流（密度约为 $1200 kg/m^3$）通常从容器中回收回来。最终，利用浮选机从中矿油流中回收沥青。重力分离器中生产出的沥青浮渣首先进行脱气。为了完成水和固体颗粒从沥青浮渣中的分离，用溶剂稀释脱气的沥青浮渣，从而降低浮渣的黏度。在环烷基浮渣处理中，使用斜板沉砂池、旋流器或离心机来影响水和固体颗粒从烃相中的分离。在低温和高温处理生产中，采用石蜡溶剂，沥青质沉淀下来，它们有利于从烃相中分离出乳化水和细小固体微粒（Gary，Xu 和 Masliyah，2009）。

参考文献

Baptista，M. V.，and C. W. Bowman，1969. The flotation mechanism of solids from the Athabasca oil sand. In *Proceedings of the 19th Canadian Chenical Engineering Conference*. Edmonton，Alberta，Canada：Canadian Socicty for Chemical Engineering.

Barnea，E.，and J. Mizrahi. 1973. A generalized approach to the fluid dynamics of particulate systems. Part 1：General correlation for fluidization and sedimentation in solid multiparticle systems. *The Chemical Engineering Journal* 5(2)：171 – 189.

Basu，S.，W. C. Kanda，K. Nandakumar，and J. H. Masliyah. 1998. Effect of hydrophobic and hydrophilic clays on bitumen displacement by water on a glass surface. *Industrial & Engineering Chemistry Research* 37 (3)：959 – 965.

Basu，S.，K. Nandakumar，S. Lawrence，and J. H. Masliyah. 2004. Effect of calcium ion and montmorillonite clay on bitumen displacement by water on a glass surface. *Fuel* 83(1)：17 – 22.

Basu，S.，K. Nandakumar，and J. H. Masliyah. 1996. A study of oil displacement on model surfaces. *Journal of Colloid and Interface Science* 182(1):83 – 94. *With erratum in Jorunal of Colloid and Interface Science* 196,324.

——. 1998. A visual study of high grade oil sand disintegration process. *Journal of Colloid and Interface Science* 205(1): 201 – 203.

——. 2000. A. study on daughter droplets formation in bitumen/glass/water contact line displacement due to instablility. *Fuel* 79(7):837 – 841.

Bowman, C. W. 1967. Molecular and interfacial properties of Athabasca tar sands. In *Proceedings of the 7th World Petroleum Congress*. Mexico City, Mexico.

COST. 1999. Lecture notes, Certificate in oil Sands Technology, University Extension Centre, University of Alberta, Masliyah, J. , and B. Bara

Fine Tailings Fundamentals Consortium (FTFC). 1995. *Abvances in oil sands tailings research*. Edmonton: Alberta Department of Energy, Oil Sands Research Division.

Friesen, W. I. , Dabros, and T. Kwong. 2004. A bench – scale study of conditioning behaviour in oil sands slurries. *Canadian Journal of Chemical Engineering* 82(4):743 – 751.

Fuhr, B. , C. Powter, D. Taplin, and D. Rose. 1993. Catalogue of technologies for reducing the environmental impact of fine tails from oil sand processing. Paper read at Oil Sands: Our Petroleum Future Conference, Apr. 4 – 7, at Edmonton, Alberta, Canada.

Gilles, R. G. , C. A. Shook, and K. C. Wilson. 1991. An improved two layer model for borizontal slurry pipeline flow. *Canadian Journal of Chemical Engineering* 69(11):173 – 178.

Gilles, R. G. , and M. Small. 1996. Oil sand slurry pipeline. studies. Phase 1: Pipeline hydraulics. Phase 2:Lump dispersion. Saskatoon: Saskatchewan Research Council, Process Development Division.

Gray, M. , Z. Xu, and J. Masliyah. 2009. Physics in the oil sands of Alberta, *Physics Today*, March, 31 – 35. *See also* Timblin, L. O. Jr. , G. Stiles, E. Wood, M. Gray, Z. Xu. and J. Masliyah. 2009. Efficiency and environmental effects in the oil sands of Alberta. *Physics Today*, December, 8 – 9.

Hincs, A. L. , and R. N. Maddox. 1985. *Mass transfer: Fundamentals and applications*. Englewood Cliffs:Prentice – Hall.

Law, D. H. – S. , J. H. Masliyah, and K. Nandakumar. 1987. Ablation of frozen oil sands under the influence of turbulent axisymmetric jets. *AOSTRA Journal of Research* 3: 177 – 182.

Liu, J. , Z. Xu, and J. H. Masliyah. 2003. Studics on bitumen – silica interaction in aqueous solutions by atomic force microscopy. *Langmuir* 19(9):3911 – 3920.

——. 2005a. Interaction forces in bitumen extraction from oil sands. *Journal of Colloid and Interface Science* 287(2):507 – 520.

——. 2005b. Colloidal forces between bitumen surfaces in aqueous solutions measured with atomic force microscopc. *Colloids and Surfaces A: Physiochemical and Engineering*

Aspects 260(1−3):217−218.

Long,J. ,Z. Xu,and J. H. Masliyah. 2005. On the role of temperature in oil sands processing *Energy & Fuels* 19(4):1440−1446.

Luthra,M. , R. Lopetinsky, S. Sanders, K. Nandakumar, and J. H. Masliyah. 2004. A new device to determine bitumen extraction from oil sands. *Canadian Journal of Chemical Engineering* 82(4):752−762.

Moran,K. L. 2001. Micro−mechanics of emulsion drops. PhD diss. ,Department of Chemical and Materials Engineering,Uhiversity of Alberta,Edmonton.

Moran,K. L. , A. Yeung, and J. H. Masliyah. 2000. Factors affecting the acration of small bitumen droplets. *Canadian Journal of Chemical Engineering* 78 (4):625−634.

Schramm,L. L. , and R. G. Smith. 1987. Two Classes of Anionic Surfactants and Their Significance in Hot Water Processing of Oil Sands. *Canadian Journal of Chemical Engineering* 65(5):799−811.

Schramm,L. L. ,R. G. Smith,and J. A. Stone. 1984. A surface−tension method for the determination of anionic surfactants in hot water processing of Athabasca oil sands.*Colloids and Surfaces* 11(3−4):247−263.

Takamura,K. , and R. S. Chow. 1983. A mechanism for initiation of bitumen displacement from oil sands.*Journal of Canadian Petroleum Tchnology* 22: 22−30.

Takamura,K. ,and D. Wallace. 1987. Experimental and theoretical studies of the hot water processability of different grades of Athabasca oil sands. In *Flocculation in biotechnology and separation systems*,ed. Y. A. Attia. Amsterdam:Elsevier.

——. 1988. The Physical chemistry of the hot water process. *Journal of Canadian Petroleyum Technology* 27(6):98−106.

Waleker,J. R. 2006. The recession of bitumen from a silica surface under shear flow. Master's diss. ,Department of Chemical and Materials Engineering,University of Alberta,Edmonton.

第6章 沥青开采

要了解沥青开采的工艺过程，我们简要回顾一下水基沥青萃取的基本步骤。为了有效地从油砂—水砂浆中开采沥青，必须分解油砂基质，并且将沥青从砂粒中分离出来。后面这一步骤称为沥青离析。离析出来的单个沥青液滴彼此间发生碰撞，有些碰撞会引起液滴的融合或合并，从而形成更大的液滴。同时，这些沥青液滴与分散的气泡发生碰撞，有些碰撞会导致沥青曝气，即形成气泡—沥青液滴聚集体。该聚集体有足够的浮力浮到分离器的表面，形成浮渣。气泡—沥青液滴聚集体的上升速度取决于它们的大小、密度（或气泡与沥青的体积比）和它们上升所处的介质的黏度。在颗粒较粗的固体沉淀后，介质由水、悬浮的固体微粒（主要为黏土）、易散的沥青（主要以微小液滴形式存在）组成，上述物质在油砂工业被称为中矿。

所有的这些基本步骤（离析、聚结、曝气和浮选）都是开采沥青的必要工艺。对任一基本步骤产生的妨碍都会对沥青的综合开采工艺产生负面影响。水的化学性质，尤其是 pH 和二价离子含量以及总含盐量（影响程度较小）对沥青开采中的所有基本步骤都有深远的影响。

6.1 沥青离析

将沥青离析定义为从水中分离油砂颗粒或脱离沥青，它是沥青开采中一个必要的步骤。如图 6.1 所示，沥青离析过程分为两个子过程：在水中沥青从砂粒表面退离和沥青从砂粒上分离出来。在沥青退离过程中，当沥青形成液滴时，沥青—水界面的变化可以忽略不计。

同时，沥青—砂粒界面（$\gamma_{B/S}$）可以由砂粒—水界面（$\gamma_{S/w}$）代替。沥青离析中的能量变化可以表示为：

$$\Delta G / \Delta A = \gamma_{S/w} - \gamma_{B/S} \tag{6.1}$$

要想用式（6.1）定性同从水中砂粒上沥青的退离相关的自由能量的变化，必须确定砂粒—水界面张力以及沥青—砂粒界面张力，而这两个值都不能直接测量得出。然而，两个界面张力的差值与沥青—水界面张力（可以直接测量）和杨氏公式里的接触角度（θ）有关。

$$\gamma_{B/S} - \gamma_{S/w} = \gamma_{B/w} \cos\theta \tag{6.2}$$

式中 θ 通过水相测得。将式（6.2）代入式（6.1），可得：

$$\Delta G / \Delta A = -\gamma_{B/w} \cos\theta \tag{6.3}$$

因为 $\gamma_{B/w}$ 大于零，式（6.3）表明，沥青从水中砂粒表面退离的临界条件是接触角小于90°。很明显，固体的憎水性在沥青退离中起关键作用。沥青退离时接触角度小于90°的条件说明砂粒与水之间的相互作用力必须大于砂粒与沥青之间的相互作用力，即 $\gamma_{B/S} > \gamma_{S/w}$。式（6.3）表明：由于提高水的 pH 值会降低沥青—水界面张力，从而不利于沥青离析。但是，通常能够通过增加砂粒表面的水解性来提高水的 pH 值，从而提高了砂粒的湿润性（即减小接触角度）。这还能够导致天然表面活性剂的增加，从而减小沥青—水界面张力。θ 角越小，$\Delta G/\Delta A$ 这个负值越大，因此，沥青更容易退离。

当沥青退离到临界形状后，沥青液滴就可以从砂粒上分离，如图 6.1 过程 B 所示。在这一过程中，沥青与砂粒的接触转化为沥青与水以及砂粒与水的接触。伴随沥青分离所产生的界面能量，由式（6.4）表示：

$$\Delta G/\Delta A = \gamma_{S/w} + \gamma_{B/w} - \gamma_{B/S} \tag{6.4}$$

将杨氏公式代入式（6.4），可得：

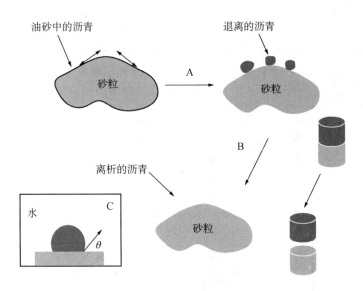

图 6.1 沥青从砂粒中离析的过程示意图

$$\Delta G/\Delta A = \gamma_{B/w}(1 - \cos\theta) \geqslant 0 \tag{6.5}$$

图 6.1 所示为沥青从砂粒中离析有两个子过程：沥青退离（A）和沥青分离（B），均由沥青在砂粒上的水接触角度（θ）决定。

式（6.5）显示，沥青分离从热动力学角度上是不利的，对于发生在静态下的沥青离析，砂粒必须完全亲水，也就是说，如不考虑沥青与水之间的界面张力，砂粒与水的接触角度应为零。由于沥青—水界面张力较低与自由正能量增益较小相对应，希望通过增加 pH 值来减小沥青—水界面张力，从而能够促进沥青离析。式（6.5）还表明，为了让沥青从砂粒上分离，需要机械能［如液体拖曳力、机械惯性力和（或）曝气沥青的浮力］来补偿界面能量的增益。换句话说，沥青从砂粒上的离析主要源于水动力。

显而易见的是，通过接触角测得的砂粒润湿度在沥青退离与分离过程中起关键作用。基于杨氏公式：

$$\cos\theta = (\gamma_{B/S} - \gamma_{S/w})/\gamma_{B/w} \qquad (6.6)$$

我们发现为降低砂粒与水的接触角度（增加 $\cos\theta$）以及提高沥青离析程度，必须降低沥青与水的界面张力 $\gamma_{B/w}$，同时增加（$\gamma_{B/S} - \gamma_{S/w}$），也就是说，增大沥青与砂的界面张力，并且（或者）降低固体—水的界面张力。总的来说，在生产中沥青—固体的界面张力不易被改变，但是在沥青退离时，砂粒与水的接触使得砂粒与水的界面性质得到控制。提高 pH 值常常能够降低砂粒—水界面张力，因为它能够提高水解作用并增加砂粒表面的电荷，使砂粒在碱性 pH 值下的亲水性更强。在第 4 章我们看到，随着水的 pH 值的增加，沥青—水界面张力减小（图 4.57）。我们便看到增加 pH 值会减小接触角度，从而有利于沥青的离析。

Basu，Nandakumar 和 Masliyah 所做的实验观察了在玻璃片上的沥青与水的接触角度与 pH 值成函数关系（1996）。如图 6.2 所示，在 pH 值为 2～11 的研究范围内，该接触角度均小于 90°，并随着水相 pH 值的增加而减小。这一发现证实了 pH 值高对沥青的离析有利。值得注意的是，将反应温度从 40℃提高到 80℃对该接触角度的大小几乎没有产生影响。人们相信，在 40℃时，沥青已经非常像流体，因此从块状沥青到沥青—水界面天然表面活性的转换及沥青球的形成，并不会受到实验时间间隔的影响。

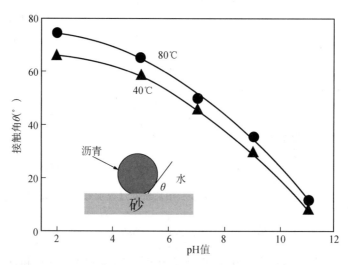

图 6.2　在两个不同的温度下，沥青在玻璃（作为模型砂）表面上
与水的接触角度与 pH 值的函数关系

区分以下两个不同体系下与水的接触角很重要：水—固体—沥青和水—固体—空气。在这两个体系中，同样的接触角并不表示固体具有相同的憎水性。换句话说，对于同一种固体，在这两种体系下测出的接触角常常大不相同。读者在解释接触角度的数值时应了解这一点。

从分子的角度来说，增加 pH 值有助于离子化，以及有助于天然表面活性剂从松散的沥青转移到接触界面、再到水相。高 pH 值也能提高砂粒—水界面上的水解作用（$SiOSi + H_2O \longrightarrow 2SiOH$）以及充电作用（$SiOH + OH^- \longrightarrow SiO^- + H_2O$），使砂粒更具亲水性，从而有利于沥青离析。pH 值对沥青离析的作用由图 6.3 所示。

(a) 低pH值　　　　　　　　　　　　　(b) 高pH值

图 6.3　pH 值对沥青从砂粒上离析的影响

pH 值较低时，只有一小部分天然表面活性剂被萃取到沥青—水界面，并且沥青—水的界面张力比较高。具有较多的硅氧烷氧（SiOSi）的砂粒表面的水解性差，从而憎水性增强，亲水性降低，并导致接触角度大，沥青离析的潜力低。在 pH 值较高时，大量的天然表面活性剂被萃取到沥青—水界面被充电，降低了沥青—水界面张力，同时砂粒表面高度水解，多半产生羟基（−OH）以及负电荷场（−O⁻），导致接触角较小，有利于沥青从砂粒上离开

　　在处理风化矿石时遇到的诸多困难很明显地反应出砂粒的湿润度在沥青离析中的重要性（Ren 等，2009a）。人们发现了油砂矿石的风化作用，由于固体表面受到了不溶于甲苯的碳氢化合物的污染，从而导致了矿石润湿度的显著降低（使水在固体上的接触角从 42° 增加到 65°）。用原子力显微镜测定的直接力表明，当沥青包裹的砂粒风化时，在加工用水中的沥青和二氧化硅球体之间的黏着力相应提高了，这表明从受到污染的憎水固体离析沥青时会遇到困难。实验人员采用人工风化与未人工风化的涂沥青的玻璃片，分别进行沥青退离实验，实验证明了从风化的砂粒表面离析沥青的效果差（Ren 等，2009b）。发现人工风化后，沥青离析缓慢的部分原因是风化矿石的可处理加工性差，从而导致沥青开采率低及浮渣质量差。有意思的是，人们注意到用热水洗（温度在 65℃ 以上）能够让受污染的固体恢复湿润度，从而提高风化矿石的可处理加工性，进而证明在工业油砂萃取中使用热水是可行的。

　　将在第 6.4.1 节具体分析矿石风化对固体润湿度的作用以及它在矿石可加工性中的作用。

　　基于人们已经发现的表面活性剂的重要作用，预期水的化学性质会影响沥青的离析，因为它影响可溶表面活性剂的浓度。最近一项使用原子力显微镜的研究表明，有钙和镁阳离子存在时，二氧化硅粒子和沥青间的黏着力会大大提高（Zhao 等，2006）。人们发现表面活性剂的存在会减缓二价阳离子对沥青离析的负面作用。进一步的研究表明，如果模拟的加工用水中不加入重碳酸氢盐，沥青和二氧化硅之间的黏着力将非常强，而在模拟加工用水中加入重碳酸氢盐能够降低黏着力 10 倍以上；说明加入重碳酸氢盐比不加重碳酸氢盐更有助于沥青的离析（Zhao 等，2009）。人们认为，重碳酸氢盐能够清除钙离子，因而能够保留沥青中表面活性剂的作用，降低沥青—水表面张力（如第四章例 4.4），同时，重碳酸氢盐能清除钙离子，消除钙阳离子的桥接反应，从而使砂粒表面保持亲水性。加入重

碳酸氢盐，还能够增加砂浆的 pH 值，这也使沥青更易离析。应该注意的是，使用热动力分析，只能显示离析的方向。要更精确的预测离析过程，必须考虑离析过程的流体动力学条件。

6.2 沥青曝气

沥青曝气是沥青附着在气泡上的过程，是沥青开采中另一项重要步骤。沥青的密度和水的密度相近。在沥青液滴离析后，如果不进行曝气处理，它将继续悬浮在砂浆中。曝气能够降低沥青—空气混合物的视密度，使它远低于分离介质的视密度，从而使曝气后的沥青能够在分离池中浮于砂浆表面，并在池中以高浓度沥青浮渣形式被分离。沥青曝气既可能发生在水力运输砂浆管道中，也可能发生在浮选槽中。在一些实例中已发现沥青曝气有助于沥青离析（Lelinski 等，2004）。

根据界面能量很容易分析出沥青—空气气泡的附着强度。在图 6.4 中用 A 和 C 表示沥青—空气气泡的附着中，与附着力相关的自由能量变化可以表示为：

$$\Delta G/\Delta A = \gamma_{B/A} - (\gamma_{B/w} + \gamma_{A/w}) \tag{6.7}$$

另一方面，该体系的杨氏公式（图 6.4D）可表示为：

$$\cos\theta = (\gamma_{B/A} - \gamma_{B/w})/\gamma_{A/w} \tag{6.8}$$

式中的下标 B，A 和 W 分别代表沥青、空气和水。将式（6.7）中的（$\gamma_{B/A} - \gamma_{B/w}$）用式（6.8）替换，可得：

$$\Delta G/\Delta A = \gamma_{A/w}(\cos\theta - 1) \tag{6.9}$$

显然，当接触角 θ 大于零度时，$\Delta G/\Delta A$ 小于零，即沥青—空气气泡附着力是热动力学上自然产生的。式（6.9）显示，接触角度越大，$\Delta G/\Delta A$ 这个负值越大，因此更有利于沥青附着在空气气泡上。

如图 6.5 所示，水在沥青上的接触角度作为 pH 值的函数，可用捕泡法测定（Adamson 和 Gast，1997）。这样测定出来的接触角，更近似于一个退离接触角，说明随着气泡的增大，因水从沥青表面退离而达到了平衡状态。这一过程类似于在浮选中遇到的气泡附着在沥青上的过程。令人感兴趣的是增加 pH 值会降低水在沥青上的接触角，说明 pH 值高会产生不太利于气泡附着于沥青的条件，如式（6.9）所示，$\Delta G/\Delta A$ 的负值较低。当 pH 值超过 11 时，包住沥青的气泡会从沥青表面浮出，说明两个重要的现象：（1）当沥青接触气泡时，会分散在气泡上；（2）气泡的浮力能够破坏沥青与沥青之间的接触，这可能是由于沥青—水之间的界面张力较低的缘故。显然，低 pH 值更有利于沥青曝气和浮选。

为了解 pH 值对水在沥青上的接触角中的控制作用（及其在沥青曝气中的作用），要测定水在粗石蜡上的接触角度（Zhou，Xu 和 Masliyah，2004a）。图 6.5 中的结果显示，在 pH 值为 5～12 的研究范围内，接触角始终保持在 103°左右。显然，pH 值对空气—水和粗石蜡—水的界面张力大小几乎没有影响，原因是粗石蜡中不含有表面活性成分。要弄清

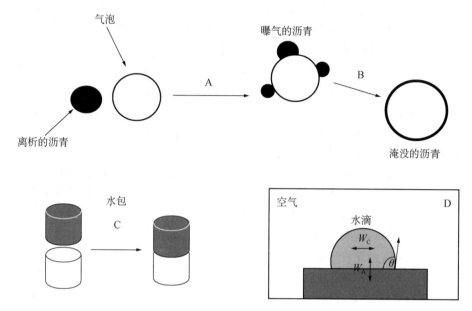

图 6.4 沥青附着在空气气泡上（A），随之产生沥青淹没在气泡中（B）。
这一附着过程由水在沥青上的平衡接触角表示（D）。在 C 中简化

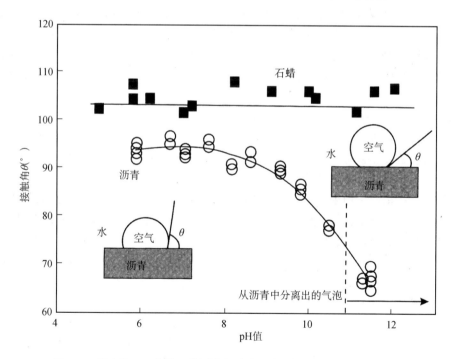

图 6.5 以水的 pH 值的函数测出的水在沥青和粗石蜡上的接触角
（据 Zhou，Xu 和 Masliyah，2004a）

在 pH 值的作用下，水在沥青上与水在粗石蜡上的接触角度有何不同，有必要进一步研究
杨氏公式［式（6.2）］，该等式决定平衡接触角度（图 6.4D）。鉴于杨氏公式，沥青的表面

张力（30mN/m）略高于粗石蜡的表面张力（25.5mN/m）。由于水和粗石蜡间的作用力小于水和沥青间的作用力，所以水与粗石蜡间的界面张力会高于水和沥青间的界面张力，如图 4.56（b）所显示的和扩展的 Fowkes 界面张力等式所示的 [式（4.20）和式（4.21）]。因此我们能得出 $\gamma_{B/A} - \gamma_{B/w}$ 的数值比 $\gamma_{P/A} - \gamma_{P/w}$ 的数值要大（其中下标 P 代表固体粗石蜡），因此，在给定的空气—水界面张力下，水在沥青上的接触角度比水在粗石蜡上的接触角度要小，如图 6.5 所示。当 pH 值在 5～8 之间时，空气—水界面张力在沥青—水体系比在粗石蜡-水体系低的原因是水与粗石蜡的接触角度略高于水与沥青的接触角度，而在 pH 值高于 9 时，水与粗石蜡的接触角度远远高于水与沥青的接触角度。

为了弄清如何能为沥青离析和曝气优化界面性质，有必要研究沥青—砂—水的杨氏公式 [式（6.2）] 以及空气—沥青—水的等式 [式（6.8）]。表 6.1 所示为实现此优化目标，不同界面张力的理想趋势。在实际应用中，当给定沥青表面张力，几乎没有改变沥青—砂粒界面张力的余地。可以调整的界面性质只有沥青—水、砂粒—水和空气—水的界面张力。提高处理介质的 pH 值会导致砂粒表面水解反应，以及砂粒和沥青表面的离子化反应，使沥青和砂粒固体都更具亲水性。这将降低砂粒—水和沥青—水的界面张力，这是更有利于沥青离析的条件。

遗憾的是，减小沥青—水界面张力会对沥青曝气不利。如第 4 章图 4.57（b）所示，增加含有沥青处理介质的 pH 值会降低空气—水界面张力，这一点对沥青曝气也会产生不利影响。从图 4.57 及表 6.1 我们能看出，高 pH 值有利于沥青离析，而低 pH 值有利于沥青曝气。很显然对 pH 值的要求是矛盾的，使得添加碱性物质成为处理工艺的重要可变因素。目前，热水基油砂萃取工艺几乎只能在 pH 为 8～8.5 之间进行，从而同时满足沥青离析和沥青曝气。显然我们需要新的思路——要么通过两段工艺选择将这两个子过程分开；要么就为了沥青曝气让空气—水界面张力最大化。如图 4.57（b）所示，增加 pH 值不可避免地会降低空气—水界面张力，导致曝气困难。避免这一点的有效解决方法是，使用空气—水界面张力最大化处的新鲜气泡。在这一观点下，在沥青液滴和气泡能够立即接触到的区域制造新鲜气泡是最理想的。这一概念源于在现代浮选机中应用的曝气技术，例如 Microcel 浮选机，Jameson 浮选机，以及加拿大工艺技术的气穴浮选机。

从分子间的相互作用中可以看出，在热动力学的条件下，当水在沥青上的接触角大于零时，则可认为水分子自身的内聚力强于水对沥青的黏附力。就当前体系通过式（2.6）可确定黏附力所做的功，即：

$$W_{ad} = \gamma_{A/w} + \gamma_{B/A} - \gamma_{B/w} \tag{6.10}$$

而内聚功 [式（2.7）] 为：

$$W_{co} = 2\gamma_{A/w} \tag{6.11}$$

将式（6.10）和式（6.11）代入到式（6.8）中可得：

$$\frac{\Delta G}{\Delta A} = \gamma_{B/A} - (\gamma_{B/w} + \gamma_{A/w}) = (\gamma_{A/w} + \gamma_{B/A} - \gamma_{B/w}) - 2\gamma_{A/w} = W_{ad} - W_{co} \tag{6.12}$$

式（6.12）表明，$\frac{\Delta G}{\Delta A} < 0$ 时，相当于 $W_{ad} < W_{co}$，这与接触角大于零时一致。如图 6.4

过程 D 所示，当水自身的内聚力强于水对沥青的黏附力，把水分子拉在一起在沥青上形成水滴。两种力之间的差别确定了作用的范围，也确定了接触角的值。增加沥青的憎水性，将会提高沥青—空气的吸附力并增强浮选。

表 6.1 表示了沥青离析和曝气动态较好时理想的界面张力变化，下标 B，S，A 和 W 分别代表了沥青、固体、空气和水。

表 6.1 沥青离析和曝气动态较好时理想的界面张力变化

界面张力（mN/m）	$\cos\theta$	$\gamma_{B/S}$	$\gamma_{B/W}$	$\gamma_{B/A}$	$\gamma_{S/W}$	$\gamma_{A/W}$
离析	↑	↑	↓	—	↓	—
曝气	↓	—	↑	↓	—	↑

例 6.1 粗石蜡的表面张力（γ_P）确定为 25.5mN/m，而纯水的表面张力（γ_W）为 72.8mN/m。用式（6.9）和式（6.12），计算水在粗石蜡上接触角，水对粗石蜡的黏附功，空气中水的内聚功及 $\frac{\Delta G}{\Delta A}$ 空气—石蜡附着力的值。

解析：

为了用杨氏公式［相当于式（6.8）］计算接触角，则需要知道粗石蜡与水的界面张力 $\gamma_{P/W}$（未知），为此可用 Fowkes 方程［式（4.21）］计算得到：

$$\gamma_{P/W} = \gamma_W + \gamma_P - 2\sqrt{\gamma_W^{\mathrm{vdW}}\gamma_P^{\mathrm{vdW}}} = 72.8 + 25.5 - 2\sqrt{21.8 \times 25.5} = 51.14\mathrm{mN/m}$$

用已知的 $\gamma_{P/m}$，采用如下的杨氏公式求出接触角：

$$\cos\theta = \frac{\gamma_P - \gamma_{P/W}}{\gamma_W} = -0.3522 \rightarrow \theta = 110.6°$$

这个值恰好与表 6.1 中所示的测量值完全吻合。换句话说，内聚功和黏附功可分别用下式求得：

$$W_{\mathrm{ad}} = \gamma_W + \gamma_P - \gamma_{P/W} = 72.8 + 25.5 - 51.14 = 47.2\mathrm{mN/m}$$

及

$$W_{\mathrm{co}} = 2\gamma_W = 2 \times 72.8 = 145.6\mathrm{mN/m}$$

通过式（6.9）或式（6.12），我们可以得出：

$$\frac{\Delta G}{\Delta A} = W_{\mathrm{ad}} - W_{\mathrm{co}} = 47.2 - 145.6 = -98.44\mathrm{mN/m}$$

及

$$\frac{\Delta G}{\Delta A} = \gamma_W(\cos\theta - 1) = 72.8 \times (-0.3522 - 1) = -98.44\mathrm{mN/m}$$

由以上结果可知，从热力学角度，空气泡对憎水的粗石蜡的附着力是有利的，以上两种方法［式（6.9）及式（6.12）］都得出了相同值的 $\frac{\Delta G}{\Delta A}$。

例 6.2 确定 25℃ 时沥青的表面张力为 30mN/m。当 pH 值为 8.5 和 10.5 时水与沥青接触的表面张力分别为 71.5mN/m 和 68.3mN/m，换句话说，在 pH 值为 8.5 和 10.5 时，测得的沥青与水的界面张力分别为 9.1mN/m 和 1.8mN/m。计算在这两种 pH 值下的水在沥青上的接触角及 $\frac{\Delta G}{\Delta A}$ 值。

解析：

将杨氏公式［式 (6.8)］应用到目前体系，在 pH = 8.5 时，求得：

$$\cos\theta = \frac{\gamma_{B/A} - \gamma_{B/w}}{\gamma_{A/w}} = \frac{30 - 9.1}{71.5} = 0.2923 \rightarrow \theta = 73°$$

且在 pH = 10.5 时，有：

$$\cos\theta = \frac{\gamma_{B/A} - \gamma_{B/w}}{\gamma_{A/w}} = \frac{30 - 1.8}{68.3} = 0.4129 \rightarrow \theta = 65°$$

计算出的接触角预测趋势与实验所测得的趋势一样（图 6.5）。但是，两个接触角均低于实验所测得的数据，90° 与 78°。引起差异的原因在于实验测定接触角时，沥青分散在气泡上导致空气—水的界面张力较小，因而得出的接触角值较大。

当 pH 值分别为 8.5 和 10.5 时，计算的相应 $\frac{\Delta G}{\Delta A}$ 值为 -50.6mN/m 和 -40.1mN/m。以上数据表明沥青—空气的附着力在热动力学来讲上是有利的，尽管 pH 为 8.5 时更有利。

Zhou，Xu 和 Masliyah（2004b）清楚地说明了沥青表面的憎水性（通过测定水在沥青上的接触角）在沥青浮选中的重要作用。如图 6.6 所示，清楚地对比了沥青采收率与水在沥青表面上的接触角的关系。当接触角越大时，相应的沥青采收率也会越高。看来存在 65° 的临界接触角，值得一提的是，这一有效开采沥青的临界接触角与有效矿物浮选所需要的值非常吻合（Fuerstenau 和 Han，2003）。

沥青附着到气泡上后会迅速在气泡上扩散，以沥青薄膜形式完全覆盖气泡，最后形成稳定的沥青—空气泡合成物。沥青在气泡上的扩散范围和速率取决于界面间张力及体系中的温度。如图 6.4B 所示，可通过式(2.8) $S_{B[w]A} = \gamma_{A/w} - (\gamma_{B/w} + \gamma_{B/A})$ 确定的扩散系数推测出扩散过程。根据例 6.1 给出的界面间张力值，计算出 pH = 8.5 和 pH = 10.5 时，扩散系数分别为 32.4mN/m 和 36.5mN/m，说明对于以上两个 pH 值，沥青在加工用水中，气泡上的淹没过程。重新导出杨氏公式为：

$$S_{B[w]A} = \gamma_{A/w}(1 + \cos\theta) - 2\gamma_{B/A} \tag{6.13}$$

当 $S_{B[w]A} > 0$ 时，沥青在空气泡上的扩散条件是：

$$\cos\theta > \frac{2\gamma_{B/A}}{\gamma_{A/w}} - 1 \tag{6.14}$$

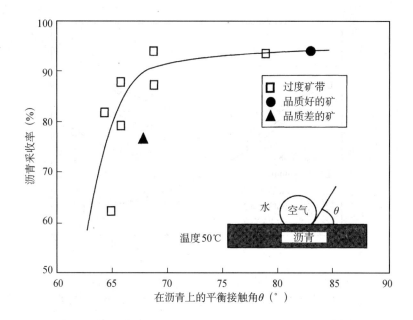

图 6.6　在加工用水中沥青采收率与水在沥青上的接触角之间的相关关系

（据 Zhou，Xu 和 Masliyah，2004b）

（通过捕泡法用从三种不同的矿石中获得的离心沥青浮渣测得的。确定了最小接触角 65°，

观察到在接触角小于 65°时，沥青采收率明显下降）

　　把加工用水情况的典型值 $\gamma_{B/A} = 30\mathrm{mN/m}$ 及 $\gamma_{A/W} = 68\mathrm{mN/m}$，代入式（6.14）中，计算出临界接触角为 97°。如图 6.5 所示，此计算数值大于在整个操作范围 pH 值测得的接触角。因此可以肯定，在暖（热）水萃取过程中，沥青将扩散到所附着的气泡上，这就表明假如沥青黏度不是一个限制因素，在沥青浮选的过程中，沥青—气泡附着为限制步骤。

　　固体颗粒的润湿性对沥青离析起关键作用。如图 6.2 所示，有效的离析需要固体具有良好的亲水性且接触角为零。因固体颗粒可附着在气泡上，并浮在浮渣上，因此固体颗粒的憎水性会影响浮渣的质量。虽然沥青浮选不理想，但固体颗粒浮选的条件与上述沥青浮选相似，因此，可使用相同的方法分析。为了阻止固体颗粒浮选现象的出现，主要是要了解控制固体的润湿度的关键因素。要想使固体不能漂浮，固体与水之间的黏附力必须大于水（都在空气中的）的内聚功，也就是说水与固体间的引力要大于水自身的引力。如第 4 章图 4.14（Ⅰ）所示，主要成分为石英（SiO_2）的粗砂在发生水解时具有亲水性。为此提高含水砂浆的 pH 值不仅促使砂的水解，更重要的是会引起砂的去质子化，如图 4.14（Ⅲ）所示。在简单的 KCl 的电解质溶液中通过不断增加带负 ζ 电位的硅（代表砂），使砂带上更多的负电荷，如图 6.7 所示。增加砂的表面负电荷量使砂的亲水性增强，有利于沥青的离析，防止砂的浮选。

　　实际上，在油砂处理过程中，油砂常常会被天然的表面活性剂污染，尤其是当存在二价的阳离子，如：Ca^{2+} 或 Mg^{2+} 时。如图 4.14（Ⅳ）所示，尽管通过静电驱力的作用，二价钙离子 Ca^{2+} 能够吸附在负电荷硅的表面 SiO^- 上，但在水解砂上的钙—羟基离子

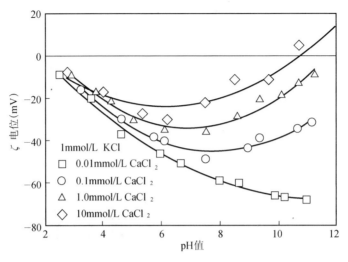

图 6.7　在存在和不存在不同量的钙离子时，硅的 ζ 电位随 pH 值的变化关系

（ζ 电位是在室温下的 1mmol/L KCl 基质电解质溶液中测定的）

（CaOH$^+$）的缩合反应更有效，形成共价的 SiOCa 链，并使砂表面至少是局部带上正电荷，即使在钙浓度较低的情况下。如图 6.7 所示，已通过实验验证了钙一羟基离子在硅上具体的吸附作用，当 pH 值高于 8.5 时，虽然高价的钙离子（Ca^{2+}）会逐渐转变为低价的钙一羟基离子（CaOH$^+$），但可看出 ζ 电势会大大减少。根据 Stern－Grahame 吸附方程，在固一液界面，总浓度为 C_i 的溶液中组分 i 的吸附力 Γ_i 由 Fuertenau（1982）给出：

$$\Gamma_i = 2rC_i \exp\left(-\frac{\Delta G^{\circ}_{\text{ads}}}{RT} \right) \tag{6.15}$$

其中，Γ_i 为吸附组分 i 的半径；C_i 为组分 i 在溶液中的体积浓度（固一液界面的溶液总浓度）；$\Delta G^{\circ}_{\text{ads}}$ 为吸附时的标准自由能。

$$\Delta G^{\circ}_{\text{ads}} = \Delta G^{\circ}_{\text{elec}} + \Delta G^{\circ}_{\text{chem}} + \Delta G^{\circ}_{\text{spec}} + \Delta G^{\circ}_{\text{solv}} + \cdots \tag{6.16}$$

这里的 $\Delta G^{\circ}_{\text{ads}}$ 主要取决于机理 j，例如静电反应（elec）、化学反应（chem）、非化学但特定的反应（spec）、溶合作用（solv）等。在低于 8 的 pH 值下，钙的吸附作用中，静电引力为主要的驱动力，而且：

$$\Delta G^{\circ}_{\text{ads}} = \Delta G^{\circ}_{\text{elec}} = zF\psi_{\text{d}} \tag{6.17}$$

其中，F 为法拉第常数；ψ_{d} 为 Stern 电位，常常用 ζ 电位近似值表示。

　　根据图 6.7，由于增加 pH 值会使硅表面的负电荷增多（也就是说，使 ζ 有更多的负电荷），所以式（6.17）示出当 $z=2$ 时，吸附的钙离子量也会增加，如在 pH 为 8 时，从硅上 10mmol/L 的钙离子溶液中增加的二价钙离子的吸附作用会使硅表面的负电荷数小于 pH＝6 时的，即使原始表面在 pH＝8 时比 pH＝6 时的负电荷量多。如图 6.7 所观察的，钙离子的吸附作用会随着溶液中钙的总浓度的增加而增加。然而，单就静电机理没有说明 ζ 电位剖面上的最低限度，当 pH 大于 11 时，ζ 电位逆转，如图 6.7 所示。根据静电吸附机理，在一定的钙离子浓度下，随着 pH 值的增加，预计 ζ 电位会趋于稳定。这就表明，当 pH 大于 8 时，额外的驱动力在起作用，相应于 ζ 电位的最小值。

在 pH 大于 8 时，钙离子水解不断增加，形成相应的钙—羟基的离子（$CaOH^+$），如图 4.14（Ⅳ）所示，虽然 z 值减少了一半，但在硅表面钙—羟基离子与硅烷醇基的缩合反应提供了额外的驱动力，由 ΔG_{chem}^{o} 表示，即：

$$\Delta G_{ads}^{o} = \Delta G_{elec}^{o} + \Delta G_{chem}^{o} \tag{6.18}$$

一般来说，由于正电荷的钙—羟基离子的吸附降低了 ζ 电位，因此，ΔG_{chem}^{o} 比 ΔG_{elec}^{o} 大得多，且克服了 ΔG_{elec}^{o} 的损失量。在目前体系中，由 ζ 电位趋近于 0 或为负数时所示，ΔG_{elec}^{o} 值会是个可忽略的值或阻碍正电荷的钙—羟基离子的进一步吸附。在文献（James 和 Healy，1972；Fuerstenau，1982）中有记录，当 pH 大于 8 时，钙离子在硅上的吸附作用会明显增加。

据 Baptista 和 Bowman 所述，有助于沥青浮选的表面活性剂也有助于细矿物浮选，但导致浮渣的质量差（1969）。如图 4.14（Ⅵ）所述，沥青中的天然表面活性剂在油砂表面的吸附可能是通过钙离子的活化作用产生的。虽然对于有效的浮选所报告的 pH 值范围高于钙离子有效吸附的初期的 pH 值（James 和 Healy，1972），但（Fuerstenau，Miller 和 Kuhn，1985）记录了在含有钙离子的情况，阴离子表面活性剂对硅/石英的浮选。

应当注意到以上的分析法同样适用于其他金属氧化矿物与其他可水解的多价阳离子的反应。在文献中有一个常见的观察是在羟基类组分主导的 pH 值时，其活化作用最有效。例如铁离子（Fe^{3+}）、铝离子（Al^{3+}）、镁离子（Mg^{2+}）在 pH 分别为 2.5，3.5 及 11 时活化硅浮选，相应各自的羟基类组分开始起主导作用（Fuerstenau，Miller 和 Kuhn，1985）。最近，有一篇关于沥青或其他类型的含石英且存在于可水解的钙离子、镁离子及铁离子中的油品絮凝作用的报道（Gan 等，2007；Gan Crozier 和 Liu，2009）。在这些研究中发现使用柠檬酸可水解的金属离子络合作用在防止絮凝作用和提高沥青的采收率很有效。

沥青浮渣的固体颗粒矿物学分析结果已经揭示了浮渣富含重矿物（钛、锆石、方解石、黄铁矿）。这些重矿物很可能是被可水解的金属离子活化的，且因沥青中的天然表面活性剂使得这些重矿物具有憎水性，从而它们才能单独被浮选或与沥青一起被浮选成浮渣。虽然，重矿物只占油砂中固体的一小部分（0.25％～0.5％），但工业生产证明大约 90％的重矿物质可以被回收成沥青浮渣，使得从浮渣处理的尾渣中回收重矿物是经济可行的。然而，图 4.14（Ⅴ）所示的缩合反应需要有表面羟基存在。尚不十分明了高度依赖于 pH 值的羟基在固体表面上的作用，仔细观察这方面会对油砂生产条件有所指导，这可以通过控制固体的水解程度，使离析最大化和使固体在沥青浮渣中的污染最小化。

6.3 沥青浮选

浮选是一种用于砂浆中的固体—固体分离或固体—液体分离、液体—液体分离、甚至离子—液体分离的多种用途的技术。在浮选过程中，产生的空气泡被当作载体并附着在复杂多相流体体系中的目标组分上。这是因为气泡—固体或者气泡—液体聚集体的视密度都小于液体的视密度，浮起的气泡将目标组分携带到砂浆顶部，以浮渣的形式被收集成为产品。此时，不能附在气泡上的固体或液滴以浆状物形式作为尾渣排出。在油砂的萃取中，浮选法用于浮选易散的沥青，易散的沥青常常以细小沥青液滴的形式存在于初级分离器的中矿流中。

要采出的微小沥青液滴（其密度同砂浆密度相近）必须附着在空气泡上，这样密度远小于砂浆密度的曝气沥青才能够在合理的时间内有效地浮在砂浆上部。在浮选法中主要有两种曝气方法：砂浆中的气泡—沥青附着在砂浆中（如在诱导机械浮选机中）和气泡在沥青上成核（如在溶气浮选机中）。

6.3.1　加气浮选

图 6.8 为典型的机械浮选机的基本组成，机械浮选机由下面几个装置组成：（1）安装于立管内和用于悬浮固体和将砂浆搅拌均匀的机械搅拌器（叶轮）；（2）送料装置，用于将砂浆进料送入机器内；（3）用于生成气泡提供空气/气体的装置；（4）用于使曝气的沥青浮选的静态区；（5）去除曝气的沥青浮渣的装置；（6）在不中断砂浆进料的同时实现尾渣排放的尾渣排放装置。

用搅拌器提供的机械能把空气流（3）分裂成所希望的尺寸的气泡，以促使气泡与沥青或固体颗粒接触，并能提供惯性能量以打破附着在气泡与沥青及气泡与固体颗粒间的液膜。气泡的产生、空气—沥青的碰撞以及附着几乎都发生在叶片和定子（扩散器）附近很小的一个区域内，也是能耗集中发生的位置。进行沥青的浮选时，需要气泡选择性附着在沥青上，包括沥青液滴与气泡的碰撞、沥青和空气泡之间液膜干扰变稀薄以及沥青与气泡稳定附着。在给定的水动力条件下，采收率取决于可用的气泡数量。

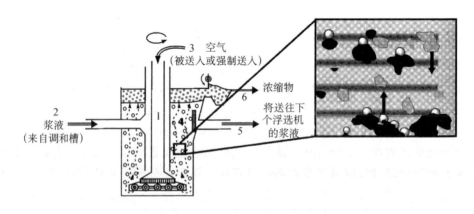

图 6.8　机械式浮选机示意图

[如图所示是所有基本组件。细节图所示为在重力的作用下，曝气的憎水煤颗粒（黑色）气泡在一种下沉的脉石颗粒（浅灰色）砂浆中上升]

从数学角度分析，沥青在机械式浮选机浆液区的收集率 $R_c(t)$，可表示为：

$$R_C(t) = \frac{dn_p}{dt} = -k_s P_c P_a (1 - P_d) S_b n_p \qquad (6.19)$$

其中，k_s 为浮选体系参数；P_c 为碰撞概率；P_a 为附着概率；P_d 为分离的概率；S_b 为气泡表面积通量；n_p 为沥青液滴的数量。在给定的油砂浮选体系中，空气泡—沥青的碰撞概率 P_c 由浮选机的水动力学性质决定。在给定气泡与沥青液滴尺寸的比例时，充分的混合能增强气泡和沥青液滴的碰撞。水动力学分析（Schulze，1984）表明，碰撞与能量耗散率的平方根成正比。因此，大多数的碰撞均发生在能量消耗最多的叶轮及定子附近。

在碰撞时，空气泡和沥青液滴的附着程度取决于对形成三相接触线的插入液膜的稀释及破裂，和随后的三相接触线扩展到稳定的附着。实现附着所需的时间被称为气泡—沥青附着的诱导时间。很明显，当附着发生时，沥青液滴与气泡间的碰撞时的接触时间必须大于诱导时间。因此，研究浮选中的诱导时间非常重要。已经确定的是一个沥青液滴与一个气泡间的插入液膜的稀释和破裂，以及它们之间的附着，在很大程度上由沥青—水以及空气—水的界面性能决定。

如图6.9所示，当以液体（水）在沥青上的接触角 θ 把一个空气泡带到沥青表面时，附着总能量的变化（ΔG）表示为 $\Delta G = \gamma_{A/w}(\cos\theta - 1)$。只要水与沥青的接触角大于 $0°$，附着工艺过程的界面能量变化就会导致附着。然而，液膜对沥青液滴及气泡的亲和力会产生一个对液膜稀释造成阻滞

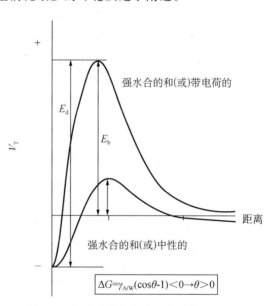

图6.9 沥青液滴与气泡间能量曲线（V_T）作为水溶液中两者间距离的函数的示意图
[图中可看到能垒（E_b）及分离能（E_d）。在给定附着能 $\Delta G = \gamma_{A/w}(\cos\theta - 1)$ 时，沥青液滴与气泡碰撞时附着的概率由能垒强度决定]

的壁垒，从而导致诱导时间变长。这个阻力称为拆开压力，能将气泡从沥青液滴中推开。因此，互动能量的实际曲线（图6.9）在确定接触时的诱导时间（沥青液滴与气泡附着）中起关键作用。

对于接触角大于 $0°$ 的体系，决定干涉液膜稀释的关键参数是能垒 E_b 的大小，如图6.9所示。总能垒可以由传统的 DLVO 理论（Derjaguin，Landau，Verwey 和 Overbeek）计算得出，它的大小与范德华力和由静电双层力有关（Derjaguin 和 Landau，1941；Verwey 和 overbeek，1948；Hunter，1986；Israelachavili，1990）。可通过表 2.5 给出的方程算出各种几何体系的范德华力，为此，可从表 2.6 查得或用式（2.32）算得关键 Hamaker 常量。需要注意的是，沥青浮选体系中的范德华力，即沥青—气泡穿过含水介质时的相互作用力是相互排斥的。更重要的是，在给定的体系中改变或控制范德华力的余地很小。

另外一方面，静电双层力是一个水相离子强度、以及离子价和决定离子电位浓度的强函数（起主要作用），它能决定表面电荷的强度。因此，可通过改变电位离子浓度（例如，

对于氧化物和黏土，可通过改变 pH 值的方式）或通过增加高价电解质，如氯化钙或铝来控制能垒。通常用作絮凝剂的高化合价电解液，以范德华力为主导的方式，通过筛选粒子的表面电荷诱导颗粒聚集作用。利用已知的表面电位或 ζ 电位值，和电解液浓度，从式（2.33）或式（2.36）（选择哪个等式，取决于对于计算精度的要求），可大致算出电双层力。

应该注意的是，对一些体系来说，采用传统的 DLVO 理论不合适。在这种情况下，可对 DLVO 理论进行扩展，以便包括互斥的水合力（Israelachvili，1990）、互斥的空间力（Sato 和 Ruch，1980）、憎水吸引力（Israelachvili，1990；Churaev 和 Derjaguin，1985；Kitchener，1984；van Oss，2006），和（或）亲电桥力（Ives，1978）。实际上，源于表面憎水性的吸引力是沥青—气泡相附着的唯一驱动力。因此，传统的 DLVO 理论并不适合，该理论将会预测负电荷气泡以及带有范德华斥力的沥青表面有一个无限大的能垒。

在一个动态体系中，沥青与气泡附着的概率可通过已知的能垒（E_b）及通过用化学反应速率理论（Mao 和 Yoon，1997）的模拟混合赋予胶体粒子的动能算出：

$$P_A = \exp\left(-\frac{E_b}{E_k}\right) \tag{6.20}$$

从式（6.20）中可明显看出，能垒（E_b）越大，沥青与气泡附着的概率越低。能垒（E_b）随表面电位（ψ）或电解质浓度的典型变化分别如第 2 章中的图 2.18 及图 2.19 所示。当一个体系处在其表面的电位的临界絮凝状态［在 1mmol/L 的 KCl（氯化钾）溶液中表面电位强度低于 11mV，或在表面电位值为 15mV 时，KCl（氯化钾）溶液中电解质浓度为 2.58mmol/L 时，能垒接近 0 时，P_a（沥青液滴与气泡相附着的概率 P_a）变为 1（100%），即每一个碰撞都会导致附着。在计算水溶液中沥青液滴与气泡间的能垒时，特别要注意，因为用于计算图 2.18 及图 2.19 所示的相互作用能曲线的经典 DLVO 理论不适用。必须建立扩展的 DLVO（Mao 和 Yoon，1997）理论，并用于计算沥青浮选工艺过程所遇到的沥青液滴与气泡之间的相互作用能。

当在诱导时间小于碰撞的接触时间（Schulze，1984）的条件下，发生附着时，能否通过气泡成功的收集目标颗粒（本例中为沥青液滴）也取决于附着的强度，因为水动力剪切力能够将沥青液滴与气泡分离。这也就是所说的分离概率（P_d）。在沥青浮选过程中，根据温度的不同，可将附着的方式分为两种（如图 6.10）。在低温时，沥青液滴很容易附着在气泡上［图 6.10（a）］，同时也很容易与气泡分离，分离所需的能量如图 6.9 所示中的 E_d 给出。很明显的，沥青接触角的值越大（即负 ΔG 越大），流体介质的表面张力越大，和（或）较大的能垒能够降低分离的概率，分离的概率可通过 Mao 和 Yoon（1997）的数学方法表示为：

$$P_d = \exp\left(-\frac{E_d}{E_k}\right) = \exp\left(-\frac{E_b - \Delta G}{E_k}\right) \tag{6.21}$$

式中，E_k 是由流体的局部湍流施加于沥青气泡聚集体的动能。在设计和操作浮选机过程中，重要的是应在 $E_b < E_k < (E_b - \Delta G)$ 的条件约束下，在收集区有一个通过气泡最大限度收集沥青的水动力环境，这个约束条件意味着颗粒或沥青液滴表面的高憎水性在浮选操作过程中（因此有较高的碰撞率）允许对局部高湍流有修正的容许限度而不会导致分离。

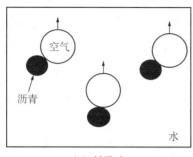
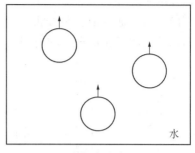

(a) 低温时   (b) 高温时

图 6.10　两种曝气方式的示意图

(a) 低温时，沥青液滴与气泡的附着；(b) 高温附着时，沥青包裹着气泡

在高温时，沥青包裹着气泡，如图 6.10（b）所示。在这种情况下，沥青与曝气的气泡的分离可以被忽略不计，P_d 变为 0。然而，在剧烈的水动力剪切力下，沥青包裹的气泡会破裂，沥青包裹的气泡破裂的概率依赖于沥青与水间的界面张力。即使水动力的剪切力大到足以使沥青包裹的气泡破裂，但子气泡仍由沥青包裹着，并将沥青运送至浮渣处，在这一过程中，沥青的上升速度会慢一些，这是由于子气泡的尺寸小的缘故。因此，确信地得出结论是，在提升的浮选温度下，当 P_d 基本为 0 时，收集沥青的速率主要由沥青—气泡碰撞和附着作用确定。

通过气泡收集沥青的另一个重要因素是气泡的存在度，通常由气泡表面积通量测得[式（6.19）中的 S_b]。对于空气流入浮选机的流量为给定值时，混合强度越大或局部剪切力越大时，气泡就越小，S_b 的值就越大，从而使得沥青收集速率就越快。在给定空气流量的水动力条件下，添加的表面活性化学剂，也就是所谓的起泡剂，由于较小的空气—水的界面张力，从而导致产生很小的气泡。就数量上来讲，由著名的杨氏拉普拉斯方程[式（2.3）]说明，其中 ΔP 代表在一种表面张力为 γ 和气泡尺寸为 r 的溶液中，形成气泡的驱动力。显而易见的是，对于一个给定的空气流量，混合的强度越大，液体的表面张力越小，气泡的尺寸越小，气泡的表面积通量越大，这将产生较高的沥青收集率，如式（6.19）所示。把起泡剂加入到浮选浆液中也可最大限度地减少气泡聚结，并使气泡稳定在小的尺寸。在沥青浮选中，调合期间从沥青释放的天然表面活性剂足以产出沥青浮选所需的气泡，因此，起泡剂很少用于温水/热水萃取工艺的沥青浮选中。然而，在低温萃取工艺中（即温度低于 30℃），为了产生足够数量及尺寸的气泡，需要添加起泡剂，结果是在低加工温度下，以降低的速率从沥青中释放的天然表面活性剂。例如，在 OSLO 低能量萃取工艺过程中，同时使用煤油和甲基异丁基甲醇（MIBC）作为加工助剂。

浮选水动力学分析表明小气泡在收集小尺寸的颗粒或沥青液滴时更有效。在有相交引起的碰撞的水动力学分析中，直径分别为 d_a 和 d_b 的气泡及沥青液滴之间的碰撞率可表示为 $\left(\dfrac{d_b}{d_a}\right)^2$，即小气泡将产生高碰撞率（Yoon 和 Luttrell，1892）。另外，最近已通过最新的实验装置证实，小气泡也能够促进碰撞时气泡—沥青的附着，如图 6.11 所示（Gu 等，2004）。在这一装置中，设想尺寸的氢或氧气泡聚集由电解作用产生的许多小气泡而获得。一旦一个气泡达到设想的尺寸时，就释放在与距离气泡释放点足够远的悬浮沥青液滴下面，以允许气泡在接触到悬浮沥青液滴前达到它的终极速度。上升的气泡与悬浮的沥青碰撞，并沿沥青液滴向上滑。通过记录和分析气泡上升和围绕悬浮沥青液滴滑动的过程来确定气泡上升的速率以及气泡停止前滑行的时间，即诱导时间。

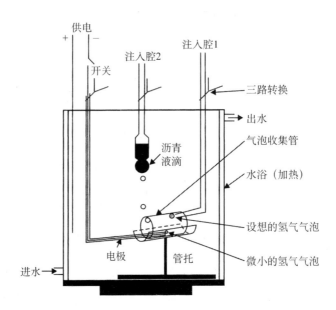

图 6.11　用于记录气泡朝着悬浮沥青液滴上升和围绕悬浮的沥青液滴滑动的实验装置，
用于确定气泡—沥青附着的诱导时间

对于给定的水化学性质和温度，即使由于大气泡（0.31mm 或更大）较高的上升速率，其碰撞的冲击力远高于小气泡的，但大气泡仅从沥青液滴附近滑过或擦过（并未发生附着），具体如图 6.12 所示。这是因为其（在滑动期间的）接触时间小于附着所需的诱导时间。小气泡（尺寸小于 0.31mm）能黏附或附着于沥青液滴，是因为在滑行期间，其与沥青表面的接触时间大于诱导时间。实际上，图 6.12 结果说明，小气泡的诱导时间更短一些，所以在比大气泡短很多的滑动时间后，它们停止滑动并黏附于沥青液滴上。

在浮力的作用下，与沥青液滴接触上升的气泡沿所接触的沥青的那个面会变形和变平，如图 6.13 中所示。众所周知，气泡内的压力比气泡外的高，Young‑Laplace（杨—拉普拉斯）方程 $\left(p=\dfrac{2\gamma_{A/w}}{r}\right)$ 给出了具体数值，并由弯曲的气泡表面所平衡。拉平的区域的压差将在沥青表面和气泡间的插入液膜产生额外的压力，如图 6.13 所示。该额外的压力的大小与气泡的曲率大小密切相关：气泡越小，额外的压力就越大，使插入液膜变薄的力就越强，从而导致膜的快速泄放和破裂。沥青与小气泡间较小的接触面积也使得诱导时间更短，是没有形成凹槽时插入液膜能快速泄放的结果。很明显，较小的气泡对沥青浮选有利。

要注意气泡表面性能的关键作用和曝气沥青的有效迁移。小气泡显示出较低的上升速度特性，正如 Stokes's 定律的 Masliyah's 归纳法所预测的那样，适用于高雷诺数及受阻沉降（Masliyah，1979）。遇到这种情况时，在有限的停滞时间内，就需要多气泡附着来有效地提升大沥青液滴。更为重要的是，添加起泡剂或任何表面活性剂尽管有利于产生小泡，但会使气泡表面憎水性差（带有面朝着液体的吸附的表面活性分子的极性头）。为使附着发

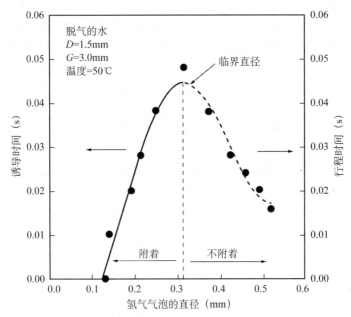

图 6.12 沥青—气泡附着的诱导时间作为气泡尺寸的函数

[用如图 6.11 所示的实验装置确定，其中 D—沥青液滴的直径，
G—气泡与沥青液滴间的间隙。在 Gu 等（2004）之后]

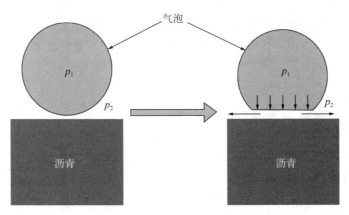

图 6.13 说明了由于在浮力下气泡变形（变平）而导致在气泡与沥青液滴

间的插入液膜上的小气泡超压 $\left(p = \dfrac{2\,\gamma_{A/W}}{r} \right)$

生，需要通过增加外力将发泡剂或表面活性剂分子推离接触带。这么做能提高沥青—气泡附着（图 6.9）的能垒（E_b）。因此，在沥青浮选过程中考虑采用化学辅助法的多方面影响非常重要的。

6.3.2　通过气体的成核或沉淀进行浮选

上述的浮选分析表明：气泡与沥青相碰撞和之后的两者附着，对诱发沥青浮选都是很有必要的。由于沥青具有与水相似的密度，用作分离介质，预计诱发与气泡有效的碰撞所需的沥青惯性与动能会比较低。解决这个缺陷的有效方法就是通过在憎水性沥青表面选择性气体成核或沉淀来消除碰撞的需要。通过气体成核或者沉淀进行浮选的方法（Edzwald，1995）称为溶气浮选法，这种方法已经广泛应用于从城市污水中去除固体颗粒和从废旧报纸浆获取纤维。在传统的溶气浮选法中，随着体系经历由带压砂浆气体的前置过度饱和或者真空浮选所产生的压降，在固体颗粒上就地生成气泡。尽管在均匀气泡成核现象中，临界气泡的直径遵循杨—拉普拉斯方程，但是在憎水表面上异相（非均匀）气泡成核可能在一个更小的压降下发生，或者在给定局部压降的憎水颗粒上也可以产生较小的气核，以尽量减小体系的自由能。

显然，随着气体过饱和度的增加使气体变得更容易成核，并且会产生更多的气核，特别是有憎水性颗粒存在的情况下。气体成核的驱动力来自压降，是从气体饱和压力（p_S）至砂浆排出到敞开的浮选机时的环境压力（p_A）的压降值。随着纯释压下的操作，在压降过程中每单位体积（升）的砂浆释放的气体体积（V_G），校正到标准温度和压力（STP）时，由式（6.22）给出：

$$(\overline{V_G}) = f \frac{p_S - p_A}{k_H} \frac{22.4(\mathrm{STP})}{M_G} \tag{6.22}$$

其中，f 为含气饱和度效率；k_H 为水中饱和气体的亨利定律常数；M_G 为饱和气体的摩尔质量。在25℃下，空气的 k_H 值为4654kPa/（g/L），二氧化碳的 k_H 值为67.7kPa/（g/L）。式（6.22）给出了利用图6.14（a）中饱和度分布图，当砂浆中饱和的气体以气体分子的形式存在时，释放的气体体积上限值。举个例子，对于一个给定的5atm饱和压力（绝对压力505kPa），和一个气体饱和度系数为1的1atm的释放压力（绝对压力101kPa），计算得出的溶解在1L水的气体体积，对空气为0.067L（STP），对二氧化碳为3.04L（STP）。

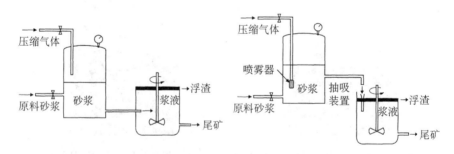

(a)用无需额外夹带空气释放砂浆的加压饱和度　　(b)用由额外夹带的空气加强释放的砂浆喷雾饱和

图6.14　溶气浮选体系

显而易见的是，在饱和压力为5atm的情况下，空气溶解于砂浆中的体积分数是很小的（0.063）。这样小的溶解体积分数是不足以把沥青从油砂中开采出来的。出于这个原因，溶气浮选法尽管通过气泡在收集沥青中取消了碰撞步骤，但却很少将它用在开采沥青上。然而，溶解的空气在启动沥青开采中的作用却不能被忽视：少量的附着于沥青上的气核可以减小被气核冻住的沥青滴液的有效密度，并增加水动力惯性，由此加强后续气核活化的沥青滴液与常规分散的浮选气泡之间的碰撞。另外还可以确定的是在碰撞时活性气核固体或沥青滴液更容易附着到常规浮选气泡上（Klassen 和 Mokrousov，1963；Mishchuk，

Ralston 和 Fornasiero，2006）。

与此相反，如果用二氧化碳作处理气的话，在 5atm 气体饱和压力的情况下，有效释放出大量（体积分数）气体，足以用来开采沥青。不幸的是，这样的做法并没有在油砂行业中研究过。挑战就在于，在 5atm 的二氧化碳相平衡的状态下，砂浆的 pH 值将会降至约 3。在这样低的砂浆 pH 值下，从油砂中离析出沥青是很困难的。

为了增加气体在水中的溶解度，可以采用不同的策略。例如，在气体（像空气）有限的溶解度的限制下，可以通过图 6.14（b）所示的方式将气体喷射进砂浆来提高溶解气体的量，而不是直接给气体加压 [图 6.14（a）]。通过将气体喷入砂浆来增加气—水接触面积，从而提高气体在水中的溶解率。大量的气体就可以以 Harvey 哈维气核的形式溶解于砂浆中（也就是，气体被圈入或是转移到砂浆中憎水性固体颗粒的裂缝和裂纹中）。当加压的砂浆排至大气压下时，这些 Harvey 哈维气核的膨胀不仅增加了可以产生汽包的气体量，而且也有利于浮选气泡附着在气核冻住的颗粒上。

在水动力湍流下，随 500kPa 的局部压降，很容易生成 $10\mu m$ 这么小的气泡（Zabel，1984）。当把加压的砂浆送入到一个常压分离容器时，气泡会在沥青或者固体颗粒上就地生成，饱和气体的砂浆的水动力气蚀可增进气体成核，从而，在快速流动的进料中砂浆的高速紊流内引起一个巨大的压力波动。利用流体动力学扰动产生气泡的机理非常类似于众所周知的发泡机理，那就是突然打开一个摇动过的充气饮料瓶所遇到的情况。正是有了这样的曝气机理，可以不再需要气泡与沥青液滴有限速率的碰撞，除非可以为气核的增长提供足够的气体。如图 6.14（b）所示，如果把加压的砂浆通过抽吸装置排放至浮选机中的浆液中，就可以显著增强气体成核和沥青曝气。在这种情况下，当砂浆被减压时，形成的气核可以迅速增长到足够大的尺寸，可以有效地与抽吸作用提供的空气一起举升沥青。事实上，这个理论已经在最近的开发中探索过，例如詹姆逊 Jameson 浮选机、Microcel 浮选机和水动力气穴（也称为纳米泡）浮选机。

在油砂加工处理过程中，溶解气体在初级分离容器中也起到显著的作用。如图 6.15 所示，油砂浆用泵以 $3\sim5m/s$ 的线性速度通过砂浆输送管道输送。在砂浆进入初级分离容器的时候有一个显著的压降，就是从水力输送管道进料端超过 10atm 的压力到排出端 1atm（绝压）的压力的压降。泵用来提供在水力输送管道中输送砂浆所需的压力的。因此可以预期的是，当砂浆进入管道时，在水动力扰动下由于管道内的压降，砂浆内溶解的气体将会选择性的沉淀在沥青表面。尽管在某些情况下砂浆中加入了额外的气体，但是在砂浆处理

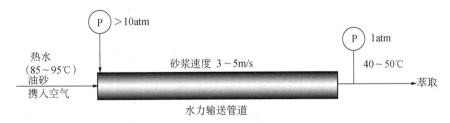

图 6.15　在油砂生产中典型的砂浆水力输送管道中的生产条件（据 Zhou 等，2009）
[图中显示沿着管道有一个明显的压降（>9atm）。此管道可用作
一个为了增强沥青曝气作用的空气饱和体系]

过程中携入的空气仍然是气体的主要来源。为了最大限度地提高进入砂浆的气体量，可溶性高的气体可被强制送入进料口，此处压力比较低。然而，应该注意的是过多的气体集在泵中会大大降低泵的效率，所以必须平衡好它们的关系。

6.3.3 浮选仪器

各种类型的浮选机已经被用于矿业当中（Fuerstenau 和 Han，2003），包括机械浮选机、气动式浮选机和柱状浮选机。目前，油砂行业主要依靠 Outokumpu 和 Dorr‑Oliver 罐式浮选机从初级分离器的中矿流中开采沥青。这两种机械浮选机的结构如图 6.16 所示。Outokumpu 浮选机的叶轮设计独特，可以提高砂浆的循环和改善曝气效果（Wills 和 Napier‑Mum，2006）。叶轮在顶部通过一个水平板关闭，砂浆被加速并通过转子上的锥形槽被排出，同时通过中心轴引入的加压空气流分解成小气泡，这些气泡与沥青液滴在转子和定子之间的空隙内接触。在这样的设计中，叶轮起着泵的作用，从转子底部拉出砂浆。曝气的砂浆通过定子上的开口离开转子和定子的区域，并进入静态分离区。

圆柱体形 Dorr‑Oliver 浮选机［图 6.16（b）］的特点是有一个混合抽风管和一个锥型槽底，还有浮渣扫污机、混合隔板和一个径向槽。要求混合抽风管和锥型罐能够改善混合的水动力学特征，同时混合板和径向槽增加浮渣流动性和减少浮渣停留时间，圆柱体结构可以在分离区中的湍流最小化的时候改善搅拌和空气扩散，使得在优化了局部能量输入、曝气和搅拌时，允许有灵活的生产条件。在 Dorr‑Oliver 浮选机中，转子—扩散装置由两部分组成。转子的上部分通过一个中心竖管将空气吸入砂浆，扩散器将空气分解成小气泡。转子的下部分将砂浆引上去以提供颗粒动量轨迹和恰当的再循环混合，并使砂浆停留在浮选机中的时间最大化。

机械式浮选机的一个共同特点是在罐内的叶轮高速旋转，叶轮的磨损是常事，因此，停机更换磨损的叶轮是油砂行业的一个主要问题。但是气动浮选机不存在此问题。如图 6.17（a）所示，在 Davcra 浮选机里，空气被引入到快速流动的砂浆中（Lynch 等，2007）。高速空气—砂浆混合物通过旋流式喷嘴喷射到插入罐中的垂直挡板上。在这个区域中的高强度搅拌混合把空气分裂成小气泡，从而使气泡和砂浆中的固体更紧密地接触。曝气的砂浆流过挡板进入静态区域，曝气颗粒（沥青液滴）在该处从浆液中分离。Imhof 最近设计了一款名为 Imhoflot G 型的气动浮选机［图 6.17（b）］，它提供了离心力以提高曝气颗粒从砂浆中的分离效果，它在本质上是一种离心式溶解空气浮选机。曝气是通过自行将空气吸入到快速流动的砂浆中完成的，这与之后我们会介绍到的 Jameson 浮选机的曝气过程非常相似。曝气砂浆沿切向被送入分离容器，目的是在比通常基于重力的浮选设备更大的重力之下提供快速分离所需的旋转速度。径向速度的提高允许在更短的停留时间内将曝气固体颗粒分离，这使得它适合于像油砂行业这样大吞吐量的处理。自吸气设备的使用避免了在常规溶气浮选机中所遇到的气泡承载能力有限的问题。

Jameson 浮选机（Clayton，Jameson 和 Manlapig，1991；Finch，1995）使用自吸气作为曝气机理，并且可以方便地将曝气和浮选分离这两个过程分开，如图 6.18（a）所示。将砂浆引入降液管，降液管把砂浆喷射出去，从而产生一个提供空气的低压区域，并以微小气泡的状态将空气带入砂浆中。由于砂浆速度快，预期在此区域内会发生气体成核现象

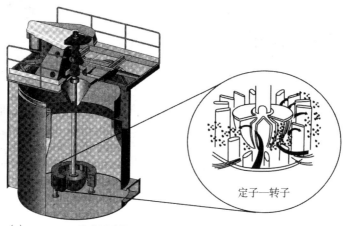

（a）Outokumpu罐式浮选机

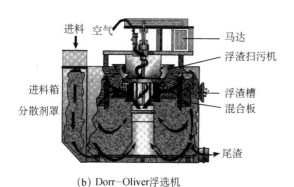

（b）Dorr—Oliver浮选机

图6.16　两种应用在油砂行业的机械式浮选机

资料来源：重绘自 Outokumpu 和 Dorr - Oliver 的商业手册

（Klassen 和 Molrousov，1963），这进一步增强了固体曝气的效果。曝气的砂浆深入到分离容器里，在这里曝气固体以浮渣形式从砂浆中分离。在浮选柱里一个令人关注的发展状态就是微泡浮选，该浮选最早出现在 Microcel（Yoon，1993）中。Microcel 改进后的形式如图 6.18（b）所示。在 Microcel 浮选机中，当砂浆与加入的空气被强制流过浮选机时，通过静态搅拌器产生出微泡。在静态搅拌机中的高速湍流不但使空气分解为小气泡（称为微泡），而且也促进了在水动力空化条件下气体在憎水性颗粒上选择性成核或者脱溶。其结果是，憎水性颗粒在静态搅拌机中有效的曝气，曝气的砂浆排入到浮选柱中，曝气颗粒将在这里从砂浆中分离。为了确保静态搅拌机达到形成微泡和水动力空化作用所需要的设计砂浆速度，这时用泵将一部分尾渣泵回静态搅拌机。这些尾渣再循环相当于浮选尾渣的清除机，以确保高采收率。在浮选柱顶部，加入清洗水用来抑制加工用水中含有不需要的细微颗粒，以提高浮渣质量。如果操作得当的话，Microcel 浮选柱本质上是一种粗选机、清除机、清洁器这样的浮选流程。

Xu，Quinn 和 Stratton - Crawley 在 1996 年使用了一台文丘里管式曝气器，而不是静

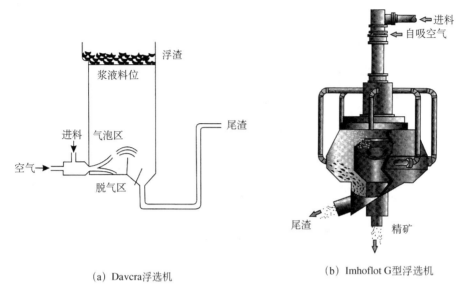

(a) Davcra浮选机

(b) Imhoflot G型浮选机

图 6.17 矿产和煤炭行业使用的两种气动浮选机（据 Lynch 等，2007）

（a）Davcra 浮选机；（b）Imhoflot G 型浮选机

态搅拌机来给管内原料曝气。Fan 和 Tao 在 2008 年加长了 Microcel 浮选柱，以便包含一根水动力空化管。由水动力空化就地产生的气泡通过促进多泡曝气进一步改善了小颗粒和粗颗粒的浮选收率。

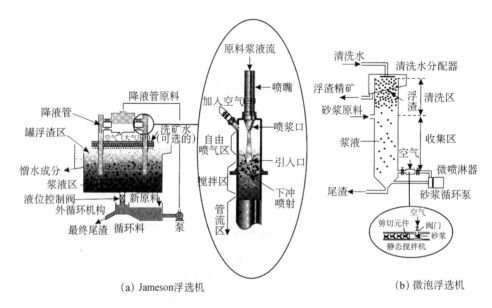

(a) Jameson浮选机

(b) 微泡浮选机

图 6.18 两种柱形浮选机与气核组件

（资料来源：重绘自 Xstrata 技术和 CISA 的商业手册）

（同溶气浮选一样，但是气体成核是通过水动力空化完成的。油砂行业目前正在评估这些浮选机）

尽管管内原料曝气体系没有在油砂行业内常规使用，但是像 Jameson 浮选机或改进型

的静态搅拌机式浮选柱或空化管曝气机理，都在进行先导试验和工厂规模的试验中。这些
体系提供了高沥青采收率和浮渣质量的诱导方法。因为在这些体系中没有活动部件，因此
操作和维护简单，同时像降液管和静态搅拌机这样容易磨损的部件，可以在不停止操作的
情况下更换。

应当指出的是，上面讨论的浮选机仅仅是各种可用的浮选机类型中的几个例子。我们
鼓励读者就本主题进行更加广泛的讨论，查阅 Will 和 Napier – Munn（2006）与
Fuerstenau 和 Han（2003），还有 Fuerstenau 的 1 部分～4 部分、Jameson 和 Yoon
（2007）。

6.3.4 浮选流程

不管何种类型的浮选机，浮选机往往按库排放，如图 6.19 所示。从一级分离器中分离
的中矿送入 1 库中，1 库由三个粗选机组成。每个粗选机的浮渣收集起来作为二级浮渣返回
一级分离器进行更进一步的清洗，或者直接输送至浮渣处理设备。尾渣从 1 库流至 2 库，
被称为清理机，进一步回收剩余的沥青。2 库的沥青浮渣质量通常低于 1 库的质量，它们不
适合输送至浮渣处理器或返回一级分离器中。这就是为什么它们要被送到 1 库中进一步清
洗的原因。2 库排出的尾渣中含有极少量的沥青，所以它们成为最终尾渣而被排出。把浮选
机布置到库里的目的是在通过优化每个浮选机的生产来保证沥青浮渣的质量，同时最大限
度地开采沥青。

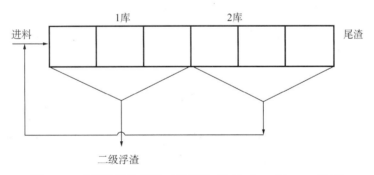

图 6.19　典型的浮选流程（据 Wills 和 Napier – Munn，2006）
包括串联在一起的一个粗选机（1 库）和一个清理机（2 库）

在一个给定的浮选机内，如果认为体系已混合好，那么沥青采收率 $R(t)$ 可表达为：

$$R(t) = R_\infty \frac{kt}{1 + kt} \tag{6.23}$$

其中，R_∞ 是最终的浮选回收率，它由矿砂的性能特点、水的化学性和调节体系决定；k 是
浮选速率常数；t 是停留时间。从机到机，从库到库，浮选体系可以被认为是段塞式流动。
在段塞式流动条件下，浮选回收率遵循一级速率流程，并且可以由下面的速率方程描述：

$$R(t) = \frac{R_\infty}{1 - e^{-kt}} \tag{6.24}$$

对于有 n 个浮选机的库，沥青的总回收率 R 可表达为：

$$R = \sum_{i=1}^{n} R_i(t_i) = 1 - (1 - R_j)^n \tag{6.25}$$

其中，$R_i(t_i)$ 是第 i 个浮选机，在 t_i 停留时间的沥青采收率。式（6.25）中第二个等号的意思是假设：（1）所有的浮选机在相同的停留时间获得相同的单位回收率 R_j；（2）相比剩余的主砂浆流，每个浮选机中排除的浮渣量可以忽略不计；（3）浮选机中剩余的沥青与之前的浮选机具有相同的浮选速率常数。在现实中，人们愿意单独运行每一个浮选机，以使每个浮选机的水动力学最优，从而使沥青采收率最大化。浮选机的体积 V（单位：m^3）尺寸由所需的停留时间 t（单位：s）和工厂的生产能力 Q（单位：m^3/s）确定：

$$V = Qt \tag{6.26}$$

停留时间 t 是由已知的浮选速率常数所需的沥青采收率 R 决定的。在浮选机的设计中，用曝气沥青液滴必须移动的距离 H 和曝气沥青液滴的上升速度 v_a 来计算停留时间：

$$t = \frac{H}{v_a} \tag{6.27}$$

曝气沥青与气泡聚集体的上升速度，在给定砂浆密度下，是曝气沥青液滴的有效粒径（d_a）和密度 ρ_a 的函数。下标 a 强调沥青—空气的聚集体，假如去除沥青浮渣不是一个极限步骤，则认为 H 是从进料点到浮渣面的距离。假设沥青吸进空气泡，使用简单的斯托克斯定律就可以估算出这个沥青—空气聚集体的上升速度，也可以使用 Masliyah 马斯利亚抑制沉淀方程（Masliyah，1979）得到更准确的上升速度。简单地说，对于一个低的雷诺数条件，用 Stokes 斯托克定律来估算沥青—空气泡聚集体的上升速度：

$$v_a = \frac{g(\rho_w - \rho_a) d_a^2}{18\mu} \tag{6.28}$$

在这个等式里，ρ_w 和 μ 分别代表的是液体（比如水）的密度和黏度。换句话说，曝气沥青的有效尺寸和密度是由沥青液滴和空气泡的大小和密度决定。尺寸为（d_p）和密度为 ρ_p 的沥青液滴吸进大小（d_a）和密度（ρ_a）的气泡可以用下列等式计算出来：

$$d_a = \sqrt[3]{d_p^3 + d_b^3} = d_p \sqrt[3]{1 + \left(\frac{d_b}{d_p}\right)^3} = d_p \sqrt[3]{1 + (\alpha)^3} \tag{6.29}$$

和

$$\rho_a = \frac{d_p^3 \rho_p + d_b^3 \rho_b}{d_p^3 + d_b^3} = \frac{\rho_p + \alpha^3 \rho_b}{1 + \alpha^3} \tag{6.30}$$

在等式中，α 指的是气泡无量纲尺寸，即气泡与沥青液滴的直径比。从式（6.29）明显看出，如给定的气泡无量纲尺寸，沥青滴越大，沥青—气泡聚集体越大，聚集体上升速度越快。对于给定沥青液滴的尺寸，增加气泡尺寸也就增加沥青—气泡聚集体的有效直径和上升速度。

由于室温下饱和空气的密度是 $1.1mg/cm^3$，比沥青的密度（$980mg/cm^3$）低得多且接近水的密度（$1000mg/cm^3$）。根据式（6.30），增大气泡的无量纲尺寸会减小聚集体的有效密度，同时会提高聚集体的上升速度。由于聚集体的上升速度和聚集体直径的平方成比例，只与聚集体密度的直线成比例，因此通过增大气泡尺寸来增大聚集体有效直径对在分离器里传送曝气沥青最有效。但是，人们必须考虑到沥青和空气泡的碰撞和吸附，这是沥青曝气的一个关键步骤。在这种情况下，尽管小气泡在附着时更有效，但当沥青滴和气泡大小一样的话，碰撞更有效。显然，为了优化沥青浮选回收率，必须研发出一种全面收集所有方法的综合模型，用这些方法，气泡和沥青液滴的大小和表面特性将影响沥青浮选不同的方面，包括碰撞、附着、聚集体的上升速度和浮选机的水动力学。

6.4　可加工性

6.4.1　矿砂的可加工性

既然我们已在油砂萃取体系的界面科学中打下了坚实的基础，就不妨仔细观察一下影响矿砂可加工性的物理化学因素。其中最重要的因素是矿砂本身的特性。

6.4.1.1　矿砂品级的影响

按惯例，将矿砂的沥青含量作为衡量矿砂的可加工性的一个指标。事实上，沥青含量低于 7% 的矿砂是没有经济价值的。从某种程度上来说，沥青含量与油砂层的地质环境紧密相关。在河流环境形成的油砂矿通常比海洋环境形成的油砂矿的沥青含量相对高些。在同一油砂矿物中沥青含量和细颗粒沥青之间有着明显的相关关系，也就是说，细颗粒含量高的油砂矿的沥青含量低。（Cameron Engineers，1978；Cuddy，2004）。细颗粒含量对沥青采收率的影响随细颗粒类型和水的化学性质而改变。图 6.20 清楚地表明，只有当同时加入 1%（质量分数）的蒙皂石和 40mg/L 钙离子时，我们可以看到品质好的油砂矿中沥青采收率降低。加入与钙离子同样量的高岭石或伊利石并不能显示沥青采收率有大幅降低。Wallace 等（2004）等用沥青含量为 8%～12%（质量分数）和细颗粒含量为 8%～40%（质量分数）的各种矿砂进行的大量的实验室试验后，表明存在脱钾伊利石（具有膨胀性）会降低沥青采收率。沥青采收率的降低是由矿砂中的矿泥膜衣引起的，使用原子力显微镜测量 ζ 电位的分布和直接胶体力就可以证实这一点。

6.4.1.2　温度的影响

加工处理温度被认为是从油砂中萃取沥青的关键。关于加工温度在油砂萃取中的作用，普遍观点是温度会降低沥青黏度，很多情况下确实如此。但是，最近 Long 等（2007）的一项研究证明，温度的影响要比人们之前认为的更大，尤其是对于沥青和固体物质的长程力和黏附力的影响，如图 6.21 所示。当温度高于 30.8℃ 时，微细小固体物和沥青之间的长程排斥力增加，而它们之间的黏附力消失（使沥青很难留在固体表面）。微细小固体物和沥青之间黏附力和排斥力的变化与随着温度升高沥青黏度降低没有直接关系。排斥力的增加说明随温度的升高沥青和或固体表面电荷增加。沥青黏度随温度升高而降低会促进天然表面活性剂从松散的沥青转移到表面是可能的，增强了沥青的天然表面活性剂的浓度，使得沥

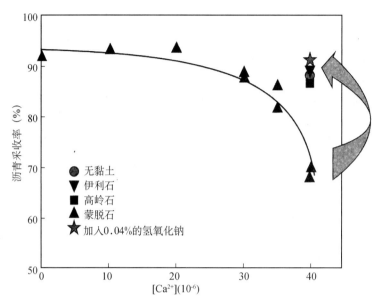

图 6.20　钙离子浓度对从含有 1％细泥的好加工矿中开采沥青的采收率的影响

在工作温度为 80℃，砂浆的 pH 值为 8.5 时使用 Denver 浮选机进行浮选

（据 Kasongo 等，2000）

青更易离析（图 6.3）。提高加工温度也被认为是增加固体表面的水解性和降低固体的憎水性，这也可以增进沥青的离析。事实上，雷恩等（Ren 等，2009a）认为，提高加工温度可以恢复矿砂由于风化作用降低的润湿性，提高沥青的回收率。不管是沥青里天然表面活性剂转移到沥青—水界面，还是随温度增加固体表面的水解引起的润湿性的增加，都可以提高沥青离析的程度，并减少细颗粒的矿泥膜衣。

加工温度同样也对沥青曝气有很大影响（图 6.22），因为随着温度的升高，诱导时间会减少。在含有 50mg/L 钙离子和 0.5％（质量分数）的微细小固体物的加工用水中的沥青曝气最坏情况中，观察到诱导时间由在 25℃时的 7000ms 降到 50℃时的 1000ms（Gu 等，2003）。随温度升高诱导时间减少明显对沥青采收率有很大贡献，结果如图 6.23（Long 等，2007）所示，观察到不管矿砂的品质如何，当加工温度从 25℃上升为 50℃时，沥青采收率从 10％上升到了 90％以上。在同一温度范围 25℃上升到 50℃时，回收率曲线作为温度变化的函数明显转变刚好与沥青和细颗粒之间长程排斥力的明显增加和黏附力的明显减少相符合，同时，诱导时间明显减少。

6.4.1.3　矿砂酸度的影响

矿砂的另一个重要特性是酸度，这是通过地层水或砂浆水的 pH 值测得的。油砂地层水矿的酸度在 pH 值为 4~8 的范围变化。Ding 等（2006）表明当加工用 pH 值低（加入伊利石导致的结果）时用去离子水，沥青采收率降低。在低 pH 值下沥青采收率降低是由于在沥青上因添加的伊利石而形成了矿泥膜衣，这一点被测得的 ζ 电位分布所揭示。当采用具有很大缓冲量的 pH 值 8 的装置加工用水时，添加伊利石几乎对沥青采收率没影响。卡桑戈等（2000）发现添加适量的苛性碱可以逆转由于添加 1％蒙皂石黏土和 40mg/L 钙离子

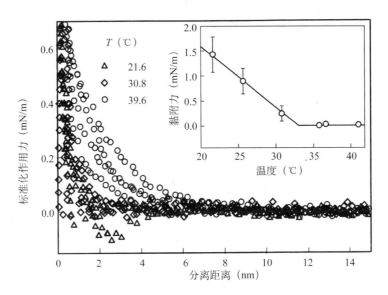

图 6.21 温度对于在 pH 值为 8.5 的尾渣水中的微细小固体物和沥青之间长程排斥
力和黏附力（插图）的影响（据 Long 等，2007）

（表明高于 35℃左右的临界温度时，无黏附力，而且表面很排斥）

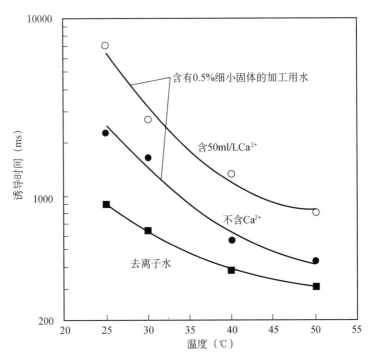

图 6.22 在含有 0.5％细小固体的处理水中空气泡—
沥青附着的诱导时间作为温度的函数（据 Gu 等，2003）

（去离子水用作参考）

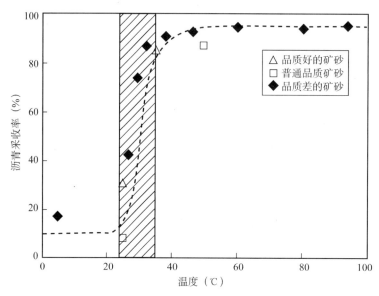

图 6.23　在小型试验中温度对沥青采收率的影响

造成的对沥青采收率降低的情况（图 6.20）。添加苛性碱会增加砂浆的 pH 值，从沥青中萃取更多的离子型天然表面活性剂并增加砂浆的表面负电荷。增加 pH 值也会增加溶解的二氧化碳含量，因此也会增加碳酸氢盐的浓度，这就是为人熟知的去钙离子。在保持所设想的天然表面活性剂量水平的同时，通过碳酸钙的形成去除钙离子帮助恢复砂粒和黏土上的负电荷。总体来说，这些影响能帮助避免矿泥膜衣的形成和提高沥青的离析，从而提高沥青采收率和浮渣质量（Wallace 等，2004）。

Long 等之后（2007），Ding 等（2006）针对品质好的矿砂得出了结果，Schramm 等（2006）针对普通矿砂得出了结果，Bichard 等（2006）针对差品质的矿砂得出了结果。

6.4.1.4　固体润湿度的影响

近期，Dang‐Vu 等对固体润湿性在油砂可加工性中的作用进行了系统研究（2009）。采用大量的油砂矿得到的结果显示，矿砂中的细颗粒的润湿度与沥青采收率和浮渣质量有明显的相关关系（图 6.24）：细小固体的润湿度越高（通过较短的水滴穿透时间测量所得）产生的沥青采收率和浮渣质量越高，正如浮渣的高沥青—固体比所示。用粗粒也观察到了类似的相关关系。正如前面所讨论的那样，固体的润湿度会影响沥青的离析和曝气。低亲水性的固体，即接触角度大或者水滴穿透时间较长会阻碍沥青的离析，而憎水的黏土颗粒所产生的矿泥膜衣又会阻碍曝气。发现含地层水量较低的自然或人工风化过的矿砂固体更具憎水性。值得注意的是风化作用会造成地层水的流失。结果导致剩余地层水中电解质浓度增加，而沥青和固体之间的距离（或者水膜厚度）减少。地层水中高浓度的电解质降低沥青与油砂或黏土层之间的排斥力，不但使两个表面更加接近，而且使天然表面活性剂能够吸附在固体表面，特别是在有二价无机阳离子（如钙离子或镁离子）的情况下。表面活性剂的吸附作用使固体变得憎水，而且导致油砂矿润湿性明显降低和风化油砂矿物的可加工处理性差。

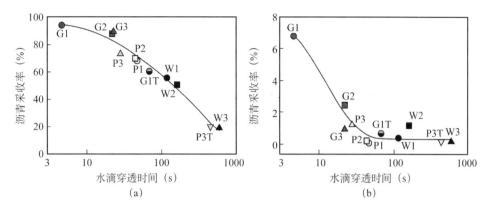

图 6.24　由沥青与固体比率（B/S）测得的细小固体润湿性对沥青采收率（a）

以及沥青浮渣质量（b）的影响（据 Dang‑Vu 等，2009）

[沥青与固体比率（B/S）是从大量的品质好的（G）、差的（P）和风化（W）的油砂矿物获得的，

说明随着矿砂中细小固体润湿性的降低，沥青采收率和浮渣质量也降低，正如由水滴穿透时间较长所测得的一样]

6.4.1.5　水的化学性的影响

加工用水的化学性在确定油砂矿物的可加工性中起着相当重要的作用，它对于二价阳离子和细小固体两者的存在非常敏感。如图 6.25 所示，添加钙离子到清的加工用水中可引起诱导时间的显著减少（被定义为沥青—空气泡的附着所需要的最少接触时间），表明随着钙离子的添加，沥青—空气泡更容易附着（Gu 等，2003）。加工用水中存在细小固体时，添加钙离子不但会增加诱导时间，还会使沥青—空气泡的附着变得更困难。这些实验结果很清晰地表明了水的化学性和细小固体的重要性，不论这些细小固体是来自于矿砂还是专门添加的。

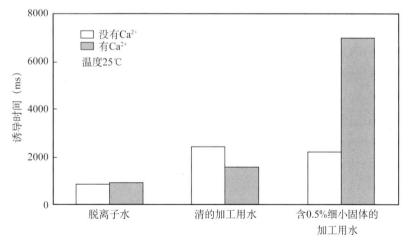

图 6.25　沥青—空气泡附着的诱导时间（据 Gu 等，2004）

（正如在 25℃ 和 pH 值为 8.5 的情况下，添加钙离子到含细颗粒和不含

细颗粒的加工用水里所受到的影响一样）

习惯上通过添加苛性碱来控制水的化学性。苛性碱是一种能软化水、分散黏土并调整

pH 值的化学物质。增大加工用水的 pH 值有助于释放天然表面活性剂（Leja 和 Bowman1968），并且能够给沥青、砂和黏土表面传递更多的负电荷，还能够促进方解石的沉淀，因此，也能够引起管道和阀门结垢。砂浆的 pH 值高不但对尾渣以及尾渣水的性质有直接和间接的影响，而且对环境也有重要的意义。从油砂矿工业开始至今，苛性碱一直就被当成是沥青萃取的加工助剂（Clark and Vniversity of Alberta1929），有这么多种的影响，如果只关注水的化学性的一两种具体作用或者添加苛性碱，而没有特别注意别的因素会有很大风险。

6.4.1.6　添加黏土和钙对沥青采收率的影响

在第 4 章中，我们看到 2 价阳离子与某种黏土矿物交换的选择性变化在油砂萃取体系有着很重要的作用。如表 4.3 的结果表明：蒙脱石在有 2 价阳离子钙的溶液中膨胀最为严重，其次是伊利石和高岭石。在对从品质好的可加工处理油砂矿中开采沥青的早期研究中就可以看到这一变化的影响，给油砂矿添加了 1%（质量分数）的不同种类的黏土和不同剂量钙离子，如图 6.20 所示（Kasongo 等，2000）。添加 1%（质量分数）的蒙脱石和 1mmol/L 的钙离子比添加同样量的伊利石和高岭石对沥青采收率的降低作用大。蒙脱石与伊利石/高岭石的显著区别就在于，钙离子对蒙脱石的亲和力强于后两者，如表 4.3 所示。Kasongo（2006）确定出钙对 3 种类型的黏土的吸附性，并发现在掺入 1%（质量分数）黏土的品质好的加工油砂矿的浮选期间，掺入蒙脱石时钙离子的吸收比掺入伊利石/高岭石要高得多。

钙离子在黏土表面的吸附降低了黏土颗粒表面的净电荷，如图 6.26 所示的 ζ 电位幅度的降低。值得注意的是，在沥青萃取试验中，当 pH 为 8.5 单独测试时，这 3 种黏土加入钙对 ζ 电位的影响是相似的。然而，当加入 1mmol/L 的钙离子时，只发现蒙脱石黏土会降低沥青采收率。这一差别可能与蒙脱石黏土的膨胀性有关。

6.4.2　分离容器的成渣（细颗粒凝胶化）

正如我们前面所讨论的，悬浮液的稳定性主要取决于静电和颗粒之间的相互排斥作用。从微宏观角度，如果排斥力不够强，由于搅拌或者由于颗粒的布朗运动，粒子碰撞后将相互粘到一起。然而，从宏观角度，该体系的形态也依赖于细颗粒存在的数量比例或者细颗粒的有效体积分数。在细颗粒体积分数低时，形成的聚集体（絮状物）将沉积在容器底部，使清水留在顶部。这种方式被用于去除生产用水中的细小固体，这是水处理厂中水中细颗粒含量较低时常使用的方法。

在沥青萃取中矿的过程中，水中细小固体颗粒的含量相对较高，因此当细颗粒间排斥力较弱时（不管什么原因），絮凝固体的总体积与分离容器中的中矿层的体积相当。如果发生这种情况，单个絮凝体通过中矿层相互接触，形成一个加强结构，与胶状物质填满整个容器的横断面。这一物质会引起中矿层黏度的剧烈增加，曝气沥青的上升速度和砂粒的下降速度急剧减弱。结果，中矿层的密度就会增加。在极端情况下完全不发生分离，整个容器会变成"油渣"。有利于这种现象形成的条件是砂浆中细颗粒的体积分数较高，并且细颗粒间的排斥力较弱。当钙离子和镁离子倾向于降低细颗粒表面电荷时，在分离容器中的成渣的危险会随着加工用水硬度的增加而增加。常见的应对策略是削减矿石的进料速度和

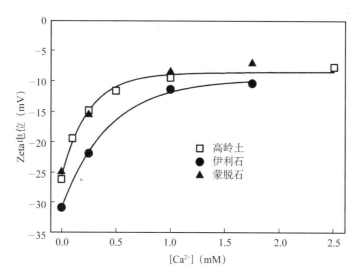

图 6.26 在 pH 值为 8.5 的 1mmol/L 氯化钾水溶液中钙离子浓度对黏土颗粒的 ζ 电位的影响

（据 Lin，Xu 和 Masliyah，2004，有修改）

[矿石从 Ward's Natural Sciences（Rochester，NY）公司购买]

（或）添加更多的水，这样就降低了细颗粒的总体积分数。另一种常见的策略是添加烧碱，从而消除钙离子，并且通过增加固体表面的负电荷而增加细颗粒之间的排斥作用。从分散状态（对沥青分离有利）过渡到絮凝状态（对尾渣处理有利）将在后面更加详细的讨论，图 6.31 为示意图。

6.4.3 矿泥膜衣

细颗粒之间排斥作用的减小所引起的细颗粒凝胶化（成渣）不是影响沥青采收率的唯一机理。细颗粒也可以与本体系中的其他物质相互作用，它们与沥青的相互作用是特别重要的。当一个小的固体颗粒与沥青液滴碰撞时，它可以永久地附着到沥青液滴上，除非有足够高的能垒阻止这种附着的发生。相互排斥根源以及这个能垒的来源都是颗粒和沥青表面的电荷。沥青和细小固体必须携带同极电荷，且这些电荷一定足够高才能阻止附着。在矿石加工专业语言中，含细颗粒的有价值的矿物表面覆盖面被称为矿泥膜衣。如果沥青液滴表面被黏土细颗粒覆盖，侵入的空气泡可以"看到"涂在沥青液滴表面上的亲水黏土，而非下面的憎水沥青。

在这种条件下，气泡不会附着在涂有黏土的沥青上。由于沥青对空气泡的附着是沥青开采的一个必要条件，故有矿泥膜衣是不利的。Masliyah（2004）和 Kasongo 等（2000）已经表明，油砂浆中加入蒙脱石黏土（蒙脱石）和钙离子会使沥青采收率急剧下降。实验室研究（Liu 等，2002）和商业生产（Liu，Masliyah，Xu，2004）都已经表明矿泥膜衣的确能够造成沥青采收率低。

图 6.27 解释了矿泥膜衣现象。黏土表面的阳离子钙的吸附（Ⅰ）激活黏土表面上的天然表面活性剂的吸附（Ⅱ），结果使黏土具有憎水性。憎水黏土附着在气泡上可以浮动，因而降低了沥青浮渣的质量。如果憎水黏土接触到憎水沥青液滴，它也能黏附在沥青液滴上，

导致在沥青上因黏土形成矿泥膜衣（Ⅲ）。在这种情况下，有矿泥膜衣的沥青液滴保持憎水性，并且能够为对沥青浮渣回收附着到气泡上，降低了浮渣的质量，但没有降低沥青的采收率。或者，激活的钙离子黏土通过在沥青—水界面（Ⅳ）的天然阴离子表面活性剂附着在沥青表面，而这又因亲水性黏土导致沥青产生矿泥膜衣。有亲水黏土膜衣的沥青液滴不能有效地附着到气泡上，导致沥青采收率降低。

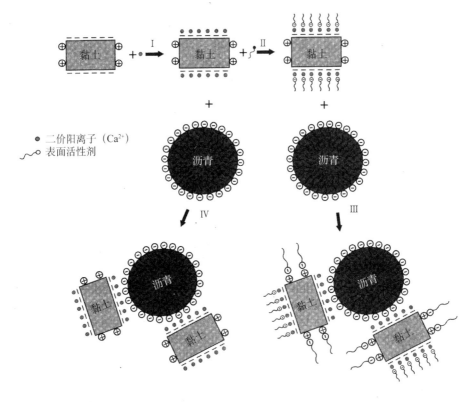

图 6.27　由二价钙离子激活的沥青表面上矿泥膜衣

在两种不同的生产模式下二价钙离子作为一个桥梁：（a）吸附在黏土表面的钙离子与沥青（Ⅳ）表面的羧基反应，导致因亲水黏土形成沥青液滴的膜衣；（b）黏土表面的钙离子诱发阴离子表面活性剂（Ⅱ和Ⅲ）的吸附，使黏土具有憎水性，并肯接受附着在憎水沥青表面，导致沥青液滴被憎水黏土涂了膜衣

可以通过ζ电位分布图（Liu，Maskiyah，Xu，2004）以及用原子力显微镜（AFM）（Lin，Xu，Maskiyah，2005）测定直接力来证实细颗粒矿物含量高的沥青表面的矿泥膜衣对沥青采收率以及浮渣质量的不利影响。用沥青和细颗粒进行的ζ电位分布测试结果如图 6.28所示，其中沥青和细颗粒是与好品质加工矿和差品质加工矿在相应的处理尾渣水中是隔开的。对于好品质加工矿，在相应的处理尾渣水中单独测得的沥青液滴和细颗粒的ζ电位分布的峰值分别在 −71mV 和 −45mV，结果如图 6.28（a）所示。当测量处理尾渣水中的沥青液滴和细颗粒混合物时，分别测沥青液滴和细颗粒对应的位置，可以观察到两个不同的ζ电位分布峰值，这表明沥青和细颗粒彼此是分开的，如图 6.28（c）和其插图所示。这种环境将十分有利于沥青开采，同 Liu，Xu，Masliyah（2004）在实验中观察到的一样。

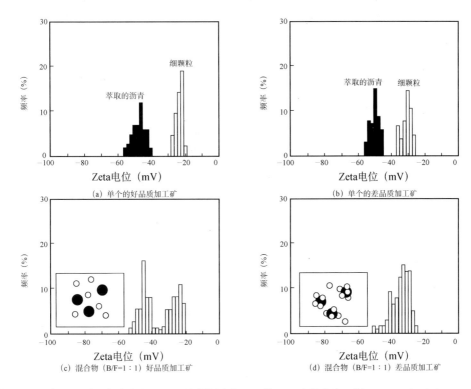

图 6.28　沥青和细颗粒分别测试（a）和混合物测试（b）的 Zeta 电位分布（据 Liu，Masliyah 和 Xu，2004）
其中的沥青和细颗粒是与好品质加工矿（左）和差品质加工矿（右）在 pH＝8.5 的相应的加工尾渣水中隔开的

如图 6.28（b）所示，在处理尾渣水中测出的差品质的加工油砂矿中的沥青和细颗粒的 ζ 电位分布峰值分别为 −50mV 和 −28mV，明显比好品质加工油砂矿要低得多，这意味着在沥青和细颗粒表面的表面负电荷有明显的抑制作用。这种电荷抑制作用要归因于差品质加工矿中的尾渣水里含有的钙的吸附，如原子吸收分光光度计（AAS）单独测定的一样。更重要的是，用其处理尾渣水中的沥青液滴和细颗粒混合物测量 ζ 电位分布时，只有一个宽的分布峰值，位于细颗粒相对应的位置，如图 6.28（d）所示。当这种 ζ 电位分布的类型意味着亲水的（或不太憎水的）细颗粒覆盖在沥青表面，如图 6.28（d）中的插图所示。沥青上细颗粒的覆盖层阻止了沥青与空气泡的接触，导致了较低的沥青采收率，正如经常在加工细颗粒含量高的矿中所经历的一样。

用 AFM 进行直接力度测试的结果，如图 6.29（a）所示，表明了纯排斥力剖面（即在力曲线上的正值）和沥青与细颗粒之间的最小吸附力（右侧），这里的沥青与细颗粒是与在相应的加工用尾渣水中好品质加工矿隔离的。相比之下，确定了在沥青和细颗粒之间的具有很强吸附力的纯吸引力剖面（即在力度曲线上的负值），这里的沥青与细颗粒是与其处理介质中的差品质加工矿隔离的。这些结果补充了源于 ζ 电位分布测量的结论：与差品质加工矿隔开的沥青与细颗粒的吸引力和强吸附力导致了细颗粒覆盖在沥青表面，并导致低的沥青采收率，而在好品质加工矿中隔离出的沥青和细颗粒间可忽略吸附力的排斥力情况产生没有细颗粒覆盖、干净的沥青表面，且产生良好的沥青曝气和开采。发现沥青与细颗粒间的双电层排斥作用的减少，不论是随电解质浓度增加和（或）还是随加工用水的 pH 值降低，都会导致形成矿泥膜衣。

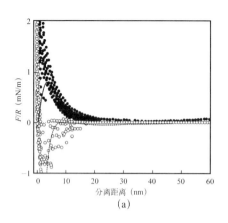 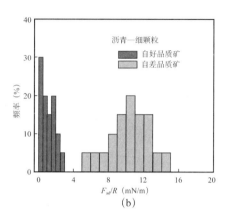

图 6.29　在 pH 为 8.5 的尾渣水中，分别从好品质和差品质加工矿中
隔离出的沥青和细颗粒间的相互作用力（a）和黏附力（b）

加入苛性碱在一定程度上能帮助我们处理由于分离器成渣和矿泥膜衣机理所引起的低采收率问题。在过去，当商业运作过程中遇到采收率低于预期时，试图提高苛性碱加入量是很常见的措施。在这两种情况下，苛性碱的作用是双倍的：降低钙离子的浓度（在下节关于水软化中会讨论），并增加沥青和细颗粒表面负电荷，两种情况都使细颗粒絮凝和矿泥膜衣形成比较困难。

6.4.4　水的软化

水的硬度是溶解多价阳离子造成的；在通常情况下，几乎就是钙离子和镁离子，尽管有时三价铁离子也会导致总体水硬化。通常提高水的 pH 值会使水软化，即导致总体可溶二价阳离子浓度的降低。为了理解这种情况是怎样发生的，回想一下包含 CO_2 和溶解钙离子的水体系里的基础平衡是很有益的。通常，如果不采取特殊预防措施，水与空气是处于平衡的，即空气中的所有气体在水中达到了饱和，包括 CO_2。这种体系通常被称为"开放体系"，反映出该体系是能够同空气交换 CO_2 的。

CO_2 溶于水表达式：

$$CO_{2(gas)} \rightleftharpoons CO_{2(aq)} \tag{6.31}$$

溶解的 $CO_{2(aq)}$ 与水发生反应，生成碳酸 H_2CO_3：

$$CO_{2(aq)} + H_2O \rightleftharpoons H_2CO_3 \tag{6.32}$$

H_2CO_3 是弱酸，经历可变分解反应成离子，两步分解反应是：

$$H_2CO_3 \rightleftharpoons H^+ + HCO_3^- \tag{6.33}$$

和

$$HCO_3^- \rightleftharpoons H^+ + CO_3^{2-} \tag{6.34}$$

应该注意水力运输砂浆是在管道内，不是敞开在空气中的，不能与大气交换 CO_2，尾渣池可被认为是敞开系统。

在任何时候，所有大量存在于本体系中的上述物质（组分）取决于空气中的二氧化碳的量、温度、水的 pH 值。

随着水的 pH 值的增加（例如，通过添加苛性碱），反应平衡［式（6.31）～式（6.34）］移向右，出现了两个重要的结果：（1）允许更多的二氧化碳溶解；（2）碳酸根离子的浓度增加。当钙离子和碳酸根离子在水中的浓度积超过碳酸钙的溶解度积时，即 $[Ca^{2+}][CO_3^{2-}] > K_{SP(CaCO_3)}$，钙离子脱溶形成碳酸钙（方解石）。

$$Ca^{2+} + CO_3^{2-} \rightleftharpoons CaCO_3(s) \downarrow \tag{6.35}$$

因此，这个敞开体系的特点是：如果水可以从空气中吸取必要的 CO_2，可以通过 pH 值的增加激起钙的脱溶。在一个封闭的体系中，例如，当水受限于密闭的容器或管道内时，如果水有足够量的已溶解 CO_2，钙脱溶才会发生。取决于 pH 值的占主导地位的碳酸盐组分从低 pH 下已溶解的碳酸 $[H_2CO_{3(aq)}]$ 变化到高 pH 值的碳酸氢盐（HCO_3^-）或者的碳酸盐（CO_3^{2-}）离子。已溶解的碳酸盐组分的总量通常被称为碳酸盐含碱量。在已采用烧碱作为加工助剂有很长一段时间的生产装置，循环水已经积累了大量碱或含有大量碳酸盐和碳酸氢根离子存量。碳酸氢根离子是在中性和中度碱性条件下碳酸组分（6＜pH＜10）的主要形式，在循环水含量约为 $500 \sim 1000 mg/L$。

图 6.30 为碳酸钙、氢氧化钙、氢氧化镁以水溶液 pH 值与溶解度的函数关系。这 3 条直线中第一条代表敞开在一个含有 0.03%（体积分数）二氧化碳的大气体系里 $CaCO_3$ 的溶解度极限，0.03%（体积分数）是空气中 CO_2 含量的典型值。碳酸镁的溶解度远高于碳酸钙，这一发现意味着，在正常工作的 pH 范围，添加碳酸氢盐或增加 pH 值对于减轻镁离子对开采沥青的不利影响的作用不太有效。随着 pH 值的增加，氢氧化镁而非碳酸盐，将开

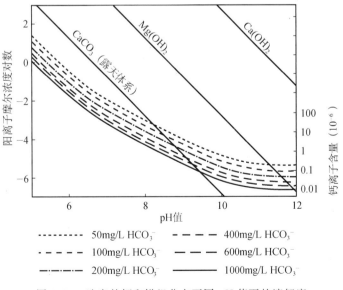

图 6.30 选定的钙和镁组分在不同 pH 值下的溶解度
（脱溶物在相应的曲线上方形成）

始脱溶。第二和第三根直线分别示出 $Mg(OH)_2$ 和 $Ca(OH)_2$ 的溶解度。

如图 6.30 所示，没有任何碳酸氢根或碳酸根离子时，钙最终会作为氢氧化钙脱溶，但只有在相当高的 pH 值时才会发生。镁也有助于总水硬化，但是和钙一样不利于沥青开采。然而，由于碳酸镁具有较高的溶解度，不像钙离子，镁离子在高 pH 下以氢氧化镁脱溶。

在图 6.30 中的曲线族代表在一个封闭的体系中碳酸钙的溶解度，其中方解石脱溶消耗已经存在于水中的碳酸根离子。应该指出的是，钙脱溶的开始取决于碳酸氢盐离子初始浓度，或碳酸盐的含碱量。例如，水中含 1000mg/L 的碳酸氢根离子时，钙离子将会在某个 pH 下开始脱溶，这比只含 50mg/L 的碳酸氢钠的水中的 pH 值低 1.5 个单位。另外，在相同的 pH 下，碳酸氢盐水平从 100mg/L 的增加至 1000mg/L 会降低钙离子平衡程度 1/10。因为二价离子，如钙离子不利于沥青萃取，累积的碳酸氢根离子存量是有益的，如果它的存量降低，这会增加对烧碱或其他加工助剂的工艺需求。

存在于水中的碳酸氢根和碳酸根离子具有一个重要的副作用，举例来说，如果添加少量的酸到含两种离子的水中，式（6.34）和式（6.35）所述的平衡将向左移动，把一些碳酸根离子转化为碳酸氢根离子，伴随着小得可以忽略的水的 pH 值下降。类似的，加入少量的碱将使平衡向右侧移动，再次引起水的 pH 值微量变化。化学家说，水是受缓冲的，即水的 pH 值对添加少量的碱或酸相对不敏感。加入水可以承受的、不引起明显的 pH 变化的酸或碱的量取决于存在的碳酸盐的总量。碳酸盐和碳酸氢盐的混合物在约 8.5 的 pH 值时缓冲水溶液，这个 pH 值是接近油砂混合和最终采收沥青的最佳值。

由于碳酸氢盐/碳酸盐混合物在温和的碱性条件下，缓冲水溶液，累积的碳酸氢盐/碳酸盐总存量被称为碳酸盐水含碱量。碳酸盐含碱量被正式地定义为碳酸盐和碳酸氢盐离子浓度的总和，用每公升的化学当量表示。化学当量等于摩尔质量除以化合价；因此，对于碳酸氢根离子，它等于其摩尔质量；对于碳酸根离子，它等于摩尔质量除以 2。

脱溶物（沉淀物）的存在，如 $CaCO_3$，补充水的总缓冲能力，在许多情况下，是天然河流或湖水的缓冲能力的主要贡献者，因为这一点，水产科学家喜欢把水的总碱度用每毫升有多少毫克 $CaCO_3$ 表示。这常常令人困惑，特别是方解石的脱溶（沉淀）或水软化的情况下。总碱度用酸滴定法测定，滴定曲线的形状反映了总碱度与碳酸盐碱度之间的差别。

由于碳酸盐的含碱量，加工用水的缓冲能力对油砂混合产生积极的影响，它使加工过程对酸性矿石不那么敏感，因为加工用水在一定程度上能够中和与地层水一起出现的酸。很可能循环水含碱量的增加是对作为加工助剂的烧碱需求下降的原因。

最近关于尾渣处理的综合/复合尾渣（CT）技术介绍，其中钙是以石膏的形式添加的，可提高水的硬度，并降低碳酸盐含碱量。这可能会迫使经营公司考虑水软化技术，以应对加工用水中增加钙和镁而产生的不利影响。我们必须记住，水软化过程会使碳酸盐水含碱量降低。通过添加熟石灰［氢氧化钙 $Ca(OH)_2$］，比通过添加 NaOH 软化水降低含碱量的程度要厉害，因为氢氧化钙提供了额外的钙，为使这些钙脱溶不得不以进一步消耗碳酸盐含碱量为代价。应用氢氧化钙和苛性碱软化使含碱量降低的差异小于总量的 30%，但在讨论使用多种软化技术时，应整体考虑这一点。

以下是值得补充的两个意见。首先，众所周知，在油砂尾渣池里，各种细菌利用有机物（如烃类）作为它们的能源。而氧化反应的副产物是二氧化碳，这会增加碳酸盐总含碱量，这方面的贡献程度是难以量化的，但多年来沉淀池内产生的生物成因气造成含碱量增加。其次，过去用滚筒将苛性碱加入到砂浆中。典型的剂量为每吨油砂 100～150g［0.01%～0.015%（质量分数）］，水矿比约 0.4，pH 值超过 10.5，使钙和镁分别脱溶成 $CaCO_3$ 和 Mg（OH）$_2$，形成的脱溶物从含萃取尾渣的水中除去，钙和镁的浓度低于10mg/L为标准。有人可能会认为这个过程和在混合阶段加苛性碱一起作为生产沥青浮渣的软化水过程，即把水软化过程和沥青萃取结合。

6.4.4.1 天然表面活性剂的影响

在传统的矿物加工处理中，至少添加 3 种类型表面改性化学剂作为常规加工助剂。起泡剂用来帮助产生小气泡，以减缓气泡的聚结，从而保证最佳的气泡大小分布。浮选促集剂用来使要开采的目标矿的表面变为选择性憎水，从而促进有价值的矿物—气泡附着。最后，抑制剂用于使脉石（废石）矿物更具亲水性，以减少其对气泡的附着，从而提高了浓缩液的质量。在油砂行业，我们努力开采沥青，沥青是一种天然憎水的、并且对于空气有天然亲和力的矿物质。因此，在大多数情况下，是不需要浮选促集剂的。沥青中包含多种表面活性化学物质，其中一些可以被浸到水相中发挥起泡剂的作用，并在一定程度上作为憎水性细颗粒的抑制剂。在许多情况下，由于油砂的这两个特性（即其天然憎水性和天然表面活性剂含量），不需要加任何化学剂就可开采沥青。不幸的是，这样的好品质的矿不常见，就像如下所示，对于大部分矿，必须把化学助剂（最常用的是苛性碱）添加到油砂浆中，以最大限度地提高沥青采收率。

现在已确定，增加砂浆的 pH 值有助于沥青中的天然表面活性剂向水相中释放。Sanford 和 Seyer 表示向油砂—水砂浆加入 NaOH 会引起表面张力的下降和水中溶解的碳含量增加（1979）。对用添加不同量的苛性碱的加工用水样的进一步研究确定加工用水的滴定曲线与油酸钠（一种肥皂）的滴定曲线非常相似，这是一个强有力的迹象表明加入苛性碱有助于释放存在于沥青中的天然表面活性剂，且这些表面活性剂可能是羧酸盐（Schramm，Stasiuk 和 Turner，2003），并已表明在尾渣和工艺循环水中呈现的表面活性剂大多是环烷酸钠盐。

环烷酸是源于石油的一类羧酸，它们的钠盐的化学性质与脂肪酸或皂类的钠盐密切相关。不同的是，通过动物脂肪皂化制作的常规肥皂含有偶数碳原子的直链烃链，基于此，环烷酸都是容易被生物降解的，因为大多数降解脂肪的细菌拥有的酶可一次从直烃链切断两个碳原子，在表面活性有机分子中的任何链的分支、奇数碳和（或）环结构使酶的有效性大大退化。环烷酸拥有支链的憎水尾馏分，并且可能包含两个环和一个奇数碳原子。结果它们不仅难以被生物降解，而且对许多生命产生毒性。

天然表面活性剂在沥青中可以以游离羧酸（环烷酸）的形式存在，或是以钙盐和（或）镁盐的形式存在，它们是油溶性而不是水溶性的。在任何情况下，水的 pH 值的增加将有助于与表面活性剂的释放，或是通过把难溶于水的羧酸转变成更易溶的皂：

$$\text{R—COOH}_{(\text{油溶性酸})} + \text{OH}^- \rightleftharpoons \text{R—COO}^-_{(\text{水溶性皂})} + H_2O$$

或通过把油溶性的二价盐转变成为水溶性的：

$$(R—COO)_2Ca_{(油溶性盐)} + 2OH^- \rightleftharpoons 2R-COO^-_{(水溶性皂)} + Ca^{2+} + 2OH^-$$

在后一种情况下，如果水中含碳酸氢盐和（或）碳酸盐离子，就像通常的情况，钙离子会脱溶为碳酸钙（Dai，Chung 和 Czarnecki，1992）。

我们必须记住，水溶性表面活性剂并不是由于增加油砂浆的 pH 值所产生的唯一的表面活性剂。水的溶解度限于每个分子小于 18～20 个碳原子的表面活性剂。商业环烷酸钠样品的溶解度，通常有 15～18 个碳原子，类似于普通肥皂。在阿萨巴斯卡沥青中，大多数环烷酸每个分子有 21～24 个碳原子，分子质量为 300～400Da。这些酸中的钠盐在水中具有相对较低的溶解度，很可能和沥青黏附在一起。虽然这些钠盐不能在加工用水分析中轻易地被检测到，但它们肯定有助于沥青的表面性质，特别是表面电荷。

离子表面活性剂吸附在沥青—水界面上，按照表面活性剂离子的电荷对其充电。因此，象环烷酸盐这样的阴离子表面活性剂的吸附作用会导致沥青的液滴携带负电荷。由于所有的羧酸，包括环烷酸都是弱酸，溶液的 pH 值控制源于吸附的环烷酸离子的表面电荷。随着 pH 值的升高，沥青表面电荷会变得更负，类似于第 2 章讨论的表面电荷对大多数含氧矿物 pH 值的反应。在正常的工艺条件下，沥青的液滴携带负电荷。

6.4.4.2　水包沥青乳状液

乳状液被定义为一种液体在另一种不混溶的液体中的分散体，乳化作用，即乳状液的形成，产生大的特异界面区与总的能量的变化，由式（6.36）给出：

$$\Delta G = \gamma_{o/w} \Delta A \tag{6.36}$$

其中，$\gamma_{o/w}$ 是油—水界面张力。一般来说，由于界面张力为正，乳化的界面面积增加提高了体系的能量，使体系的热力学不太稳定。因此，要产生一种乳状液，需要外部能量来抵消热力学能量的增益。在一个给定的水动力条件下加工油砂的情况，增加 pH 值会降低沥青—水界面张力 [图 4.57（a）]，这是一个对水包沥青乳状液有利的条件，因为只需少量的能量来创建一个给定的表面区域。泵和砂浆水力运输管道是沥青乳化的机械能来源。

式（6.36）还表明，乳液体系从热力学角度来说是不稳定的，如聚结，即在水中两个沥青液滴的结合，从而形成一个较大的沥青液滴，减少了界面面积和体系能量。然而，人们发现即使水包沥青乳状液在热力学上来说是不稳定的，它们在高碱性水溶液中是十分稳定的。这是由于沥青—水界面上带负电荷的亲水性基团的存在，需要额外的能量来克服远程的静电斥力和近程排斥水合作用力，以便引起高碱性 pH 值的砂浆中的沥青液滴的聚结。此外，在高 pH 值下极低的界面张力（接近零）有助于稳定的乳状液。

水包沥青乳化作用会导致沥青开采困难，因为小的沥青液滴与气泡碰撞频率是极其微小的。在弱碱性（pH = 8.5）条件下，热水萃取油砂工作的重要原因之一是考虑到沥青离析和曝气之间最佳折中方案。

6.4.4.3　分凝和非分凝砂浆

当尾渣浆排入尾渣池时，砂会迅速从载细颗粒的水中沉积，形成砂摊，而分散良好的细颗粒则保持悬浮，需要更多的时间来沉淀的细颗粒随着水进入到池中，在那里，它们慢慢沉淀，形成一种主要由细固体颗粒 [达到 30%（质量分数）] 组成被称为流体细尾渣

（FFT）的矿泥或稳定细尾渣（MFT）。然而，如果细颗粒是絮凝的，砂粒往往会被困在絮凝的细颗粒结构中，结果可形成"非分凝"混合物，这是尾渣处理（Matthews 等，2002）的复合或综合尾渣（CT）技术的基础。从分凝到非分凝的过渡取决于细小固体颗粒的有效体积分数及颗粒间的相互作用能，如图 6.31 所示。当颗粒相互吸引时，悬浮固体的体积分数小时，已形成的低含固体的絮凝物将会分凝。

要形成非分凝体系，固体的有效体积分数必须足够高。用 CT 技术，这一足够高的固体体积分数是通过流体细尾渣或稳定细尾渣的形式，添加更多的细颗粒和/或通过旋流除水获得的。此外，颗粒之间的相互吸引作用必须足够强。通过添加钙离子来实现 CT 技术，因为钙离子能通过降低其表面负电荷从而降低细颗粒之间的静电斥力。

分凝和非分凝砂浆的概念是在尾渣界确立的，但是，它没有被广泛用于涉及萃取的工艺中。为了形成一个分离容器，必须保持分凝的条件和状态，如图 6.31 中的左下部分所示。当操作员发现分离降低时，通过加入更多的水达到这一状态，从而降低固体的体积分数，使体系移到图的左边。往往采取的另一措施是，增加苛性碱的用量，从而造成如上面所讨论的颗粒之间更强的排斥力。加入苛性碱将会使图 6.31 中描述体系的点向下移动。通过添加其他分散剂可以获得类似的结果，分散剂如六甲基磷酸钠盐（也被称为六偏磷酸钠）或硅酸钠，这两个是常用的分散剂。

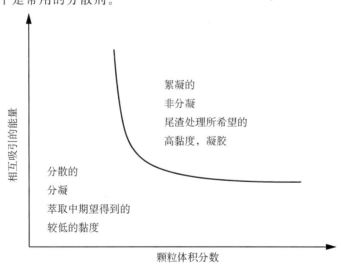

图 6.31　从分凝到非分凝的细颗粒悬浮过渡

正如我们可以看到的，尾渣处理和萃取之间的要求存在矛盾：对于萃取，我们希望有分散良好的细颗粒，以促进曝气沥青和砂子的分离；对于尾渣处理，通常我们希望有粗固体颗粒和絮状细颗粒的非分凝混合物，以增强细小固体的捕获。因此，对于尾渣处理，我们更希望在相对低的 pH 值时，具有钙和镁含量相对较高的硬质水，因为在实现 CT 中，这将降低所需石膏的剂量。因此，在萃取中加入苛性碱使尾渣处理更具挑战性。而在在萃取中，软化水、低细颗粒含量、较高的 pH 值是有益的。任何留在尾渣处理过程的循环工艺用水的硬度是不可取的，因为它会破坏萃取。记住这一点是非常重要的，尤其是在做出任何改变时，无论是萃取或是尾渣处理程序，因为任何这样的变化对整个装置的性能都有深刻的负面影响。

6.5 小结

本章的论述绝不是一个关于影响油砂矿可加工性的理化性质完整的调查，而是想说明油砂萃取体系的复杂性。我们可以看到，油砂矿特征、水的化学性和温度都对油砂矿的可加工性有巨大的影响。显然我们离确立一个衡量油砂矿可加工性的直接指标还很遥远，而且是否存在这样一个独特的指标的问题本身就有待回答。尽管如此，我们已经证明了胶体科学在提高对油砂矿可加工性的认识方面起着关键作用。

参考文献

Adamson, A. W., and A. P. Gast, 1997. *Physical Chemistry of Surfaces*. 6th ed. New York: Wilcy.

Baptista, M. V., and C. W. Bowman. 1969. The flotation mechanism of solids from the Athabasca oil sand. In *Proceedings of the 19th Canadian Chemical Engineering Conference.* Edmonton, Alberta, Canada: Canadian Society for Chemical Engincering.

Basu, S., K. Nandakumar, and J. H. Masliyah. 1996. A study of oil displacement on model surfaces. *Journal of Colloid and Interface Science* 182 (1): 82 – 4. *With erratum in Journal of Colloid and Interface Science 196, 324.*

Bichard, J. A. 1987. *Oil sands composition and bebaviour research: The research papers of John A. Bichard, 1957 – 1965*, AOSTRA Technical Publication Series No. 4. Edmonton: Alberta Oil Sands Technology and Research Authority (AOSTRA).

Cameron Engineers. 1978. Oil sands. In *Synthetic fuels data bandbook: U. S. oil shale, U. S. coal, oil sands*, ed. G. L. Baughman. Denver: Cameron Engineers.

Churaev, N. V., and B. V. Derjaguin. 1985. Inclusion of structural forces in the theory of stability of colloids and films. *Journal of Colloid and Interface Seience* 103 (2): 542 – 553.

Clark, K. A., and University of Alberta. 1929. Process and apparatus for separating and treating bituminous sands. Canadian Patent 289058, issued April 4, 1929.

Clayton, R., G. L. Jameson, and E. V. Manlapig. 1911. The development and application of the Jameson cell. *Minerals Engineering* 4 (7 – 11): 925 – 933.

Cuddy, G. 2004. Oil sands geology, Guest lecture notes for Chemical Engineering 534, Fundamentals of Oil Sands Extraction, January 7 – 9, at University of Alberta, Edmonton.

Dai, Q., K. H. Chung, and J. Czarnecki. 1992. Formation of calcium carbonate in the bitumen/aqueous sodium hydroxide system. *AOSTRA Journal of Research* 8 (2): 95 – 101.

Dang – Vu, T., R. Jha, S. Wu, D. Tannant, J. Masliyah, and Z. Xu. 2009. Effect of solid wettability on processability of oil sands. ores, Energy *and Fuels* 23 (5): 2628 – 2636.

Derjaguin, B. V., and L. D. Landau. 1941. Theory of the stability of strongly charged lyophobic sols and of the adhesion of strongly charged particles in solutions of electrolytes. Acta *Physiochem USSR* 14(6):633 − 662.

Ding, X., C. Repka, Z. Xu, and J. Masliyah. 2006. Effect of illite clay and divalent cations on bitumen recovery. *Canadian Journal of Chemical Engineering* 84(6):643 − 650.

Edzwald, J. K. 1995. Principles and application of dissolved air flotation. *Water and Science Tecbhology* 31(3 − 4):1 − 23.

Fan, M., and D. Tao. 2008. A study on picobubble enhanced coarse phosphate froth flotation. *Separation Science Technology* 43(1):1 − 10.

Finch. 1995. Colum flotation: A selected review. Part 4: Novel flotation devices. *Minerals Engineering* 8(6):587 − 602.

Fuerstenau, D. W., 1982. Thermodynamics of surfaces, adsorption and wetting. In *Principles of Flotation*, ed. R. P. King. Johannesburg: South African IMM.

Fuerstenau, M. C., and K. N. Han. 2003. *Principles of mineral processing*. Littleton, CO: Society for Mining, Metallurgy, and Exploration.

Fuerstenau, M. C., G. Jameson, and R. H. Yoon, eds. 2007. *Froth flotation: A century of innovation*. Littleton, CO: SME Inc.

Fuerstenau, M. C., J. D. Miller, and M. C. Kuhn. 1985. *Chemistry of flotation*. New York: SME.

Gan. W., M. Cao, B. Crozier, and Q. Liu. 2007. Inhibiting quartz − bitumen coagulation by complexing agents. *Canadian Metallurgical Quarterly* 46(3):207 − 214.

Gan, W., B. Crozier, and Q. Liu. 2009. Effect of citric acid on inhibiting hexadecane − quartz coagulation in aqueous solutions containing Ca^{2+}, Mg^{2+} and Fe^{3+} ions. *International Journal of Mineral Processing* 92(1 − 2):84 − 91.

Gu, G., R. Sanders, K. Nandakumar, Z. Xu, and J. Masliyah. 2004. A novel experimental technique to study single bubble − botimen attachment in flotation. *International Journal of Mineral Proecssing* 74 (1 − 4):15 − 29.

Gu, G., Z. Xu, K. Nandakumar, and J. H. Masliyah. 2003. Effects of physical environment on induction time of air − bitumen attachment. *International Journal of Mineral Processing* 69(1 − 4):235 − 250.

Hunter, R. J. 1986. *Foundations of colloid science. Volume L.* Oxford: Clarendon Press.

Israelachvili, J. 1990. *Intermolecular surface forces*. 2nd ed. San Diego: Academic Press.

Ives, K. J., ed. 1978. *Scientific basis of flocculation*. NATO Advanced Study Institutes Series. Alphen aan den Rijn, The Netherlands: Sijthoff and Noordhoff.

James, R. O., and T. Healy, 1972. Adsorption of hydrolyzable metal ions at the oxide − water interface (Parts Ⅰ, Ⅱ, and Ⅲ). *Journal of Colloid and Interface Science* 40(1):42 − 52, 53 − 64, 65 − 81.

Kasongo, T. 2006. Role of fine clays and ionic species in bitumen extraction from oil sands ores using the hot water extraction process. Ph. D diss. ,Department of Civil and Environmental Engineering,University of Alberta,Edmonton.

Kasongo,T. ,Z. Zhou Z. Xu,and J. H. Masliyah. 2000. Effect of clays and calcium ions on bitumen extraction from Athabasca oil sands using flotation. *Canadian Journal of Chemical Engineering* 78(4):674 - 681.

Kitchener,J. A. 1984. Surface forces in flotation: a critique. In *Principles of mineral flotation:The Wark Symposium*,ed. M. H. Jones and J. T. Woodcock,65 - 71. Victoria, Australia:Australia Institute of Mining and Metallurgy.

Klassen,V. L. , and V. A. Mokrousov. 1963. *An introduction to the theory of flotation*, Trans. J. Leja,and G. W. Poling. London: Butterworths.

Leja. J. , and C. W. Bowman. 1968. Application of thermodynamics to the Athabasca tar sands. *Canadian Journal of Chemical Engineering* 46: 479 - 481.

Lelinski,D. ,J. Drelich,J. D. Miller,and J. Hupka. 2004. Rate of bitumen film transfer from a quatrz surface to an air buble as observed by optical microscope. *Canadian Journal of Chemical Engineering* 82(4):794 - 880.

Liu,J. ,J. H. Masliyah,and Z. Xu. 2004. Interaction between bitumen and fines in oile sands extraction system: Inplication to bitumen recovery. *Canadian fournal of Chemical Engineering* 82(4): 655 - 666.

Liu,J. ,Z. Xu,and J. Masliyah. 2004. Role of fine clays in bitumen extraction from oil sands. *AIChE Journal* 50(8):1917 - 1927.

Liu,J. ,Z. Xu,and J. H. Masliyah. 2005. Interaction forces in bitumen cxtraction from oil sands. *Journal of Colloid and Interface Science* 287(2):507 - 520.

Liu,J. , Z. zhou, Z. Xu, and J. H. Masliyah. 2002. Bitumen - clay interactions in aqueous media studied by zeta potential distribution measurement. *Journal of Colloid and Interface Science* 252(2):409 - 418.

Long,J. ,J. Drelich,Z. Xu,and J. Masliyah. 2007. Effect of operating temperature on water - based oil sands processing. *Canadian Journal of Chemical Engineering* 85 (5): 726 - 738.

Lynch,A. J. , J. S. Watt, J. A. Finch, and G. E. Harbort. 2007. History of flotation technology. In *Froth flotation :A century of innovation*,ed. M. C. Fuerstenau,G. Jameson and R. H. Yoon. Littleton,CO:SME Inc.

Mao,L. ,and R. H. Yoon. 1997. Prediction flotation rates suing a rate equation derived from the first principles. *International Journal of Mineral Processing* 51(1 - 4):171 - 181.

Masliyah,J. H. 1979. Hindered settling in a multi - species particle system. *Chemical Engineering Science* 34(9): 1166 - 1168.

Masliyah,J. H. ,Z. Zhou,Z,Xu,J. Czarnecki,and H. A. Hamza,2004. Understanding water - based bitumen extraction from Athabasca oil sands. *Canadian Journal of Cbhemical Engineering* 82(4):682 - 654.

Matthews, J. G. , W. H. Shaw, M. D. MacKinnon. and R. G. Cuddy. 2002. Development of composite tailings technology at Syncrude. *International Journal of Mineral Processing* 16(1):24 - 39.

Mishchuk, N. , J. Ralston, and D. Fornasiero. 2006. Influenec of very small bubbles on particle/bubble heterocoagulation. *Journal of Colloid and Interface Science* 301(1):168 - 175.

Ren, S. , T. Dang - Vu, H. Zhao, J. Long, Z. Xu, and J. Masliyah. 2009a, Effect of weathering on surface characteristics of solids and bitumen from oil sands. *Energy & Fuels* 23(1): 334 - 341.

Red, S. , H. Zhao, J. Long, Z. Xu, and J. Masliyah. 2009b. Understanding weathering of oil sands ores by atomic force microscopy, *AIChE Journal* 55(12):3277 - 3285.

Sanford, E. C. , and E. A. Seyer, 1979. Processability of Athabasca tar sand using a batch extraction unit: The role of NaOH. *ClM Bulletin* 72 (803):164 - 169.

Sato, T. , and R. Ruch. 1980. *Stabilization of colloidal dispersions by polymer adsorption.* Nwe York: Marcel Dekker.

Schramm, L. L. , E. N. Stasink, and D. Turner. 2003. The influence of interfacial tension in the recovery of bitumen by water - based conditioning and flotation of Athabasca oil sands. *Fuel Processing Technology* 80(2):101 - 118.

Schramm, L. L. , E. N. Stasiuk, H. Yarranton, B. B. Maini, and B. Shelfantook. 2003. Temperature effects from the conditioning and flotation of bitumen from oil sands in terms of oil recovery and physical prperties. *Journal of Canadian Petroleum Technology* 42(8):55 - 61.

Schulze, H. J. 1984. *Physico - chemical elementary processes in flotation.* Amsterdam: Elsevier.

van Oss, C. J. 2006. *Interfacial forces in aqueous media.* Boca Raton: Taylor & Francis(CRC Press).

Verwey, E. J. W. , and J. T. G. Overbeek. 1948. *Theory of stability of lyophobic colloids.* Amsterdam: Elsevier.

Wallace, D. , R. Tipman, B. Konishke, V. Wallwork, and E. Perkins. 2004. Fines/water interactions and consequences of the presence of degraded illite on oil sands extractability. *Canadian Journal of Chemical Engineering* 82(4):667 - 677.

Wills, B. A. , and T. J. Napier - Munn. 2006. *Wills' mineral processing technology: An introduction to the practical aspects of ore treatment and mineral recovery.* 7th ed. Burlington: Butterworth - Heinemann(Elsevier).

Xu, M. , P. Quinn, and R. Stratton - Crawley. 1996. A feed - line acrated flotation column, Part 1: Batch and continuous test work. *Minerals Engineering* 9 (5): 499 - 507.

Yoon, R. H. , and G. H. Luttrell. 1989. The effect of bubble size on fine particle flotation. *Mineral Processing and Extractive Metallurgy Review* 5(1): 101 - 122.

Yoon, R. H. 1993. Microbubble flotation. Minerals Enginecering 6(6):619 – 630.

Zabel, T. 1984. Flotation in water treatment. In *The scientific basis of flotation*, NATO Advanced Study Institutes Series, ed. K. J. Ives, 349 – 377. Boston: Martinus Nijhoff.

Zhao, H., T. Dang – Vu, J. Long, Z. Xu, and J. Masliyah. 2009. Role of bicarbonate ions in oil sands extraction systems with a poor processing ore. *Journal of Dispersion Science and Technology* 30(6):809 – 822.

Zhao, H., J. Long, J. Masliyah, and Z. Xu. 2006. Effect of divalent cations and surfactants on silica – bitumen interactions. *Industrial & Engineering Chemistry Research* 45 (22): 7482 – 7490.

Zhou, Z., R. S. Chow, P. Cleyle, Z. Xu, and J. Masliyah, 2009. Dynamic bubble nucleation in flotation. In *Advances in Mineral Processing Science and Technology: Proceedings of the 7th UBC – McGill International Symposium on Fundamentals of Mineral Processing*, edited by C. Gomez, J. Nesset, and R. Rao. Montreal: MetSoc.

Zhou, Z., Z. Xu, and J. H. Masliyah, 2004a. Factors affecting bitumen surface hydrophobicity evaluated from contact angle measurements. In *NSERC Chair Program*.

——. 2004b. Factors affecting the recovery of bitumen form Athabasca oil sands in low temperature processes using flotation. In *NSERG Chair Program*.

第7章 浮渣处理的基本原理

萃取作业生产的浮渣包含：约 60%（体积分数）的沥青，约 30% 的水和约 10% 的固体。通常情况下水中携带的可溶解盐会腐蚀下游生产作业设备。大颗粒固体会加速设备的磨损，增加总生产成本；而细小固体易堵塞反应器床层，且不利于乳状液的破乳。管网也对可接受的固体含量和盐含量有严格的规范要求，因此，在沥青被送到改质作业或送到管网前，必须除去所含的水和固体。通常将沥青中水和固体的去除过程称为浮渣处理。浮渣处理的第一步是加入轻质溶剂以稀释沥青，使水相和油相出现密度差同时还能降低油相的黏度，加快分离过程。第二步将稀释的沥青送入静止分离器（如斜板分离器）和旋转分离设备（如涡旋式和盘式离心机）。浮渣处理作业工业化部分将在第二册"浮渣处理"一章中讨论，本章仅包含浮渣处理作业相关的科学理论。

浮渣中大部分水和几乎所有大颗粒固体相对容易去除。水在沥青中形成大水滴或水泡，加入轻质溶剂稀释后，水滴迅速形成明显的重相，这样就容易在斜板分离器和涡旋离心机中分离。但有些水以稳定的乳状液形式存在，液滴直径从不到 $1\mu m$ 到 $10\mu m$ 不等，大部分液滴直径约为 $3\mu m$，这种乳化水很难去除。因此，本章重点讨论的是影响稀释的沥青乳状液中水的稳定因素。

第 2 章中，我们致力于胶体和表面科学知识，将乳状液看作一种胶态分散体进行简短的论述。让我们回顾一下，乳状液是一种液体分散于另一种不相溶的液体中。从浮渣处理角度看，我们感兴趣的是水分散在连续油相中。油相由用轻质溶剂稀释的沥青组成，而水相通常包括溶解的盐和悬浮的细小固体。经常会发现多相乳状液，即悬浮于连续油相的水滴有时包含更小的油滴（图 7.1）。我们所涉及的体系是非常复杂的，包括几种不同的相：水相、油相和固相。油相包含大量的化学物质，其中很多化学物质具有表面活性，因此有助于乳状液的稳定，细小固体也能使乳状液稳定。因此，尽管石油乳状液在工业生产中有重大意义，但是科技界对引起石油乳状液稳定的主要机理还没有统一的认识。

7.1 乳状液和乳状液的稳定性

7.1.1 概述

乳状液是一种由两种互不相溶或者部分不相溶的液体组成的分散体系，通常情况下，一种液体为水，另一种为烃类（一般指的是油类）。在乳状液科学领域，油被认为是一种不能很好与水混合或者完全不与水混合的液体。这样，很多不能与水混合的物质，如橄榄油、苯、甲苯、烃类液体，包括各类原油和沥青，都可以归为油类。通常情况下，乳状液中一种液体形成连续相，另一种液体以小滴的形式分散在连续相中，液滴的直径从几分之一微米到大于 $10\mu m$。乳状液滴比典型的胶体颗粒大。然而，正如下面我们将要讨论的内容，乳状液的稳定性是由薄膜的特性决定的：这种薄膜是连续相液体的一部分，该膜把相互靠近的分散液滴分开。随着液滴的靠近，薄膜逐渐变薄，最终薄膜将变得如此之薄，以至于液滴之间开始通过表面力相互作用，例如范德华吸引力、两层重叠形成的排斥力、或空间位阻作用形成的力。乳状液液滴要聚结必须克服表面排斥力。因此，乳状液的稳定是由表面力控制的。基于上述原因，即使当有些乳状液液滴比典型的胶体微粒粒径大很多，仍将乳状液归为胶体体系。

　　如果水形成连续相，油以乳状液滴的形式分散于连续水相内，这种乳状液叫作水包油型（O/W）乳状液。水分散于连续油相的乳状液叫作油包水（W/O）乳状液。乳状液容易和形成连续相的液体混合，因此，水包油乳状液很容易被水稀释，而油包水乳状液加入到水中后会形成不溶于水的乳状液污油块，这是用于区分水包油和油包水乳状液的方法之一。还有其他的区分方法，如水包油乳状液通常比油包水乳状液更容易导电。另外，乳状液很容易被溶于连续相液体的染料染色。

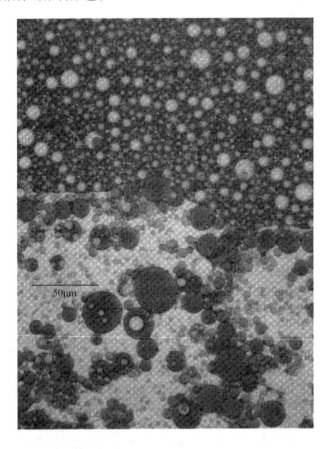

50μm

图 7.1　离心经石脑油稀释的沥青后，水相（底部）和油相（上部）界面的显微照片

　　图 7.1 为用石脑油稀释的沥青经离心作用后，水相（底部）和油相（上部）的界面。油连续相和水连续相的分界线水平移动（大致在照片中间）。由图 7.1 可知，油包水乳状液在图片上部，水包油乳状液在图片下部。图片下部的油滴内部包含更小的水滴，仔细观察发现图片上部的水滴内部包含更小的油滴。这种体系称为复合型乳状液。石油中复合型乳

状液的出现增加了石油工业生产中油水分离中遇到的问题和难度的复杂性。

乳状液的最重要的性质是其稳定性，与所有分散体系相同，由于大的界面面积增加了整个体系的能量，导致乳状液内在的不稳定。相分离，也叫作破乳，应自然产生，因为其会引起体系能量递减。酱状物（浓缩的水包油乳状液）在几周或几个月保持稳定而没有明显的相分离这一事实表明相分离过程非常缓慢。此现象叫动力稳定，动力稳定的意思是，尽管体系本质上不稳定，但相分离减速，以至于乳状液显得极其稳定，乳状液的这一稳定性是由表面张力引起的。

在许多商业领域，有时希望乳状液具有高稳定性，如在食品和化妆品行业；有时乳状液的高稳定又是非常不利的，如在浮渣处理作业中去除油中的水。这里需要区分两种不同的稳定性：由聚结作用形成的稳定和由于絮凝作用形成的稳定。前者是由于液滴接触合并形成大液滴的过程，该液滴很容易去除，破乳时我们通常选择这种稳定。但是由于多种原因，情况并不总是如此，像下面将要讨论的，另一种稳定是乳状液絮凝，液滴絮凝成大的聚集体（通常受加入化学助剂或者介质性质改变影响）。由于絮状物体积较大，比单个的液滴更容易去除。有时，絮凝和聚结现象同时发生。最终，分散的液体将由单一界面与另外一种液体分离，形成新的连续相，该过程持续时间长短是由乳状液体系的性质决定的。

最常见的乳状液稳定是由于表面活性剂在油水界面上的吸附。当两种纯液体均匀混合时，形成的乳状液很快分离。但加入表面活性剂可能导致产生的乳状液变得很稳定，该表面活性剂常被称为乳化剂。油加入到溶有表面活性剂的水中，超过表面活性剂临界胶束浓度（CMC），也可以形成水包油乳状液。油溶解在形成胶束的烃的内部，导致胶束膨胀（增大）。所产生的表面有表面活性剂分子的油滴与那些加入表面活性剂搅拌油水混合物产生的油滴很难区分。研究三组分体系（油、水、表面活性剂）平衡点是深入理解乳状液结构和稳定性的简便途径。

离子型表面活性剂是通过向乳化液滴提供电荷来稳定乳化液，带电的液滴互相排斥，阻止彼此之间碰撞合并。非离子型表面活性剂通过形成空间稳定层来稳定乳化液，这个层由于表面活性剂分子突起部分阻止相近的液滴互相靠近。同样地，很多天然或合成聚集作用物也是靠空间效应稳定乳状液。很多乳状液是靠固定在乳状液液滴表面的微小固体颗粒来稳定的，这主要是因为固体颗粒对形成乳化液的两种液体都具有亲和力。

将逐一对上述所有机理进行详细讨论。

7.1.2 表面活性剂稳定的乳状液

Winsor 型乳状液。如前所述，表面活性剂稳定的乳状液体系至少包含 3 种组分：两种不相容的液体和一种表面活性剂（也称为乳化剂）。如果表面活性剂在水中溶解性好，将会趋于形成水包油乳状液，如果表面活性剂大部分溶于油，则趋于形成油包水乳状液。这种实验现象叫作班克罗夫特 Bancroft 法则，以美国物理化学家、康奈尔大教授 Wilder D. Bancroft（1867—1953）命名。班克罗夫特对乳状液的研究得出很多实验法则，虽然部分法则经进一步证实不存在，但另外一些，如上面所提到的，仍然是快速判定的经验法则之一。

通过改变温度，某些表面活性剂的可溶性［尤其是非离子型烷基聚氧乙烯表面活性剂，

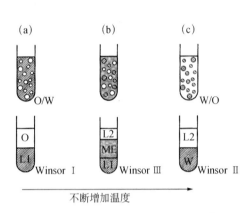

图 7.2 温度对非离子型表面活性剂—油—
水体系形成的乳状液的类型的影响

或 R—（CH₂—CH₂—O）ₙ—OH）型〕将会发生细微变化。在相对低温下，表面活性剂大部分是水溶性的。当油、水和表面活性剂混合液被剧烈搅拌，将形成水包油乳状液，如图 7.2（a）所示。该体系经离心分离成一个含表面活性剂胶束的富含表面活性剂水相（称为 L1）和一个近乎纯油相，这叫作 Winsor Ⅰ 型体系。在高温下，极性氧—乙烯头失去结合水，表面活性剂水溶性下降，油溶性增加，形成油包水乳状液，如图 7.2（c）所示。经离心分离后，乳状液分离成近乎纯水相和含反相胶束的富含表面活性剂的油相（L2），这叫作 Winsor Ⅱ 型体系。在它们中间某位置，表面活性剂在油和水相中的可溶性几乎相同时，出现不同的画面。没有形成可见的乳化液，经离心后，体系分离成 3 种不同的相：在下部是含有胶束的水相（L1）；上部是油相（L2）；以及在把 L1 相和 L2 相分开的中部的一种新相，它与其他两相相平衡〔图 7.2（b）〕。这被称为 Winsor Ⅲ 型体系，中间相被称作微乳液。要注意的是微乳液与普通的乳化液相反，是热动力学稳定相。

图 7.2 仅仅表示出能够在表面活性剂—水—油体系中形成的复杂相平衡的一部分，如图所示从水包油型（O/W）乳化液到油包水型（W/O）乳化液有一个连续而平滑的转变。虽然在这种情况下，从水包油型乳化液到油包水型乳化液的转变是由温度变化引起的（表面活性剂的溶解性发生变化），但是类似的转变也可以由表面活性剂的浓度或类型的变化、水相中盐度和 pH 值的变化，或者其他因素的变化引起。

表面活性剂能够在水或油介质中形成许多自组织结构，在水中的球状胶束就是这种自组织结构的最简单的实例。图 7.3 显示了一些其他常见的结构，所有的这些结构能够通过改变表面活性剂的浓度、温度，或者水相中的盐度被转换为不同的结构。增加水中表面活性剂的浓度，L1 相（一种简单的分子溶液）首先会在低浓度下形成。在 CMC 下，首先形成球形胶束，然后 S1 相呈现。由于胶束可以让油在其内部溶解，因此加入油后使得胶束变得更大。在表面活性剂浓度较高时，初始球形胶束拉长形成棒状胶束，它们彼此之间平行排列，这样可以最佳聚集成团，这是 M1 相，由于棒状胶束在大尺寸范围内平行排列，所以 M1 相是各向异性的。在更高的表面活性剂浓度时，形成薄层液晶相（G 相）。在有大量的油存在下，有可能有反相的 S2，M2 和 L2。最终，在一定条件下，可能形成双连续的微乳相。

在生物体系中遇到许多这样的结构，如细胞膜实际上是双层的，它由磷脂的自组织形成，是一种天然的表面活性剂团。因此，表面活性剂的自组织引起了生物学、医学和医药行业的极大兴趣，这也是应用在所谓的纳米技术中的许多现象的依据。

值得注意的是，虽然油包水型和水包油型乳化液的稳定性可能对于远离微乳液范围的体系来说非常高，但"宏"乳化液的稳定性通常随着它的组分与微乳液相近，就处在微乳

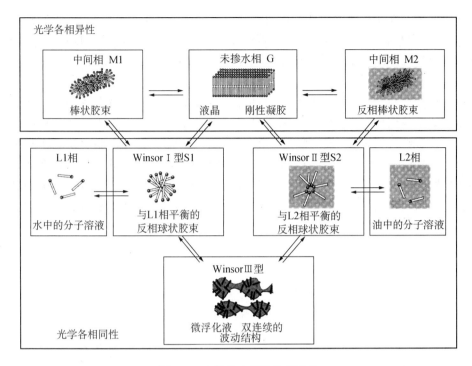

图 7.3　自组织表面活性剂结构

液出现范围的边界时，降低得非常快，并且这种稳定性的降低通常会导致相的分离。由于这种机理能够使原油脱水，因此它对于石油工业很重要。此外，在常规提高石油采收率中，通常以这种方式注入表面活性剂，结果是就地形成微乳液。由于微乳液具有非常低的界面张力和相对低的黏度的特点，它们可额外开采出那些圈闭在多孔储层岩石的石油和使用标准的提高石油采收率技术不能移动的石油。

7.1.3　细小固体颗粒对乳化液稳定性的影响

众所周知，表面活性剂可以用作乳化剂，帮助形成油包水型（W/O）和水包油型（O/W）。然而远未被得到承认的是细小固体颗粒也可以稳定乳化液，并且在许多情况下，固体稳定的乳化液的稳定性超过表面活性剂稳定的乳化液稳定性。附着在液滴表面的固体颗粒为液滴聚结形成一个立体屏障，如图 7.4 所示。

固体颗粒和表面活性剂的稳定机理有很多相似之处，当然也存在明显的差异。鉴于固体颗粒稳定的乳化液对石油工业的重要性，我们将简要地对这两种机理进行比较。表面活性剂和固体颗粒稳定油包水型（W/O）和水包油型（O/W）乳化液的能力由它们对水和油的亲和性所决定。对于表面活性剂而言，很容易通过亲水—亲油平衡或者 HLB 值（在第 2 章中有讨论）进行描述。

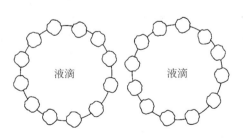

图 7.4　固体颗粒形成的立体稳定屏障

HLB 值大的表面活性剂，其结构首部的横截面往往大于尾部，结果是，高 HLB 值的表面活性剂促使形成向油相成凹形弯曲的界面，并因此可以用来作为水包油型（O/W）乳化剂。相反，如果 HLB 值低的表面活性剂，其首部较尾部而言通常具有较小的截面，低 HLB 值的表面活性剂促使形成向水相成凹形弯曲的界面，因此它们可以作为油包水型（W/O）乳化剂。

　　可以通过接触角来描述固体颗粒的对油相或水相的亲和性。通常情况下，通过水相测定接触角。如果我们按照这个惯例，那么亲水性颗粒便以接触角是 $\theta < 90°$ 为特征。如果一个球形亲水性颗粒（$\theta < 90°$）被"吸附"在油—水界面**❶**，大部分颗粒将留在水相中，如图 7.5 所示。对于憎水性颗粒（$\theta > 90°$）而言，事实恰恰相反：大部分颗粒沉浸在油相中。这样，亲水性颗粒（$\theta < 90°$）形成向油相成凸形弯曲的界面，并且趋于促使水包油型乳化液的形成。另外，憎水性颗粒（$\theta > 90°$）形成向水相成凸形弯曲的界面，促使油包水型乳化液的形成。

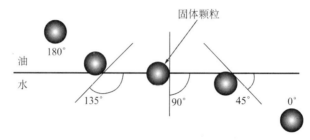

图 7.5　接触角对在油—水界面处的固体颗粒位置的影响

　　固体颗粒和表面活性剂作为乳化液稳定剂最大的区别在于使它们吸附到界面上的能量的来源不同。就表面活性剂而言，如 Gibbs 定律所描述的那样，这种能量来自于因表面活性剂的吸附而造成的界面张力降低。这通常是每个表面活性剂分子中几个 kT 单位的一个数量级。

　　处于界面上的固体颗粒不会降低界面张力。然而，它们却可以用一种完全不同的方式降低体系的自由能。为阐释这一观点，让我们估算一下一个半径为 r 的球形固体颗粒作用在界面张力为 $\gamma_{o/w}$ 的油—水界面上的附着能。假设颗粒由接触角为 θ 表征其特征，我们必须考虑到 3 个有利于附着能的因素：我们假设颗粒最初完全沉浸在水中。颗粒在经"吸附"后，部分颗粒表面会接触到油，让我们把与油接触的颗粒球形杯表面面积看作 S。体系通过产生这个新的固体—油的界面获得的能量和相应的能量变化是 $\gamma_{s/o} \cdot S$。在颗粒附着的过程中，等量的固—水界面消失，相应的能量为 $-\gamma_{s/w} \cdot S$。对能量平衡贡献最大的是失去一些油—水界面，取而代之的是"吸附"在界面处的颗粒的横截面这一事实。该截面的面积取决于接触角 θ，因此，一个单独颗粒的附着能的变化 ΔE 可以表达成：

---

　　❶　我们写固体颗粒被"吸附"在油—水界面处，术语'吸附'用于固体颗粒不是很严格，颗粒不是由吉布斯 Gibbs 吸附方程所描述，这个方程只对溶于一相或两个相邻相的离子和分子有效。固体颗粒，即使很小的颗粒从热动力角度仍然形成分开的相，它们不像分子那样吸附，而是被附着在界面上，形成三相接触线和有限的接触角。记住这一点，与固体颗粒有关时，我们将用术语"吸附"，但是强调这里所述的差别，我们将继续用单引号。

$$\Delta E = \pi r^2 \gamma_{\mathrm{O/W}} (1 \pm \cos\theta)^2 \tag{7.1}$$

其中，$\gamma_{\mathrm{O/W}}$ 是油—水界面张力；r 和 θ 分别是颗粒的半径和接触角（Binks，2002）。括号中的正负号，对颗粒在油相中附着为负号，对颗粒在水相中附着则为正号。当我们按照上述方程绘制出曲线（图 7.6），可以看到在界面处的颗粒当其接触角 θ 为 $90°$ 时附着能最强。在接触角 $90°$ 的任一侧，颗粒的附着能迅速下降，直到在 $\theta < 20°$ 和 $\theta > 160°$ 时，附着能小到可以忽略不计。

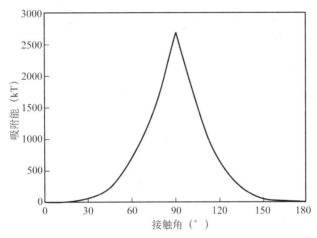

图 7.6　半径 10nm 的球形固体颗粒对甲苯—水界面的吸附能作为颗粒接触角的函数
［根据式（7.1）绘制］

在 $\theta = 90°$，温度为 25℃ 时，一个在甲苯—水界面的半径为 10nm 的颗粒（$\gamma_{\mathrm{O/W}} = 36.1\mathrm{mJ/m^2}$；见第 2 章表 2.2），其附着能大约为 $2.7 \times 10^3 \mathrm{kT}$ 单位。这就是说，在所有实际情况下，这样的固体颗粒一旦附着在界面上时，它的附着是永久的或是不可能取消的"吸附"。

在接触角恒定的情况下，颗粒附着能取决于颗粒半径的平方。对于非常小的颗粒，如果粒径小于 1nm，其在油—水界面的附着能就变成几个 kT，这就是说，这样的颗粒很容易从界面脱离，不能成为有效的乳化稳定剂。值得注意的是这样小的颗粒大概与表面活性剂分子同等大小。还应当指出的是，根据式（7.1）计算出的附着能与典型表面活性剂的吸附能几乎相同。

当油包水型（W/O）乳化液滴聚结时，合并后表面面积会减小。例如，当两个相同的液滴聚结时，聚结后的表面面积较聚结前两个液滴的表面面积小了大约 20％。因此，如果刚开始在液滴表面上有任何的固体颗粒，当液滴的聚结时，固体颗粒的表面浓度也会增加，最终固体颗粒将会完全覆盖在聚结后的液滴表面，这时液滴不会再发生聚结。很值得注意的是，如果表面附着的细小的固体颗粒的液滴形态不像拉普拉斯体，这意味着，由于重力这样的液滴缩小或变形了时，那么其形状就不能由拉普拉斯方程来描述。因此，测量界面张力的常规方法，即假设所观察到的形状具有拉普拉斯特征，是不能被应用到"吸附"细小固体颗粒的悬滴计算中的。

在与石油工业相关的体系中，能够使乳化液稳定的微小固体主要是无机黏土，其表面特性已被石油中的表面活性剂的吸附性能所改变。表面干净的黏土（有云母除外）天然是亲水的，并且不会"吸附"在油—水界面上，除非使其接触角接近 90°而具有部分憎水性。因此，如果干净的黏土和其他无机颗粒的表面不被吸附作用所改变，使其具有部分憎水性，它们的表面就不会对乳化液起到稳定作用。这种在石油中能使黏土具有部分憎水性的物质，很可能是沥青质和胶质 SARA 馏分（见下文），或环烷和腐殖酸及其盐类的组分。

我们想要补充的一点是，细小固体不一定非得是无机的，任何固体或固体状的颗粒都会以同样的方式稳定石油乳化液。因此，沥青质聚集体、煤颗粒，或任何不溶于母（原）油的有机物均可以稳定乳化液。这使石油体系中乳化液稳定性的复杂性增加，这一点我们将会在第 7.2 节中进行更加深入的讨论。

7.1.4 乳化液薄液膜

当两个液滴相互接近时，它们之间会形成一个薄的液体薄膜，如图 7.7（a）所示。由于膜周围的弯液面有凹曲度，在弯液面和平的膜之间产生毛细管压力差使液体从膜中流出至弯液面。当液体被排出时，连接薄膜的液滴的表面通过范德华力、空间效应、静电力和其他表面作用力开始相互作用。这些力的作用往往以楔裂压力的形式表现，这些力是正常作用在膜表面的压力。正楔裂压力等同于相互排斥的液膜表面，从而增加了乳化液的稳定性。负楔裂压力导致液膜自动排液以至变薄，最终可能导致液膜在达到临界厚度时破裂。通常情况下，随着液膜中液体的流失，楔裂压力逐渐增加，直到它与液膜边缘的毛细管压力相同。在这个阶段就会达到平衡状态，形成厚度均匀的液膜。这种液膜阻止了液滴的进一步靠近，从而妨碍液滴的聚结。从这个角度上说，乳化液稳定性是由分离乳化液中液滴的薄液膜的稳定性来控制的。

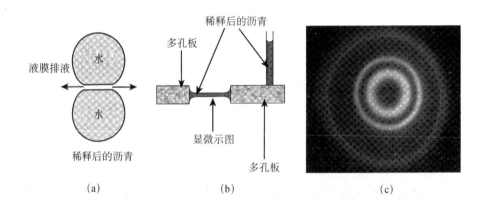

图 7.7 乳化液液体薄膜和膜压平衡技术

Scheludko‐Exerowa 薄膜平衡技术。在这种技术中，单一的乳化液薄膜是在多孔玻璃板上钻出的洞中形成的［图 7.7（b）］。首先使玻璃板中充满油相，然后将玻璃板浸没在水中。穿过焊接在多孔玻璃板上的毛细管，从小洞吸出的油滴就会形成双凹形。接着压力进一步降低，在液膜上部和下部的水面之间便形成一个平的薄油膜。毛细管中的压力可以通过任何压力传感器或水压计测量出来。在平衡条件下，这个压力等同于该薄膜的楔裂压力。因此，测量出毛细管中的压力，就可以评价楔裂压力。

多孔板里形成的液膜模拟了两个互相靠近的水滴之间形成的液膜。测量元件的底部由一个具有光学性能的玻璃板构成，内部有多孔板薄膜盒的测量元件被放置在一个倒置的显微镜上 [图 7.7（a）]，这样就可以直接观察到液膜。图 7.7（c）所示就是这种液膜的图像。从上层膜表面反射的光与从下层膜边界反射的光互相干扰。使用单色光照明，并且限制在显微镜光程中有合适的隔膜或针孔图像的大小，人们就可以从测得的光强度计算选定的液膜区域的液膜厚度。这种方法测得的泡沫膜的厚度可以精确到 0.2nm，测得的乳化液膜的厚度可以精确到约 1nm 或更为精确。该技术能够精确评价在恒定温度下的液膜厚度和楔裂压力或者作为液膜厚度函数的楔裂压力，该技术已被成功应用在 DLVO 理论的实验验证中。

这种由 Scheludko 和 Exerowa 研究出的方法，叫作薄液膜—压力平衡技术（TLF-PBT）（Scheludko，1967；Platikanov 和 Exerowa，2005）。用此技术获得了大量的对泡沫薄膜以及水包油型乳化液薄膜认识和了解。该技术后来也被应用于研究油包水型乳化液薄膜（Khristov 等，2000）。除了压力和光学测量，这项技术的最近一次改进允许同时评定液膜的介电特性（Panchev 等，2008）。

7.2 石油体系中的乳化液

7.2.1 简介

乳化液在许多行业都产生很多问题和挑战，特别是在石油工业中，这些问题都得到了很好的认识并且大部分得到了解决。从井中开采出的石油中总会包含有水分，有的含水少到占总采出液容量的 1%，有的含水多到占总液容量的 70%。有些水是以大的透镜体或者液滴的形式存在，这种游离水，就像它的名称一样，能够很容易地从油中分离出来。有些采出水会形成液滴直径小于 5μm 的乳化液。原油包水型乳化液（W/CO）通常是非常稳定的，并且难于去除，这种乳化液形成的原因还不完全清楚。因为运移到储层的原油可能会挡住原生水，所以一些乳化液可能已经存在于储层中。然而，大多数乳化液可能是当原油开始从储层流到井筒时形成的，或者可能是经过油嘴或阀门、特别是经过离心泵叶轮时的紊流形成的。

同样的情况也适用于油砂工业，不管是用就地开采方法，还是用从矿采的油砂矿中萃取沥青都是一样的。此外，在从矿采的油砂矿里萃取沥青的过程中，如果油砂—水的混合物在砂浆制备阶段和水运输期间承受剧烈地搅拌，水就可能被乳化进入油相。

与乳化水一起携入的盐会对管道及下游炼厂造成严重的腐蚀。每天都要花费数百万美元来防止原油包水型（W/CO）乳化液的形成，或在其形成后破乳。尽管原油包水型（W/CO）乳化液对工业意义重大，但尚未完全了解其确切的稳定机理。现有实例表明，原油包水型（W/CO）乳化液几乎完全由沥青质稳定，科技期刊上数以百计的论文都用实验数据支持这种说法。也有大量的科学文献中的论文表明，最重要的稳定剂是细小固体，这两种说法将在下面的章节中详细讨论。

7.2.2   沥青质

沥青质是不溶于简单直链烷烃的原油馏分，如戊烷、庚烷，但溶于甲苯。这个定义是以溶解度等级的角度来描述沥青质，而不是把它作为一个有着普通官能团的化学剂中特有的一族来描述。包含到沥青质类中的化学剂的唯一共同属性就是其不溶于正庚烷或正戊烷，这些溶剂常用来分离沥青质。因此，沥青质族中单个化学分子有不同的官能度，例如酸、碱、醚、酯或其他。它们在相对分子质量、成分、官能度、极性以及其他性能上都不相同（除了它们都不溶于正烷烃外）。需要重点记住的是，关于沥青质的一般表述就是它们是原油中最重的、最具极性和最具表面活性的组分。沥青质可能包含符合这些属性的分子，或至少包含其中的一些属性，但沥青质中也包含不具备这些属性的分子。因此，例举一种"典型"的沥青质的分子是非常困难或许也是无意义的。在讨论沥青质在石油乳化液稳定性的作用时，这一点极其重要，因为必须有一种官能度使它们具有表面活性。

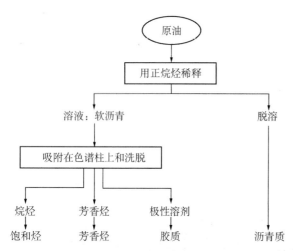

图 7.8   SARA 分析基本流程示意图
详细分析内容可能因实验室不同而稍有差别，
标准规定在 ASTM D6560－00（2005）有述

7.2.2.1   SARA 分析

原油的 SARA 分析将原油分离成饱和烃、芳香烃、胶质和沥青质（SARA）馏分。饱和烃馏分包含非极性的直链烃、支链烃和环烃。芳香烃馏分包含有一个或多个芳香环的分子。胶质和沥青质除含芳香环外，也含有各种极性基团。胶质和沥青质之间的区别是，沥青质不溶于轻烃溶剂，如庚烷或戊烷，而胶质却能溶于戊烷和庚烷。从饱和烃到沥青质，所有 SARA 馏分的极化率都会增加。

石油分馏成 SARA 分馏的过程从添加大量的庚烷（或戊烷）开始使沥青质脱溶，一般比率达到 40∶1，脱溶的沥青质用溶剂洗涤后干燥。一旦沥青质被去除，余下的 SARA 馏分通常采用色谱法分离，不同的馏分之间色谱差异不明显，每种馏分的产出物取决于吸附剂和溶剂的冲洗力。脱溶的沥青质的量也取决于所用的脂族溶剂。因此，SARA 馏分之间的界限并不是很明显，相近的馏分明显有重叠。尽管 SARA 分析存在这些不易区分的情况，但仍然是目前使用最普遍的原油特性分析方法之一。SARA 分析的普及和用途主要来自两个方面，一是因为当原（母）油与石蜡溶剂混合时，沥青质会脱溶。当高含沥青质的原油与石蜡基原油混合时，沥青质脱溶也会发生。

由于此类"油的不相容（性）"产生的沥青质脱溶可能会导致在管道、储罐或生产井内形成固体沉积物，造成介质流动的受约束，严重的情况，甚至会发生堵塞。在生产的上游（当不同油井或层位产出的原油混合时）、油品运输过程中或下游的炼油厂内（当不同来源的油品被混合在一起时）均可能遇到严重的问题。其次，沥青质含量与油品加热时有形成焦炭的倾向相关，显然，在换热器和催化剂床层中焦炭沉积是极为有害的。

传统的 SARA 分析以通过添加轻质石蜡基溶剂使得沥青质脱溶开始，随后进行上层清液色谱分析，正如美国（ASTM）标准 D560-00（2005）中的描述。整个分析过程十分费时和枯燥乏味，并需要大量的溶剂，难以自动完成。有许多基于高压液相色谱或薄层色谱法改进的方法，其中前一种方法仍然需要在进入色谱分析前除去沥青质，后者则更快并更易实现自动化。

表 7.1 列出了对来自阿尔伯塔省 4 种不同油砂储层的沥青样品和一种委内瑞拉沥青样品的 SARA 分析结果。由表中数据可知：不同的样品之间组分差异并不明显，所有加拿大油砂沥青矿均含有 16 %（质量分数）至 20 %（质量分数）的沥青质。

表 7.1　各种不同油砂矿的沥青样品的 SARA 分析结果　单位:%（质量分数）

组分	阿萨巴斯卡	和平河	瓦比斯克	冷湖	委内瑞拉
沥青质	17.2	20	19	16	22
胶质	44.8	44	48	44	38
饱和烃	16.9	15	15	21	14
芳香烃	18.3	19	18	19	26

资料来源：Strausz (1989)。

7.2.2.2　沥青质的化学性

阿萨巴斯卡沥青质的元素分析结果见表 7.2，分析结果表明，它们主要由碳、氢、氮、氧和硫组成，同时也含有微量的钒和镍。氢与碳的比率（H/C 比）为 1.24，表中所列数据引自 Strausz (1989)。核磁共振（^{13}C NMR）的研究表明，约 40% 的碳原子以芳香环形式存在。红外线光谱分析和 ^1H NMR 研究表明，约 90% 的氢原子与以甲基和亚甲基与饱和碳原子相连，这意味着大部分芳香环缩合成含几个单环的聚芳族结构。沥青质富含硫，主要存在于噻吩基（团）和无环硫化物中，关于沥青质的分子结构，将在后续单独一节叙述。

表 7.2　阿萨巴斯卡沥青质的元素分析　　　单位:%（质量分数）

C	H	N	S	O	H/C 比
79.9	8.3	1.2	7.6	3.2	1.24

7.2.2.3　沥青质的分子质量

沥青共生体使得沥青质分子质量的估算很困难。近期利用现代分析技术进行的研究表明沥青质的分子质量在 400Da 至 1500Da 之间，平均分子质量为 750Da。先前基于 VPO（蒸汽压式渗透压力计）技术和 GPC（凝胶渗透色谱）技术估算的沥青质分子质量都很高，在 3000Da 到 10000Da 之间。正如我们后面将要看到的一样，这一差别会本质上影响我们对沥青质分子结构和其化学性的理解。因此，我们下面谈一下如何估算沥青质的分子质量。

用蒸气压式渗透压力计测量技术（VPO），在此不作太详细的叙述，沥青质溶于性能好的溶剂（如甲苯）中，且测得溶剂平衡蒸气压。该平衡蒸气压可用于计算溶解物（溶质）

的摩尔分数❶。已知溶液的质量组成，人们就可以计算出溶质（这种情况是沥青质）的分子质量。用这一看似简单的测定方法的问题是沥青质与其溶液间有很强的关联性，形成二聚体、三聚体等。要估算沥青质的"真"分子质量，即单体分子质量，我们必须用高度稀释的溶液，直到关联度实际为0。在高度稀释下，溶液的蒸气压接近纯溶剂的蒸气压，结果产生大的实验误差。通常，实验时，会准备一系列浓度不断增加的溶液，然后对每一种溶液的蒸气压进行测量。然后将结果外推到无限稀释度（或0浓度），此时沥青质应该以单体形式呈现。如果外推到实验范围以外是很危险的，所以如果可能应该避免，否则它将使实验结果严重偏差。这时，危险又进一步被上述随稀释而不断增加的实验误差而变严重，另一方面增加了分子质量估算的不确定性。

用凝胶渗透色谱技术（GPC），根据从充满了多孔胶的凝胶柱研究出的物质溶析时间估算分子大小，其孔隙大小分布是已知的。小的足以进入孔隙的分子留在凝胶柱的时间长于大分子，大分子快速通过凝胶柱。已知凝胶的孔隙大小分布，可以从样品经过凝胶柱所用的时间来估算分子的几何尺寸。GPC 技术可以确定分子质量分布，而 VPO 技术只是提供一个分子质量的平均数。然而，GPC 技术也会遇到类似于 VPO 技术遇到的某些不确定因素。共生体使得分子质量变大；因此，必须将浓缩厉害的溶液的结果推断到无限稀释，以致出现上述讨论的结果。所研究的分子与凝胶物之间的相互作用不能消除，使该实验有了新的不确定因素。

多数沥青质分子质量的现代估算方法为质谱法，这是一个明智的选择，因为在质谱法中，分子所带的电荷与其质量的比率是可以直接测量的。把电荷加到一个分子上的方式和分子离子化的过程中一个分子所承受的能量因采用不同的 MS 方法而不同，MS 方法包括电场离子化（FIMS）、大气压光离子化（APPI）、大气压化学离子化（APCI）、激光解吸（LDMS）、电喷离子化（ESI）等。最轻度的方法—ESI，是将样品在合适的溶液中稀释，然后通过连接有高电压的喷嘴将样品喷到高度真空的容器里。产生的液滴带正电还是负电，在于施加电压的电极的正负。随着液滴在真空容器中慢慢蒸发，电荷密度逐渐增加，直到它们的电荷有强烈的静电斥力，在这一电荷引起的炸裂中形成的较小液滴继续蒸发，液滴表面电荷密度逐渐增加，液滴破裂，重复数次，这样直到最后，我们得到多数情况带一个基本电荷的单体分子。用此方法，施加到分子上的能量太小以至于不会引起碎裂作用。

质谱法 MS 不是没有问题，最严重是在复杂的混合物中，比如沥青质样品中，单个分子的蒸发的能力和获得电荷的能力是各不相同的。尽管绝大多数质谱法都可以准确地显示样品中的分子质量，可以确定单个分子中的元素组分，也可以根据元素组分、化学分析、IR，NMR 和其他光谱法来进行推断分子结构。然而，由于样品组分的相对丰富性，质谱法不能可靠地用来评价样品的组分，所以当用质谱法评价时，不能只单单依靠组分的浓度来评价。他们还需要依靠对组分的蒸发能力及离子化能力的来评价，而每种分子的这些能力

---

❶ 在溶剂中非挥发性溶质的稀释溶液上的平衡蒸气压（$p_{solvent}$）由 Rault 定律给出：$p_{solvent} = x_{solvent} \, p^{\circ}_{solvent}$，其中，$x_{solvent}$ 是溶剂的摩尔分数，$p^{\circ}_{solvent}$ 是纯溶剂的平衡蒸气压。让所有组成沥青质馏分的单个化学剂成一单个的拟组分，我们得到 $p_{solvent} = (m_{solute} M_{solvent} / m_{solvent} M_{solute}) \, p^{\circ}_{solvent}$，其中 m 和 M 分别表示组分的质量和分子质量，从此式（对稀释溶液有效），可以计算出溶质的分子质量。

均不相同。

　　荧光去极化测量法也可用于测量沥青质的分子质量（Groenzin 和 Mullins，2007）。该技术可作用于高度稀释的沥青质溶液，假设所有的聚集体可以完全分解，此时，用平面偏振光照射样品，首先被所研究的分子吸收，然后重新释放，如果在光子吸收和随后的荧光释放之间，由于布朗旋转运动分子旋转，释放的光将被轻微的去极化；去极化的程度取决于旋转速率，而分子的旋转速率取决于分子的大小。分子越大，布朗运动的速率越小。因此，时间分辨荧光去极化光谱技术（TRFD）可以用来估算分子的大小和分子质量。

　　运用这些现代技术测得的石油沥青质的分子质量为 400~1500Da，平均 750Da。该值远远小于用 VPO 和 GPC 技术测得的数值（3000~10000Da），导致对此问题长期和激烈的讨论。值得本文呈现的一些典型观点，不难发现，争论双方都站在自己的角度互相错误引证。我们随后将对分子质量和提议的分子结构的讨论一起介绍。

　　7.2.2.4　沥青聚集作用

　　大致在 1980 年之前，沥青质就被认为是存在于原油中的、含有多个高分子质量分子的、胶体大小的聚集体。沥青质被认为是最具极性的、最重的原油组分，其分子质量是几千道尔顿。沥青质的极性和聚集体的形成产生一个概念，即它们与表面活性剂（富有极性和聚集成胶团）十分相似。因此，人们将沥青质聚集体比拟成反向的表面活性胶束，常常被称为"沥青胶束"，并认为具有相当低分子质量的胶质将其保留在溶液中。假设胶质包裹在胶束的沥青心周围，便使得整个聚集体悬浮在油中。这两个概念互相支持，并得出普遍的观点胶质—沥青质的相互关系是了解其沥青质聚集体和它们的特性的关键。

　　在 1924 年，Nellensteyn 根据观察油中颗粒的丁达尔（Tyndall）效应和布朗运动提出了这种胶溶沥青质聚集体的胶质模型。Nellensteyn 的想法随后被 Pfeiffer 和 Saal 改进，产生被广泛接受的"胶质模型"。在这个模型里，沥青聚集体被称为胶束，并被认为在性质上与在表面活性剂水溶液中形成的胶束相似。在科学文献上有大量的阐述沥青质在有机溶剂中的临界胶束浓度（CMC）（通常从表面张力到沥青质浓度）的报告。然而，即使对胶束一词用很开明的解释，CMC 的概念并不适用于表面活性剂，也不适用于有机溶剂中的沥青质（Friberg，2007）。

　　现在原油中沥青质胶质模型被广泛使用，虽然从未得到科学验证（Selucky 等，1981）。事实上，它不可能有任何有效性，为了说明这一点，让我们简单地回顾一下原油中沥青质共生体和水与烃类介质中表面活性剂共生体的相似之处与不同之处。

　　Stig Friberg 深入阐述了水中的表面活性剂胶束化、烃中反相表面活性剂胶束的形成和原油中沥青质共生体，Stig Friberg 是一位在表面活性剂自共生作用领域的主要权威人士（2007）。在水体系中的胶束化是由熵效应驱动成的，熵效应产生于从水中伸入到胶束油内部中的链烃类的表面活性剂"尾"，导致体系自由能的减少。而烃中反相胶束的形成是由于胶束内部中极性表面活性剂"头"之间相互吸引作用推进的，胶束总是包含少量的水。向烃类溶剂中加入表面活性剂和水中形成的反胶束只对表面张力产生非常小的变化（Friberg 等，1986）。因此，表面张力不该用于非水体系中共生体的研究。Friberg（2007）写道："不能过分强调在非极性介质中表面张力不能预测，留下关于胶束的类似信息，就像在水溶液中一样"。

为明确进一步的讨论，让我们注意到在胶束化形成过程中，不仅必须考虑共生的驱动力，还要考虑限制形成聚集体大小的因素。如果没有这个限制，共生体将导致相分离，而不是形成胶体大小的聚集体。在含水表面活性剂体系中，典型的胶束含有约 50~100 个单个表面活性剂分子。水中胶束大小受带电荷的表面活性剂"头"与几何因素之间的排斥作用限制。非离子型表面活性剂，如缺少带电荷头的聚氧乙烯烷基醚，形成不了大小有限的胶束，它们的共生体是无限的，如所希望的结果是相分离。

在非极性介质中表面活性剂进入反相胶束的共生体是由极性"头"之间的吸引力驱使的，通常是因微量的水分介入。烃"尾"和烃介质之间的相互作用很小，以至于它们产生的作用可以忽略，至少大部分情况是这样。图 7.9 示出了不同的聚集数，形成胶束的表面活性剂与体系中存在的表面活性剂总浓度比值。对于聚集数小，比如在小于 10 时，随着表面活性剂浓度升高，聚集体浓度也逐渐升高；只有当聚集数达到 50 或以上时，浓度转变非常明显，对于大的聚集数，在表面活性剂浓度上升时，初期没有胶束。胶束首先在临界胶束浓度（CMC）时呈现，大于此浓度（CMC）时，实际上所有添加的表面活性剂最终都形成胶束。在烃介质中，反相表面活性胶束仅包含很少数量的单体分子。首先形成的沥青质聚集体包含 2~6 个单体分子（Yarranton，Alboudware 和 Jakher，2000）。因为这么低的聚集数，在胶束和单体状态之间没有明显转变。换句话说，在那些体系里没有临界胶束浓度（CMC）——我们强调的就是这一点。

反相胶束能够溶解大量的水（如果体系中存在），胶束内部总包含一些水。随着含水量的增加，反相胶束变大，纳入更多的表面活性分子。如果有充足的水和表面活性剂存在，这些膨胀的反向胶束最终将会与乳化的水滴难区分，乳化的水滴与吸附的表面活性层达到稳定。

毫无疑问，在原油中沥青质形成胶体大小的聚集体。沥青质当然不是表面活性剂，它们缺少表面活性剂的两亲性分子的特征，它们没有易识别的亲水极性头和憎水性烃尾结构，

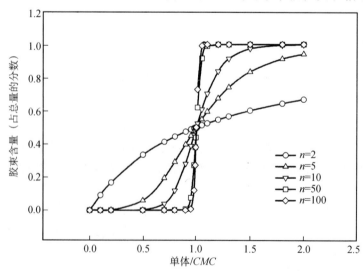

图 7.9　基于聚集数的胶束含量

其共生体的驱动力不是尾（末端）溶剂的相互作用，因为这对烃类介质中的表面活性共生体并不重要，也不是极性头间的相互作用，因为沥青分子结构没有极性头（尽管分布在其分子中有极性基团）。它们的共生体很可能是由在原（母）油中的弱溶解性（Yarranton，Alboudware 和 Jakher，2000）促成。尽管由于烃侧链的存在，空间作用很可能有一定的影响，但到目前为止尚不能确定是什么因素限制沥青质聚集体的大小或妨碍沥青质以单独相的形式脱溶。

沥青聚集体的 Pfeiffer 和 Saal 老模型（1940）可能严重令人误解，老模型的第一个缺陷是 Otto Strausz 领导的阿尔伯塔大学的研究小组研究的结果（Selucky 等，1981）。他们报告了沥青质稀释溶液（质量分数为 0.01%～0.05%）的 GPC 分子质量产生意外的三峰分子质量分布模式，意味着有 3 种不同的分子质量范围——这与从'胶体模型'得出的预测结果相反。随后从 Strauzs 开展的先驱性研究工作得出，沥青质聚集体的离解过程非常缓慢，需要花费数周或更多时间来完成。Strauze 和他的合作者公布：通过几周的时间，低分子质量馏分的比例增大，高分子质量馏分降低，意味着较高分子质量的聚集体逐渐分解为低分子质量组分。事实表明，沥青质聚集作用过程会经历很长时间，组分变化带来的较大浓度范围很难与 Pfeiffer 和 Saal 的老模型（1940）相吻合，假定吸附在沥青质聚集体上的胶质正阻碍沥青质的进一步变大，这意味着沥青质聚集体具有相当均匀的分子质量。另外，溶解在甲苯中的沥青质在无胶质存在情况形成胶体大小的聚集体，根据 Pfeiffer 和 Saal 的模型，这是保持聚集体悬浮的基本条件。

因此，我们必须排除胶质—沥青相互作用这个概念作为沥青稳定的机理。除了其明显的不足之处外，在一定溶液中胶质稳定沥青质的模型仍然被广泛使用，胶质—沥青质相互作用被认为是了解原油特性的关键因素，尤其是对沥青脱溶和乳化液稳定性相关的特性。目前仍然没有对机理或有关机理完整性的理解。沥青质聚集体增长的限制因素可能是从附着在芳香核的脂肪链来的空间排斥力（Buenrostro－Gonzalez 等，2001；Andreatta，Bostrom 和 Mullins，2005）。

7.2.2.5　沥青质分子结构

沥青质的分子质量与它们的分子结构有密切关系。接下来介绍文献中提到的两个重要模型，群岛式模型（archipelago model）和小岛式（似手型的）模型（Island model）。

7.2.2.6　群岛 Archipelago 模型

Strausz，Mojelsky 和 Lown 根据蒸气压渗透法（VPO）、凝胶渗透色谱法（GPC）分子质量估算和广泛的化学剂的研究提出了群岛 Archipelago 模型（1992）。在这个模型中，典型沥青分子的分子质量约为 2000Da 或以上，它具有宽松灵活的体系结构，其中芳香环和环烷环相接，且通过不同长度的烷基链以及—S—、也许还有—C—O—和—O—桥键与沥青分子中心链接。这些结构元素也可能以侧链存在。

图 7.10 展示了 Strausz，Mojelsky 和 Lown 提出的分子结构，图中所示分子的分子质量大约为 6200Da，这个分子结构经常在科学研讨会上展示，并在许多文章中阐述。必须强调的是，在原始文件上，Strausz 撰写的这个分子的元素组成与阿萨巴斯卡沥青质很接近，在同一出版物中，他进一步著述：

通过蒸气压渗透法在甲苯溶液中确定的实验分子质量 6000Da 代表胶束聚集体的分子质

量，而不是一单个共价键分子的分子质量。然而，这个差别并没有展现概念上的难题，因为模型分子可以分解成许多更小的分子段来满足聚集作用的需要。

然而，在讨论研究 1992 年原始论文时几乎从未包括这个陈述，这不仅造成了关于沥青质分子质量的持续争论，也对文章的原作者带来了很大的伤害。

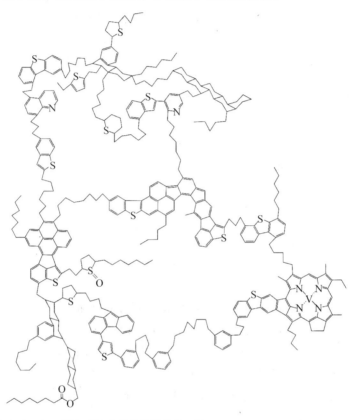

图 7.10　假定的 Archipelago 群岛型沥青质的分子结构（据 Strausz，Mojetsky 和 Lawn，1992，重新绘制）
所示结构的分子质量约 6200Da

沥青质分子中存在的烷基桥和侧链可以通过钌离子氧化作用（RICO）来显示，此氧化作用将烷基桥和侧链转化为相应的羧酸：

$$\text{\Large \ce{<benzene>}} \overset{R}{} \xrightarrow{\text{RICO}} CO_2 + RC^*COOH$$

或

$$\text{\Large \ce{<benzene>}} \overset{*}{} R \overset{*}{} \text{\Large \ce{<benzene>}} \xrightarrow{\text{RICO}} CO_2 + HOOC^*RC^*COOH$$

RICO 把侧链附着处的大分子劈成芳香环，如果生成的酸含有一个羧基，那么它就来源于侧链。如果生成的酸在分子的两端含有两个羧基，那么它就是原分子结构中的烷基桥。Strausz 的报告中说大部分二羧酸都短，然而有些可能含有 20 多个碳原子，这表明在原始沥青质分子结构中含有较长链的烷基桥。RICO 产品中的二羧酸的存在对合理解释

Archipelago 群岛型模型是很重要的。

可以通过硼化镍还原成 H_2S 来选择性地除去硫化物中的硫。这样的处理方法是通过必要的分裂方式，在烷基硫化物硫原子的原始位置分裂母分子，从而减少分子数量。这种方法已通过 VPO 和 GPC 实验证实。按照 Strausz 等（2008）的说法，可知，通过硼化镍还原，阿萨巴斯卡沥青质分子质量将会从 4800Da 减少到 1200Da。

按照 Archipelago 模型，可以看出，典型的分子结构可能有几种不同的、相对较小的芳香环体系通过烷基和硫化物桥互相链接。环结构有可能被官能团代替，官能团里面含有杂原子，主要是（噻吩）硫和（或）氮。有些氮化合物是复杂的类卟啉结构，含有同类性质的金属，例如：钒、镍、铁和其他微量元素。

7.2.2.7　Island（小岛型）或 Like - your - hand（似手型）模型

在 Island（小岛型）或 Like - your - hand（似手型）模型（Groenzin 和 Mullins，2007）中，典型的沥青质分子很小，其分子质量为 500～1500Da。它有一个多芳香核（多环芳香核），该核含 7 个凝析芳香环（手掌）和几个侧链烷基，还有环烷基侧链（手指）。如图 7.11 所示。

小岛模型是基于通过几种现代分析仪器法对沥青质分子质量的估算，包括，如前述的，时间分辨荧光去极化法（TRFD）。似岛分子的分子质量约 400～1500Da，平均约 750Da。"小岛"结构含一个稠的芳香环体系，该体系由平均约 7 个原子数组成。这一点进一步被光吸收的荧光发射研究（Groenzin 和 Mullins，2007；Ruiz - Morales，2007）所支持。中心芳香核通过它们间的范德华吸引力使沥青更易聚集。凝析环体系趋于叠在彼此的顶部。这一堆叠减少了沥青的溶解度—沥青质的定义属性。附着的脂肪链

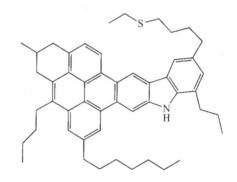

图 7.11　假定的"小岛"沥青分子结构

（据 Strausz，Groenzin 和 Mullins，2007，重新绘制）

该结构的分子质量近 708Da

（手指）限制了已形成的聚集体的大小，以至于沥青质在低浓度下形成小聚集体，而不是进行相分离。这些由几个单个单体分子组成的聚集体被叫作纳米—聚集体。在高浓度下，纳米—聚集体进一步聚集作用形成更大的聚集簇。

7.2.2.8　沥青质纳米—聚集体和 Mullins 模型

在低浓度下形成纳米级聚集体的沥青质、之后的在微高浓度下形成聚集簇，相应地进一步共生形成不溶沥青质的颗粒的概念是扩展 Yen 的沥青质模型的基础，该基础是 Mullins 提出的，这个模型由高分辨透射电子显微镜（HRTEM）研究（Sharma 和 Mullins，2007）支持。本质上，该模型说明沥青脱溶物从分层结构形成，该结构由几个单个单体分子的小纳米级聚集体和纳米级聚集体簇构成。有个 CNAC（临界纳米级聚集体浓度）的概念，即临界胶束浓度的另一个模拟（CMC）。对于只是由几个单个单体分子构成的一个组分的 CNAC 的存在似乎是值得怀疑的，原因是上节讨论的关于沥青聚集作用。小的聚集数必定意味着从单体到聚集体状态是个扩散性转变。

7.2.3　环烷酸及其盐在乳化液稳定中的作用

严格地说，环烷酸定义为源于石油的羧基一元酸，一般表达式 RCOOH，其中 R 可以是任何环脂基（Ese 和 Kilpatrik，2004）。但该术语也用于一般意义上描述原油中存在的所有羧酸，包括芳香或石蜡特性的酸❶。已广泛研究了环烷酸，因为它们是总酸值 TAN 的主要因素，TAN 是石油特性的主要指标，如腐蚀性的倾向，环烷酸也是在油砂作业中影响加工用水的主要毒性来源。

环烷酸主要是有 6 个稠环结构的 $C_{10} \sim C_{50}$ 化合物，大部分是饱和的（Ese 和 Kilpatrik，2004），羧基一般以短脂肪侧链连在环结构上。所有原油都含一些环烷酸，但是含量变化很大，重油通常含环烷酸多于轻油，一般认为环烷酸是源于石油的生物降解，且常常被当作油田生物降解的标记。

所有环烷酸和它们的盐是表面活性的，有 10~18 个碳原子的这种酸的钠盐是表面活性剂，这一组包括普通肥皂，这种中等分子尺寸的羧酸，包括具有约 3~6HLB 的环烷酸；因此，它们是有效的 W/O 乳化液稳定剂。另外，也显示出环烷酸钠盐可以形成液态晶体（Horvath＿Szabo，Czarnecki 和 Masliyah，2001）。Friberg 等已表示液态晶体的出现大大增加泡沫和乳化液的稳定性（Friberg 等，1986Friberg 和 Solans，1986）。当钙和镁与环烷酸混合时，形成不溶于水的盐，这常常引起严重的生产问题，特别是在近海作业中。

7.3　石蜡基和石脑基工艺基础

沥青是通过改进的浮选法从阿萨巴卡油砂矿中萃取的，产出的浮渣含约 60% 的沥青、30% 的水和 10% 的固体颗粒。水携带溶解的盐，包括 NaCl，这会引起下游改质工艺中严重的腐蚀问题。粗固体颗粒增加管线、泵和其他设备的磨损，细小固体堵催化床，增加产出焦的体积，也增加对热交换器和其他设备的结垢。因此，在将浮渣送到改质工艺前，必须除去水和固体，这在浮渣处理作业中完成。

由于沥青在处理工艺温度下的密度接近水的密度，不添加轻烃溶剂是不能进行浮渣处理的。用轻烃溶剂稀释浮渣降低油相密度，使得基于各种重力和离心力的作业更容易。用于所有工艺装置的重力沉降器（分离机）、离心分离机、旋风分离器依赖于油和水之间的密度差。因此，添加溶剂的主要目的是降低沥青密度，也降低油的黏度，从而，加速水和固体从油中分离。

7.3.1　前人的研究经验

正如我们已经讨论过的，添加稀释剂在油砂处理过程中是重要的过程，这使其与大部分常规的开采工艺和重油开采工艺明显不同。这个工艺对油相组分有所控制，所以，开展

---

❶　这一用途是合理的，因为酸是通过先把它们提取到液态碱性溶液中，从母油分离出来的，溶液把酸转成它们的水溶性钠盐。水相分离后，加入强无机酸，接着提取与有机溶剂一起形成的酸。在通过蒸发去掉溶剂后，残余物是油中一开始出现的羧酸的混合物。

大量的确定稀释剂的性质和数量如何影响油相稳定乳化液能力的研究工作并不奇怪。在 20 世纪 90 年代中期，发现采用高于 2 的稀释剂与沥青的比率（D/B）的石蜡基稀释剂可以在浮渣处理中生产很干净的和干燥的产品。这一突破性的发现带来了众所周知的石蜡浮渣处理技术的发展。

临界稀释率。对所添加的稀释剂的性质和数量的影响方面的研究结果概述如下：在许多体系性质发生显著变化时，有个临界稀释剂—沥青比率（Yeung 等，1999；Yang 和 Czarnecki，2002；Dabros 等，1999），有些变化已列入表 7.3 中。例如在实验室用微吸管控制小乳化液滴，Yeung 等发现在高稀释率（低沥青浓度）下，水滴和稀释的沥青之间的界面在液滴被抽气呈硬而皱状态。在低稀释率（高沥青浓度）下，被抽气的液滴保持其球形，表明有柔韧的水—油界面（Dabros 等，1999）。

表 7.3 在高于和低于临界稀释率下选择的水—油界面性质

高于临界稀释率 低沥青浓度	低于临界稀释率 高沥青浓度
坚硬的油—水界面	柔韧的油—水界面
液滴因被抽气而变皱	被抽气的液滴保持其球形
液滴絮凝	乳化液容易形成
石蜡浮渣处理作业方法	石脑油—基浮渣处理作业方法

Alex Wu 已经开发了一个收集覆盖在 W/O 乳化液中液滴的界面物质的方法，收集的量足以用于进行化学分析，Wu 的独特方法可进行乳化液稳定机理的广泛研究，因此，值得在此简述。在稳定的乳化液被离心时，在离心室底部产生滤饼，该滤饼主要由乳化液滴组成，由于乳化液的高稳定性，液滴不会絮凝。液滴带着一开始就出现在液滴表面的物质，这一物质是稳定的主要来源。该滤饼也含一些夹带在液滴之间的母油。因此，这不是一个用于分析界面物质的好来源，因为不能区分来源于夹带油的化学剂和来源于液滴表面稳定层的化学剂。Wu 的方法，如图 7.12 所示，解决了此

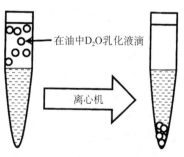

图 7.12 从乳化水滴收集物质的 Alex Wu 法（据 Wu，2002）

问题。首先，用重水而不是普通水制作所研究的油包水乳化液。将此乳化液样品放在离心室的一个普通水层顶部（图 7.12 左），然后离心。具有比水密度高的乳化的重水滴突破乳化水界面，在离心室底部水相中形成泥饼（图 7.12 右）。因此，母油的污染大大减低，然后收集、干燥、分析泥饼。图 7.13 示出滤饼的典型扫描电子显微镜（SEM）照片。

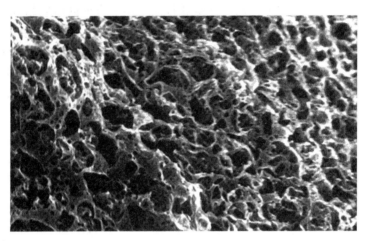

图 7.13　用 Wu 的方法收集的表面物质的 SEM 照片

　　Wu（2002）测定了界面物质的 H/C 比，界面物质是从用 heptol 庚烷（按 1∶1 体积混合庚烷和甲苯）稀释的许多沥青样品中收集的，沥青质量分数从 0.1％增到 10％（图 7.14）。沥青浓度低于 4％时，H/C 比约为 1.13，迅速增加沥青到 4％左右，H/C 比达到 1.34。这一大幅度的转变反映的是表面流变性和乳化液对絮凝的稳定性的变化。在低沥青浓度下，乳化的液滴表面是硬的，液滴絮凝了。在高沥青浓度时，[约 5％（质量分数）]，液滴表面柔韧，乳化液滴分散的很好。尽管 Wu 还没有报告在任何他的样品中有沥青脱溶，但已报告了用石脑油稀释沥青类似的形态，观察到约在临界稀释比时有沥青开始脱溶的迹象（Yang 和 Czarnecki，2002）。

　　随后在美国塔拉哈西首府佛罗里达州立大学国家高磁场实验室用高分辨率质量光谱测定法对用 Wu 的方法收集的界面物质进行了分析。大部分结果和样品处理方法在斯坦福 Standford 等学术杂志上发表了（2007）。

　　图 7.15 示出了 IM0.5％，IM3％和 IM5％的几个选择的几种化学品的相对丰度（即用分别在质量分数 0.5％，3％和 5％的沥青溶液中乳化液制备的界面物质）。另外，图 7.15 示出了母沥青和沥青质样品以及从母沥青中分离出来的胶质的质量光谱测定（MS）结果。如果人们认为质量光谱测定是"指印"，那么 IM0.5％和 IM3％的指印相互接近，但与 IM5％的不同，这是预期的，因为 IM0.5％和 IM3％都是在低于临界稀释比下收集的界面物质，而 IM 5％是高于临界稀释比下收集的界面物质。但没有一种 IM 物质的指印与沥青质、胶质或母沥青的相似，例如，只能在 IM 样品中检测到除了碳和氢外，还含 3 个氧和 2 个硫原子的分子（O_3S_2 类），且低于母沥青、沥青质、胶质的检测极限的。O_3S_2 类只能在 IM5％样品中看到。由于从乳化的液滴表面收集的物质的质量光谱与沥青质的质量光谱不同，人们必须推断出对乳化液稳定起作用的不是沥青质。

　　临界稀释比随稀释剂的组分而定，随稀释剂芳香性的增加而增加。也发现临界稀释比

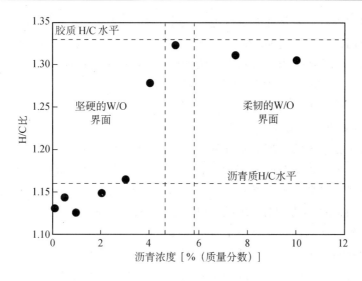

图 7.14 用 Wu 的方法在用 heptol 庚烷甲苯混合物稀释的不同沥青
浓度下收集的界面物质的 H/C 比（据 Wu，2002）

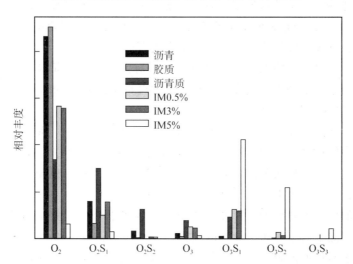

图 7.15 负离子 ESI 选择的 OS 沥青、沥青质、胶质以及 IM0.5％，IM3％和 IM5％相对丰度

与体系中沥青脱溶开始同时发生（Czarnecki 和 Moran，2005）。对于用石脑油作为稀释剂的情况，正如在 Syncrude 的商业开发中，临界 D/B 稀释比约为 4（Yang 和 Czarnecki，2002）。采用微吸管控制单个乳化液滴的实验表明高于临界稀释比时，油水界面是坚硬的（Yeung 等，1999）。低于临界稀释比时，也就是在高沥青浓度时，油水界面是柔韧的（Dabro 等，1999），且容易形成乳状液。这就是用石脑油，在 D/B 约为 0.6～0.7 时，常规浮渣处理工艺方法。石蜡基浮渣处理是在高于临界稀释比下作业。

7.3.2 工业含义

目前有两种技术被应用于商业性浮渣处理作业，一种是以石脑油基浮渣处理，通常添加石脑油的质量比例为：溶剂/沥青（S/B 比）为 0.65～0.7，这个比例是折中了成本投入和工艺需求之间的矛盾，要降低成本就迫使操作人员使用尽量低的 S/B 比，以便尽可能降低成本和操作费用；然而工艺要求较大的 S/B 比，更容易将水从沥青中分离出来。另一种技术被称为石蜡浮渣处理（用于阿尔必阶油砂的），使用石蜡溶剂，例如天然气凝析油，或者大部分含直链石蜡烃的沥青改质产物的馏分。石蜡溶剂必须在沥青脱溶开始之前添加，通常在 S/B 比约为 2 或高于 2 时。

7.3.2.1 石脑油基浮渣处理

石脑油基的浮渣处理使用加氢处理或者使用未经处理的石脑油作为浮渣稀释剂。石脑油的来源通常是一个一体化的改质装置，在那里可以生产轻烃馏分用来满足浮渣处理要求的溶剂，溶剂与浮渣混合的 S/B 比约为 0.65~0.7（质量比），这就导致了在相同的沥青通量中，几乎一半的稀释沥青的体积用于石蜡工艺。其结果就是，在处理相同量的浮渣时，石脑油基浮渣处理需求的设备明显小于石蜡稀释剂技术所需的设备。

由于石脑油基的工艺在低于临界稀释比下进行，油—水界面是柔韧的，并容易形成乳状液。因此，任何由泵、阀等所造成的稀释沥青的搅拌，会把水分散成细小的液滴，导致形成大量的非常小的液滴（直径约 $3\mu m$），这些液滴是非常难以除去的。这些作用的结合会引起石脑油基工艺的产品质量远低于石蜡基浮渣处理工艺的产品质量。在不使用化学助剂（破乳剂）的情况下，这种石脑油基工艺实际上不可能符合下游作业中给水（或盐）含量的规格要求，这将在下文简要讨论和在第二卷中有更多的细述。

低于临界稀释比时，石脑油基浮渣处理作业，对沥青质没有抑制。损失到尾浆中的油总量远低于在石蜡浮渣处理中的损失，这在下文中会讨论。

7.3.2.2 石蜡浮渣处理

当添加石蜡溶剂的量高于沥青脱溶开始时的 S/B 比所需量时，脱溶的沥青质就可以作为乳化水滴和细小固体的絮凝剂（Long，Dabros 和 Hamza，2007），石蜡浮渣处理工艺就是利用了这一事实。其所形成的絮状物中含有水滴和细小固体，以及脱溶的沥青，这些絮状物以层状沉淀，形成一个上面有干净和无水石油的非常明显的界面。目前尚不清楚这个令人惊讶的清晰的界面的背后的机理是什么，虽然这可能是相对狭窄的絮状物粒团的分布和自由的絮状物沉淀率高于阻止沉淀率的结果（T. Dabros，pers. Comm.）。图 7.16 展示了典型的石蜡溶剂稀释的沥青浮渣的沉淀运行状况。随着絮凝的乳化液沉淀，清洁油和沉淀中的乳化液之间的界面向下移动，如图中曲线 1 表示。在同一时间，沉淀中的乳化液之间形成一个界面，在底部形成一个胶结饼（曲线 2），一定时间后，这两条曲线相交。从这一刻起，清洁油坐在胶结饼上面，两区域之间的界面基本上缓慢地向下移动，絮凝的乳化液的沉淀率是表征石蜡浮渣处理的最重要的参数，它决定对于一个给定的生产水平所需沉淀容器的大小。

石蜡浮渣处理的主要优点是可以生成非常干净且含水非常低的成品油。这使得其更容易满足初级改质装置的进料规格，尤其这个装置是一个催化加氢裂解器。由于细小固体能明显的造成催化剂的失活，催化加氢裂解相对于焦化技术对进料中细小固体含量更为敏感。石蜡基浮渣处理需要的 S/B 质量比值大于 2，这就导致了将处理的稀释沥青容量比在石脑油基技术处理的量高。较高的容量也就需求较大的容器，与石脑油基浮渣处理相比，增加了该工艺成本和运行作业费用。此外，石蜡溶剂通常比较昂贵，这也就进一步增加了运营

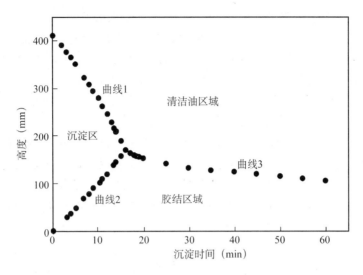

图 7.16 典型的添加石蜡溶剂稀释的沥青浮渣沉淀曲线

（据 Long，Dabros 和 Hamza，2007，图 20.15）

［正戊烷与正己烷混合比为 1：1，S/B = 2.8（质量比），温度为 22℃］

成本。而且，有两个原因造成石蜡工艺中流失到尾浆中的油较多。第一，一些母烃被当作脱溶的沥青排出（未被收集）。第二，一些油因夹带在胶结饼中而流失了。有说法称，被排出的沥青对改质中的液体产品没有作用，因此该工艺技术排出的物质也就毫无价值。有时这些说法的正确性会被质疑，因为也许可以从改质的沥青中获得一些液态烃，尽管比从整个母油获得的量要低得多。这些被排出的沥青可以作为燃料总有一些的价值，也可以被气化后生产用于改质的氢气。

总体而言，一个非常干燥和清洁的产品的优点往往大于其缺点。在"新开发区域"的情况，选择石蜡基还是石脑油基的浮渣处理技术的决定总是根据现场实际来定，并由下游改制装置的布置和当前及预计的天然气成本决定的。

石脑油和石蜡溶剂技术分别拥有自己的优点和缺点。石脑油基的浮渣处理需求小量的较便宜的溶剂，流失到尾浆中的油也较少。然而，这个工艺要使用旋转设备（离心机），这就增加了作业的复杂性和成本。此外，在没有使用破乳剂的情况下，其生产出的产品质量不符合管道技术规范，产品质量低就需要改制装置采用焦化作为初级改质工艺。

石蜡工艺的主要优点是生成的产品非常清洁干燥，不需要旋转设备。然而，它需要较大量且较为昂贵的溶剂，这就导致了需要较大的容器，且生产成本和运营作业费用高的后果。

这两种技术之间的选择是场地特定的，且在大致同一时间分析"新开发区域"情况的公司基于他们具体的需要和条件已经得出不同的结论。

7.4 破乳剂和其他化学助剂

在石油工业中，使用很多化学助剂来达到不同的目的。有用做水处理（通常为水软化剂和净化剂）的化学剂、缓蚀剂、阻垢剂、消泡剂、处理与细菌有关的问题的化学剂、防蜡和防沥青沉积剂、脱硫剂，以及最后破乳的化学助剂（通常称为破乳剂），这些就是本章主要讨论的内容。商业破乳剂的组分是专为解决场地特定的乳化液稳定机理的，这种机理并不总是已知的。破乳剂可能会促进液滴聚结，造成液滴絮凝，或者置换空间稳定层。通常，商业破乳剂产品是多种化学助剂的混合物，不管造成的高乳化液稳定性的物理化学原因是什么，该产品能帮助解决乳化液问题。

在石油工业出现的同时，化学助剂就用于乳化液的控制。20 世纪早期的应用和专利大多涉及简单的无机化学助剂。这些化学助剂包括与水发生反应的助剂，例如无水氯化钙或生石灰（氧化钙，CaO）；絮凝在液滴表面的防护细小固体的助剂，例如多价盐类（$FeSO_4$ 或者 Na_2SO_4）；中和水滴表面负电荷的助剂，例如硫酸、乙酸或铁盐；以及破坏水滴上的有机薄膜的助剂，例如像二硫化碳、丙酮、乙醚或四氯化碳之类的侵蚀剂。阅读关于这一方面的旧文献，人们感觉到，在实验室架子上几乎所有东西都作为破乳剂进行试验了，断言几乎每一种化学助剂都是一种有效的破乳剂，添加化学剂方法也很原始。装有化学助剂的小容器（罐头）挂在罐体上的人孔处；用钉子在罐头上打个孔使化学助剂缓慢的滴入罐体内，并与输送来的原油进行混合。每隔一段时间，将罐底分离出的水排出，然后再给小容器补充化学助剂。不加化学助剂会分离多少水，或者说添加化学助剂有多大的效果，实际上这很难说。在那些早期的实践中，几乎没有可控制的实验和科学。

在第二次世界大战之后，引入简单的表面活性剂作为破乳剂。大约同时，瓶试验成为鉴定破乳剂有效性的常规方法。在瓶试验中，几个试验瓶或广口瓶中添满要测试的乳化液，并在每个瓶子中添加已知浓度的需要测试的化学助剂。用手摇晃试验瓶，使里面的溶液混合均匀，并静置一段时间后，观察和记录瓶子内物质外观发生的变化。当发现性能最好的化学助剂后，再做另一系列的瓶试验来找到最佳的化学助剂用量，并且，在许多情况下，需要研发专用于一具体油田的化学助剂。在现场，很容易进行瓶试验，这就能使化学助剂和其用量与具体油田问题相匹配。尽管为了开发复杂的化学混合助剂，需要进行成百上千的单独的瓶试验，但由于瓶试验方法简单，直到今天，这个方法依然是常用的方法。

现代破乳剂通常是高分子表面活性化学助剂的混合物。正如我们在前面所讨论的，在石油体系中 W/O 型乳状液的稳定性是由于在水滴表面形成"表皮"的稳定层是非常难以破坏的，这种表皮的性质也还没有被完全了解。无论这些表皮是否是由沥青质、可双重润湿的细小固体、天然表面活性剂或者所有上述物质的混合物或者一些其他的助剂形成的，用于破乳的化学助剂一定能够破坏或者至少能够减弱乳化液的稳定性。要穿透表皮或者吸附在油—水界面上，化学助剂必须具有表面活性。

不同的供应商提供了许多复杂的配方，以解决具体的需求。这些配方通常具有位点特异性（场地特定性），且其确切的组分几乎总是保密的。大多数用作破乳剂的化学助剂中的活性成分是不同分子质量和不同的 EO—PO 比值的环氧乙烷（EO）和环氧丙烷（PO）的共聚物。

改变 EO—PO 的比值也就是改变产品的 HLB 值。增加 EO 的含量，也就增加了 HLB 值，使得聚合物更具亲水性增强，而增加 PO 含量，会使得聚合物的油溶性增强。低分子质量的聚合物通常能更快速地反应，但是可能会留一些水在油中。高分子质量的聚合物的反应速度较慢，但是通常会得到更好质量的产品。商业使用的成分通常是不同 EO/PO 比值和不同的分子质量的几种不同的聚合物的混合物，其配方也含有溶剂、抗冻剂和其他添加剂。

7.4.1 破乳剂剂量

在油中加入破乳剂的浓度的大小，即剂量是至关重要的，不仅是经济原因，还有化学性的原因。从添加非常低的量开始，产品的质量会随着剂量的增加而提高，当超过最佳用量后，产品质量就会变差。这是有悖常理的，因为我们倾向性地认为，如果某些东西是好的，如果多加它就会变得更好，但是破乳剂不是这样的。因为过量的不利影响往往不能被我们正确地认识，我们将花点时间讨论通过絮凝水滴作用在化学助剂上的影响和对促进聚结的化学助剂的影响。

7.4.2 絮凝剂型化学助剂

为了分析絮凝化学助剂的作用，我们必须首先收集一些关于在化学助剂影响下形成的絮状物的结构的信息。可以通过显微镜观察收集，同时必须确保样品的处理方式不影响絮状物的结构（例如，通过使用具有光学质量壁的矩形横截面玻璃毛细管，称为显微镜载玻片）（Czarnecki，Moran，Yang，2007）。从显微图像，可以评价絮状物的大小、分形维数、孔隙率和密度。举个例子，图 7.17 示出了这种絮状物的密度作为最大絮状物半径的函数。在添加了商品絮凝化学助剂的影响下，絮状物在石脑油稀释的浮渣中形成。明显可以看出，较高的絮凝剂浓度会产生较低密度的絮状物，这是可以预料的，因为在添加较多的化学助

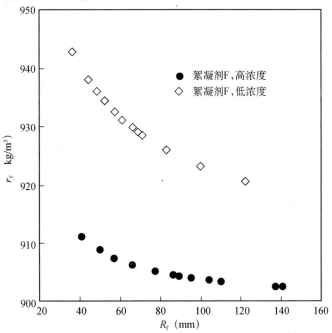

图 7.17　添加高浓度絮凝剂和低浓度絮凝剂下形成的絮状
物的密度作为最大絮状物半径的函数

剂后，水滴和细小固体互相接触后立即形成聚集体，产生"蓬松的"絮状物。在添加较少的化学助剂后，水滴和固体颗粒可能仍然转动或在形成的结构内有小的移动，与相邻的物质建立重键，从而形成较稠密的絮状物。很明显，同样大小的絮状物，较稠密的比蓬松的沉降速度要快。

在一个分离器中，如斜板沉降器（IPS），我们必须比较絮状物的沉降速度与容器中流体的流速。使用显微镜得到的数据，通过求解偏微分方程计算瞬态沉降速度（Czarnecki，Moran 和 Yang，2007）。图 7.18 示出了添加大剂量和小剂量絮凝剂形成的絮状物的瞬时沉降速度及添加聚结剂形成的液滴的瞬时沉降速度。从图中我们可以看出，在几毫秒内就达到了末沉降速度。因此，只分析末沉降速度就够了，v_{ter} 可由式（7.2）给出：

$$v_{ter} = \frac{2}{9} \frac{g R_f^2 (\rho_f - \rho_0)}{\mu \rho_f} \tag{7.2}$$

其中，g 为重力加速度；R_f 为絮状物的半径；ρ_f 为絮状物的密度；ρ_0 为连续油介质的密度，μ 为介质的动力黏度。在图 7.18 所示的例子中，所有速度都以分离器中流体的速度来定的。从图中可以看出，增加絮凝剂的浓度会降低絮状物的沉降速度，如所示例子，就会出现夹带溢流的现象。当然，单个絮状物的半径和密度都不同，一部分会沉降，另一部分会被夹带。图中所显示的是总的趋势：添加过量的絮凝剂有助于形成蓬松的絮状物，造成一些絮状物会从沉降罐中溢出，降低产品质量。

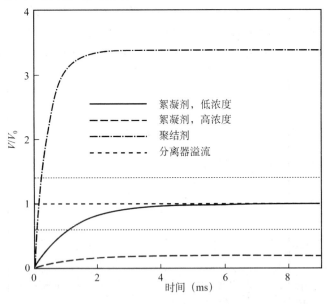

图 7.18　絮状物和液滴的沉降形态

7.4.3　聚结式化学助剂

聚结式化学助剂通常被称为"界面控制剂"，它们的作用是促进小的乳化液聚结，使所形成的较大液滴快速沉降。

聚结过程的动力学原理由与凝聚作用相同的形式体系来描述，在第 2 章中有论述。对于剪切诱导凝聚作用（或聚结作用），液滴的总数 n_{tot}，为时间 t 的函数，把式（2.52）与式（2.49）结合，得到以下近似表达式：

$$\frac{\mathrm{d}n_{\mathrm{tot}}}{\mathrm{d}t} = -\frac{16}{3}a^3 G n_{\mathrm{tot}}^2 \tag{7.3}$$

其中，a 为液滴碰撞时的距离，等同于碰撞液滴的半径总和；G 为剪切速率。由式（7.3）分析表明，在有利的条件下，剪切聚结作用导致液滴快速增长，因此快速增加了其沉积速率。

从图 7.18 中我们可以得出，因为聚结使液滴变得足够大，液滴通常沉降快。因此，如果化学助剂能够为液滴聚结有效的创造条件，使液滴变得大的足以使其沉降速度比流体上升速度快之前，这只是时间的问题（即在容器中停留的时间）。

7.4.4 商品成分与"纯"体系的比较

在表面活性剂、油和水组成的三元体系中，当表面活性剂的含量增加时，该体系会从动力学稳定的油包水普通乳化液演变成热力学稳定的微乳液（参见第 7.1.2 节 Winsor 类型）。人们发现，通常情况下，乳化液的稳定性就在乳化液和微乳液之间的界面上大幅度的降低。因此，如果以适当的浓度添加破乳剂时，破乳效果非常明显。但如果低于或者高于这个较窄的浓度范围，就没有任何效果。这是基于观察涉及具有非常明确属性的纯组分体系得出的结论。在工业应用中，我们从来没有涉及过这样纯的体系。在实际体系中，所有的拟组分都是许多单个化学助剂的混合物，包括天然乳化剂和添加的破乳剂。后者通常为聚结剂和絮凝剂的混合物。这种工业体系中复杂的组合成分拓宽了乳化液的不稳定的范围，这对不那么严格控制添加剂的浓度是有好处的。同时，也使不稳定的影响稍微减小。记住这一点，其主要的启示仍然有效：破乳剂的添加量具有一个最佳值，高于或低于最佳剂量都会导致化学助剂的性能严重恶化。

7.5　小结

基本上在石油工业的任何一个分支中，乳化液都会引起严重问题。然而，该工业在过去 80 年历史中，已经有了卓越的进步，如今在石油生产中与乳化液相关的大多数问题也得到了有效的控制。化学助剂几乎总是与各种机械和电破乳化方法结合一起被使用。化学助剂公司已经开发出多个有效的破乳剂系列，能够处理大多数商业领域。随着聚合物破乳剂的引用，每桶化学助剂的成本也明显地下降了，化学助剂的性能也显著提高。

遗憾的是，在石油乳化液稳定机理和破乳的基础科学领域中，情况并不好。我们都知道一些原油组分就是天然乳化剂。在一些情况，原油组分已经被分离和识别，原油组分和油田条件的可变性实际使得通用化不可能。沥青质、胶质、环烷酸盐、石蜡类以及细小固体被说成是乳化问题的主要来源。很可能这些组分的结合对乳化液的形成和稳定性造成影响，还有难以识别且可能因情况而变的主导因素。

按照最常见的认知，沥青质是石油体系乳化剂稳定的主要来源。沥青质被定义为戊烷或者庚烷不溶物，这是从可溶性来讲的。在非常低的浓度下沥青的共生能力使得恰当估算它们的平均分子质量变得很难。这看上去是一个相对不太重要的议题，但是如果不知道沥青质分子的大小，就更难确定它们的结构，以及其官能度。大量的关于沥青质分子质量、结构、共生、脱溶以及与其他石油馏分的相互作用的讨论已经出现在专业文献之中很多年了。不幸的是，多数出版的论文都是论述特定问题，而且使用的是定制实验室方法，使得想得到一个通用有效的结论几乎是不可能的。每个人都认同实验方法、样品、样品收集和处理的规范化会更快更容易取得进步，然而为了实现这个目标而做的事，如有的话，很少。

尽管可能比我们希望的要慢一些，但已经取得一些进步。例如，最近高分辨率的质量光谱测定法的进步与现代仪器分析方法应用的结合已经产生了重大的影响。至少，科学界都认为沥青质平均分子质量非常小，约为 750Da，这个相对低的分子质量和沥青质的基本组成意味着单个小分子质量沥青质分子不可能像一个大它数倍的分子那样有大量的官能团和极性团。因此，有些沥青质可溶的组分有稳定乳化剂的能力，而其他组分则不能，支持了沥青质只有非常小的子馏分是"差的作用剂"这个观点。这只是说明在研究石油乳化剂时遇到的困难。

有许多影响石油乳化剂的形成和稳定的变量。研究这个问题的实验室技术方法是艰难的、枯燥的，在多数情况下，还是非常昂贵的，因此，相比于复杂的科学方法，依靠简单的现场测试（例如瓶试验）会简单得多。虽然简单，现场测试已经获得了关于特定条件下哪些起作用，哪些不起作用的大量实践知识。这种实用方法已经变成艺术而非科学，填补了非常成功的现场实践和落后的科学认识之间的空白。然而，随着近年来石油乳化剂基础科学以及现代破乳剂的合成与选择的进步，在不远的将来，我们也许能够根据更基础的依据来做现场决定。

参考文献

American Society for Testing and Materials (ASTM). 2005. *Standard test method for determination of asphaltenes (heptane insolubles) in crude petroleum and petroleum products*，ASTM D6560 - 00.

Andreatta,G. ,N. Bstrom,and O. C. Mullins,2005. High - Qultrasonic determination of the critical nanoaggregate concentration of asphaltenes and the critical micelle concentration of standard surfactants. *Langmuir* 21(7):2728 - 2736.

Binks,B. P. 2002. Particles as surfactants:similarities and differences. *Current Opinion in Colloid & Interface Science* 7(1 - 2):21 - 41.

Buenrostro - Gonzalez,E. ,H. Groenzin,C. Lira - Galeana,and O. C. Mullins,2001. The overriding chemical principles that define asphaltenes. *Energy & Fules* 15(4):972 - 978.

Cimino,R. ,S. Correra,A. D. Bianco,and T. Lockhart. 1995. Solubility and phase behaviour of asphaltenes in hydrocarbon media. In *Asphaltenes:Fundamentals and applications*，ed. E. Sheu and O. Mullins,New York:Plenum.

Czarnecki,J. ,and K. Moran,2005. On the stability of water in diluted bitumen emulsions. *Energy & Fuels* 19:2074 - 2079.

Czarnecki,J. , K. Moran,and X. Yang. 2007. On the 'rag layer' and diluted bitumen forth dewatering. *Canadian Journal of Chemical Engineering* 85: 748 – 755.

Dabros, T. , A. Yeung, J. Masliyah, and J. Czarnecki. 1999. Enulsification through area contraction. *Journal of Colloid and Interface Science* 210(1),222 – 224.

Ese, M. – H. , and P. K. Kilpatrick. 2004. Stabilization of water – in – oil emulsions by naphthenic acids and their salts: Model compounds, role of pH, and soap: Acid ratio *Journal of Dispersion Science and Technology* 25(3):253 – 261.

Friberg, S. 2007. Micellization. In *Asphaltenes, heavy oils, and petroleomics*, ed. O. Mullins, E. Sheu, A. Hammami and A. Marshall. New York: Springer.

Friberg, S. E. , I. Blute, H. Kunieda, and P. Stenius, 1986. Stability of hydrophobic foams. *Langmuir* 2(5):659 – 664.

Friberg, S. E. , and C. Solans, 1986. Surfactant association structures and the stability of emulsions and foams. *Langmuir* 2(2):121 – 126.

Groenzin, H. , and O. Mullins, 2007. Asphaltene molecular size and weight by time – resolved fluorescence depolarization In *Asphaltenes, heavy oils, and petroleomics*, ed. O. Mullins, E. Sheu, A. Hammami and A. Marshall. New York: Springer.

Horváth – Szábo, G. , J. Czarnecki, and J. Masliyah. 2001. Liquid crystals in aqueous solutions of sodium naphthenates. *Journal of Colloid and Interface Science* 236:233 – 241.

Khristov, K. , S. D. Taylor, J. Czarnecki, and J. Masliyah. 2000. Thin liquid film technique: Application to water – oil – water bitumen emulsion films. *Colloids and Surfaces A: Physiochemical and Engineering Aspects* 174(1 – 2):183 – 196.

Long, Y. , T. Dabros, and H. Hamza. 2007. Selective solvent deasphalting for heavy oil emulsion treatment. In *Asphaltenes, Heavy Oils, and Petroleomics*, ed. O. Mullins, E. Sheu, A. Hammami, and A. Marshall. New York: Springer.

Nellensteyn, F. I. 1924. The constitution of asphalt. *Journal of the Institution of Petroleum Technologists* 10:211.

Panchev, N. , K. Khristov, J. Czarnecki, D. Exerowa, S. Bhattacharjee, and J. Masliyah. 2008. A new method for water – in – oil emulsion film studies. *Colloids and surfaces A: Physiochemical and Engineering Aspects* 315(1 – 3):74 – 78.

Pfeiffer, J. P. , and R. N. J. Saal. 1940. Asphaltic bitumen as colloid system. *The Journal of Physical Chemistry* 44(2):139 – 149.

Platikanov, D. , and D. Exerowa. 2005. Thin liquid films. In *Fundamentals of interface and colloid science*, ed. J. Lyklema. Amsterdam: Academic Press.

Ruiz – Morales, Y. 2007. Molecular orbital calculations and optical transitions of PAHs and asphaltenes. In *Asphaltenes, heavy oils, and petroleomics*, ed O. Mullins, E. Sheu, A. Hammami, and A. Marshall. New York: Springer.

Scheludko, A. 1967. Thin liquid films *Advances in Colloid and Interface Science* 14:391 – 464.

Selucky, M. , S. S. Kim, F Skinner, and O. P. Strausz. 1981. Structure – related properties of

Athabasca asphaltenes and resins as indicated by chromatographic separation. In *Chemistry of asphaltenes. Advances in chemistry Series*, ed. J. W. Bunger and N. C. Li. Washington, D. C.: ACS.

Sharma, A., and O. Mullins, 2007. Insights into molecular and aggregate structures of asphaltenes using HRTEM. In *Asphaltenes, heavy oils, and petroleomics*, ed. O. Mullins, E. Sheu, A. Hammami and A. Marshall. New York: Springer.

Shelfantook, W. E. 2004. A perspective on the selection of froth treatment processes. *Canadian Journal of Chemical Engineering* 211: 704 – 709.

Stanford, L. A., R. P. Rodgers, A. G. Marshall, J. Czarnecki, and X. A. Wu. 2007. Compositional characterization of bitumen/water emulsion films by negative – and positive – ion electrospray ionization and field desorption/ionization Fourier transform ion cyclotron resonance mass spectrometry. *Energy & Fuels* 21: 963 – 972.

Strausz, O. P. 1989. Bitumen and heavy oil chemistry. In *AOSTRA Technical Handbook on Oil Sands, Bitumens and Heavy Oils: AOSTRA Technical Publication Series.*, ed. L. G. Hepler and C. Hsi. Edmonton: Alberta Oil Sands Technology and Research Authority (AOSTRA).

Strausz, O. P., T. W. Mojelsky, and E. M. Lown. 1992. The molecular structure of asphaltene: an unfolding story. *Fuel* 71(12): 1355 – 1363.

Strausz, O. P. I. Safarik, E. M. Lown, and A. Morales – Izquierdo. 2008. A critique of asphaltene fluorescence decay and depolarization – based claims about molecular weight and molecular architecture. *Energy & Fuels* 22(2): 1156 – 1166.

Wu, X. 2002. Investigating the stability mechanism of water – in – diluted bitumen emulsions through isolation and characterization of the stabilizing materials at the interface. *Energy & Fuels* 17(1): 179 – 190.

Xu, Y., T. Dabros, H. A. Hamza, and W. E. Shelfantook. 1999. Destabilization of water in bitumen emulsion by washing with water. *Petroleum Science and Technology* 17(9 – 10): 1051 – 1070.

Yang, X., and J. Czarnecki. 2002. The effect of naphtha to bitumen ratio on properties of water in diluted bitumen emulsions. *Colloids and Surfaces A: Physicochemical and Engineering Aspects* 211(2 – 3): 213 – 222.

Yarranton, H. W., H. Alboudwarej, and R. Jakher, 2000. Investigation of asphaltene association with vapor pressure osmometry and interfacial tension measurements. *Industrial & Engineering Chemistry Research* 39(8): 2916 – 2924.

Yeung, A., T. Dabros, J. Czarnecki, and J. H. Masliyah. 1999. On the interfacial properties of micrometre – sized water droplets in crude oil. *Proceedings of the Royal Society of London A* 445: 3709 – 3723.

第8章 尾矿管理中的胶体科学

在一个典型的基于水洗的油砂萃取工艺中，生产 1bbl 沥青大约需要 1.8t 油砂矿、2.5m³ 热水和必要的工艺辅料，如图 8.1 所示。不幸的是，获得沥青后，会留下大约 3.3m³ 的尾矿污泥，这些污泥需要排入尾矿池。虽然粗糙的固体（沙）能沿着尾矿池迅速沉积形成沙滩，微细物质（主要是淤泥和黏土）却需要很长时间才可以沉积。甚至在几年后，固体仍以污泥形态悬浮在受工艺影响的尾矿水里，在以后几十年中都不会有更显著的稠化。含有大约占总质量 30% 的微细固体物和 70% 的水的污泥，必须限制在尾矿池里。这种物质称作流体细尾矿（FFT）或者成熟细尾矿（MFT）。

随着沥青生产量的增加，MFT 的体积以惊人的速度积累。例如，如果生产按照计划进行，到 2025 年 Syncrude 公司将会产生预计为 $10 \times 10^8 \text{m}^3$ 的细尾矿，到 2033 年 Suncor 公司的细尾矿将积累到 $8 \times 10^8 \text{m}^3$。目前的尾矿池占地总面积超过 130km²。为了更确切地感受尾矿池的大小，可以这样想一下，一个有着相同体积的容器足够容纳地球上所有人口。流体细尾矿的体积以超过油砂开采量 20% 的速率积累。容纳流体细尾矿就会直接增加作业成本，并且会继续成为处置和环境关注的主要方面。

尾矿处理中考虑的一条主要原则是，回收后用于萃取的水的质量，这是由于水的化学性质已经被认为是影响沥青萃取的主要物理化学性质（Zhao 等，2009）。尾矿处理的目标是通过优化系统物理化学状况，增加固体沉降速度和固结速率。因此，要能够处理新鲜尾矿和成熟细尾矿，就需要理解在工艺水中微细固体物的胶体行为。

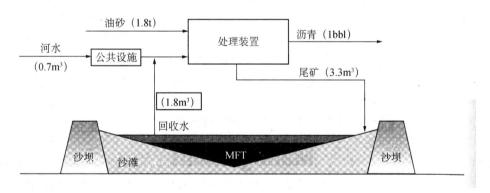

图 8.1 传统尾矿处理至尾矿池以及油砂萃取过程的水平衡（据 Cymerman 等，1999）

MFT—成熟细尾矿

用泵在短期尾矿池和长期尾矿池之间交替抽取，以及储存流体细尾矿会给油砂作业者带来额外的费用。更重要的是，尾矿坝溃决可能会导致毁灭性的灾难。人们已经在处理成熟细尾矿方面做了很多努力。处理尾矿是为了减少，并最终消除尾矿池。处理油砂加工过程中的尾矿不仅可以缩小尾矿池的规模，而且通过最大量地使用循环水来减少新鲜水的抽取量。能源保护委员会（ERCB）规定确保在任何给定的时间，油砂作业者从阿萨巴斯卡河抽取的最大新鲜水量不能超过该河水总流量的 25%。如果在温热的新鲜尾矿产生的同时就处理，温水连同受到加工影响的水中剩余的化学药剂都可以得到循环利用。这样可以减少温水工艺中用于加热尾矿池水所需的能量，并对更高的能源效率和低碳排放量做出贡献。此外，如果产生一种密度足够高、能支持自身的污泥，就可以立即把它填回矿坑里进行土地复原，而不是放进尾矿池中，并将油砂作业造成的土地扰动减到最小。因此，非常需要在尾矿仍然新鲜的时候就得到处理，从而减少或消耗成熟细尾矿。

8.1　水化学性质的影响

为了探讨水的化学性质对微细固体物扩散的影响，回想一下涉及这一现象的基础科学是有益的，正如第 2 章所讨论的。各个固体颗粒之间相互作用，也与它们悬浮其中的媒介（通常是水）相互作用。这些相互作用有两个主要来源：（1）范德华力，它是同一种粒子之间的吸引力；（2）双电层相互作用，它通常是互相排斥的。

如果不是因为静电斥力，当悬浮颗粒由于布朗运动而相互撞击时，范德华力会引起颗粒互相黏附，使悬浮液不稳定。在第 2 章讨论过悬浮颗粒之间静电相互作用的本性。在此，想起这种静电斥力是由围绕着带电颗粒的双电层重叠引起就足够了。表面带电量越大，颗粒与颗粒之间的排斥力就越强。如果一个颗粒位于一个临近颗粒之外，他们之间距离大于双电层厚度，可以看出这个颗粒，连同它的双电层一起，呈现电中性。这两个颗粒之间的任何电相互作用，只有互相作用的颗粒的双离子层开始重叠后才能发生。最重要的是，胶体表面电荷在胶体颗粒之间产生的相互作用能量，随颗粒之间的距离呈指数衰减，而这些相互作用的范围随着分散介质的盐度增加而降低。因此，可以通过减少颗粒表面电量，或者通过缩短双电层厚度，来降低悬浮固体颗粒之间的排斥力，

悬浮颗粒表面电量可以通过 pH 值和离子吸附来控制。因为多数油砂处理中的重要颗粒物（像黏土和二氧化硅）都是氧化物，pH 呈中性时，颗粒变成带负电荷，而当 pH 值增加时，它们的表面电荷负性更大。表面电荷越多，颗粒间静电排斥力越强。因此，当 pH 值增加时，水中悬浮黏土的稳定性增加。这可以通过添加任何一种碱来达到，包括苛性钠。增加悬浮物（一个分散系统）稳定性的药剂，叫作分散剂。因此，苛性钠是一个分散剂，因为它通过上面描述的机理增加了悬浮颗粒之间的静电斥力。

可以通过添加任何碱类达到同样的分散效果，比如碳酸钠或碳酸氢钠、硅酸钠、甲基磷酸钠（六偏磷酸钠）或者氨。负电荷硅酸盐和磷酸盐阴离子易于形成聚离子，这种离子吸附到黏土或者硅土表面的能力非常强，因此在每摩尔基础上是比苛性钠更强的分散剂。然而，它们也更昂贵，因为它们总是用苛性钠制成（例如硅酸钠）。添加碳酸钠或者碳酸氢钠也增加了总碳酸盐碱性，这总是很有利的。当考虑使用 Geosol（一个专利工艺技术，碳酸钠和碳酸氢钠是其主要活性成分）的时候，必须牢记这点。在泥浆水碱性低的情况下，更能合理地体现它的有益作用，特别是当矿石是酸性的时候。（就像我们前面讨论过的，碳酸盐增强水的缓冲能力，使系统对添加酸性矿石所带来的酸不敏感。）

多价阳离子，如钙、镁离子，能够吸附在氧化物表面。由于这些阳离子带正电荷，它们的作用与硅和磷这样的阴离子的作用相反。它们通过降低固体的表面负电荷，从而降低

固体颗粒之间的相斥作用，促进微细颗粒凝聚。正因为如此，钙被应用在尾矿固化技术中。添加的二价阳离子的影响有两个方面，即降低表面电荷并增加总矿化度，从而降低双电层的厚度（即离子通过静电力互相排斥的距离）。在钙镁离子对微细固体扩散的影响方面，它们降低颗粒表面电荷的能力比降低双电层厚度的能力要重要得多。

8.2 流体细尾矿的特点

经过足够长的时间，尾矿池中的油砂尾矿会沿着尾矿池由上而下形成 3 个不同的区域：顶部是清水层（约 3m 厚）；中间是细颗粒沉降层，也称为过渡层（约 1m 厚）；底部是流体细粒尾矿层，该层厚度可达 40m，含有细黏土、细砂以及残余沥青等流体细粒尾矿，其中水占 85%，黏土占 13%，沥青占 2%，并最终形成成熟细粒尾矿（MFT）。在克拉克热水萃取（CHWE）工艺过程中，流体细粒尾矿的沉降速率非常慢，其原因是在萃取过程中使用了苛性碱，使得尾矿水中的细颗粒和超细颗粒分散性加强［尽管超细颗粒的胶凝也是影响成熟细粒尾矿形成的因素］。黏土的类型和含量、油砂矿的地球化学性质以及尾矿泥的水化学性质都是流体细粒尾矿在沉降和浓缩过程中应考虑的重要因素。细颗粒的表面电荷是流体细粒尾矿形成稳定悬浮液的主要衡量标准，临界电泳淌度［值为 - 2（μm/s）/（V/cm）］是尾矿在 CHWE 和 OSLO 热水萃取（OHWE）处理工艺过程中由快速沉降向缓慢沉降过渡的转变点［细粒尾矿基础协会（FTFC），1955a］。由于 OHWE 处理工艺中不采用苛性碱，因此细粒尾矿在该过程中的沉降速率要比在 CHWE 工艺过程中快（Sury 和 Stone，1955）。

流体细粒尾矿不易凝固的主要原因是超细黏土凝聚和凝胶的形成导致了尾矿具有很高的黏性。粒径范围为 50~400nm 的超细黏土是最有可能形成凝胶的，一旦形成凝胶，它就会捕获表面粗糙的固体颗粒。流体细粒尾矿中大量的细小颗粒都是由高岭土、伊利土（质量分数分别为 80% 和 15%）以及细小石英石颗粒所组成，而超细黏土则主要含有高岭土和云母矿，并会形成只有几个原子厚的层，该层的长宽比（aspect ratio）为 30：1（FTFC，1955）并且其表面带有大量的负电荷。通过扫描电子显微镜观察显示，在 CHWE 处理工艺过程中，存在于流体细粒尾矿中的黏土构造以边到边形为主，并形成层状结构（FTFC，1955）。相反，在 OHWE 处理工艺过程中，存在于流体细粒尾矿中的黏土构造则是无规则的。这种结构上的差异是由超细黏土颗粒（图 8.2 为大致示意图）间的相互作用造成的。

为了解释我们所观察到的 MFT 中的细黏土结构，应该用经典的 DLVE 理论对 MFT 尾矿水中各个方向的相互作用力进行计算，如黏土颗粒基面与基面间的作用力（C_B—C_B）、边与边之间的作用力（C_E—C_E）以及边与基面之间的作用力（C_E—C_B）。充电机理为，基面通过同构体进行充电，而边面则通过硅—氧键和铝—氧键断裂的水解作用进行充电。按照充电机理，当表面相互靠近时基面可以维持恒定的表面电荷密度，而边面可以维持恒定的表面电势。对于两个相对距离为 H，半径分别为 a_1 和 a_2 的球状颗粒，在介质 3 中，范德瓦尔力对其相互作用力的贡献值（V_A）可以用下面的函数式来表示：

$$V_A = -\frac{A_{132}}{6H} \cdot \frac{a_1 a_2}{(a_1 + a_2)} \tag{8.1}$$

其中，A_{132} 是给定系统的哈梅克常数，该常数可以通过式（2.32）计算得出。Kar，

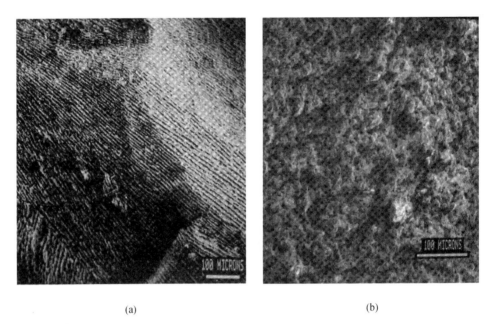

(a)   (b)

图 8.2 在扫描电子显微镜下，MFT 在 CHWE（a）过程中的
层状结构和在 OHWE（b）过程的无规则状结构
（据 Mikula 和 Zrobok，1999）

Chander 和 Mika（1973）提出了在恒定电势（ψ—ψ）、恒定电荷密度（σ—σ）和恒定电势—恒定电荷密度（ψ—σ）条件下用于计算双电层位能（V_E）的公式，分别为式（8.2）~式（8.4）：

$$V_E^{\psi - \psi} = -\frac{\pi\varepsilon_0\varepsilon_r a_1 a_2}{(a_1 + a_2)}\left\{2\psi_1\psi_2\ln\left[\frac{1 + \exp(-\kappa H)}{1 - \exp(-\kappa H)}\right] + (\psi_1^2 + \psi_2^2)\ln\left[1 - \exp(-2\kappa H)\right]\right\} \quad (8.2)$$

$$V_E^{\sigma - \sigma} = -\frac{\pi\varepsilon_0\varepsilon_r a_1 a_2}{(a_1 + a_2)}\left\{2\psi_1\psi_2\ln\left[\frac{1 + \exp(-\kappa H)}{1 - \exp(-\kappa H)}\right] - (\psi_1^2 + \psi_2^2)\ln\left[1 - \exp(-2\kappa H)\right]\right\} \quad (8.3)$$

$$V_E^{\psi - \sigma} = -\frac{\pi\varepsilon_0\varepsilon_r a_1 a_2}{(a_1 + a_2)}\left\{2\psi_1\psi_2\left[\frac{\pi}{2} - \tan^{-1}\left[\sinh(\kappa H)\right]\right] - (\psi_2 - \psi_1)\ln\left[1 - \exp(-2\kappa H)\right]\right\}$$
$$(8.4)$$

在上面的公式中，ε_0 和 ε_r 分别代表真空磁导率和相对媒介磁导率；ψ 为表面电势，通常用与其相近的界面动电势来代替，其下标 1 和 2 分别代表颗粒 1 和颗粒 2。上面各式中的 κ 代表双电层的衰变时间长度，该值的计算见式（2.26）。在此需要注意的是，式（8.4）中的颗粒 1 是处于恒电势状态，而颗粒 2 处于恒电荷密度状态。根据 DLVO 理论分析可以得出，两个带电颗粒间的总位能是 V_A 值与 V_E 值之和：

$$V_T = V_A + V_E \quad (8.5)$$

为举例说明，我们将对 pH 值为 8.5 的 1mmol/L 的氯化钾的电解质溶液简化计算，该

基面具有 $-35\mathrm{mV}$ 电动势，其颗粒表面带有等同于 $-5\mathrm{mV}$ 表面电势的少量表面负电荷。哈梅克常数值为 $8\times10^{-21}\mathrm{J}$，采用式（8.1）至式（8.5）进行计算就可以得出位能曲线分布图。如图 8.3 所示，在 CHWE 工艺中的 pH 值为 8.5 的尾矿水中，带有少量负电荷颗粒的边界面之间（C_E—C_E）的引力很小；带有大量负电荷的平面在其表面之间（C_B—C_B）会产生很强的斥力；在固体颗粒边界面与平面之间（C_E—C_B）则会出现能量势垒，从而导致颗

粒相互接触。带有恒定电荷密度的两平面之间产生的巨大斥力会使两平面之间保持一定的间隙，该间隙能够容纳大量的 MFT 中的水。这里需要格外注意的是，以上计算过程只是简化过程，因为真实的水化学中不仅含有不同类型的二价离子，而且还含有从沥青中释放出来的自然表面活性剂，而且实际的环境条件要比计算时所处的环境条件复杂得多。这些二价离子会压缩双电层，并通过专性吸附改变电层的表面电荷密度，因此，进行精确计算会更加困难。要想更精确地去计算其总位能，就需要知道在实际的尾矿水中，黏土层平面与边界面上的表面电荷密度，而这些数据是很难获取的。另外，细黏土也有可能会被沥青中的表面活性有机分子所污染，从而使其憎水性降低。尽管如此，上述

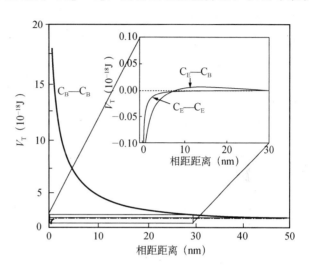

图 8.3　pH 值为 8.5 的 1mmol/L 氯化钾电解质溶液中黏土颗粒表面相互作用的位能曲线

该曲线是通过式(8.1)～式(8.5)计算得出的。黏土颗粒边界面和表面的表面电势（界面动电势）分别为约 5mV 和约 35mV。假设直径分别为 $0.1\mu m$ 和 $2\mu m$ 的两黏土颗粒边界面和表面的电位及表面电荷密度均维持恒定，那么黏土—水—黏土的综合哈梅克常数为 $8\times10^{-21}\mathrm{J}$

的简化计算仍对我们在 CHWE 工艺过程中观察到的 MFT 的结构做出了非常有价值的半定量解释。

泥浆液中固体颗粒的沉降速率可以用下面的式子来表示：

$$v_a = \frac{(\rho_s - \rho_l)d^2g}{18\mu}f(\alpha_s, Re) \tag{8.6}$$

其中，ρ_s 和 ρ_l 分别为固体和液体的密度；d 为固体颗粒的直径；μ 为液体的黏度；α_s 为悬浮液中固体的体积分数；Re 为粒子的雷诺数。细粒尾矿的处理难度会因为固体颗粒的沉降速度缓慢（由于直径很小）而加大。在给定的系统中，ρ_s，ρ_l，μ 及 α_s 等物理参数大多是不固定的，通过使细小颗粒凝聚来增大固体颗粒尺寸的方法，可以使沉降速率得到提高。使细颗粒物聚合的方法有两种：一种是聚沉（通过添加无机盐或者调整 pH 值）；另一种是絮凝作用（通过添加聚合物）。即使这两种方法在细小颗粒凝聚方面的机理有很大的不同，在一些文献中，这两个术语仍相互替换使用，这点后面讨论。

8.3　颗粒聚合的流体力学

颗粒必须首先相互接触才能形成附着物。附着的过程称为粒子碰撞，根据系统的特点，该过程在很大程度上受流体力学控制。对于粒径极小的悬浮颗粒物（直径小于几微米），其碰撞多为布朗运动，凝结的过程称为异向凝聚。式（2.48）给出了异向凝聚的碰撞核 β_B。对于单分散的胶体悬浮液，其异向凝聚核可以简化为下式：

$$\beta_B = \frac{4kT}{3\mu} \tag{8.7}$$

其中，k 为波尔兹曼常数；T 为绝对温度；μ 为流体黏度（Yusa，1977）。由式（8.7）可以得出，在小颗粒凝聚过程中，提高温度并（或者）降低流体黏度可以增加布朗运动的激烈程度。

处于层流层的大颗粒悬浮液，由切变引起的同向凝聚占主导。这种情况下的碰撞核 β_G 已经在式（2.49）中给出，由公式可知，粒子的碰撞速率与剪切率 G 成正比，并与直径 d 的三次方成正比。在紊流环境下，悬浮液的碰撞核 β_r 由大量的单分散颗粒组成，β_r 可用式（8.8）表示：

$$\beta_r = 12\pi K_e \left(\frac{\varepsilon}{\mu}\right)^{\frac{1}{2}} d^3 \tag{8.8}$$

其中，K_e 为经验系数；ε 为能量耗散强度。从碰撞的角度来看，较高的能量耗散率对一个系统来说是有利的。较强的紊流会使困在聚合物中的分散介质渗出，从而导致已经形成的聚合物致密化，这个现象叫作脱水收缩。但是，紊流过度会产生很强的切应力，这个切应力足以将聚合物撕裂，所以，为了获得需要的紊流度，在设计混合系统的时候要细心谨慎，尽量减少同向碰撞和物理脱水收缩，同时使聚合物的破裂程度降到最小。

需要注意的是，虽然细颗粒的凝聚起初是由流体细粒尾矿的异向运动碰撞形成的，但是同向凝聚将会在整个过程中占主导作用，因为细颗粒会因同向凝聚作用而形成数量更多、体积更大的聚合物。在高度多分散的胶体系统中（比如油砂处理尾矿），必须要同时考虑异向凝聚机理和同向凝聚机理，从而能够更准确地描述胶体凝聚运动。总的来说，细颗粒的凝聚需要较高的切变速率和温度，以及较低的黏度。颗粒碰撞是颗粒凝聚的基本要素，但碰撞之后能否产生颗粒依附对颗粒凝聚来说也是同等重要的，但这要取决于胶体颗粒之间的胶体力。

8.3.1　聚沉

在微细固体颗粒悬浮液中，每个颗粒都会在排斥力作用下趋于稳定，这种排斥力是由远程静电、立体位阻、静电空间位阻以及（或）短程水合力形成的。这些力的性质以及对应的原始方程在第 2 章的 2.7 节已经做了详细的论述，这里只做简述。静电斥力是由重叠围绕在颗粒周围的双电层引起的；空间斥力来自重叠吸附的刷状［环状和（或）尾翼状］非离子聚合物；静电空间斥力是由重叠吸附在固体表面的离子聚合物引起的；而短程水合斥力产生的原因是当两个颗粒相互靠近的时候，用于替换固体表面的水合离子或（和）水合分子所需的能量产生了过剩。聚沉的目的是通过添加化学物质（通常是无机多价阳离子）来破坏这些斥力，或将斥力削弱到一定程度，从而使范德华引力凸显出来，这样颗粒物就能在引力的作用下产生凝聚，在该过程中使用的化学物质被称作为促凝剂。图 2.19 说明，促凝剂对双电层进行压缩时要遵循舒尔策—哈迪规则 [式（2.39）]。能量势垒对颗粒物相互靠近有阻碍作用，而压缩双电层则能够减小能量势垒，使颗粒物突破能量势垒而相互接触的可能性增强，其稳定比的定义如式（2.59）所示。在临界聚沉浓度下（CCC），能量势垒为 0，稳定比为 1，这说明颗粒物通过碰撞形成依附，并开始迅速凝聚（聚沉）。

在式（2.39）中，临界聚沉浓度对电解质的价位（Z）有很强的依赖性（一般要求 Z^{-6}），这就是为什么要在生产非分离尾矿（NST）时使用石膏的原因。非分离尾矿也叫复合尾矿或凝固尾矿（CT）。石膏中的二价钙离子可作为促凝剂，但是要注意的是，在实际系统中，由于含黏土溶液和含油砂溶液中的钙离子具有专性吸附的特点，所以钙离子浓度往往会比临界聚沉浓度 [用式（2.39）计算] 低得多，但这足以促使溶液中的颗粒产生有效的聚沉。在这种情况下，舒尔策—哈迪规则对聚沉浓度的估计值会偏高。此外还应注意的是，过量添加石膏对聚沉来说是不利的，因为过量的具有专性吸附特点的钙离子会使细黏土颗粒表面的电性逆转，诱使黏土颗粒之间产生斥力。在这种情况下，随着石膏的不断添加，其沉降速率将会达到最大值。诱使聚沉产生的另一种有效的方法是降低确定电位的离子浓度 [如氢离子（H^+）或者氢氧根离子（OH^-）]，从而降低其表面电势。当电量为零时，表面电势也为零，这时在颗粒之间就只存在范德瓦尔引力（如图 2.19 所示），该力促使颗粒迅速产生聚沉。与通过添加石膏促使聚沉的方式相对照，通过改变确定电位的离子的浓度，从而改变其表面电势的方法可以避免向循环水中引入钙离子，因为钙离子的引入对沥青的萃取是不利的（Kasongo，2006）。但是，这种改变离子浓度的方法对于油砂尾矿的处理是不适用的，因为要想使沥青回收效果达到最佳，在油砂尾矿处理时就需要使用大量的酸和碱来调节 pH 值，而且 pH 值的可操作范围很窄。

另外一种能提高颗粒凝聚效果的方法是采用带有相反电性的颗粒进行杂凝聚，也就是用不同类型的颗粒进行凝聚。如图 8.4 所示，当粗硅砂（Si）表面电势变为 5mV（Si^+）时，粗砂和黏土边界面之间（Si^+—C_E）的吸引力只提高了一点。虽然砂粒表面电势只有 5mV，但是带有负电荷的黏土颗粒层会对带正电荷的砂粒产生很强的吸引力（Si^+—C_B），从而产生杂凝聚。能量分布曲线图与未被激活的巨大斥力（Si—C_B）形成了强烈对比。由于通过添加少量的二价阳离子可以使砂粒携带正电荷，所以杂凝聚这种方法是可行的。从实用的角度来看，在处理粗糙固体颗粒物时，我们可以将 pH 值为 8.5 的少量二价亚铁离子和铅离子与从水力旋流分离器向下溢出的成分混合，在这种情况下，二价亚铁阳离子和铅羟基阳离子将占绝大多数，这样粗糙粒子就能够通过专性吸附而携带正电荷（Fuerstenau，Miller 和 Kuhn 1985）。然后再把被激活的粗糙固体颗粒加入到从水力旋流分离器向上溢出的流体细粒尾矿中，这样，细固体颗粒的杂凝聚与被激活的粗砂（在图 8.4 的能量曲线分布插图中显示）就会促使非分离尾矿（NST）的生成，同时能加快细颗粒的沉降和凝固。与凝固尾矿（CT）处理工艺相比，除了同时处理 MFT 和新尾矿这种情况，上述观点在图 8.5 所示的工艺过程中能够很容易得到实施。上述方法与 CT 工艺相比的优势在于，在该过程中，从水力旋流分离器向下溢出的小流量流质中含有较多的粗砂，而需要向其中添加的二价阳离子的量较少，这不仅能降低化学药剂的使用成本，而且在沥青萃取过程中，能降低在处理尾矿时生成循环水的进程中所产生的不利影响。

黏土颗粒边界面（C_E）和表面（C_B）的表面电势（界面动电势）分别为 $-5mV$ 和 $-35mV$。由于携带金属羟基阳离子而被活化的正电砂粒以及未携带金属羟基阳离子的砂粒，其表面电势分别为 $-5mV$ 和 $-35mV$。假设直径分别为 $0.1\mu m$ 和 $8\mu m$ 的黏土颗粒边界面和表面的电位及表面电荷密度均维持恒定，砂粒的直径为 $200\mu m$ 并且电位恒定，那么黏土—水—砂粒的综合哈梅克常数为 8×10^{-21} J。

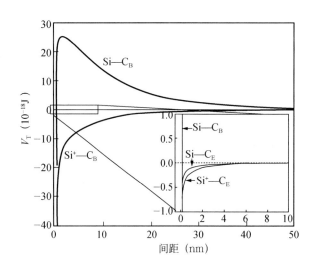

图 8.4 pH 值为 8.5 的 1mmol/L 氯化钾电解质溶液中黏土层面与粗砂颗粒相互作用的位能曲线

［该曲线是通过式（8.1）～式（8.5）计算得出的］

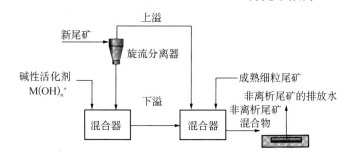

图 8.5 一种新的尾矿处理工艺

（在该过程中，粗糙固体颗粒顺着水力旋流分离器向下溢出，并被金属羟基阳离子活化，然后再与沿水力旋流分离器向上溢出的中间层细粒尾矿混合）

在临界聚沉的条件下，仔细查看图 8.6（a）所示的位能分布曲线图，我们会发现聚沉的颗粒是相互接触的。因此，通过聚沉产生的凝聚物一般都是紧密的［图 8.7（a）］。

8.3.2 絮凝

与聚沉相比，聚沉依靠缩小聚集颗粒之间的斥力，而絮凝需要添加聚合物将粒子桥接成大的絮体，如图 8.7（b）所示。在絮凝过程中，没有必要减少聚集颗粒之间的排斥力，因为聚合物的桥接可以超出双电层斥力的范围，如图 8.6（b）所示。在絮凝过程中，有一个远程吸引力，其次是一个由桥接粒子的聚合物链环压缩引起的强大的斥力。因此，絮凝在很大程度上依靠在多个粒子上最佳吸附聚合物分子，主要通过氢键和相应的分子构型。由絮凝所形成的聚合物比由高分子絮凝剂形成分子特征更具有开放性的分子结构，主要是由于聚合物内含有大量的水。

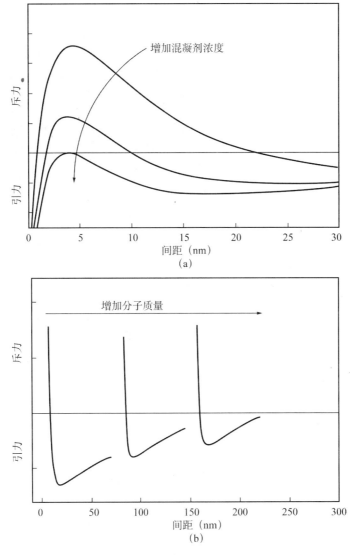

图 8.6　两个细微颗粒之间的能量分布示意图

（编者注：英文原书中纵坐标没有数值，因此译文未标注）

（a）在没有高分子絮凝剂情况下；（b）在高分子絮凝剂存在下，分别对应聚沉和絮凝

　　在絮凝过程中，一个柔性聚合物分子是理想的，并且控制聚合物吸附是至关重要的。一个有效絮凝剂的分子质量往往有超过几百万道尔顿。要实现有效的絮凝，聚合物絮凝必须满足以下条件：（1）被分散的悬浮液；（2）对颗粒表面的扩散；（3）吸附在颗粒表面；（4）用吸附的絮凝剂的环和尾桥接矿颗粒，如图 8.8（a）所示。

　　要实现有效桥接的理想聚合物结构，通过控制聚合物的电荷密度和溶剂质量（溶液化学），从而控制分子内相互作用是至关重要的。在最佳的电荷密度时，聚合物絮凝剂会有足够的灵活性，当吸附在固体表面后就形成链环并具有中等约束性，如图 8.8（a）所示，从而允许粒子间具有有效的桥接。高于最优电荷密度会导致聚合物絮凝剂链变硬，如图 8.8（b）和图 8.8（c）所示，而低于最佳电荷密度会导致聚合物结构破裂，如图 8.8（d）所

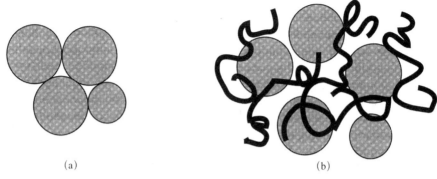

(a)　　　　　　　　　　　　　　　　(b)

图 8.7　聚沉（a）和絮凝（b）过程形成聚合物的比较

（通常聚沉形成的聚合物比絮凝形成的聚合物更紧凑、更小，因为聚合物桥接可以结合更多颗粒）

示，这导致低架桥絮凝或空间位阻稳定，如图 8.8（e）所示。聚合物吸附通常是有效的，这是由于其具有多点式锚，主要是通过在固体表面上的单分子的氢键，如图 8.8（a）所示。然而，由于静电斥力，阴离子型高分子絮凝剂的电荷密度阻碍了其吸附在带负电荷的固体表面。应该指出的是絮凝剂与固体颗粒太强的相互作用对进行絮凝是不可取的，这是由于聚合物分子在单个颗粒上的吸附会导致不良的桥接，如在图 8.8（b）所示。

重要的是要认识到，高分子絮凝剂的局部浓度对进行有效的絮凝是非常关键的。吸附环尾的一对颗粒彼此依附的概率很小，而表面被环尾覆盖的一对颗粒很可能形成稳定空间，如图 8.8（e）所示。从统计学来说，一个粒子与其他粒子的桥接与聚合物絮凝剂覆盖的表面 Θ 成正比例，定义为颗粒被环尾覆盖的表面积与可覆盖的总表面积之比。例如，对于一个完整的表面覆盖率 $\Theta=1$，在任何相邻的粒子未覆盖的区域接触，会导致桥接，只要接触是在其他粒子未被占用的表面上。另一方面，对于一个零表面覆盖率（$\Theta=0$），在任何点接触都不会导致桥接，除非它是在其他粒子的聚合物覆盖区域。为了确保两个粒子接触时桥接，吸附在一个粒子上的环和尾必须找到另一个粒子上未占用的空间。因此，颗粒通过絮凝剂桥接的概率 P_B 与一个粒子的絮凝剂表面覆盖率（Θ）和另一个粒子的未占用空间（$1\sim\Theta$）成正比。在数学上，它由式（8.9）给出：

$$P_B = \Theta(1-\Theta) \qquad (8.9)$$

从物理上说，式（8.9）表示一个粒子的环尾（Θ）在另一个粒子（$1\sim\Theta$）上找到一个空位置的概率。从式（8.9），人们可以容易地表明，颗粒桥接的最大效率在 $\Theta=0.5$ 时达到，也就是一个颗粒的表面的一半被絮凝剂所覆盖。这种分析的一个重要的实际意义是，如果在浓溶液中加入絮凝剂，它可以导致局部过量，导致絮凝效率低和细颗粒的空间位阻稳定，即使整体的絮凝剂投加量远低于过量浓度亦如此。局部过量可通过两种方法避免：以稀溶液的形式加入絮凝剂或充分混合的条件下逐步加入高分子絮凝剂，在整个悬浮液中快速分布高分子絮凝剂。

例 8.1　让我们评估在一个无限介质中，颗粒凝聚（聚沉和絮凝）对颗粒沉降速度的影

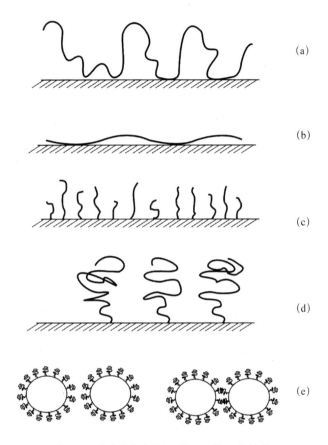

图 8.8　聚合物絮凝剂吸附在固体上的结构

（a）理想结构，延长的桥接粒子环尾；（b）硬聚合物絮凝剂分子内的强烈排斥，牢固地吸附在固体表面，显示粒子桥接倾向最小；（c）硬聚合物絮凝剂对固体表面的弱关联，从而形成聚合物刷；（d）破裂的蘑菇状聚合物分子内具有强大的吸引力，其吸附在固体表面颗粒，显示粒子桥接有限；（e）聚合物絮凝剂在颗粒表面吸附过强和（或）过量，导致微粒的空间稳定

响。假设 M_s 是主要的固体颗粒的质量，n 是主要的固体颗粒的数量。

我们假设主要的固体颗粒是球形的，直径为 d，密度为 ρ_s。则这个聚合体中的固体的质量为：

$$M_s = n\,\frac{\pi d^3}{6}\rho_s \tag{8.10}$$

假设聚合体在流体（水）中沉降时没有内部流体流动，而且聚合体是在一个无限介质中沉降（即没有沉降受阻），我们可以将一个聚合体的斯托克斯沉降速度写为：

$$v_a = \frac{g(\rho_{a-}\rho_f)d_a^2}{18\mu_f} \tag{8.11}$$

其中，g 是重力加速度；μ_f 是动态流体的黏度；d_a 是聚集体直径；ρ_f 是周围流体的密度；ρ_a 是聚集体的密度，由式（8.12）给出：

$$\rho_a = \rho_s \alpha_s + \rho_f (1 - \alpha_s) \tag{8.12}$$

式（8.12）中，α_s 是主要固体颗粒的体积分数。假定有效重力是聚合体与其周围流体的密度之差 $\rho_a - \rho_f$ 我们可以这样写：

$$\rho_a - \rho_f = (\rho_s - \rho_f)\alpha_s \tag{8.13}$$

聚合体的直径 d_a 是通过确定主要固体颗粒的总体积分数给出，即：

$$\alpha_s = \frac{n(\pi/6)d^3}{(\pi/6)d_a^3} = \frac{nd^3}{d_a^3} \tag{8.14}$$

式（8.14）表明，对于由 n 个直径为 d 的主固体颗粒组成的聚集体直径 d_a 是聚集内固体体积分数 α_s 的一个函数。对于一个给定的 n 和 d 值，固体体积分数与 d_a^3 成反比，也就是聚合体尺寸越小则 α_s 越大，因此聚合体越紧凑。

利用式（8.10）、式（8.13）和式（8.14），斯托克斯沉降速度可以以不同的形式给出：

$$v_a = \frac{g(\rho_s - \rho_f)d^2}{18\mu_f}\left[\alpha_s^{1/2}n^{2/3}\right] \tag{8.15}$$

$$v_a = \frac{g(\rho_s - \rho_f)d^2}{18\mu_f}\left[\frac{nd}{d_a}\right] \tag{8.16}$$

$$v_a = \frac{g(\rho_s - \rho_f)d^2}{18\mu_f}\left[\frac{6M_s}{\pi d^2 \rho_s d_a}\right] \tag{8.17}$$

在方括号中的值是一个乘数，给出了因聚集体形成沉降速度得到的提高（而不是一个单一的固体颗粒的沉降速度）。

让我们讨论式（8.15）～式（8.17）表示的沉降速度的含义。为了简化讨论，我们假设主要固体颗粒的直径 d 是固定的。

式（8.15）表明，对于给定数目的聚合体的主要粒子，聚合体沉降速度随着聚合体内主要固体颗粒的体积分数增加而增加。这是由于随着固体的总体积分数增加，聚集体密度而增加，从而导致聚合体与其周围流体的密度之差 $(\rho_a - \rho_f)$ 增加，见式（8.13）。尽管聚合体直径 d_a 随着 α_s 的增加而降低，沉降速度随着 α_s 的这种增加都会出现，见式（8.14）。

式（8.16）表明，对于由给定直径的、给定数量的主要粒子组成的聚合体，其聚集体直径越小，其沉降速度增强值越大。固定直径 d 和固定数量 n 越小，α 值越大，因此，会有较大的重力驱动力。

式（8.17）表明，对于给定的聚合体的固体质量，聚合体直径越小，沉降速度增强值越大。同样，这结论仅仅是由于对于固定直径 d 和固定数量 n 的聚合体，直径越小，密度越大，因此，沉降驱动力越大。假设：$d = 10$；$n = 50$ 和 100；$\rho_a = 2600\text{kg/m}^3$；$\rho_f = 1000\text{kg/m}^3$；$\mu_f = 0.001\text{Pa} \cdot \text{s}$。式（8.16）用来评价聚合体的斯托克斯沉降速度，它是总固体积分数的函数。评价结果见图 8.9。

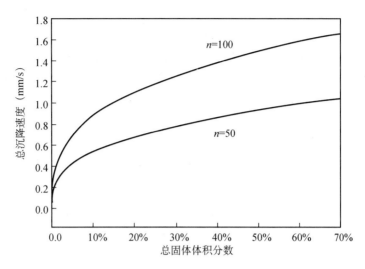

图 8.9　总沉降速度与总固体体积分数的变化

图 8.9 中所示的结果表明，在聚合体中增加固体体积分数（即增加 α_s）沉降速度就会增大。这一发现表明，对于给定聚合体中的主要粒子，更紧凑的聚集体［由于电荷中和，如图 8.7（a）所示］有利于固体沉淀。然而，对于一个给定的凝结颗粒，即给定的 α_s，将粒子的数量从 $n=50$ 增加到 $n=100$，能够更为显著地增加自由沉降速度。使用絮凝聚合物往往导致大量的颗粒聚合，但也导致了更多的蓬松的（松散）结构。因此，最好的做法是混凝和絮凝组合使用，以最大限度地提高 n 和达到最佳沉淀来控制流体力学。

重要的是要认识到，尽管在不受阻碍流态下能大幅增加聚合体的沉降速度，但是，在沉降受阻流态下，在较高的总固体浓度下，聚合体的沉降速度大幅降低。然而，通过只考虑式（8.15）～式（8.17）方括号中的值，来分析沉降速度增强值是非常有价值的。图 8.10 提供了沉降速度提高因子。对于 $n=50$，$\alpha_s=40\%$，该因子可达到 10，即相当于沉降时间缩小到 1/10。

图 8.9 和图 8.10 中的结果清楚地显示，给定数目的初级粒子形成紧凑聚合体的重要性。通过絮凝剂的电荷中和或通过使用与絮凝剂的电荷相反的细颗粒，以及通过脱水收缩作用（不均匀的应力施加到集合体上时，这种情况会发生）（Yusa，1977），聚合体都可以变得更紧凑。

然而，混合过程中的过量湍流会破坏聚合物，从而使初级粒子的数量减少。因此，对配料仓精心设计，以获得最佳的絮凝和聚合压缩效果就极为重要。维持聚合体不被破坏的最大湍流强度非常依赖于粒子桥接强度。在工业中，性能可以按照应用进行微调的高分子絮凝剂是非常理想的。应该在这个领域集中精力以便解决与油砂尾矿相关的许多问题。

虽然加入混凝剂和（或）絮凝剂能够增加粒子聚合沉降速度（如图 8.9 和图 8.10 结果所示），粒子聚合不一定提高沉积致密度。FTFC（1995）研究表明，尽管在絮凝和（或）凝结后，固体沉降更快且更容易变得紧凑，然而，排放后沉积物不能仅仅通过自然重力来达到理想的密实程度。砂压实可能是一个可行的巩固非离析流体细尾矿的解决方案。通过添加絮凝剂将老化细尾矿（MFT）稀释至 5%（质量分数），可以得到一个典型的沉降曲线，如图 8.11 所示（Alamgir，Masliyah 和 Xu，2010）。在这组实验中所使用的絮凝剂是齐巴特种化学品公司所产的 Magnafloc 1011（MF 三聚氰胺）和室内合成 Al—PAM（人工聚丙烯酰胺）。MF 是部分水解聚丙烯酰胺，分子质量为 1700×10^4 Da，阴离子电荷密度为 27%。Al—PAM 是无机—有机、阳离子电荷低浓度的 Al(OH)$_3$—PAM 混合聚合物（Wang 等，2010）。

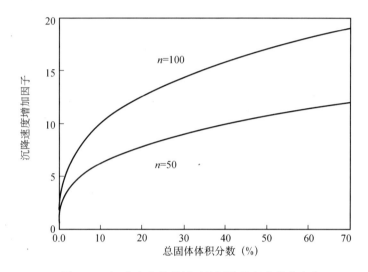

图 8.10　沉降速度增强因子随固体体积分数的变化

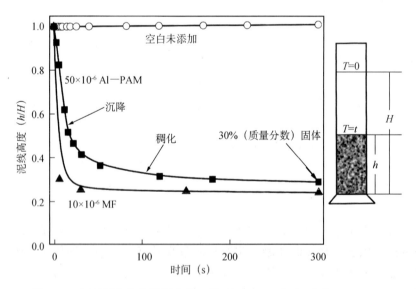

图 8.11　两种聚合物的沉降曲线（据 Alamgir，Masliyah 和 Xu，2010）

［MFT 沉降后稀释至 5%（质量分数）固体，添加或不添加絮凝剂。絮凝剂 1011（MF）是一种可用于商业的部分水解聚丙烯酰胺，Al—PAM 是无机—有机、Al(OH)$_3$—PAM 混合聚合物，它是室内合成的］

图 8.11 中两种聚合物的沉降曲线具有共同特点：迅速沉降后，缓慢稠化。反之，经稀释后的 MFT 空白样品（未添加高分子絮凝剂），在实验时间间隔内未呈现明显沉降。虽然添加 10×10^{-6} MF 比添加 50×10^{-6} Al—PAM 明显增加了沉降，但在固体稠化阶段并没有明

显差异。两种结果中，沉积物的最终固体含量均在 15 ％左右，这个数值接近最初 MFT 的固体含量。很明显，絮凝剂有助于稀释的 MFT 在更短的沉降期内达到最终沉积状态，但对从 MFT 中释放更多的水影响并不大。因此，需要施加外力迫使存在的水从沉积物中释放出来，例如来源于覆盖在上面的粗砂的重量或离心法产生的力。

8.4 细粒泥浆的流变学

　　流变学主要研究在外加应力作用下，复杂流体（或悬浮液）的形变特性和流动特性。在成熟细尾矿（MFT）、稠化尾矿（TT）运输以及油砂稠化尾矿沉积过程中，泥浆流变学是要考虑的一个重要物理性质。例如，在尾矿输送中，砂浆在尽可能高的固体含量下，达到类似流体特征和低黏度是理想的。然而在砂浆处于沉积状态时，稠化尾矿的沉积物或糊状需要砂浆流动；当冻融和（或）干燥处理期间时，沉积物处于静止状态。

　　由于细黏土会在初级分离容器和浮渣处理装置（例如，增稠机和斜板沉降器）中胶凝，因此理解黏土悬浮液的流变学性质对沥青萃取同样至关重要。尽管严谨精确的流变学性质已经超越了这本书的范围，强调一些流变学的基本概念仍然是有益的，这些流变学的基本概念为理解油砂泥浆和稠化尾矿的流体学性质提供了基础，其中大部分来自胶体学科的观点（Johnson 等，2000）。

　　浓缩悬浮液的典型流体学性质称为流动曲线（图 8.12）。用于描述材料形变的基本术语如图 8.13 所示和定义。剪切应力 σ，是平行（相切）施加于材料（悬浮液）单位表面上的力，即 $\sigma = F/A$。剪切应变 γ，是剪切应力作用下材料的相对位移，定义为 $x(t)/y_0$。剪切速率或应变速率（γ 带上点符号缺——校审注）为 $\dot{\gamma} = \dfrac{\mathrm{d}\gamma}{\mathrm{d}t} = \dfrac{\mathrm{d}v_x}{\mathrm{d}y}$，其中的 v_x 是流动液体的速率。对于液体，习惯用第二个相等的术语计算剪切速率，并且黏度 μ 一般定义为：

$$\mu = \frac{\sigma}{\gamma} \tag{8.18}$$

　　通过以下一般关系来描述不同的流变曲线：

$$\sigma = \sigma_y + \mu_p \gamma^n \tag{8.19}$$

其中，σ_y 是屈服应力；μ_p 是稠度；n 是流动指数。当 $\sigma_y = 0$，且 $n = 1$ 时，对于流动曲线 1，μ_p 等同于 μ，是流体（悬浮液）黏度，也是在剪切应力或张应力任何一个力的作用下，度量流体的流动阻力。在这种情况下，流动曲线通过原点，黏度不受剪切速率的影响。这种流体（悬浮液）称为牛顿流体。大多数稀释的、稳定的（非相互影响的）小颗粒悬浮液都具有牛顿流体的特点。

　　对 $n = 1$ 且 σ_y 有限的悬浮液，流动特性 2 的悬浮液（图 8.12）称为宾厄姆塑性流体。这种条件下，当施加的压力大于屈服应力 σ_y，悬浮液才会流动，随后悬浮液的活动像剪切率独立于黏度的牛顿流体。这种三维结构悬浮液静止时，有足够的刚性承受任何低于它自身屈服应力的压力，即 $\sigma < \sigma_y$ 时，$\gamma = 0$。剪切屈服应力表示材料从类固体转变为类液体（Johnson 等，2000）。泥浆中，颗粒接触（颗粒黏合）的数量和黏合强度决定了屈服应力的

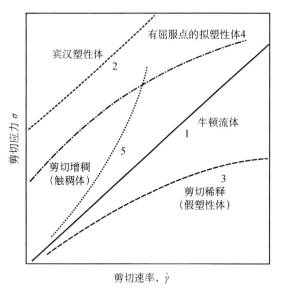

图 8.12　各种不同复杂流体/悬浮液的流动曲线类型
（据 Kelly 和 Spottiswood，1989）

大小：大量的强黏合力导致更高的屈服应力。

具有图 8.12 中曲线 3 所示流动特性的悬浮液称为假塑性体。这种条件下，没有屈服应力（$\sigma_y = 0$），但 n 小于 1，表示黏度随剪切率的增长而下降。这种流动类型，在弱絮凝剂（凝胶作用）的悬浮液中可看到。增长的剪力分解絮体，从而降低了流动阻力，这个过程称为剪切稀化。黏土悬浮液是常见的假塑性体。这种悬浮液结构在被分解时，需要时间恢复。如图 8.12 显示的流动曲线 4，这些假塑性流体（悬浮液）表现的屈服应力（$\sigma_y \neq 0$），显示了颗粒或结构的强结合作用。

与假塑性体悬浮液对比，如流动曲线 5，膨胀性悬浮液表现出剪切增稠性，即

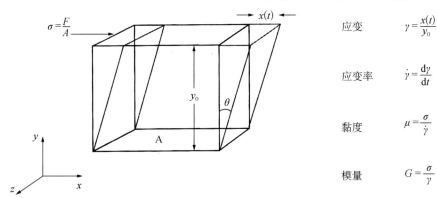

应变	$\gamma = \dfrac{x(t)}{y_0}$
应变率	$\dot{\gamma} = \dfrac{\mathrm{d}\gamma}{\mathrm{d}t}$
黏度	$\mu = \dfrac{\sigma}{\dot{\gamma}}$
模量	$G = \dfrac{\sigma}{\gamma}$

图 8.13　在剪切作用下，一个液体元素的自由体图，对各种术语做了定义

黏度随剪切速率增长。在这种条件下，$\sigma_y = 0$，同时 $n > 1$。这种情况通常发生在悬浮液足够浓缩达到密堆积时，或在剪切导致凝结/絮凝时。

一些悬浮液，称为触变悬浮液，表现出随着长时间的剪切而黏度降低。当黏度随剪切时间而增大，称为触变性。流体（悬浮液）的流动速率随着施加应力的不同而变化，快速施加应力速率表现为弹性，缓慢施加应力速率表现为塑性，这种同时表现出弹性特征和塑性特征的流体称为黏弹性。在这种条件下，剪切应力是剪切速率和剪切应变的函数，由式（8.20)给出：

$$\sigma = G\gamma + \mu\dot{\gamma} \tag{8.20}$$

这里 G 是当 $\dot{\gamma}$ 为恒量时泥浆的剪切模量。有时，用正弦应变 $\gamma = \gamma_0 \sin\omega t$ 进行测试，其中 γ_0 是剪切应变的振幅，ω 是角频率。剪切模量有两个部分 G' 和 G''，分别是储能模量和耗

损模量。储能模量的大小影响流体（悬浮液）的弹性性能，耗损模量影响黏度性能。G' 表现了材料抵抗形变和储存附加应力的能力，G'' 表现了材料的黏度性能，以此来测量每个形变周期的能量耗损。在扫频试验中，当 G' 比高 G'' 高时，材料显示了因附加形变造成的低能量耗散且具有强弹性（类似固体）性质。这可能显示了凝胶的形成。

图 8.14 显示，高岭土（$D_{50} = 4\mu m$）在 7.5～7.8 的自然 pH 值下（来自 Ward Minerals 的黏土）和不同固体含量下（Zhou 等，2010）的流动特性。含有 38％～45％高岭土颗粒的泥浆，均表现出非牛顿、剪切稀化特性。图 8.14 显也示了泥浆黏度随固体含量的增长呈显著增长，正如所预期的；如插入图所示，在给定的剪切速率下，黏度随固体含量的增长呈直线式增长。如插入图 8.14 中的下降倾斜率所示，随着剪切速率和黏度的增长，固体含量的增长变得不那么显著。Boger（2009）指出在固体含量上，对于红泥，黏度有相似的依赖性。同样有趣的是，泥浆黏度的显著增长中包含总计 40％（质量分数）的固体，其中 99％（质量分数）为高岭土，1％（质量分数）为蒙脱土。实际上，测得的含有总固体混合物 40％（质量分数）的泥浆黏度比测得的单独含有高岭土 45％（质量分数）的泥浆黏度要高得多。这一发现清楚地表明，不同类型的黏土（例如蒙脱土），即使是数量很少的蒙脱土，在决定泥浆黏度时也起到了重要作用，因此，也对油砂工艺和尾矿管理有影响。

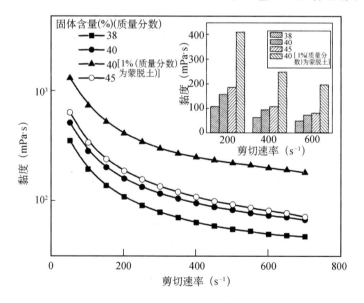

图 8.14　高岭土泥浆黏度在不同的固体含量（38％～45％）下形成剪切速率的函数
（据 Zhou 等，2010）

[所有高岭土的自然 pH 值为 7.5～7.8。测试之一是使用泥浆，该泥浆总固体含量 40％（质量分数），其中包含 99％（质量分数）的高岭土（$D_{50} = 4\mu m$）和 1％（质量分数）的蒙脱土（$D_{50} = 2\mu m$）。插入图显示了在 3 种不同的剪切速率下，固体含量和蒙脱土掺杂在泥浆中对黏度的影响]

图 8.15（Zhou 等，2010）表示，水化学对高岭土泥浆（pH 为 11）黏度的影响。正如图中所见，在整个研究的剪切速率范围内，添加 1mmol/L Ca^{2+} 显著提高了泥浆黏度。这一影响是由于降低了黏土颗粒之间的排斥，并导致了凝结物和最终凝胶化。黏土颗粒之间的排斥来源于电荷中和和压缩双电荷层。增长的高岭土泥沙黏度并不有助于沥青回收，也阻

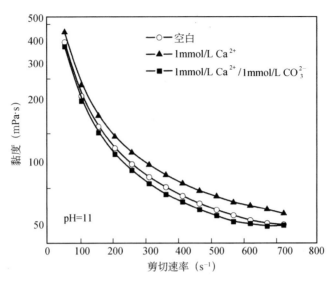

图 8.15　保持 pH 值为 11 不变，水化学对高岭土泥浆黏度
（质量分数 40％固体）的影响

碍了加气沥青的浮选，但有利于产生 NST（非离析尾矿），并用于 CT 工艺。如图 8.15 结果所示，添加碳酸氢根离子可以反向增加高岭土泥浆的黏度（由添加钙离子产生的），也可以使泥浆得到比最初更低的黏性。结果是，添加碳酸氢根（HCO_3^-）离子可以提高沥青的回收，但给尾矿管理带来了困难。观察到在黏土悬浮液黏度中，影响碳酸氢根离子的原因归因于两方面：一方面是碳酸氢根离子与钙离子反应，净化泥浆中的钙离子，通过添加钙离子消除提高的黏土悬浮液黏度；另一方面是碳酸氢根离子专门吸附高岭土表面增长的负电荷，这些负电荷又增加静电排斥和黏土悬浮液的稳定性，从而导致比最初悬浮液更低的黏度。

　　Johnson 等（2010）广泛研究了水化学对高岭土泥浆屈服应力的影响。如图 8.16 所示的结果表明，pH 在 5.5 左右时，屈服应力达到最大，并在最佳 pH 值两端减少。正如所预期的，最大屈服应力随泥浆中高岭土颗粒的体积分数增长而显著增长。图 8.16 中的插图表示用于研究的高岭土表面和边缘的 Zeta 电位。高岭土表面和边缘的非均匀的 Zeta 电位认为是典型的流变行为的原因。当 pH 值为 5.5，带相反电荷的高岭土表面和边缘之间 Zeta 电位的差异是最显著的。高岭土两个边缘和表面的吸引力很强，通过异质凝结导致了高岭土的纸牌屋式（不稳定）结构。当 pH 值低于 5.5 时，在表面和边缘的吸引力略有衰减。表面（C_B—C_B）之间的排斥力也降低，边缘（C_E—C_E）之间也有微弱的吸引力，如图 8.3 中结果所示。例如在不同组黏土悬浮液表面胶体相互之间作用的特征，如图 8.2（a）所示，悬浮液 pH 值的下降导致了更多表面类似薄片状的排列，引起了屈服应力随泥浆 pH 值降低而略微降低。当 pH 值超过 5.5 时，表面和边缘的吸引力快速降低，它们之间的吸引力甚至随着泥浆 pH 值的增长而变得互相排斥、逐步破坏高岭土的纸牌屋式结构，并引起了剪切屈服应力随泥浆 pH 值的增加而更显著的降低。当 pH 值大于 10 时，泥浆变得类似流体，并没有明显屈服应力，表面—边缘、表面—表面、边缘—边缘之间全部都有很强的排斥力。剪切屈服应力随着高岭土固体含量的增长而增长，是由于颗粒—颗粒结合（联系）随颗粒

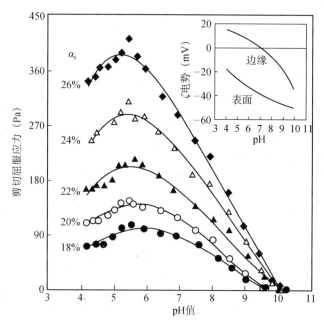

图 8.16 高岭土黏土泥浆的剪切屈服应力是 pH 值和固体体积分数（α_s）的函数

（据 Johnson 等，2010）

（如图中所示）插入表格显示了高岭土表面 Zeta 电位（又称电动电位或 ζ 电位）

和高岭土边缘 Zeta 电位，两者与 pH 值之间的函数

浓度的增长而增长，并需要很大的力来分解。

在油砂工艺中，碳氢化合物污染了大部分细粒土，因此附加吸引力称为疏水力。图 8.17 为由表面活性剂吸附而产生的疏水作用对氧化锆剪切屈服应力的影响。图中曲线表明，氧化锆的 Zeta 电位是 pH 值的函数（如插入图中所示）。缺乏阴离子表面活性剂（十二烷基硫酸钠，SDS）的氧化锆等电点固定保持在 pH 7.5 左右，400Pa 的最大剪切屈服应力决定了悬浮液中含 18.4% 固体体积分数。有趣的是，剪切屈服应力呈对称钟形，结果是颗粒聚合物随静电排斥的增加而降低，就会发生两侧的颗粒远离等电点。

对含 18.4%（质量分数）固体颗粒的氧化锆悬浮液添加 SDS 不仅降低了达到最大剪切屈服应力所需的 pH 值，同时也显著增加了最大剪切屈服应力。增加 SDS 的加入量，最大剪切屈服应力也随之增长，这是由于带负电的 SDS 分子会吸附在带正电的氧化锆微粒表面，增强了颗粒的疏水性，从而加强了颗粒的聚合。随着 SDS 浓度升高，达到最大的剪切屈服应力时所需 pH 值降低，是由于 SDS 对带正电的氧化锆微粒的特异性吸附产生的等电点变化。值得注意的是，当 pH 值高于氧化锆的原始等电点（pH 值 7.5）时剪切屈服应力曲线重叠在一起，这说明此时添加 SDS 对氧化锆悬浮液剪切屈服应力的影响最小（当 pH 值高于氧化锆的等电点时）。这是由于此时带负电的 SDS 分子对带正电的氧化锆微粒的吸附性最小。

细粒尾矿基础协会描述了 MFT 流变性能的特征（1995a）。弹性模量和屈服应力（MFT 中最稳定的条件）的值，在 Syncrude MFT 的 pH 值为 9.0 以及 Suncor MFT 的 pH 值为 9.5～10.5 时最小。上述 pH 值开始变化的时候，MFT 便开始逐渐凝聚或絮凝。当

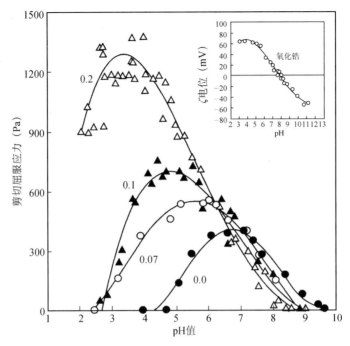

图 8.17　由表面活性剂吸附而产生的疏水作用对氧化锆剪切屈服应力的影响

（据 Johnson 等，2010）

固体体积分数 18.4％的氧化锆悬浮液的剪切屈服应力，是添加不同标准的十二烷基硫酸钠 pH 值的

函数（如图中显示的干固体质量分数。插图显示了在缺少 SDS 时，氧化锆的 Zeta 电位为 pH 值的函数）

MFT 中的固体成分小于 26％（质量分数）（Syncrude 公司）和 21％（质量分数）（Suncor 公司）时屈服点消失，这表明此时细尾矿中的细小颗粒已高度分散（Syncrude 公司的值更高，说明在其 CHWE 过程中会采用更多的苛性钠）。

对于 OHWE 细尾矿，不论是 Syncrude 还是 Suncor 的 MFT，其屈服应力和弹性模量都在固体成分浓度低至 8％（质量分数）时测定，此时已有大量的细粒聚合。

在这些早期工作之后，Adeyinka 等（2009）测量了分馏后的 MFT 屈服应力。3 个固体馏分（F1，F2 和 F3，通过沉淀和离心分离而得）的 D_{50} 分别为 $6\mu m$，$0.14\mu m$ 和 $0.16\mu m$。所测分馏后的 MFT 的屈服应力是固体含量的函数，如图 8.18 所示。MFT 的粗粒馏分（F1）直到 20％（质量分数）并无发现任何胶凝，直到颗粒含量大于 33％（质量分数）时方出现明显的胶凝。与此相反，细粒馏分（F2）在颗粒含量达到大约 15％（质量分数）时就开始了大量的胶凝。在对全部颗粒浓度范围的研究中，最令人惊讶的发现是虽然馏分 3 中颗粒的粒径和矿物性质同馏分 2 的相似，馏分 3 颗粒的悬浊液却显示出了极强的胶凝特性。详细的热重分析和傅里叶变换红外光谱（FTIR）特征显示，馏分 3 比馏分 2 含有更多的烃污染物和更大的接触角值（Samiei，2007）。馏分 3 颗粒构成的悬浮液的这种胶凝性和高屈服应力归因于更强的疏水凝结性和粒子聚合力。通过过氧化氢的洗涤除去烃类污染物后，馏分 3 颗粒的流变学特性便同馏分 2 的变得相似，这进一步证实了细粒表面的烃污染物对油砂处理和尾矿管理是不利的（Adeyinka 等，2009）。这些细粒的分散对改善沥青回收工艺和浮渣清洁有着至关重要的意义。在尾矿管理中，重点在于使细粒易于凝聚和（或）

絮凝。

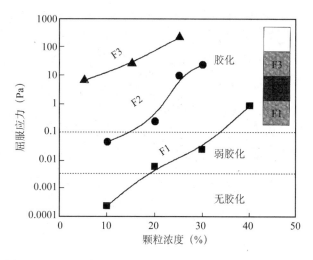

图 8.18   MFT 分馏细粒悬浊液屈服应力（据 Samiei，2007）

8.5   非离析尾矿

在流体细尾矿凝聚和（或）絮凝以后，须用额外的力进一步使低密度沉积物密实，以最大程度排出水，产生出交通工具可以通过的（固体状）沉积物。

实现这一目标的方法之一是使用油砂加工过程中产生的粗砂，依靠其自身重量来压缩沉积物。这是非离析尾矿（NST）生产的基础，须采用水化学理论将粗砂和流体细尾矿在正确配比下混合。NST 生产过程如图 8.19 所示，它显示了一个固体总含量为 25%（质量分数）的尾矿样品模型遇到一些新提取出的油砂尾矿后的沉降量，这 25%（质量分数）固体中含有 75%（质量分数）的粗砂（$D_{50} = 197\mu m$）和 25%（质量分数）的高岭土细砂（$D_{50} = 8\mu m$），即其中粗细砂质量比（SFR）为 3。这里的 SFR 同合成/固化尾矿工艺中使用的 SFR 相近。图中所示的照片是在沉淀 10min 后拍摄的。在未添加絮凝剂，且 pH 值为自然的 7.8 时，尽管也有可见的沉降细黏土，但粗砂沉降速度很快，使得它同细黏土分隔开来。在添入 $2×10^{-6}$ 的 Magnafloc1011 后，细黏土同粗砂仍保持分离。对沉降固体仔细检查后表明，随着 $2×10^{-6}$Magnafloc1011 的加入，细黏土部分沉降速度明显加快，说明细黏土产生了絮凝，底部粗砂沉积物的体积增加。此时，一部分絮凝细黏土已经沉降在了粗砂沉积物内。当添加 $10×10^{-6}$ 的 Magnafloc1011 时会发生非离析沉淀。此时，整体的沉积物量又进一步减少 16%。从整个沉积物中砂的均匀深色看来，要么细黏土与粗砂完全絮凝在了一起，要么由细黏土形成的絮凝物同粗砂有着类似的沉降速度，在 100s 内产生含 61%（质量分数）固体的非离析沉降物，沉降效果如图 8.20 中所示。很明显，对于 SFR 为 3 的黏土模型，Magnafloc1011 是一种高效生产 NST 的絮凝剂，同时产生的上层清液层，可再回到萃取过程中循环利用。

在这里，我们对凝聚和絮凝是如何在成熟细尾矿同粗砂的混合物中，提高产生非离析尾矿时颗粒的聚集能力，提供了一个基本的科学解释。基于此概念的两个著名的应用是合成/固化尾矿工艺和泥膏技术，这些将在后面详细讨论。

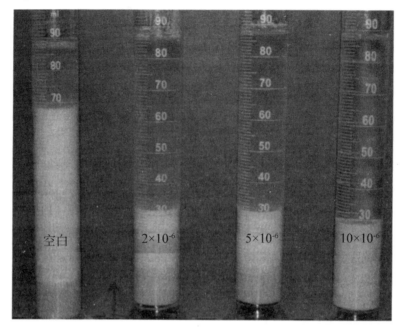

图 8.19　固体总含量为 25%（质量分数）的 CT 悬浮液模型在 pH 值为 7.8 时加入不同剂量
Magnafloc1011，10min 后的沉降照片（据 Wang，2009）

[固体包括 75%（质量分数）的粗砂（$D_{50} = 197\mu m$）和 25%（质量分数）的高岭土细砂（$D_{50} = 8\mu m$）]

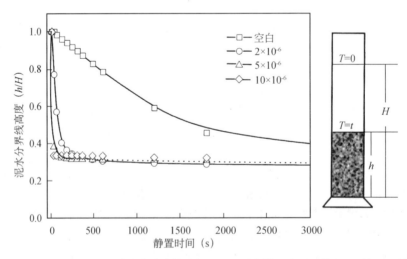

图 8.20　固体总含量为 25%（质量分数）的 CT 悬浮液模型在 pH 值 7.8 时加入不同剂量
Magnafloc1011 后的沉降曲线（据 Wang，2009）

[固体包括 75%（质量分数）的粗砂（$D_{50} = 197\mu m$）和 25%（质量分数）的高岭土细砂（$D_{50} = 8\mu m$）]

8.5.1 CT 工艺

合成/固化尾矿工艺（也被称为 CT 工艺或 NST 工艺）的目的，是生产在运输、排放和沉积过程中不分离的混合浆液。控制粗细砂混合浆液分离的 3 个已知关键参数是总固体含量、细砂含量和化学处理方法（Matthews 等，2002）。Syncrude 提取尾矿样品的分离边界如图 8.21 所示。边界曲线以下浆液的固体构成表示的是分离浆液，界线上方表示非离析混合浆液。例如，总固体含量为 63%（质量分数）的浆液，固体中 23% 为细砂，不经任何化学处理（在图 8.21 中的 A 点），就是离析混合浆液。将混合浆液浓度增加至含 68% 的固体（比如使用水力旋流器），而保持 SFR 不变，浆液就变成了非离析混合浆液（图 8.21 中的 B 点）。在浆液中总固体含量保持不变时，非离析状态还可以通过将固体中的细粒成分含量增加至 28% 而达到（图 8.21 中的 C 点）。调整这些物理参数可以改变浆料的密度或黏度，从而可以使粗粒的沉降速度减慢。通过化学处理，如添加石膏，可以使分离边界急剧变化，如图 8.21 中的虚线所示。固体的絮凝也会引起浆液从离析浆液向不分离沉降体的转化，如图 8.19 所示。

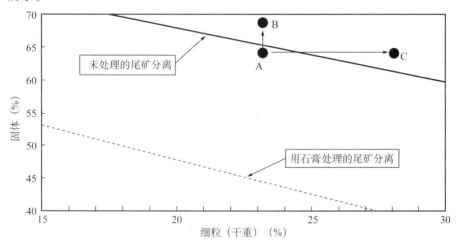

图 8.21 未处理和石膏处理过的 CT 浆液的分离曲线（据 Matthews 等，2002）

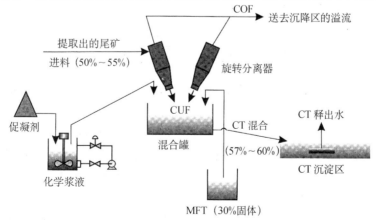

图 8.22 典型的 CT 工艺流程图（据 Mackinnon 等，2001）

由于 MFT 能同采用水力旋流器从新鲜尾矿中分离出的粗粒混合，所以在混合浆液中增加细粒部分的含量可使沉降体系从分离向不分离转变这一事实对减少 MFT 存货有着重要的实践意义。这就是 CT 工艺的基础。

CT 工艺的应用始于 2000 年，这代表了 MFT 回收中第一次成功的商业化尾矿处理（Matthews 等，2002）。图 8.22 表示一个典型的 CT 工艺的流程图。新提取的尾矿通过水力旋流器进行分类。在旋流器底流中的致密的粗粒与 MFT 在促凝剂的作用下混合，水力旋流器溢流中的细粒被排出至沉淀池，在沉降池中细粒会沉降下来形成新的 MFT。旋流器底流和 MFT 的混合浆液中的 SFR 被控制在大于 3（理想情况下为 4）的状态，以获得最佳聚合率和足够的岩土力学性能。促凝剂或絮凝剂的目的是要改变混合浆液的粒度分布（最好通过异性凝结或异性絮凝），以减少粒径的尺寸差异，避免固体的特异沉降。各种促凝剂和絮凝剂，如石灰、硫酸、石膏、明矾（$Al_2(SO_4)_3 \cdot 14.3H_2O$）、粉煤灰、二氧化碳和有机高分子电解质（如 Allied Colloids 有限公司的 Percol LT27A），都被证明是有效的。CT 工艺的设计目标是在浆液沉淀过程中保持粗细粒不分离的状态下将水迅速的释放出来。由于 CT 混合浆液通常为含有约 60% 固体的黏浆，具有流体的性质，需要将其存放在 CT 沉降场，在那里浆液会进一步聚合，释放出其余残留的水分。CT 沉降场的坡度一般足以使释出水汇集至沉降场低处。

在对经过多种化学助剂形成的 CT 混合浆的分离性、沉积性和岩土工程特性进行考量后，Syncrude 和 Suncor 都采用了石膏作为其 CT 工艺操作的首选混凝剂，每立方米 CT 浆添加 1200～1400g 石膏（Matthews 等，2002）。从 CT 工艺释放的水一般不含矿物固体。如果没有处理，从 CT 过程中释放的水含有高浓度的钙离子（由于加入了石膏），而钙离子对油砂矿石的此类提取工艺是不利的（卡松戈等，2000；Liu 等，2002；Wallace 等，2004，如图 6.20 所示）。它还会引起管道、阀门和其他加工设备的结垢。盐度、钠离子、硫酸含量、pH 值以及 CT 工艺中释出水的碱度的增加也是 CT 工艺影响地区的复垦面临的挑战（Mackinnon 等，2001）。

Mikula，Zrobok 和 Omotoso（2004）研究了 CO_2—CT 混合浆液的沉降情况。在较低的灰水比（0.11∶1）及总固体含量为 52%（质量分数）的条件下生产非分离 CT 时，CO_2—CT 比石膏—CT 脱水更迅速。Matthews 等（2002）发现了一个在粗、细砂含量很低时 CO_2—CT 非分离边界的重大变化。CO_2—CT 工艺的这种机制被归因于添加 CO_2 后浆液 pH 值降低，导致颗粒电荷降低，从而诱发凝聚，使浆料黏度增加（Mikula，Zrobok 和 Omotoso，2004）。加入二氧化碳后钙离子浓度增加，也会导致细粒子—黏土凝聚。根据 CT 液体初始 pH 值的不同，大约每 100×10^4 t CT 需要消耗 75～200t 的 CO_2（Mikula，Zrobok 和 Omotoso，2004）。

与从石膏—CT 工艺中释放的水相比，从 CO_2—CT 过程中释放的水含有的钙离子和镁离子的浓度明显要低，碳酸盐和碳酸氢盐离子浓度较高，同时 pH 值也要低，表明 CO_2 以碳酸氢盐离子的形式留在了气孔及释出水中。CO_2—CT 释出水中高的碳酸盐浓度和较低的钙离子浓度对沥青提取很有利。

虽然有机高分子絮凝剂，如部分水解的聚丙烯酰胺（例如，在图 8.19 中的 Magnafloc1011）经测试都是制造 NST 有效的化学助剂，并且由于其较低的残留浓度，对净化水质量的影响可以忽略不计，但是絮凝产生的 CT 沉淀物却不满足岩土力学标准。因此，我们仍然需要对有机高分子絮凝剂在 CT 工艺中的使用进行进一步的研究。这种高分子絮凝剂是否满足要求很大程度上依赖于其是否能维持沉积物的岩土力学应力。

8.5.2 浓缩尾矿（或泥膏）技术

如图 8.22 所示的 CT 工艺中，有可能减少存在于尾矿池中 MFT 的体积。然而，新的流体细尾矿可从水力旋流器溢流中生产出来。从水力旋流器溢流中产出的流体细尾矿可以通过絮凝快速稠化，这已被应用于如今的油砂操作中，目的是通过热水循环利用提高能源效率（Liu，Lord 和 Krishnaumurthi，2000）。添加絮凝剂至所需的水平后，新油砂提取尾矿的旋流器溢流在一个直径为 90m 的地下增稠器里增稠，增稠器的底流被排往收集区，底流中的固体含量为 25%～30%（质量分数）。此方法便称为浓缩尾矿（TT）工艺。

高分子絮凝剂的类型、分子质量、电荷密度和浓度，固体的矿物学性质和颗粒大小，浆液的 pH 值和水化学性质，絮凝系统进料的稀释度和水动力条件，都会影响流体细尾矿的絮凝性能。早期的研究结果表明，稀释进料和优化水动力条件以及以饥饿剂量逐步添加絮凝剂，可以显著提高絮凝性能（Xu 和 Cymerman，1999）。较高分子质量的具有中等密度电荷的阴离子聚合物，如 Percol 727，可以更有效地絮凝油砂尾矿，从而提高沉降速率。但是这种絮凝对 Percol 727 的剂量非常敏感，有着过量稳定性。单级絮凝澄清后，上清液仍然含有相对较高的固体含量。无机阳离子或阳离子聚合物的加入可提高上层清液的清澈度。

絮凝性能也高度依赖于混合条件。对于某些絮凝剂，如聚环氧乙烷（摩尔质量：8×10^6 g/mol），在适宜的混合条件下可以改善絮凝悬浮液中聚合物的分布，从而依靠很少的聚合物便可获得良好的絮凝效果（Sworska，Laskowski 和 Cymerman，2000）。

与石膏 CT 工艺相比，使用高分子絮凝剂对再循环释出水的化学性质的影响可以忽略不计。TT 技术提供了一套解决方案，能够解决现有和未来油砂处理厂产生的细尾矿，省去了大型 MFT 存储池。然而 Albian Sands Energy 公司在操作中使用了传统的增稠器（不是泥膏增稠器），需收集的增稠底流中产生了低密度沉淀物。

Yuan 和 Shaw（2006）对相当数量的 TT 工艺配置进行了广泛的实验室和半工业规模的试验。他们的研究表明，在增稠器中对极细尾矿采用单一絮凝剂或促凝剂的简单絮凝没有效果，它生成的溢流中含有 1%～4%（质量分数）的细粒。这种澄清水不适用于沥青提取回收，因为这种水平的细粒存在会干扰沥青回收，尤其是当工艺水中含有过量的二价阳离子时。

通过他们的测试，Yuan 和 Shaw（2006）开发出了絮凝—凝结—絮凝（FCF）的三级工艺。他们采用了高分子质量［（1200～2400）$\times 10^4$ Da］、适度的电荷密度（20%～30%）的阴离子絮凝剂，以及低分子质量［(0.5～5)$\times 10^4$ Da］、高电荷密度（100%）的阳离子絮凝剂。FCF 工艺显著提高了海洋矿石提炼尾矿分离器溢流中絮体的初始沉降速率，并且沉降 10min 后溢流中平均含有 0.12%（质量分数）的固体，沉降 60min 后底流中平均含有 20.8%（质量分数）的固体。

通常来说絮凝剂的初始加入量在 250～300g/t 时，较大的颗粒就会联系在一起，形成大块的絮体，而细粒却仍保持分散。此时添加 250g/t 相反电荷的凝聚剂，由于压缩了分散的细粒的双电层，会诱导细粒凝结，消除了单个细粒，并形成小的聚集体，同时产出澄净的水以便再利用。然后加入 60g/t 的少量絮凝剂，将第一阶段形成的大的絮体同第二阶段中形成的小的聚集体絮凝起来，使得最终的复合聚合物/絮凝物能很快地沉降出来。FCF 工艺能够产生最大的聚集体尺寸并释出干净的水以便再利用。不足之处是，FCF 所产生的沉淀物仍然是流体，需要容器来容纳。

如果流体细尾矿能被浓缩的话，将 CT 工艺同新流体细尾矿结合起来很有吸引力。这种做法将不再需要新的流体细尾矿池，同时直接处理新尾矿可通过热工艺水使热能及工艺化学品再利用。这种做法的一个方案如图 8.23 所示。在这一过程中，传统上会被送到尾矿池的细尾矿会同一个适当水平的 MFT 和粗砂混合，以控制增稠器的进料罐中所需的 SFR。将浆液混合物与增稠器的溢流水适当稀释后，通过内联混合器分阶段地向配好的浆液中添加所需量的絮凝剂。之后，浆液被送到深锥形增稠器，在那里絮凝后的 CT 固体通过自然重力迅速从净化水中分离出来。通过控制深锥形增稠器底流的密度，可生产含 60%（质量分数）固体的可泵送泥膏或是 CT，这取决于底流沉积方法，而增稠器中澄清的温水（溢流）可以用于 CT 进料稀释，并循环到提取过程中。

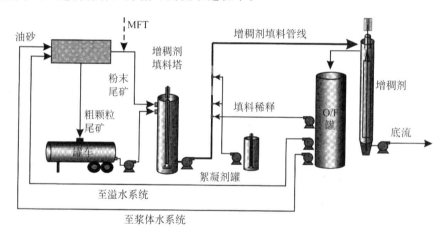

图 8.23　稠化尾矿处理法（TT）概要描述

8.6　细粒絮凝与沥青萃取一体化

如图 6.27 所示，在一定类型的油砂矿中，如高细粒型和高电解质型油砂矿，矿泥膜衣已被证实影响沥青的回收率，并会降低沥青浮渣的质量。工艺尾矿水中细粒与沥青间的远程引力以及强大的吸附力（图 6.29）被认为是降低这些类型油砂矿可加工性的原因。如图 8.24（a）所示，矿泥膜衣对沥青回收以及浮渣质量的影响，已经通过 ζ 电位分布测量法的实验证实（图 6.28）。细黏土的选择性絮凝，如图 8.24（b），导致大量的细粒絮凝物的形成，这会减少矿泥膜衣形成的趋势。因此，添加絮凝剂不仅是一种提高矿石可加工性的有效方法，也在尾矿管理中起关键作用。

2008 年，Li 等在实验室把聚合絮凝剂作为在沥青萃取的过程中一种加工助剂来进行试

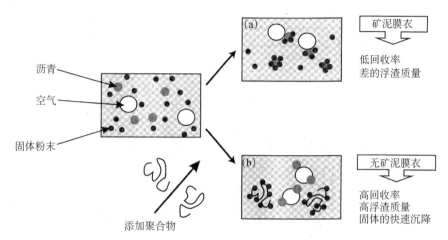

图 8.24 聚合絮凝剂用作沥青萃取及尾矿管理过工艺助剂的新概念

验。他们用 Syncrude 过渡矿在实验室水力运输萃取系统中试验了两种不同的聚合物［一种是商业用阴离子聚丙烯酰胺（Ciba 公司制造的 Percol 727，分子质量为 1750×10^4 Da，电荷密度为 27％），另一种为室内合成阳离子，是无机—有机混合共聚物（Al—PAM，Al $(OH)_3$，胶质聚丙烯酰胺）］（Wallwork，Xu 和 Masliyah，2004）。这里，我们将以上两种聚合物分别称为聚合物 A 和聚合物 B。

如图 8.25 所示，添加 20×10^{-6} 的聚合物 A 可将沥青回收率由 50％提高至 70％，同时降低沥青浮渣的质量，沥青浮渣质量可通过沥青～固体比测出（图 8.26）。相比之下，如图 8.26 所示，添加 5×10^{-6}（被确定为是最佳剂量）的 Al—PAM，虽然会导致沥青回收率从 50％至 45％的轻微降低，但提高了沥青浮渣的质量，并将沥青/固体比由 1.5 提高至 1.7。据观察，沥青回收率的降低是由于 Al—PAM 对沥青的诱导凝聚。如图 8.27，两种聚合物都显著提高固体的沉降。随着加入 20×10^{-6} 的聚合物 A，沉降 30min 后，超过 70％的体积变成了清水，如果不添加聚合物，该比例控制在 17％。与聚合物 A 相比，聚合物 B 的絮凝效率略低，可让 68％体积的水变为清水。

为了确定聚合物 A 和聚合物 B 提高矿物可加工性的潜力，分别根据沥青回收率和浮渣质量，按每种添加各加入 5×10^{-6}，将聚合物 A 和聚合物 B 结合，进行了试验。图 8.25、图 8.26 及图 8.27 的结果显示，沥青回收率、浮渣质量及尾矿中细颗粒沉降三方面分别都得到全面改善。以上 3 个图分别显示了聚合物在各自方面中的最佳效果。2008 年，Li 等分别按 5×10^{-6} 添加聚合物 A 和聚合物 B，用原子力显微镜对胶体力进行了测定，结果显示沥青和黏土间的远程斥力显著增加，而黏附力几乎降到了零。沥青与沥青之间的远程斥力和黏附力由 6～7mN 降低至 0.36mN，而同时，硅砂和黏土间的远程吸引力和黏附力则相应增加。这些胶体力测定为沥青回收率、沥青浮渣质量及在尾矿水中固体沉降的明显改善提供一种科学依据。

与未添加任何聚合物的情况［图 8.28（a）左图］相比，添加 5×10^{-6} 聚合物 A 和 5×10^{-6} 聚合物 B［图 8.28（a）右图］能明显提高沥青浮渣质量。沥青浮渣质量的提高被认为是由于减少细黏土絮凝引起的夹带的黏土减少，因此，如图 8.28（b）所示，尾矿中的细粒沉降也得到改善。如果不添加聚合物［图 8.28（b）左图］，与添加 5×10^{-6} 聚合物 A 和 5

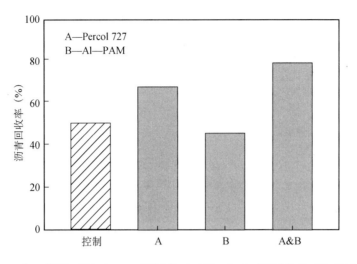

图 8.25　在 pH = 8.5 和 35℃下，添加 20×10⁻⁶聚合物 A（A），5×10⁻⁶聚合物 B（B）和 5×10⁻⁶聚合物 A + 5×10⁻⁶聚合物 B（A&B）对从高细粒型矿中沥青的回收率的影响（据 Li 等，2008）

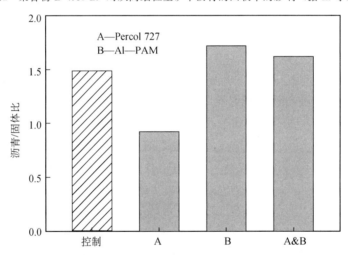

图 8.26　在 pH = 8.5 和 35℃下，添加 20×10⁻⁶聚合物 A（A），5×10⁻⁶聚合物 B（B）和 5×10⁻⁶聚合物（A）+ 5×10⁻⁶聚合物 B（A&B）对从高细粒型矿中沥青浮渣质量的影响（据 Li 等，2008）

×10⁻⁶聚合物 B［图 8.28（b）右图］时沉降 30min 后形成的上层清晰的液层相比，尾矿悬浮物会保持稳定。这个结果清晰地表明使油砂尾矿管理与沥青萃取一体化的可行性。

8.6.1　堆叠的沉积物

固化尾矿（CT）工艺及增稠尾矿（TT）（或浆体）工艺都能够提高细粒固体物在尾矿流中的沉降速率，从而导致快速释放温热水，以便于回收利用。然而，由两个处理过程产生的沉淀物保持流体状，必须在沉积场地容纳它们。然而，仅仅容纳浆体或 CT 混合物，并不能减轻尾矿池的负担。为产生可自我支撑的干尾矿，或者可堆叠的沉积物，希望进一步固结浆体及 CT 混合物。生产可堆叠的干尾矿，将允许将最大量的温水迅速回收利用至

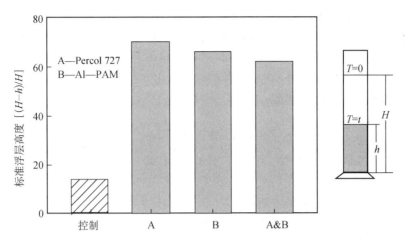

图 8.27　在 pH = 8.5 和 35℃下，添加 $20×10^{-6}$ 聚合物 A(A)，$5×10^{-6}$ 聚合物 B(B) 和 $5×10^{-6}$ 聚合物 A $+5×10^{-6}$ 聚合物 B(A&B)对从高细粒型矿中获得的尾矿中固体沉降的影响(据 Li 等，2008)

(测量是在沉降 30min 后进行的)

不加聚合物　　　　　　　聚合物A和聚合物B

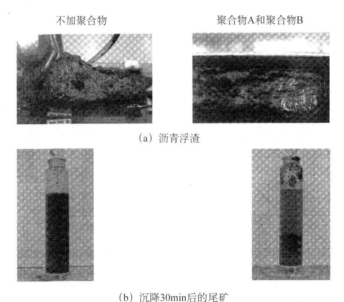

（a）沥青浮渣

（b）沉降30min后的尾矿

图 8.28　添加 $5×10^{-6}$ Percol 727（A）及 Al—PAM（B）后沥青浮渣质量和
在尾矿水中固体沉降的改善的视觉证据

萃取装置，还可把干尾矿填入矿坑内，为迅土地速使复垦提供机会。几种固化技术已被开发运用至油砂矿尾矿处理中，包括冻融处理法、离心分离法、自然风干法及过滤法。这些技术在此处仅作简要描述。

8.6.2　冻融处理法

在冻融处理法中，流体细粒尾矿被自然风干，不需要耗费任何能量，它随着外界天气变化而变化，冬天冻结成块，春夏又消融。随着沉积物被冻成薄层，黏土颗粒间空隙内的孔隙水形成冰，使体积膨胀（Dawson，Sego 和 Pollock，1999）。黏土颗粒周围未冻结的水和冰之间的负孔隙水压力引起水被运移到不断增长的冰晶上，形成独特的网状冰，与细黏土结构体分离开来。从另一方面来讲，冰晶的形成迫使黏土在一起，破坏了絮体结构并释放圈住的水分（FTFC，1995a）。在冰冻沉积物的融化和黏土结构体的沉降过程中，水从结冰过程中形成的网状冰中释放出来，形成一种融化应变，导致沉积物体积显著减小，使水释放出来。

　　融化后的载荷会引起冻融的沉积物进一步稠化。图 8.29 显示了两种油砂尾矿在冻融处理过程中产生的典型稠化。虽然从 OHWE 和 CHWE 两种流程中产出的流体细粒尾矿经历不同的冻融循环过程，但这两者均显示了显著的体积应变，体积应变定义为尾矿体积的减少量。例如，经过第一道冻融循环期间，CHWE 流体细粒尾矿中的固体含量（质量分数）由 30% 增至 36%，与之相比，OHWE 流体细粒尾矿中的固体含量（质量分数）则由 22% 增至 44%，表明对于 OHWE 流体细粒尾矿，固结的量更多（FTFC，1995b）。由于 OHWE 细粒尾矿中细粒分散特性更低，与 CHWE 流体细粒尾矿相比，其冻融法处理相对较容易。

　　图 8.29 还显示了在第一次冻融循环后，CHWE 和 OHWE 两种情况下，进一步冻融稠化的潜力。

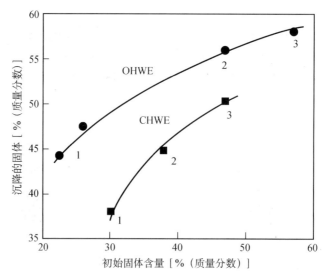

图 8.29　按顺序冻融脱水的 MFT 固结作用

　　冻融工艺需要在冬天将流体细粒尾矿逐层沉积在一个开阔场地内。每层的厚度这样确定：下一层沉积之前这层能够冻结（一般为 15cm）。基于热能方面的考虑（Dawson，Sego 和 Pollock，1999），在典型的 FORT MCMURRY 的冬天，可得到的冰冻总厚度为 2～4.5m。然而，在一年内流体细粒尾矿的总融化厚度限制在 3～4.5m，这主要取决于是靠周围环境温度融化还是靠温水融化。所以在 FORT MCMURRY 自然环境条件下，冻融法沉积物堆积厚度仅限制在 3m 内，加拿大油砂作业公司 FORT MCMURRY 炼油厂，经过 5 年的冻融作业，65% 的总体积应变是可行的。

　　应该注意，冻融处理过程增加了残留孔隙水的离子强度，这有助于聚合体结构的破坏。

结果，冻融法释放的水具有相对较低的离子强度。尽管 MFT 的冻融脱水法并未商业规模实施，但已在油砂矿场进行了几个试验。冬天把 MFT 沉积在小而浅的池子内，然后，夏天进行融化和蒸发（Dawson，Sego 和 Pollock，1999）。试验结果非常乐观，Suncor 公司在 1992 年和 1993 年冬季用冻融法处理了超过 75000m³ 的油砂细粒尾矿，从质量分数为 30% 的流体细粒尾矿中生产出含 75% 的质量分数的沉积物，其可堆积厚度为 3m（Mikula 等，1996）。然而，如果要把该方法扩展到工业生产规模则需要庞大的土地地面积和沉积池。

8.6.3　自然干燥法

自然日光照射干燥法传承自远古时代。利用太阳能使流体细尾矿或 MFT 干燥是自然而然的。图 8.30 表示 MFT 随不同沉积厚度蒸发的典型曲线。在基准试验中，分别将 2cm，5cm 和 10cm 厚的 MFT 沉积在坡度为 4% 的斜坡上。当 MFT 与熟石灰和石膏混合后，分别经过 7.5 天、14 天和 20 天的蒸发后，MFT 的固体质量分数均达到 80%。这些物质被用作处理助剂来调整 MFT 的黏度，以达到最理想的斜坡沉积（流），并能保持足够的强度支撑 8～10cm 的厚度的沉积。所需要的处理助剂的量取决于原始 MFT 的性能以及沉积的坡度，图 8.30 显示了对一个较薄沉积的较快的干燥时间。这种方法被定义为薄层提升干燥技术。当沉积厚度大于 10cm 的时候，自然干燥法的效率就会有所降低，导致沉积物固体含量会小于 70%。

对于 Suncor 公司的 MFT，发现每千克 MFT 砂浆中添加 20g 熟石灰和 20g 石膏已经足够产生 8cm 厚的沉积物，可从斜坡沉积物中有效的释放出清水。最后通过干燥脱水后细粒尾矿呈多边形壳状，远低于塑性极限（Wells 和 Riley，2007）。据观测，经过为 4 月 1 日到 11 月 1 日的蒸发期，9cm 厚度的 MFT 沉积物脱水效果最佳，导致每平方米沉积区域 MFT 最大处理容积为 1.55m³。蒸发量明显的限制可归因于表壳的形成。

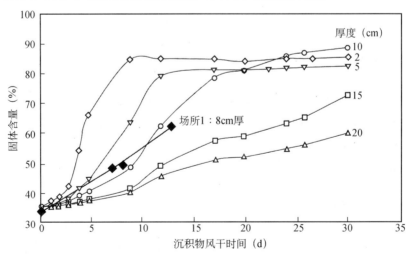

图 8.30　实验室基准试验中获得的干燥曲线（空心符号）与先导试验沉积的
干燥曲线进行的对比（据 Wells 和 Riley，2007）

如图 8.31（a）所示，在现场试验中，调和的流体细粒尾矿被堆积在坡度为 4% 的砂床上，砂床三边受到限制。经过自然干燥 8 天后尾矿大量脱水。经过 14 天干燥后，沉积物的

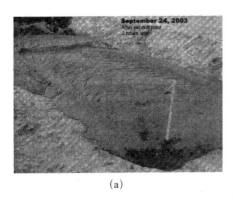

图 8.31　新鲜的 MFT 沉淀物（a）与经过 14 天自然干燥后
的 MFT 沉淀物（b）对比（据 Wells 和 Riley，2007）

固体质量分数可达到 80%，足以支撑一个人在上面走动，由图 8.31（b）所证明。一旦它的固体质量分数达到 68% 或更多，它上面就可以处理另外一批沉积物了。

如图 8.30 所示，在现场规模试验中观察到的干燥率可与基准试验规模干燥率相比。Wells 和 Riley 在 2007 年做的现场规模试验显示，随着 MFT 固体含量的增加，石灰需求量相应减少。如果原始 MTF 的固体质量分数大于 40%，就没有必要添加石灰，仅添加石膏就足以减少沉积的干燥时间。另一方面，如果原始的 MTF 的固体质量分数小于 30%，MTF 则不可能在 4% 坡面上稳定，建议做必要的预固结处理，可以通过 CT 处理工艺或 TT 技术。当沉积坡度降低至 2% 时，在维持足够的坡度能使水流出的情况下，石灰和石膏用量可减少。

由于它们都利用天然太阳能，所以冻融方法和自然风干两种方法对人们都有吸引力。不过，它们在冬季是不太实际的，这个时候干燥时间最短，且两种方法都相当受处理大库存量的 MFT 所需的土地量限制。它们应被视为对其他技术的补充，将在下面讨论。

自然干燥和冻融的方法相结合在冬季很有效。最佳获益会是冻融过程留下的沉积物不大于可在给定时间内干燥的厚度。Suncor 正在考虑在新的作业中应用这种减少尾矿的组合技术。

应该注意的是，蒸发干燥过程不从 MFT 中回收水，因为水将被以水蒸气释放到大气中。结果，包含在 MFT 中和添加到处理工艺过程中的盐残留集中在干燥的壳内。降雨时，盐可能渗入并污染地下水。

8.6.4　离心

用离心机固结流体细粒尾矿在于提高施加在细颗粒聚集体的重力。在离心场中，粒子/聚集体的瞬时速度等于它的终端速度乘以因子 $r\omega^2/g$，其中 r 是旋转半径，ω 是角速度（Wakeman 和 Tarleton，2005）。在以每分钟几百转的离心机运行中，直径几微米的颗粒很快沉淀下来，形成沉积物。然后施加旋转的重力，通过比自然重力高几百倍的力挤压聚集体来固结沉积物。

在油砂开采中，应用沉降式离心机从流体细尾矿中分离固体，是最适合不过的（Mundy 和 Madsen，2009）。如图 8.32 所示，沉降式离心机由一卧式驱动的碗组成，以便诱导加速沉淀。输送机输送分离出的固体到锥形滩，那里固体以饼状排出。澄清液通过分离器内的隔板在离心机的另一端排出。由于 MFT 脱水的目的是获取一个干饼和几乎无固体的、以便回收的排出水（离心滤液），所以，在高固体负载条件下操作时，将聚合物添加到MFT，来通过颗粒絮凝增强分离。不巧的是，聚合物絮凝的固体导致沉积物表现得像一个饼，阻碍被困在沉积物中的液体排出。用深层固体且使输送机保持在低速下，这样运转离心机将会使这种影响减到最小。

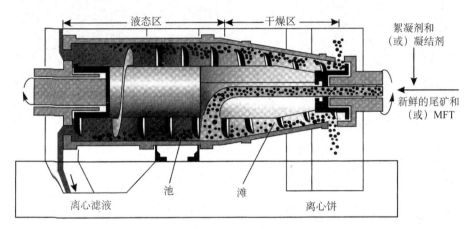

图 8.32　用于絮凝的 MFT 脱水的水平沉降式离心机（据 Mundy 和 Madsen，2009）

在设计和运行为 MFT 脱水的沉降式离心机时，为了使絮凝剂有效分布在沉降机（滗水器）进料中，必须控制剪切水平。在沉降机（滗水器）中低剪切环境导致饼最干燥且离心滤液质量最高。应该注意，离心沉降机（滗水器）的运行对进料中的固体含量很敏感。在给滗水器进料时，固体含量减少将导致饼的干燥程度减小。因此，为了控制对滗水器进料中的固体含量，理想的是与增浓机一起运行离心机滗水器。向每吨干固体饼添加 600g 聚合物絮凝剂，一台离心机滗水器（在 8000r/min 下运行）每小时可以处理 270m³ MFT，该MFT 的固体含量在 30％以下，也就是说处理了 54t 干固体。这样就可生产出固体含量占60％的滗水饼和固体含量小于 1％的离心滤液，滤液可回用于沥青萃取。滗水饼可通过容积式泵输送。沉积后，还需要通过自然干燥或冻融过程对离心滗水饼进一步脱水，以便生产出可堆叠的固体，最终用于土地复原（图 8.33）。

最近的一项实验室研究使用了细粒含量很高的流体细尾矿。该研究表明，每顿细尾矿添加 600g 分子质量大且电荷密度中等的聚丙烯酰胺絮凝剂，并在 500g（2400r/min）下进行离心，即改善了离心滤液的透明度，又增加了离心饼的强度（Mikula，Munoz，Omotoso，2009）。为了有效地将聚合物絮凝剂与尾矿混合，他们发现必须进行大量的稀释。

尽管离心作用可产生干的可堆叠尾矿，并可减少每生产 1bbl 油水的净用量（从超过4bbl 水变为约 2bbl），但该尾矿处理方法在含固体的进料速度较低的情况下，可能是昂贵的。建议使用增浓机制备约含 30％固体的离心机进料作为一种经济的选择方案。对于5.1％的固体的进料，即使以有限的离心力 500gf（2400r/min），增浓机—离心机组合能生产含 52.7％固体的离心滤饼和固体含量小于 0.2％的离心滤液。预期在较高的离心力下较大的离心机将产生较高固体含量的滤饼和较低固体含量的离心滤液。

图 8.33　稀释的 MFT 絮凝后沉积的滗水饼（据 Lahaie，2008）

在用泵输送离心饼的情况下，Ahmed 等（2009）确定以不同固体含量和不同水平添加絮凝剂的 MFT 的屈服应力。细小尺寸的颗粒、黏土矿物、孔隙水化学、固体含量和絮凝剂用量的组合引起未剪切的离心机饼比其他碱性金属矿废浆显示出异常高的屈服应力。对于已剪切的离心饼，屈服应力降低，特别是在高剂量絮凝剂情况下。按照宾汉塑性流模型，离心饼展示膏状流动特性。在搅拌剪切后，可通过容积泵泵抽离心机饼和以中间锥型物沉积，形成一个倾斜沉积的流浆堆。以 1.4m/s 的流速通过直径 200mm 的管，泵送含有 54.5% 的固体絮凝的离心机饼，导致 10kPa/m 的摩擦损失。

用絮凝剂在增浓机中对 MFT 和（或）新鲜的流体细粒尾矿处理后，再对它们进行离心处理。这提供了又一个油砂尾矿管理方法，这样不仅通过回用温热的工艺生产用水减少了生产沥青中水的需求和能源的强度，而且还消除了堤坝建设和流体细尾矿储存的需要。因此，缩短了油砂开采和土地复垦之间的时间。由于油砂细尾矿管理的高成本和运营费用，增浓机—离心机技术的商业化仍然是有道理的，这是由于高维护和离心机磨损的结果。仍然有开发坚实的和经济的油砂尾矿管理技术的动力。

8.6.5　过滤

生产可堆叠的油砂干尾矿，除了离心法，还可以选择过滤法。在过滤过程中，通过压力、真空、离心力或上述的组合，悬浮液被强制流过一个形成滤饼的间隙空隙。在批量过滤时，滤液的体积流量取决于穿过滤饼和过滤介质的驱动力（例如压力降）和阻力，正如著名的达西定律所示：

$$\frac{t}{V} - \frac{\mu\phi\alpha_s}{2pA^2}V + \frac{\mu\phi L_m}{pA} \tag{8.21}$$

其中，t 是过滤时间，s；V 是滤液体积，m^3；μ 是流体的黏度，Pa·s；ϕ 过滤比阻，m/kg；α 是单位体积的滤液固体含量分数，kg/m^3；p 是所施加的压力，Pa；A 是压滤机的面积，m^2；L 是过滤介质的厚度，m。式（8.21）表明了 t/V 和 V 之间的线性关系，由式（8.21）的右边的第一项 $\frac{\mu\phi\alpha_s}{2pA^2}$ 给出斜率。

显而易见，斜率越大对应的过滤速率就越低。对于一个 μ，p，A 和 α 都是恒定的过滤系统，斜率越大对应于过滤比阻 ϕ 就越大（SRF）。SRF 是砂浆特性和过滤介质的函数，对不可压缩的悬浮液来说，它与过滤测量无关。确定 SRF 的是滤饼中空隙的毛细管半径，而不仅仅是滤饼孔隙度。含有大量的细颗粒的砂浆，如在油砂处理尾矿或 MFT 遇到的，会有一个高的滤饼阻力，因为在砂浆中的细颗粒会堵或缩小滤液流过的毛细管通道。因为这个原因，流体的细尾矿若无任何化学处理是难以过滤的。这在图 8.34 显示出的结果中清楚地表明。采用从多种不同细粒含量［通过混合不同比例的细粒（$D_{50} = 3\mu m$）和粗粒（$D_{50} = 140\mu m$）尾矿获得的］的油砂萃取尾矿的新鲜的实验室样品，在直径 10cm 和高度 15cm 的压滤机（$1000cm^3$ 容量）中和在 150kPa 压力和室温条件下进行过滤（Xu，丹博斯和肯，2008）。如图 8.34 所示，随着固体中细粒含量从 4.3％增加至 20％（通过空心符号表示），SRF 急剧增加了 4 个数量级。细粒含量超过 20％时，SRF 稳定在 2×10^{13} m/kg 高值上，这表明在滤饼上所有的通道很有可能被细粒堵住了。

从实际的角度来看，如果没有尾矿预处理，过滤适用于细粒含量小于 4.3％的粗油砂萃取尾矿。人们发现 pH 值为 7 和 8.4 之间的砂浆在新鲜的油砂萃取尾矿过滤处理中对 SRF 的影响可以忽略不计。

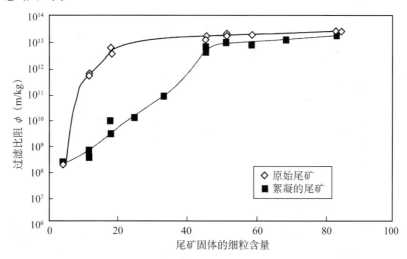

图 8.34　在 pH 值为 8.4 和压力为 150kPa 条件下，在有絮凝和没有絮凝时，
作为尾矿固体细粒含量的函数的过滤比阻（据 Xu，Dabros 和 Kan，2008）

以最佳用量用高分子质量、中电荷密度的聚丙烯酰胺絮凝剂絮凝后，对于含有 10％～20％中间细粒的尾矿，其絮凝沉积物的过滤性能得到大幅改善，如图 8.34 所示（实心符号）。

以细粒含量 12% 的尾矿为例，只用 10g/t 的絮凝剂，SRF 就从原来的 $4×10^{11}$ m/kg 减少到 $4×10^{8}$ m/kg（约 3 个数量级的改进）。同样，对于含有 18% 固体细粒的油砂尾矿，加入 30g/t 絮凝剂，SRF 从 $6×10^{12}$ m/kg 下降到约 $2×10^{9}$ m/kg。这些尾矿若没有絮凝几乎不可能过滤。

结果清楚地表明，絮凝对含适量细粒的尾矿过滤影响显著。对含超过 50% 细粒量的高细粒尾矿，添加絮凝剂只导致过滤性能轻微改善，使 SRF 有很小幅度的减少。在这种情况下，发现压力从 50kPa 增加到 150kPa 对 SRF 的影响可以忽略不计。另一方面，对含有 4% 细粒的粗尾矿，添加絮凝剂只得到微不足道的改进，正如所预期的。这是因为原始新鲜粗尾矿的 SRF 非常低，即只有 $2×10^{8}$ m/kg。对于这样的物质，无须预先絮凝就可用过滤。

由于细粒絮凝大大提高了含适量细粒油砂细尾矿的过滤性能，如图 8.34 所示，由聚合物用量确定的絮凝程度也被认为在提高油砂细尾矿的过滤性能中起作用。如图 8.35（a）所示，在 50kPa 压力下含 18% 细粒的新鲜油砂萃取尾矿的过滤试验结果。随着聚合物剂量的增加（高达 40g/t 干固体），SRF 迅速减少，在 3 个数量级以上，表明这些尾矿的过滤性有显著的改善。当聚合物用量进一步提高，超过 40g/t 时，SRF 变得稳定，表明在该剂量形成最佳絮凝。随着 SRF 的降低，滤饼的水分含量也降低，如图 8.35（b）所示。絮凝剂用量为 55g/t 时，水分含量达到最低限度 11.5%，然后随着絮凝剂用量进一步增加，观察到滤饼的水分含量略有增加。对于这一尾矿，絮凝剂最佳剂量在干固体量的 42~55g/t。

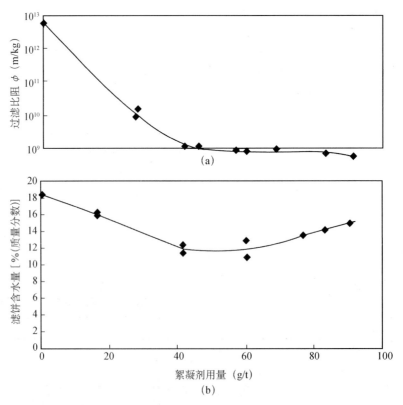

图 8.35　在 50kPa 压力下，作为絮凝剂用量函数的过滤比阻和 MFT 过滤的滤饼含水量（据 Xu，Dabros 和 Kan，2008）

最近，Wang 等（2010）对有机—无机混合絮凝剂 Al—PAM，作为油砂处理尾矿的一种过滤助剂进行了研究。新鲜尾矿含 0.8% 沥青，含 13.5% 总固体，其中 40% 的固体细粒的尺寸小于 44μm。这批新鲜尾矿是使用实验室水力输送萃取系统（LHES）从高细粒矿石萃取获得的。这种高水平的细粒几乎代表在新鲜的油砂萃取尾矿中细粒含量的上限。两种聚合物作为沉淀和过滤助剂：一种是 Magnafloc 1011（商品名为 Percol 727），分子质量高达 1750×10^4 Da，阴离子电荷密度为中等（27%）；另一种是在室内合成的具有中等分子质量（约 100×10^4 Da）的阳离子 Al—PAM。图 8.36 中的结果显示无絮凝剂的新鲜尾矿轻微的沉降。图 8.37 中的照片显示从悬浮的细粒中分离粗砂。

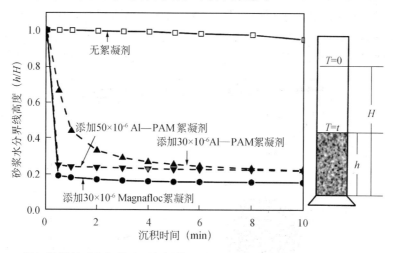

图 8.36　添加絮凝剂对高细粒矿石新鲜萃取尾矿中固体沉积的影响（据 Wang 等，2010）

随着以 30×10^{-6} 的最佳剂量添加 Magnafloc，观察到固体沉降显著改善。在不到 30s 时间里，固体达到致密化阶段。用 Al—PAM，需要更高的剂量（50×10^{-6}）以达到类似的初始固体沉降速度（图 8.36）。更重要的是，如图 8.37 所示，使用 Magnafloc 形成的絮体更加紧凑，导致在 10min 的沉降和致密化之后，产生归一化初始砂浆沉积物的高度（h/H），0.16（与采用 Al—PAM 是 0.22 相比）。图 8.37 还显示，采用 Al—PAM 处理的尾矿上层清液比采用 Magnafloc 处理的尾矿上层清液清晰得多（两者都以其相应的最佳剂量）。

在添加絮凝剂与不添加絮凝剂的情况下，这样确定新鲜油砂萃取尾矿的过滤特性：使用过滤面积为 45.8cm²、过滤器孔

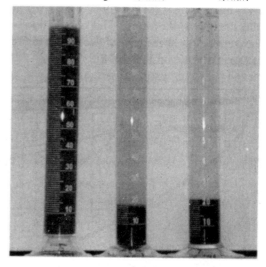

图 8.37　添加絮凝剂和不加絮凝剂情况下高细粒矿沉积的尾矿（据 Wang，2009）

径为 $2\sim5\mu m$ 的过滤纸，在 15 kPa 压力下过滤。图 8.38 中的结果显示，不添加絮凝剂（原始的），新鲜尾矿过滤效果不好。事实上，在 3min 指定的过滤时间内，这些高细粒尾矿的过滤并没有导致整体滤饼的形成。这个发现与 Xu、Dabros 和 Kan（2008）得到的结果完全吻合。

令人惊讶的是，给细尾矿添加 30×10^{-6} 的 Magnafloc，虽然观察到有效的絮凝，但并没有改善过滤性能，如图 8.36 和图 8.37 所示。事实上，添加 Magnafloc 过滤性能甚至比没添加絮凝剂的原始情况更糟。过滤性能随着细粒絮凝变糟糕的原因是，超细粒不能完全絮凝，而且絮凝体包裹着体内的水快速沉淀，造成滤饼快速形成。如图 8.37（中间）深色的上层清液所示，其余的超细悬浮颗粒与尾矿中的残余沥青混合，快速堵住（阻碍）了压滤机上形成的固体床的通道，从而阻止滤液流动。这个观察结果与最近观测到的包含超过 40% 细粒絮凝的尾矿的极低过滤性能一致（Xu，Dabros 和 Kan，2008）。

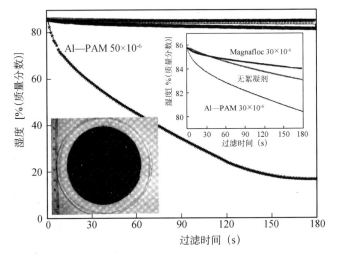

图 8.38　用 Magnafloc 和 Al—PAM 絮凝情况下和不进行絮凝情况下，
新鲜油砂萃取尾矿的过滤特性曲线（据 Wang 等，2010）
（插图为用 Al—PAM 絮凝的尾矿过滤获得的滤饼的照片）

与 Magnafloc 相比，使用 Al—PAM 絮凝时，当加入的量为最佳剂量时能够加快过滤的速度。3min 内就能够产生一个含水量少于 18%（质量分数）的滤饼。图 8.38 中的插图是一个湿滤饼。很明显，随细粒合适的絮凝油砂尾矿的过滤能产出干燥的可以堆叠的固体，以便安全沉积并能加快土地复垦。图 8.39 中的结果清楚地显示出，以 500r/min 的搅拌速率添加 50×10^{-6} 的 Al—PAM，SFR 值（比阻抗值）大幅度下降（从 2×10^{12} m/kg 到 9×10^{10} m/kg）；相比之下，添加 30×10^{-6} 的 Magnafloc 时，SFR 值有所增加（从 2×10^{12} m/kg 到 7×10^{12} m/kg）。当絮凝搅拌速率达到最优 700r/min 时，SFR 值还可以进一步降低到 4×10^{9} m/kg。

添加 Al—PAM 后，SRF 值的降低是由于 Al—PAM 对细粒絮凝有效，产生高清晰的上层清液，如图 8.37（右侧）所示。图 8.36 和图 8.37 中所示的较大沉积物高度所示有更多蓬松絮状物的形成也可能有助于沉积物（滤饼）里絮状物中较大的孔隙，促成 SRF 值的观测值较低。此外，因为 Al—PAM 具有阳离子性质，所以通常它吸附在带负电荷的沥青上，

絮凝过程使尾矿中的沥青液滴分散开来，这些液滴掩盖了过滤介质。总的来说，Al—PAM
作为一种助滤剂，处理新鲜油砂尾矿，甚至是那些含细粒量高的尾矿方面大有前途。

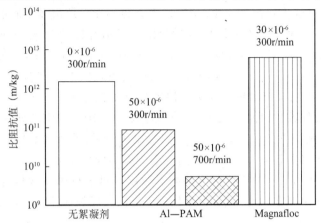

图 8.39　絮凝剂类型、剂量以及搅拌速率对含细粒量高的尾
矿样品的 SRF 值的影响（据 Wang，2009）

考虑到 Al—PAM 具有极好的性能，并且其工作机理具有坚实的科学基础（Wang 等，
2010），Alamgir，Masliyah 和 Xu 试着将 Al—PAM 作为处理 MFT 的助滤剂来使用。他们
发现当 MFT 没有被稀释时，添加 Al—PAM 对 MFT 中固体的沉积作用不是很大。MFT 对
添加絮凝剂缺乏反应是由于 MFT 的黏度高，阻碍了 Al—PAM 的分布。可能会出现絮凝剂
局部使用过量。过量的絮凝剂通过引导空间稳定并进一步阻碍絮凝剂分布能够加重问题。
因此，为了达到絮凝和过滤的目的，MFT 最初的稀释是非常重要的。

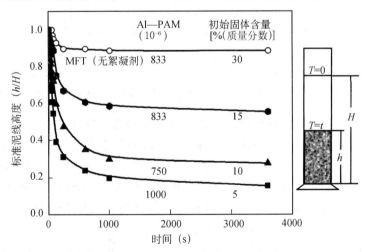

图 8.40　MFT 稀释作用对固体沉降的影响（以相应的最佳剂量添加 Al—PAM 絮凝剂）

（据 Alamgir，Masliyah 和 Xu，2010）

图 8.40 为 MFT 的稀释对以最佳剂量添加 Al—PAM 的反应的影响。不添加 Al—PAM
时，只是通过超速离心法将原始的 MFT 母液简单的稀释，对固体沉降没有任何明显的促进
作用。观察到添加了 Al—PAM 颗粒沉降明显改善。例如，如图 8.41 所示，水和 MFT 的

稀释比率为 2∶1［产生的总固体含量为 10%（质量分数）］，使得初始沉降速率从
0.02mm/s 增加到 0.7mm/s。尽管将稀释液度增加 5 倍后，用最佳添加剂量 1000×10^{-6} 的
Al—PAM，初始沉降速率提高到 1.1mm/s 以上，也不能释放出多余的水分。当添加 $750 \times$
10^{-6} 的 Al—PAM 时，沉积物内的固体含量分别为：稀释比率为 5∶1 时 31.6%（质量分
数），稀释比率为 2∶1 时 32%（质量分数）。经过 1h 的沉降后，5∶1 和 2∶1 的稀释会在
上层产生具有低于 160NTU 浊度的浑浊液。相比之下，没有被稀释的 MFT，添加 $833 \times$
10^{-6} 的 Al—PAM，上层没有出现浑浊液，浊度超过了仪器上限 500NTU。由于 5∶1 的稀
释液［含 5%（质量分数）固体］比 2∶1 的稀释液［含 10%（质量分数）固体］中稀释的
MFT 体积大得多，所以在 5∶1 稀释比率时需要比 2∶1 的稀释比率时更大的增浓机来从稀
释的 MFT 中把固体聚集起来。而且，在同一个干燥的固体基础上，5∶1 的稀释液中 Al—
PAM 的最佳使用量要比 2∶1 的稀释液的高。所以，对于总固体含量为 10%（质量分数）
的 MFT 来说，稀释比率 2∶1 更有益，并且这一方法已经被应用于后面的过滤试验中。

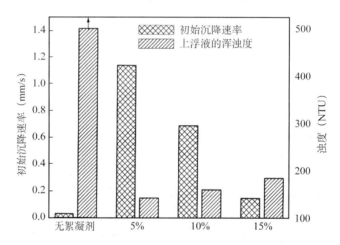

图 8.41 稀释 MFT 对固体初始沉降率和沉降 1h 后上层溶液的浊度的影响
（以相应的最佳剂量添加 Al—PAM 絮凝剂）（据 Alamgir，Masliyah 和 Xu，2010）

　　由于被 Al—PAM 絮凝的 MFT 稀释液不能改善沉积物的稠化现象，人们尝试将絮凝后
的 MFT 稀释液过滤（Alamgir，Masliyah 和 Xu，2010）。这种情况下，这个实验的目的就
是产出一个含水量少于 24%（质量分数）的可堆积的滤饼。达到 24%（质量分数）含水量
所需要的时间，称作过滤时间，是评价过滤过程进行好坏的一个指标。如图 8.42 中结果显
示，同样添加 833×10^{-6} 的 Al—PAM，两种溶液的过滤时间却相差很大，未稀释的 MFT
溶液需要 8 个多小时，而 1∶1 稀释的 MFT 稀释液需要的时间是 45min。增加溶液稀释比
率分别为 2∶1 和 5∶1，并添加相应最佳剂量 750×10^{-6} 和 1000×10^{-6} 的 Al—PAM 分别使
得过滤时间进一步缩短到 24min 和 20min。需要注意的是，当 MFT 的体积一定时，按 5∶1
比率稀释，需要过滤的量是按 2∶1 比率稀释时的 2 倍。并且，在较高的稀释比率下，若要
想使过滤达到最佳效果，需要更大剂量的 Al—PAM。因此，2∶1 稀释度被认为是最佳稀
释比率。

　　为了减少通过滤饼的液体量，现将沉积物的过滤和整个已稀释的 MFT 溶液的过滤进行

对比，对比过程中两者使用的 Al—PAM 均为最佳剂量。结果显示，在过滤沉积物，而不是整个稀释的 MFT 溶液时，过滤时间大幅度降低（24～10min）（图 8.43）。这个过滤过程将含 32%（质量分数）固体的液态沉积物转变成固体含量为 76%（质量分数）的可堆叠的滤饼，如图 8.43 中的插图所示。图 8.44 示出了非常清澈的滤液和比较浑浊的上层清液。然而，上层清液中的固体含量低于 0.5%（质量分数），适于回用到萃取工艺中。（Xu 和 Cymerman，1999；Cymerman 等，1999）。

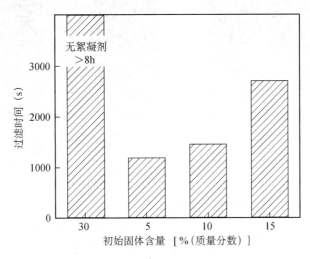

图 8.42　稀释 MFT 对絮凝的 MFT 过滤的影响（据 Alamgri，Masliyah 和 Xu，2010）
（溶液中均添加了相应的最佳剂量的 Al—PAM，从左到右分别为 833×10^{-6}，1000×10^{-6}，750×10^{-6} 和 833×10^{-6}）

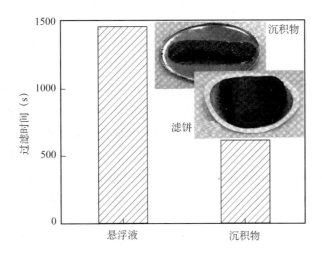

图 8.43　絮凝的 MFT 悬浮液和添加 750×10^{-6} 的 Al—PAM 并进行 2：1 稀释后的 MFT 沉积物的过滤（据 Alamgir，Masliyah 和 Xu，2010）
［插图是固体含量为 32%（质量分数）的沉积物和固体含量为 76%（质量分数）的滤饼］

Alamgri，Masliyah 和 Xu 的研究清楚地表明过滤作为一种处理 MFT（并将 Al—PAM 作为一种助滤剂来使用）的实际可行的方法具有很大的潜力。考虑到在使用 Al—PAM 絮

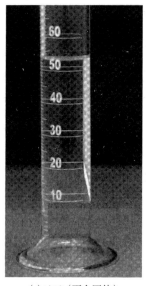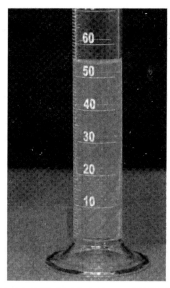

(a) 滤液 (不含固体)   (b) 上层浑浊液固体含量 0.5% (质量分数)

图 8.44   加入 750×10^{-6} 的 Al—PAM 将 MFT 以 2∶1 比率稀释后所产生的滤液和上层清液的对比

凝和过滤之前，需要稀释 MFT，我们提出一个假设的过程，如图 8.45 所示。在这个过程中，从增浓机中提取的上层清液和一部分滤液混合到一起形成稀释水，并向这个稀释水中加入 75×10^{-6} 的 Al—PAM 絮凝剂来促进絮凝剂的分布，这样就可以进行有效的絮凝。将这些稀释水和原始的固体含量约为 30% (质量分数) 的 MFT 混合，然后加入到增浓机中，此时，絮凝的细粒固体很快下沉形成沉积物。净化出的水作为稀释水被回收，沉积物则被送去过滤。整个过程中产生的固体含量高于 76% (质量分数) 的可自我支撑的 (堆叠的) 滤饼，如图 8.43 插图所示，将用来回填矿坑。清澈的滤液适宜于回用，但是一部分要用作稀释水，来获得稀释比率为 2∶1 的 MFT 溶液。

    Alamgir，Masliyah 和 Xu 研究了将上层溶液作为稀释水来使用的可能性。研究结果如图 8.46 所示，在前两次循环中，过滤时间有了略微的减少。过滤时间的减少是由于循环使用的上层溶液中剩余的 Al—PAM，使絮凝作用达到最佳。3 个循环后，过滤时间又略微有所增加，原因可能是由于 Al—PAM 在循环水中的积累导致它的使用剂量过多引起的。如果原因真的是这样，或许可以通过减少 Al—PAM 的量来维持处理过程稳定，这个期望还需要进一步研究。无论如何，增浓后再过滤似乎是处理新鲜和成熟油砂细尾矿的新兴技术，尤其是通过将 MFT 和含有一些粗粒固体的新鲜尾矿混合来进一步增加 MFT 本身的可过滤性。将要遇到的挑战是，需要将这个工艺过程从实验室规模扩大工业规模，以便能够处理几百万立方米 MFT 和新鲜油砂尾矿。

8.7   小结

    尽管人们已经付出了巨大努力去研究油砂尾矿处理的方法，而且为此目的，人们已经探索了许多技术（如本章节已讨论过的技术），但是，还没有一个成熟的商业技术能够经济

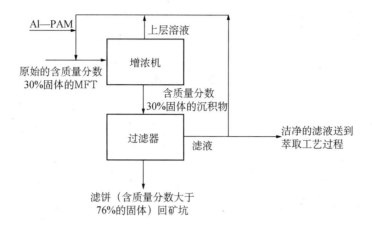

图 8.45　絮凝辅助的 MFT 过滤的概念过程（据 Alamgir，Masliyah 和 Xu，2010）
（该过程能够消耗 MFT，同时产出能够循环利用的洁净滤液和用于
回填矿坑的可堆放的固体，加速土地复垦）

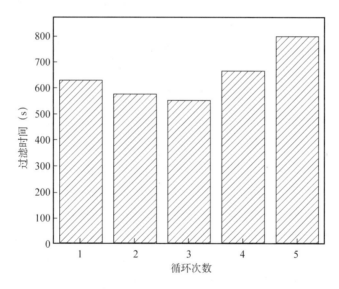

图 8.46　用作稀释水的上层溶液和滤液中剩余的絮凝剂对已稀释的 MFT 过滤的影响

有效地解决由流体细尾矿带来的难题。在现有的方法中，过滤仿佛是最有前途的，因为它不仅能为及时复垦提供尾矿，而且使用了絮凝剂。应用絮凝剂对整个沥青回收过程都是十分有利的，它解决了有关循环水化学性的问题，同时减少了油砂处理过程中淡水的使用量，并最大限度地利用了从热循环水中获得的热能。然而，过滤或其他处理流体细尾矿的技术在油砂业被完全商业化之前，还必须要进行更多的调查研究。这项研究，如本书介绍过的那样，在很大程度上要依赖于对流体颗粒和界面科学基础的理解。例如，在过滤过程中，关键是要研制出强有力的聚合物絮凝剂。该絮凝剂在保持细粒絮凝高选择性的同时，能够承受处理环境的紊乱。有了这种絮凝剂，就可以将其应用在既能萃取沥青又能处理尾矿的综合方法中。高容量过滤器能够处理大容量油砂流体细尾矿。设计出这样的过滤器，并将其与高容、高效净化器（如水力旋流器或深锥增浓器）结合，有利于实现油砂尾矿处理中

的大规模过滤。就这一点而言，近期高压离心过滤器在细煤脱水（Asmatulu，Luttrell 和 Yoon，2005）中的发展值得进一步研究。

参考文献

Adeyinka,O. B. , S. Samiei, Z. Xu,and J. H. Masliyah. 2009. Effect of partical size on the rheology of Athabasca clay suspensions. *Canadian Journal of Chemical Engineering* 87 (3):422 - 434.

Alamgir,A. , J. Masliyah, and Z. Xu. 2010. Al – PAM assisted filtration of mature fine tailings. Paper read at 2nd International Oil Sands Tailings Conference:IOSTC 2010,at Edmonton.

Asmatulu, R. , G. H. Luttrell, and R. H. Yoon. 2005. Dewatering of fine coal using hyperbaric centrifugation. *Coal Preparation* 25(3):117 - 127.

Boger,D. V. 2009. Rheology and the resource industries. *Chemical Engineering Science* 64 (22): 4525 - 4536.

Cymerman,G. , T. Kwong, E. Lord, H. Hamza, and Y. Xu. 1999. Thickening and disposal of fine tails from oil sand processing . In *Polymers in mineral processing* ,*Proceedings of the UBC – McGill Bi – Annual International Symposiun on Fundamentals of Mineral Processing*. Montreal.

Dawson,R. F. ,D. C. Sego, and G. W. Pollock. 1999. Freeze – thaw dewatering of oil sands fine tails *Canadian Geotechnical Journal* 36(4):587 - 598.

Fine Tailigns Fundamentals Consortium (FTFC). 1995a. Vol. I. Clark hot water extraction: fine tailings. In *Advances in oil sands tailings research* , ed. H. Hamza. Edmonton: Alberta Department of Energy,Oil Sands and Research Division.

——. 1995b. Vol. Ⅲ. Volume reduction of Clark hot water extraction fine tailings. In *Advances in oil sands tailings research* , ed. D. E. Sheeran. Edmonton: Alberta Department of Energy,Oil Sands Research Division.

Fuerstenau. M. C. , J. D. Miller,and M. C. Kuhn. 1985. *Chemistry of flotation*. New York:SME.

Johnson,S. B. , G. V. Franks, P. J. Scales, D. V. Boger, and T. W. Healy. 2000. Surface chemistry – rheology relatonships in concentrated mineral suspensions. *International Journal of Mineral Processing* 58(1): 267 - 304.

Kar,G. , S. Chander, and T. Mika. 1973. The potential energy of interaction between dissimilar electrical double layers. *Journal of Colloid and Interface science* 44(2):347 - 355.

Kasongo,T. 2006. Role of finc clays and ionic species in bitumen extraction from oil sands ores using the hot water extraction process. Ph. D diss. ,Department of Civil and Environmental Engineering,University of Alberta,Edmonton.

Kasongo,T. ,Z. Zhou,Z. Xu,and J. H. Masliyah,2000. Effect of clays and calcium ions on bitumen extraction from Athabasca oil sands using flotation *Canadian Journal of Chemical Engineering* 78(4):674 − 681.

Kelly,E. G. ,and D. J. Spottiswood. 1989. *Introduction to mineral processing*. New York: Wiley.

Lahaie, R. 2008. New tailings concepts. Paper read at International Oil Sands Tailings Conference,Dec. 7 − 10,at Edmonton.

Lahaie,R. ,I. Ahmed,M. Labelle,and R. Brown. 2009. Paste pumping and deposition field trails and concept on Syncrude's dewatered mature fine tailings (centrifuge cake). Paper read at Tailings and Mine Waste,Nov,1 − 4,at Banff,AB.

Li,H. ,J. Long,Z. Xu,and J. Masliyah. 2008. Novel polymer aids for low − grade oil sand ore processing. *Canadian Journal of Chemical Engineering* 86(2):168 − 176.

Liu,B. ,E. Lord, and K. Krishnaumurthi. 2000. Depositional and geotechnical properties of thickened oil sands tailings. In *Transportation and Deposition of Thickened/Paste Tailings:Proceedings*. Edmonton.

Liu,J. , Z. Zhou,Z. Xu,and J. H. Masliyah. 2002. Bitumen − clay interactions in aqueous media studied by zeta potential distribution measurement. *Journal of Colloid and Interface Science* 252(2):409 − 418.

MacKinnon. M. D. , J. Matthews, W. Shaw, and R. G. Cuddy. 2001. Water quality issues associated with composite tailings (CT) technology for managing oil sands tailings. *International Journal of Mining ,Reclamation and Environment* 15(4):235 − 256.

Matthews,J. G. , W. H. Shaw, M. D. MacKinnon, and R. G. Cuddy. 2002. Development of composite tailings technology at Syncrude. *International Journal of Mineral Processing* 16(1):24 − 39.

Mikula,R. , and R. Zrobok. 1999. Oil sands tailings reclamation via manipulation of clay behaviour:the role of rheology. In *Meeting of the Engineering Foundation*. Hawaii.

Mikula,R. ,R. Zrobok,and O. Omotoso. 2004. The potential for carbon dioxide sequestration in oil sands processing streams. *Journal of Canadian Petroleum Technology* 43(8):48 − 52.

Mikula,R. J. ,K. L. Kasperski,R. D. Burns,and M. D. MacKinnon. 1996. Nature of fate of oil sands fine tailings. In *Suspensions:Fundamentals and applications in the petroleum industry*, ACS Advances in Chemistry Series No. 251,ed L. L. Schramm, 677 − 723. Washington:American Chemical Society.

Mikula,R. J. ,V. A. Munoz, and O. Omotoso. 2009. Centrifugation options for production of dry stackable tailings in surface − mined oil sands tailings management. *Journal of Canadian Petroleum Technology* 48(9):19 − 23.

Mundy,P. ,and B. Madsen. 2009. The development of centrifugal separation technology for tailings treatment. In *Tailings and Mine Waste* 2009,397 − 403.

Samiei, S. 2007. Role of ultra – fine solid fractions on rheology of oil sands suspensions. Master's diss. , Department of Chemical and Materials Engineering, University of Alberta, Edmonton.

Sury, K. , and J. Stone. 1995. Non – Clark extraction processes and their tailings characteristics.

Sworska, A. , J. S. Laskowski, and G. Cymerman. 2000. Flocculation of the Syncrude fine tailins: part Ⅱ. Effect of hydrodynamic conditions. *International Journal of Mineral Processing* 60(2):153 – 161.

Wakeman, R. , and S. Tarleton. 2005. *Solid/liquid separation: Principles of industrial filtration*. Oxford: Elsevier.

Wallace, D. , R. Tipman, B. Komishke, V. Wallwork, and E. Perkins. 2004. Fines/water interactions and consequences of the presence of degraded illite on oil sands extractability. *Canadian Journal of Chemical Engineering* 82(4):667 – 677.

Wallwork, V. , Z. Xu, and J. Masliyah. 2004. Processability of Athabasca oil sand using a laboratory hydrotransport extraction system(LHES). *Canadian Journal of Chemical Engineering* 82(4):687 – 695.

Wang, X. 2009. Polymer aids for settling and filtration of oil sands tailings, Master's diss. , Department of Chemical and Materials Engineering, University of Alberta, Edmonton.

Wang, X. , X. Feng, Z. Xu, and J. Masliyah. 2010. Polymer aids for settling and filtration of oil sands tailings. *Canadian Journal of Chemical Engineering*. In press.

Wells, P. S. , and D. A. Riley. 2007. MFT drying – case study in the use of rheological modification and dewatering of fine tailigs through thin lift deposition in the oil sands of Alberta. In *Proceedings of the Tenth International Seminar on Paste and Thickened Tailings Paste*, edited by A. Fourie and J. R. ; Australia Centre for Geomechanics.

Xu, Y. , and G. Cymerman. 1999. Flocculation of fine oil sand tails In *Proceedings of the 3rd UBC – McGill Bi – Annual International Symposium on fundamentals of Mineral Processing*. Quebec City.

Xu, Y. , T. Dabros, and J. Kan. 2008. Filterability of oil sands tailings. *Process Safety Environmental Protection* 86(4):268 – 276.

Yuan, X. , and W. Shaw. 2006. Novel processes for treatment of Syncrude fine transition and marine ore tailins. In *6th UBC – McGill – UA International Symposium on Fundamentals of Mineral Processing: Interfacial Phenomena in Fine Particle Technology*, edited by Z. Xu and Q. Liu. Montreal: MerSoc.

Yusa, M. 1977. Mchanisms of pelleting flocculation. *International Journal of Mineral Processing* 4:293 – 305.

Zhao, H. , T. Dang – Vu, J. Long, Z. Xu, and J. Masliyah, 2009. Role of bicarbonate ions in oil sands extraction systems with a poor processing ore. *Journal of Dispersion Science and Technology* 30(6):809 – 822.

Zhou, Z., O. Worku, L. Wang, Z. Xu, and J. Masliyah. 2010. Effect of electrolytes and montmorillonite addition on the viscosity of kaolinite and illite clay suspensions. In *8th UBC - McCill - UA International Symposium on the Fundamentals of Mineral Processing. Rheology and Processing of Fine Particle Systems*. edited by M. Pawlis and B. Klein. Montreal: MetSoc.

国外油气勘探开发新进展丛书（一）

书号：3592
定价：56.00 元

书号：3663
定价：120.00 元

书号：3700
定价：110.00 元

书号：3718
定价：145.00 元

书号：3722
定价：90.00 元

国外油气勘探开发新进展丛书（二）

书号：4217
定价：96.00 元

书号：4226
定价：60.00 元

书号：4352
定价：32.00 元

书号：4334
定价：115.00 元

书号：4297
定价：28.00 元

国外油气勘探开发新进展丛书（三）

书号：4539
定价：120.00 元

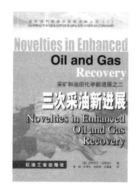

书号：4725
定价：88.00 元

书号：4707
定价：60.00 元

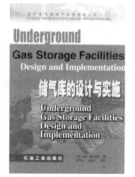

书号：4681
定价：48.00 元

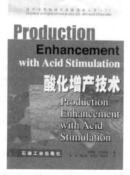

书号：4689
定价：50.00 元

书号：4764
定价：78.00 元

国外油气勘探开发新进展丛书（四）

书号：5554
定价：78.00 元

书号：5429
定价：35.00 元

书号：5599
定价：98.00 元

书号：5702
定价：120.00 元

书号：5676
定价：48.00 元

书号：5750
定价：68.00 元

国外油气勘探开发新进展丛书（五）

书号：6449
定价：52.00 元

书号：5929
定价：70.00 元

书号：6471
定价：128.00 元

书号：6402
定价：96.00 元

书号：6309
定价：185.00 元

书号：6718
定价：150.00 元

国外油气勘探开发新进展丛书（六）

书号：7055
定价：290.00 元

书号：7000
定价：50.00 元

书号：7035
定价：32.00 元

书号：7075
定价：128.00 元

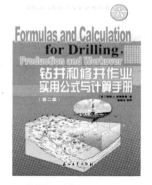

书号：6966
定价：42.00 元

书号：6967
定价：32.00 元

国外油气勘探开发新进展丛书（七）

书号：7533
定价：65.00元

书号：7802
定价：110.00元

书号：7555
定价：60.00元

书号：7290
定价：98.00元

书号：7088
定价：120.00元

书号：7690
定价：93.00元

国外油气勘探开发新进展丛书（八）

书号：7446
定价：38.00 元

书号：8065
定价：98.00 元

书号：8356
定价：98.00 元

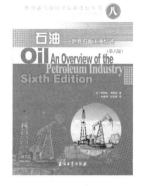

书号：8092
定价：38.00元

书号：8804
定价：38.00元

国外油气勘探开发新进展丛书（九）

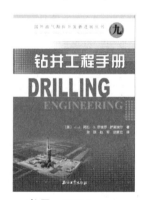

书号：8351
定价：68.00元

书号：8782
定价：180.00元

书号：8336
定价：80.00元

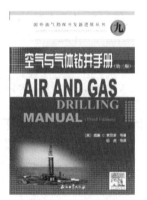

书号：8899
定价：150.00元

书号：9013
定价：160.00元

书号：7634
定价：65.00元

国外油气勘探开发新进展丛书（十）

书号：9009
定价：110.00

书号：9989
定价：110.00

书号：9574
定价：80.00

书号：9024
定价：96.00

书号：9322
定价：96.00

书号：9576
定价：96.00

国外油气勘探开发新进展丛书（十一）

书号：0042
定价：120.00

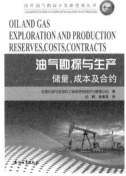

书号：9943
定价：75.00

书号：0732
定价：75.00

书号：0916
定价：80.00

书号：0916
定价：80.00

书号：
定价：

国外油气勘探开发新进展丛书（十二）

书号：0661
定价：80.00